"十四五"职业教育国家规划教材

高等职业教育数字艺术设计
新形态一体化教材

3ds Max 2024 中文版案例教程（第3版）

3ds Max 2024 Zhongwenban Anli Jiaocheng

李 涛 组编
王璐烽 崔学勇 陆天奕 主编
叶惠仙 姜一鸣 杨 静 崔勇彪 副主编

中国教育出版传媒集团
高等教育出版社·北京

内容提要

本书为“十四五”职业教育国家规划教材，也是高等职业教育数字艺术设计新形态一体化教材。

本书全面、系统地介绍了优秀的三维制作软件3ds Max 2024。全书共9章，第1、2章介绍3ds Max 2024的工作界面、基础模型创建和修改命令；第3～6章介绍3ds Max的核心功能，包括材质与贴图、高级建模技术、灯光和渲染等内容；第7～9章介绍3ds Max的动画应用，包括动画基础、三维场景建模与摄影机动画、工业产品设计等内容。

本书遵照循序渐进、由浅入深的原则，采用平实的语言和图文并茂的案例帮助读者逐步掌握3ds Max这一三维制作软件的使用方法，在讲解理论知识的同时更注重实际操作能力的培养。

本书配有微课视频、授课用PPT、案例素材、习题答案等丰富的数字化学习资源。与本书配套的数字课程“3ds Max中文版案例教程”在“智慧职教”平台（www.icve.com.cn）上线，学习者可登录平台进行在线学习，授课教师可调用本课程构建符合自身教学特色的SPOC课程，详见“智慧职教”服务指南。授课教师也可登录“高等教育出版社产品信息检索系统”（xuanshu.hep.com.cn）搜索并下载本书配套教学资源，首次使用本系统的用户，请先进行注册并完成教师资格认证。

本书可作为高等职业院校艺术设计类和计算机类专业相关课程的教材，也可作为相关培训机构的教学用书或三维动画设计爱好者的自学指导书。

图书在版编目（CIP）数据

3ds Max 2024中文版案例教程 / 李涛组编；王璐烽，崔学勇，陆天奕主编. -- 3版. -- 北京：高等教育出版社，2024.8

ISBN 978-7-04-061987-4

Ⅰ. ①3… Ⅱ. ①李… ②王… ③崔… ④陆… Ⅲ. ①三维动画软件-高等职业教育-教材 Ⅳ. ①TP391.414

中国国家版本馆CIP数据核字（2024）第053548号

3ds Max 2024 Zhongwenban Anli Jiaocheng

策划编辑 刘子峰　　责任编辑 刘子峰 柴佳昭　　封面设计 杨立新　　版式设计 杜微言
责任校对 张 薇　　责任印制 张益豪

出版发行	高等教育出版社	网　　址	http://www.hep.edu.cn
社　　址	北京市西城区德外大街4号		http://www.hep.com.cn
邮政编码	100120	网上订购	http://www.hepmall.com.cn
印　　刷	三河市宏图印务有限公司		http://www.hepmall.com
开　　本	850mm×1168mm 1/16		http://www.hepmall.cn
印　　张	15	版　　次	2015年2月第1版
字　　数	390千字		2024年8月第3版
购书热线	010-58581118	印　　次	2024年8月第1次印刷
咨询电话	400-810-0598	定　　价	59.80元

物 料 号 61987-00

“智慧职教”服务指南

“智慧职教”（www.icve.com.cn）是由高等教育出版社建设和运营的职业教育数字教学资源共建共享平台和在线课程教学服务平台，与教材配套课程相关的部分包括资源库平台、职教云平台和 App 等。用户通过平台注册，登录即可使用该平台。

● 资源库平台：为学习者提供本教材配套课程及资源的浏览服务。

登录“智慧职教”平台，在首页搜索框中搜索“3ds Max中文版案例教程”，找到对应作者主持的课程，加入课程参加学习，即可浏览课程资源。

● 职教云平台：帮助任课教师对本教材配套课程进行引用、修改，再发布为个性化课程（SPOC）。

1．登录职教云平台，在首页单击“新增课程”按钮，根据提示设置要构建的个性化课程的基本信息。

2．进入课程编辑页面设置教学班级后，在“教学管理”的“教学设计”中“导入”教材配套课程，可根据教学需要进行修改，再发布为个性化课程。

● App：帮助任课教师和学生基于新构建的个性化课程开展线上线下混合式、智能化教与学。

1．在应用市场搜索“智慧职教 icve”App，下载安装。

2．登录 App，任课教师指导学生加入个性化课程，并利用 App 提供的各类功能，开展课前、课中、课后的教学互动，构建智慧课堂。

“智慧职教”使用帮助及常见问题解答请访问 help.icve.com.cn。

系列教材序言——奔赴未来

一件好的作品，技术决定下限，审美决定上限。技能的训练如铁杵磨针，日久方见功力；美感的培养则需要博观约取，厚积才能薄发。优秀的作品哪怕表面上只有寥寥几笔，背后却蕴藏着创作者的眼界、见地和训练的积累。而正是艺术和技术的结合，让人脱颖而出。

身处数字时代，职业技能的学习掌握是生存的基本条件之一。图像表达既需要艺术的体验，也需要技术的习得。技能起到的支撑作用，可以让创意得以实现，是谓从心所欲而不逾矩。如何打造一套数字艺术设计新形态一体化系列教材，让学习者达到艺技双得、心手双畅的程度，是这套教材的构思初心。

如何围绕典型工作任务进行分析，将工作领域转换为学习领域，从而构建科学实用的理实一体化教学过程，继而设计出具有科学性、职业性的学习情境，既是培养学生工作能力的前提，也是职业教育改革关注的难点。

我们从行业、产业以及头部企业对专业人才的需求入手，对相应岗位群所需进行调研分析，经过历次研讨，明确了技能与专业的职业领域，分析了对应工作岗位的工作任务。按照学生的认知规律，将具有教学价值的典型工作任务设计为教学技能包，通过专业课程体系、工作情境再现等方式，完成了从工作任务到技能提取再到教学实践的三重转换。

在这一过程中，我们避免软件说明或案例罗列式的旧形态，在技能梳理上秉承“少即多，多则惑”的理念，力求更加简洁、准确，将传授“方法”和获取“技能”作为本套教材的核心，最终“磨”出了这套教材。希望教材的最终呈现能够符合构思它的初衷。

这是个充满机会的世界，作为数字艺术设计类学科的学生，用面向未来的技能武装自己，做一个丰沛热情的人、敢于实践的人，将永远不会缺少舞台。愿大家摒弃浮躁，脚踏实地，带着开放的心，做一个新时代的水手，乘风破浪，奔赴未知的码头，构建全新的未来。

系列教材主编　李涛

于北京

前言

本书介绍

本书为“十四五”职业教育国家规划教材。全书从理论到案例都进行了较详尽的叙述，内容由浅入深，全面覆盖了目前在数字媒体技术领域应用非常广泛的三维制作软件——3ds Max的基础知识及其在相关行业中的应用。10多个精彩设计案例融入了编者丰富的设计经验和教学心得，旨在帮助读者全方位了解行业规范、设计原则和表现手法，提高实战能力，灵活应对不同的工作需求。整个学习流程联系紧密、环环相扣、一气呵成，让读者在轻松的学习过程中享受成功的乐趣。

主要修订内容

随着软件版本及相关技术的不断更新和设计内容的不断丰富，为满足数字艺术设计技术技能人才培养需求，推进党的二十大精神进教材、进课堂、进头脑，及时反映产业升级和行业发展动态，编者紧跟设计行业理念、技术的发展趋势，并结合目前最新的数字艺术类课程教改成果，从以下几个方面对教材内容进行了修订。

1. 软件版本升级为3ds Max 2024，增加部分新功能讲解，更新并优化了案例操作步骤的介绍，同步录制了更加精美的微课视频，手机扫描二维码即可学习。

2. 在各章现有学习要求的基础上，深入挖掘三维设计师应具备的核心能力与素养，在章首页通过二维码的形式进行教学指引，重点培养学生的美学修养与艺术表达能力、艺术创新创作思维、职业道德与工匠精神、文化自信与文化传承精神等基本职业素养，落实新时代德才兼备的高素质艺术设计类人才培养要求。

3. 在各章知识讲解、案例赏析中更新、补充了大量富有中国元素或能体现中式传统与现代美学特色的经典三维设计作品，如典型中式庭院及建筑设计、传统皮影戏动画等，通过兴文化、展形象等方式提炼展示中华文明的精神标识和文化精髓，增强学生的文化自信与美学修为，并激发其文化创新创造活力，为推动我国文化事业和文化产业的繁荣发展奠定人才培养基础。

4. 在附录部分补充了与平面设计相关的1+X职业技能等级标准及证书简要介绍，体现书证融通特色，方便教师按照章节结构灵活安排课时，强化职业技能培养在当代文化文艺人才队伍建设中的关键作用，并体现高素质技术技能人才的自主培养特色。

5. 丰富了配套实训和课后练习，新增了更多教学资源并同步更新了在线数字课程，推动现代信息技术与教育教学的深度融合，落实国家文化数字化战略要求。

配套教学资源

本书提供了丰富的融媒体教学资源，包括教学课件（PPT）、高质量微课视频、案例和拓展训练的素材及源文件、课后练习答案等。微课视频以二维码形式在书中相应位置出现，随扫随学，以强化学习效果。通过众多的配套资源，希望能为广大师生在“教”与“学”之间铺垫出一条更加平坦的道路，力求使每一位读者通过本书的学习均可达到一定的职业技能水平。

本书由李涛组编，王璐烽、崔学勇、陆天奕担任主编，叶惠仙、姜一鸣、杨静、崔勇彪担任副主编，参与编写的还有谢明天、江宏宇、刁俊琴、陈栋桦。

由于编者水平有限，疏漏之处在所难免，恳请广大读者批评指正。

编　者

2024 年 5 月

Chapter 1 3ds Max 2024快速体验

1.1 初识3ds Max 2024 …… 2
1.1.1 3ds Max简介 …… 2
1.1.2 3ds Max的适用领域 …… 2
1.1.3 3ds Max 2024 的新增功能 …… 4
1.2 认识3ds Max 2024的工作界面 …… 6
1.2.1 启动3ds Max 2024 …… 6
1.2.2 菜单栏 …… 6
1.2.3 命令面板 …… 8
1.2.4 时间控件 …… 9
1.2.5 视图导航控件 …… 9
1.2.6 信息提示区 …… 10
1.3 3ds Max 2024视图操作 …… 10
1.3.1 视图的类型 …… 10
1.3.2 视图区域 …… 12
1.3.3 个性化用户界面 …… 12
1.4 3ds Max 2024主工具栏的使用 …… 13
1.4.1 工具栏的基本操作 …… 13
1.4.2 视图坐标控制 …… 17
1.5 知识与技能梳理 …… 18
1.6 课后练习 …… 18

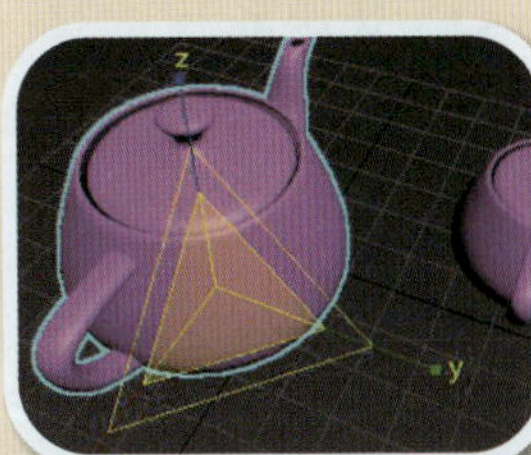

Chapter 2 3ds Max 2024基础模型创建

2.1 建模常识……………………………………20

2.1.1 认识模型的创建……………………………………20

2.1.2 常用的建模方法……………………………………20

2.2 标准几何体的创建方法……………………………………23

2.2.1 长方体……………………………………23

小实例：利用长方体制作桌子……………………………………24

2.2.2 球体……………………………………27

2.2.3 几何球体……………………………………29

2.2.4 圆锥体……………………………………29

2.2.5 圆环……………………………………30

小实例：利用圆环和几何球体制作戒指……………………………………31

2.2.6 平面……………………………………33

2.2.7 圆柱体……………………………………33

小实例：使用圆柱体制作茶几……………………………………34

2.2.8 茶壶……………………………………35

2.3 扩展基本体的建模……………………………………36

2.3.1 异面体……………………………………36

2.3.2 切角长方体……………………………………37

2.3.3 环形结……………………………………37

小实例：使用环形结制作吊灯……………………………………38

2.4 AEC扩展……………………………………39

2.4.1 植物……………………………………39

2.4.2 栏杆……………………………………40

2.4.3 墙……………………………………41

2.5 知识与技能梳理……………………………………42

2.6 课后练习……………………………………42

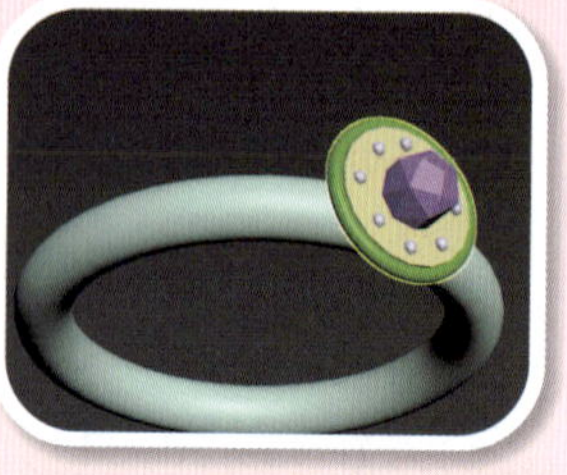

Chapter 3 材质与贴图

3.1 初识材质……44

3.1.1 材质的定义……44

3.1.2 设置材质的目的……44

3.1.3 材质的设置思路……45

3.2 材质编辑器……45

3.2.1 精简材质编辑器……46

3.2.2 Slate 材质编辑器……50

小实例：为模型赋予材质……50

3.3 材质类型……52

3.3.1 标准材质……52

小实例：制作金属材质……53

3.3.2 VRayMtl……55

小实例：利用 VRayMtl 材质制作玻璃材质……58

3.4 初识贴图……61

3.4.1 什么是贴图……61

3.4.2 贴图参数……62

3.4.3 坐标参数……63

3.4.4 位图贴图……64

小实例：利用位图贴图制作桌面一角……66

3.5 知识与技能梳理……68

3.6 课后练习……68

Chapter 4 高级建模技术

4.1 修改器建模……70

4.1.1 修改器堆栈……70

4.1.2 修改器的具体使用……71

4.1.3 修改器的种类……73

4.1.4 常用修改器类型……74

小实例：制作沙发模型……78

4.2 多边形建模……79
4.2.1 多边形对象基本知识……79
4.2.2 编辑多边形对象……80
小实例：制作咖啡杯……86
4.3 网格建模……90
4.3.1 网格建模卷展栏……90
4.3.2 制作叉子模型……91
4.4 NURBS 建模……94
4.4.1 NURBS 对象类型……94
4.4.2 创建 NURBS 对象……95
4.4.3 编辑 NURBS 对象……95
小实例：利用 NURBS 建模制作花瓶……96
4.5 知识与技能梳理……99
4.6 课后练习……99

Chapter 5 灯光

5.1 灯光常识……102
5.1.1 什么是灯光……102
5.1.2 3ds Max 中使用灯光……102
5.2 光度学灯光……103
5.2.1 目标灯光……103
5.2.2 太阳定位器……106
小实例：利用目标灯光制作筒灯效果……108
5.3 标准灯光……110
5.3.1 目标聚光灯……110
5.3.2 目标平行光……111
小实例：利用目标平行光制作阴影场景……112
5.3.3 泛光……113
5.3.4 天光……114
5.4 Arnold 灯光……115
5.4.1 Arnold Light 卷展栏……115

5.4.2 利用 Arnold 灯光制作台灯 …… 117
5.5 知识与技能梳理 …… 119
5.6 课后练习 …… 119

Chapter 6 渲染

6.1 渲染的基本常识 …… 122
6.1.1 渲染的定义 …… 122
6.1.2 渲染的目的 …… 122
6.2 渲染的基本参数 …… 122
6.2.1 渲染器类型 …… 123
6.2.2 渲染工具 …… 123
6.3 扫描线渲染器 …… 124
6.3.1 渲染帧窗口 …… 124
6.3.2 利用扫描线渲染器渲染沙发 …… 126
6.4 VRay 渲染器 …… 128
6.4.1 渲染设置 …… 129
6.4.2 “V-Ray”选项卡 …… 132
6.4.3 “GI”选项卡 …… 133
6.4.4 渲染技术实例运用 …… 134
小实例：厨房空间日景效果渲染 …… 137
6.5 知识与技能梳理 …… 143
6.6 课后练习 …… 143

Chapter 7 动画基础

7.1 动画概述……146
7.1.1 动画的原理……146
7.1.2 3ds Max中创建动画的类型……147
7.2 关键帧动画……148
7.2.1 设置关键帧……148
7.2.2 更改关键帧……150
7.2.3 时间配置……150
小实例：制作高尔夫击球动画……152
7.3 约束……156
7.3.1 附着约束……156
7.3.2 曲面约束……157
7.3.3 路径约束……157
7.3.4 位置约束……158
7.3.5 链接约束……158
小实例：制作足球滚动动画……159
7.4 知识与技能梳理……161
7.5 课后练习……161

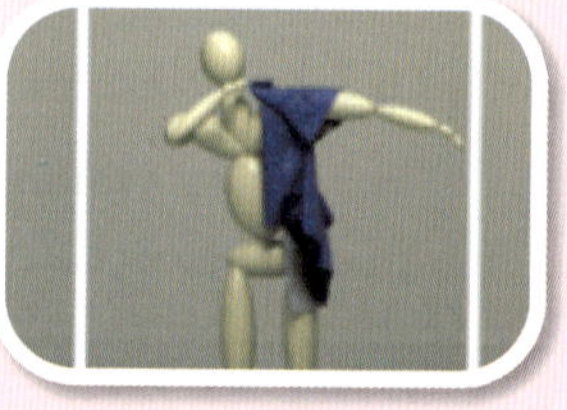

Chapter 8 三维场景建模与摄影机动画

8.1 三维场景建模……164
8.1.1 建模前准备阶段……164
8.1.2 制作室内框架模型……165
8.1.3 绘制吊顶……168
8.1.4 导入客厅配饰模型……169

8.2 主要三维场景材质 …… 170
8.2.1 乳胶漆材质的制作 …… 170
8.2.2 地板材质的制作 …… 173
8.2.3 金属材质的制作 …… 174
8.2.4 自发光材质的制作 …… 175
8.3 灯光与摄影机的创建 …… 176
8.3.1 灯光的创建 …… 176
8.3.2 创建摄像机 …… 178
8.4 制作摄影机动画 …… 179
8.5 渲染输出 …… 181
8.6 知识与技能梳理 …… 183
8.7 课后练习 …… 183

Chapter 9 工业产品设计

9.1 制作组合器械 …… 186
9.1.1 制作组合器械 …… 186
9.1.2 器材支架模型的制作 …… 193
9.1.3 合并模型文件 …… 200
9.1.4 设置 VRay 材质并导入场景 …… 201
9.1.5 创建灯光和摄影机 …… 205
9.2 制作电吹风 …… 207
9.2.1 电吹风模型制作 …… 207
9.2.2 设置 VRay 材质并导入场景 …… 219
9.3 知识与技能梳理 …… 222
9.4 课后练习 …… 222

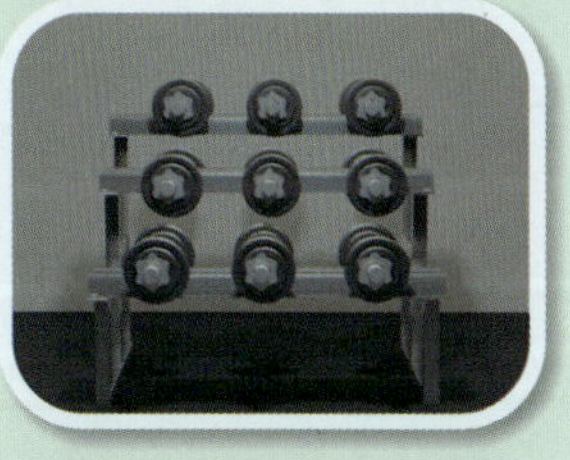

Chapter 1

3ds Max 2024快速体验

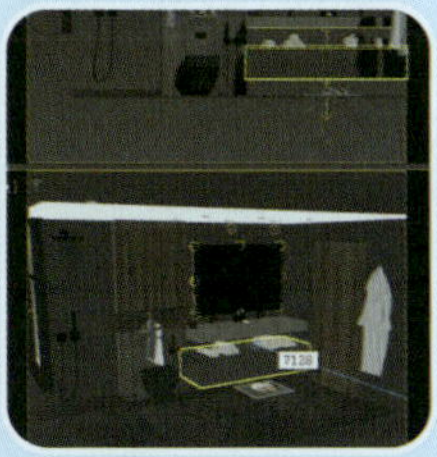

近年来随着计算机应用技术的普及，图像处理和多媒体技术已经走进了千家万户，与之相关的各种软件也层出不穷。Autodesk公司推出的3ds Max是目前使用最广泛、最优秀的三维设计软件之一，自推出以来，已被广泛地运用于广告设计、建筑设计、室内外装饰设计、游戏动画制作及电影制作等领域。本章作为开篇章节将主要讲解3ds Max的基础知识，通过对本章内容的学习，读者可以初步认识和了解3ds Max这款软件。

学习要求	知识点	学习目标			
		了解	应用	创新	知识点
	3ds Max 发展简史	🚩		🚩	🚩
	3ds Max 2024新增功能	🚩			🚩
	3ds Max 2024启动界面	🚩			
	3ds Max 2024操作工作界面	🚩			
	视图的调整和显示方法		🚩		
	3ds Max 2024工具栏的使用		🚩		

能力与素养目标

1.1 初识3ds Max 2024

Autodesk公司推出的3ds Max是目前使用最广泛、最优秀的三维设计软件之一，其应用范围涵盖了建筑设计、影视片头、栏目包装、电影电视特效、三维动画、虚拟现实（VR）设计及游戏开发等领域。当前，3ds Max的最新版本是3ds Max 2024，本章主要介绍3ds Max 2024的基本操作。

1.1.1 3ds Max简介

3ds Max全称为3D Studio Max，是Discreet公司开发的（后被Autodesk公司合并）基于微机系统的三维动画渲染和制作软件。自1996年推出后，3ds Max迅速成为了三维制作领域的明星；之后3ds Max 2.5和3ds Max 3版本的功能逐渐完善，足以完成各种大型的工程制作。

3ds Max满足了生动的动画创建、游戏开发及独特的造型设计的需要。一直以来，3ds Max的建模功能强大，在角色动画设计方面具备很强的优势，丰富的插件也是其一大亮点。与强大的功能相比，3ds Max可以说是较易上手的三维软件，同时，与其他相关软件配合流畅，做出来的效果非常逼真。在经历过多个版本的升级之后，3ds Max的功能变得更加完善，为艺术家和动画工作者提供了更广阔的创作空间。

从3ds Max 2009开始，Autodesk公司推出了多个版本的3ds Max，包括3ds Max、3ds Max Design、3ds Max Indie等。3ds Max面向影视动画专业人士，提供了标准的建模工具和功能；3ds Max Design专门为建筑师、设计师以及可视化设计量身定制，专注于建筑可视化领域，提供了更多建筑相关的工具和选项；3ds Max Indie则是为个人和小团队设计的版本，提供了更便宜、更灵活的许可证。对于大多数用户而言，这几个版本是没有任何区别的。

1.1.2 3ds Max的适用领域

随着版本的提升，3ds Max 2024的各项功能也跟上了流行趋势，不仅在特效和模型方面进行了众多的改善，也在角色和动力学上进行了更新，正因为这些方面的完善，3ds Max在应用于各领域的三维创作中独占鳌头。

1. 建筑可视化

建筑可视化包括室内效果图、建筑表现图及建筑动画，如图1-1、图1-2所示。3ds Max中提供了建模、动画、灯光及渲染等工具，可以让用户轻松地完成这些具有挑战性的项目，尤其是与3ds Max配套的一系列渲染器，例如VRay、Final Render、Brazil及Maxwell等，更是极大地促进了建筑可视化领域的发展。此外，Autodesk公司为建筑可视化领域开发了Revit等功能非常强大的软件包，这些软件包使用了专为支持建筑信息模

图 1-1

型工作流而构建的工具，将其与3ds Max配合使用，可以为建筑可视化领域增光添彩。

目前可视化效果图设计已经产业化，国内出现了很多相当规模的设计制作公司，3ds Max在该领域已经取得了当之无愧的霸主地位。

图 1-2

2. 电影电视特效

随着数字特效在电影中越来越广泛的运用，各类三维软件在影视特效方面得到了长足的应用和发展。3ds Max简便易用的各项工具、直观高效的渲染引擎，特别是方便快捷地和Discreet Flame及Inferno等电影特效软件进行交互的系统，使得许多电影制作公司在特效制作方面广泛使用3ds Max，如图1-3所示为三维特效在影视方面的应用效果。

图 1-3

3. 虚拟现实及游戏开发

随着设计与娱乐行业对交互性内容的需求增加，原有的静帧或动画的方式已经不能满足客户日益增长的需要了，由此逐渐催生了虚拟现实这个行业。平常我们所接触到的游戏，也可以认为是虚拟现实的一个子集。3ds Max以其方便、快捷的灯光和渲染工具，二次开发的便利性，以及对不同游戏平台及3D显示引擎的良好兼容性，一直是虚拟现实及游戏开发的首选工具。国内外的虚拟现实及游戏开发制作平台一般都拥有完善的与3ds Max对接的接口，如图1-4所示为游戏场景。

4. 影视广告及广告栏目包装

3ds Max拥有完善的建模、纹理制作、动画制作及渲染等功能，能够帮助创作人员轻松地制作出各类精彩的影视广告与电视栏目片头作品。目前3ds Max自身强大的功能和众多特效插件的支持，使其在制作金属、玻璃、文字、光线及粒子等电视包装常用的效果方面得心应手，同时也和许多常用的后期软件（如After Effects、Combustion等）都有良好的文件接口，所以许多著名的公司通常都使用3ds Max作为主要的三维制作软件，3ds Max以众多效果优异的佳作赢得了业界的普遍认可，图1-5所示为片头动画。

图 1-4

图 1-5

5. 工业设计

随着社会的发展、各种生活需求的扩大，以及人们对产品结构、视觉效果的要求日益提高，工业设计已经逐步成为一个成熟的应用领域。早些时候，人们更多地使用Rhino、Alias Studio等软件专门从事工业设计工作。随着3ds Max在建模工具方面的不断优化，在格式兼容性、渲染效果与性能方面的不断提升，3ds Max可以承担起工业设计可视化的任务，一些著名的公司也使用3ds Max作为主要的工业设计工具，并且产出了很多优秀的成果。图1-6所示为摩托车的设计。

图 1-6

1.1.3 3ds Max 2024的新增功能

3ds Max 2024此次版本更新侧重于颜色和材质管理、增强的建模工具和实时工作流等功能。

1. 对OCIO颜色管理的初步支持

基于OCIO（OpenColorIO）的颜色管理是一种技术预览，它能利用现代色彩工作流的优势，确保在各种应用程序中准确复制颜色并保证兼容性。OCIO是一款符合行业标准的开源颜色管理解决方案，已集成到许多内容创建、编辑和后期制作应用程序中，用于VFX和动画管线。它使用配置文件来定义用于输入、渲染、显示和输出的颜色空间，以及自动执行这些空间之间的变换。OCIO在3ds Max 2024中的实现

图 1-7

形式是技术预览，因此，在新场景中默认情况下仍使用现有的Gamma工作流。如图1–7所示。

2. 新布尔修改器

新布尔修改器拥有一系列将多个源物体组合到单个网格中的模式，包括Unton、Subtract、Intersect、Split和Merge，能够制作出干净的几何体。与它所取代的ProBoolean和Boolean复合对象不同，新布尔修改器位于修改器列表中，可以通过添加、删除或重新排序来按程序进行操作，如图1–8所示。

3. 阵列修改器：指定材质 ID

阵列修改器的“Material ID”卷展栏包含了新参数，可用于逐面或逐元素地将材质 ID 指定给克隆，如图1–9所示。

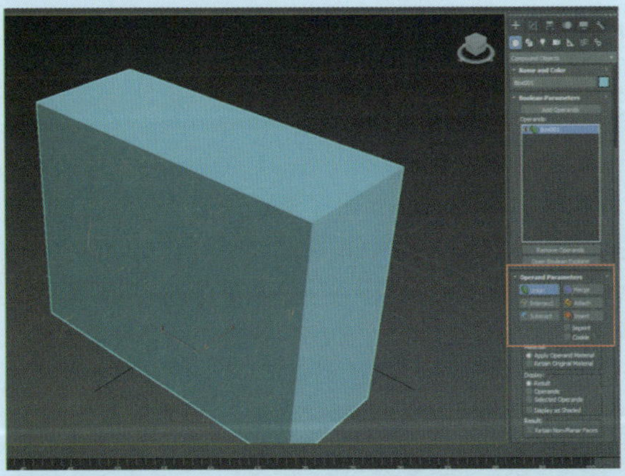

图 1–8

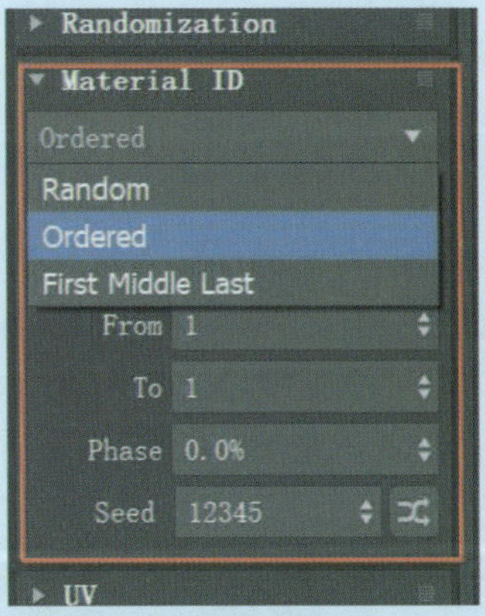

图 1–9

4. 更新Array修改器

3ds Max 2024扩展了Array修改器，使用了一种新的Phyllotaxis分布方法来生成类似于花朵的螺旋图案，现在还可以改变Array修改器生成的实例，并在每个面或每个元素的基础上为实例指定材质，如图1–10所示。

5. Slate材质编辑器（SME）

新版Slate材质编辑器的优化功能和自定义功能均得到了增强，能够改进材质编辑工作流。如停靠功能可以将“Slate材质编辑器”停靠到3ds Max主界面中，只需要将SME拖放到所需位置，如图1–11所示。

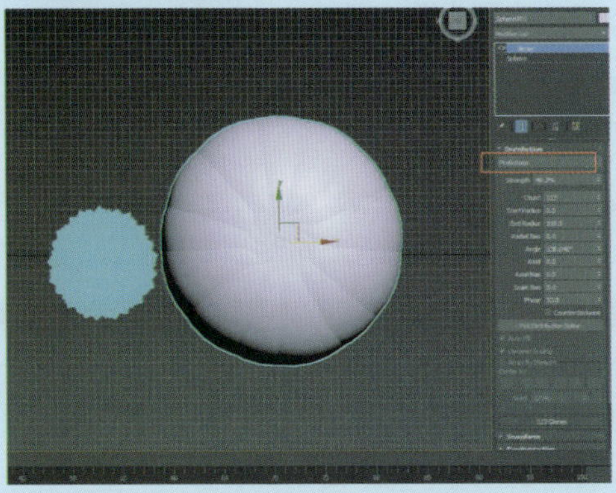

图 1–10

图 1–11

6. 性能与工作流程的改进

3ds Max 2024针对一些主修改器也进行了性能改进。使用“编辑网格”修改器或“可编辑网格”基础对象时，“自动平滑”的速度至少提高了10%。工作流程方面改进了修改器堆栈中的新搜索过滤器，可按名称搜索修改器。

1.2 认识3ds Max 2024的工作界面

3ds Max 2024的界面含义与其他常用的平面设计软件不同，平面设计软件在空间上是二维的，工作空间只有长度和宽度，因此用户不会产生空间感方面的困惑。而3ds Max 2024是用计算机模拟一个真实的三维空间，用户就像在真实的世界工作一样，来确定物体的空间尺度以及其在空间中的真实位置。

微课：界面介绍

1.2.1 启动3ds Max 2024

安装3ds Max 2024之后，双击桌面上的启动图标，待启动界面结束就会进入工作界面。3ds Max 2024的工作界面由标题栏、菜单栏、主工具栏、视图区域、命令面板、时间尺、状态栏、时间控制按钮、视图导航控制按钮、Ribbon和场景资源管理器等部分构成，如图1-12所示。视图区域为最大的区域，其又由四个视图构成，默认是“顶视图”“前视图”“左视图”以及“透视图”。

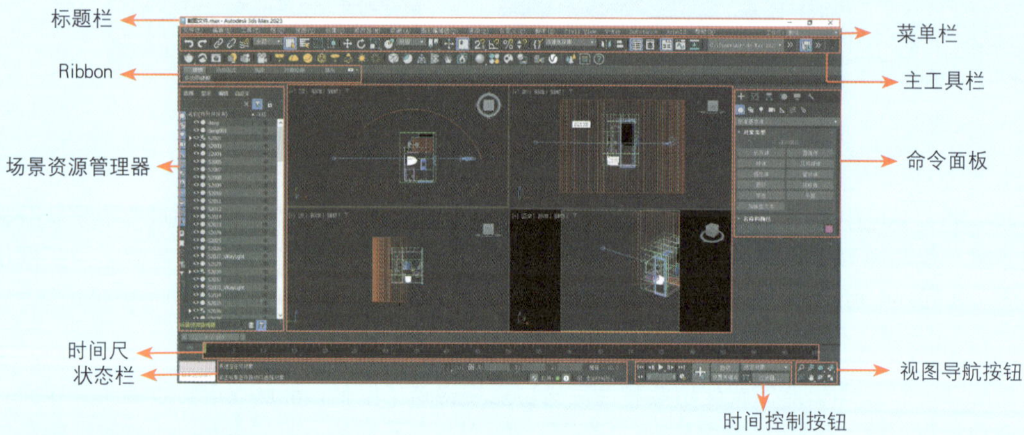

图 1-12

1.2.2 菜单栏

3ds Max 2024的“菜单栏”与标准的Windows应用程序相似，分为16个项目，位于界面的上方，如图1-13所示。

图 1-13

菜单中的命令如果带有省略号，表示会弹出相应的对话框；如果带有小箭头表示还有次一级的菜单；有快捷键的命令右侧会显示相应的快捷键，大多数命令都可以直接执行。如图1-14所示为次一级菜单。

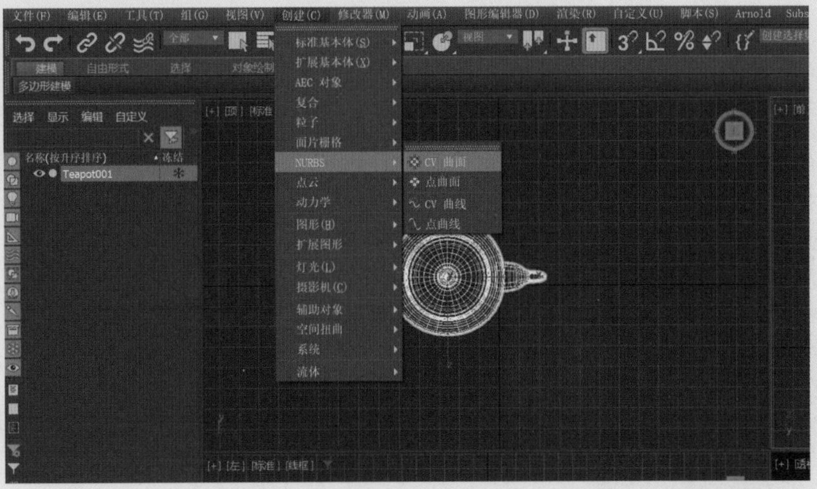

图 1—14

各个菜单的功能如下：

“文件”菜单：包含文件管理命令，如新建、重置、打开、保存、另存为等。

“编辑”菜单：用于对场景中的物体进行选择、编辑、暂存、取回等操作，以及对对象的属性进行设置。

“工具”菜单：用于帮助用户改变场景中的对象，特别是对象的集合。

“组”菜单：用于对场景中的对象进行成组、分解组、打开组、结合组、分离组和炸开组的操作。

“视图”菜单：用于设置和控制3ds Max视图的相关命令，如设置背景、设置网格等。

“创建”菜单：用于创建标准几何体、扩展几何体、图形、相机、灯光、粒子系统、辅助物体等。

“修改器”菜单：提供了对物体进行修改编辑的所有命令，并按照不同的作用对命令进行分类。

“动画”菜单：提供了与动画相关的命令，包括IK求解器、动画控制器，动力学反应堆等。

“图形编辑器”菜单：提供了轨迹视图和分解视图两个命令，用于对动画进行控制。

“渲染”菜单：提供了渲染、视频合成、环境和创建预览等功能。

“自定义”菜单：用于定制3ds Max的用户界面，还可以定制快捷键、颜色、菜单等。

“脚本” 菜单：用于新建、打开、运行脚本等，使用的是3ds Max的内建脚本语言。

“帮助”菜单：提供了3ds Max 2024的在线帮助功能，主要包括用户手册、教材、附加帮助、安装基础知识。

Substance菜单：可构建用于常用渲染器的明暗器网络，并可以在 Slate 材质编辑器中导入 Substance 材质。可以使用动画编辑器创建、管理和使用内嵌预设以及关键帧的 Substance 参数。

Arnold菜单：默认渲染器，支持通过界面进行交互式渲染。

1.2.3 命令面板

软件界面的右侧即命令面板。命令面板由“创建”“修改”“层次”“运动”“显示”“实用程序”6个面板组成。每个面板又包括动态卷展栏和命令面板按钮，如图1-15所示。

“创建”面板是最常用的，在“创建”面板下有7个常用的操作工具，如图1-16所示。

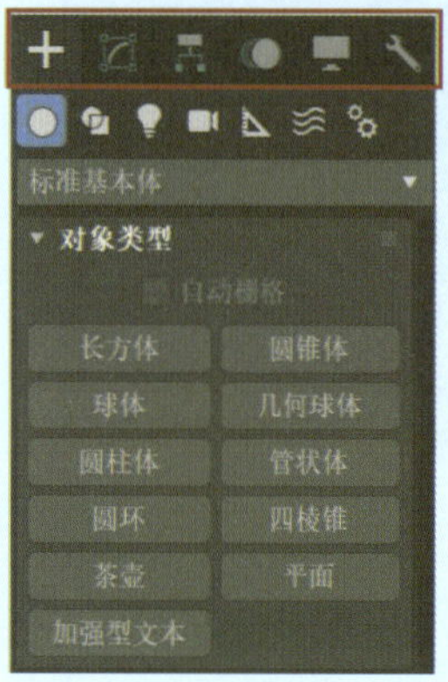

图 1-15

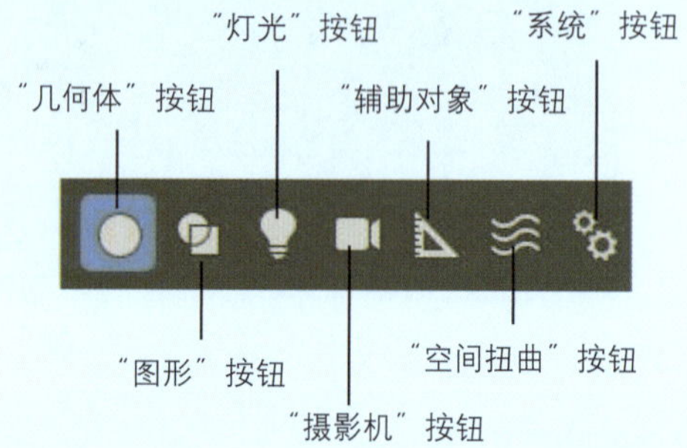

图 1-16

“几何体”按钮 ：不仅可以用来创建长方体、锥体、球体、圆柱体等基本几何体，也可以用来创建一些现成的建筑模型，如门、窗、楼梯、栏杆、植物等模型。

“图形”按钮 ：主要用来创建样条线和NURBS曲线。

“灯光”按钮 ：主要用来创建场景中的灯光。

“摄影机”按钮 ：主要用来创建场景中的摄影机。

“辅助对象”按钮 ：主要用来创建有助于场景制作的辅助对象，这些辅助对象可以定位、测量场景中的可渲染几何体，并且可以设置动画。

“空间扭曲”按钮 ：使用“空间扭曲”功能可以在围绕其他对象的空间中创建各种不同的扭曲效果。

“系统”按钮 ：可以将对象、链接和控制器组合在一起，以创建拥有行为的对象及几何体，包含“骨骼”“环形阵列”“太阳光”“日光”和“Biped”5个子按钮。

技巧 提示

个别面板命令过多而显示不全时，可以上下拖动整个命令面板来显示其他命令，也可以将鼠标指针放置于命令面板的边缘处以拖曳的方式将命令面板的显示方式更改为两排或者更多，如图1-17所示。

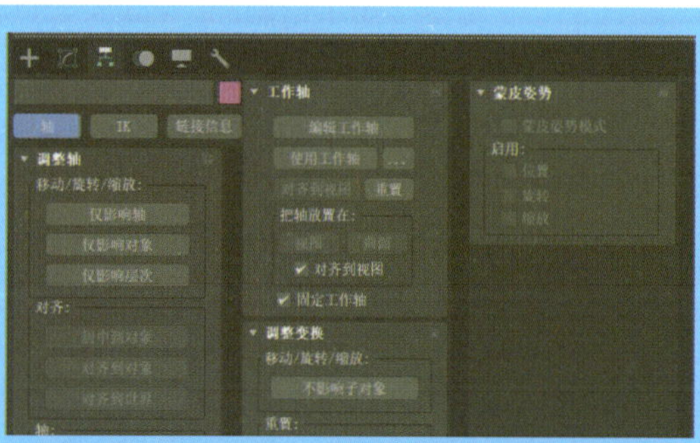

图 1-17

1.2.4 时间控件

时间滑块位于视图区域的下方，拖动滑块可以显示不同时间段内场景中物体对象的动画状态。默认状态下，场景中的时间帧数为100帧，帧数值可根据动画制作需要更改。用鼠标按住时间滑块并在轨迹栏上迅速拖动可以查看动画的设置，可以对轨迹栏内的动画关键帧进行复制、移动及删除操作，如图1－18所示。

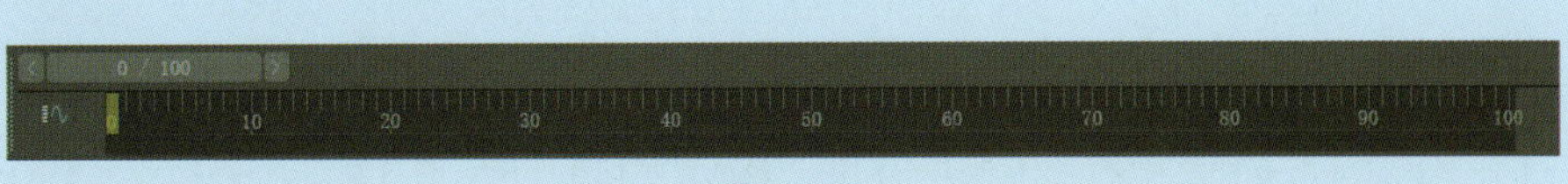

图 1－18

动画播放区与时间控件区相邻，分别用于控制场景动画播放以及在视图中进行动画设置。使用这些控件可随时调整场景文件中的时间来播放动画，如图1－19所示。

图 1－19

1.2.5 视图导航控件

视图导航区位于窗口的右下方，主要用来控制视图的显示。使用这些按钮可以缩放、平移和旋转活动的视图。在不同的视图下所显示的控件不同，如图1－20所示。各项控件常用的功能如表1－1所示。

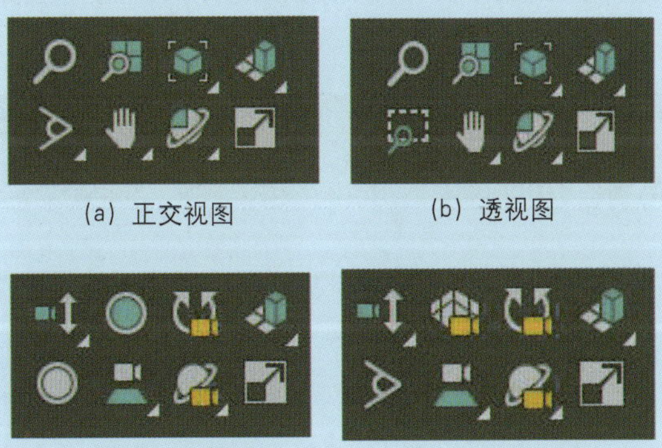

（a）正交视图　（b）透视图

（c）灯光视图　（d）摄影机视图

图 1－20

随着版本的变化，软件操作的快捷键会有所不同。老版本用户可以在新的软件版本中更改快捷键。

表1-1　视图导航区常用控件的功能

控件	名称	使用说明	快捷键
	缩放	在视图中，向上或向下拖动鼠标即可放大或缩小当前被激活视图	推动鼠标滚轮或Ctrl+Alt+中键
	缩放所有视图	在视图中，向上或向下拖动鼠标即可放大或缩小所有视图	
	最大显示对象	最大显示当前视图中所有的对象	
	最大显示选定对象	最大显示当前视图中被选定的对象	
	最大显示所有视图对象	在所有视图中，最大显示视图中所有的对象	Ctrl+Shift+Z
	所有视图最大显示选定对象	在所有视图中，最大显示视图中选定的对象	Z
	缩放区域	拖动鼠标，缩放选定区域	
	平移视图	上下左右移动视图	鼠标中键
	环绕子对象	可直接拖动旋转视图，也可以拖动四个控制柄，水平或垂直旋转	Alt+中键
	选定的环绕	旋转视图时，以选定对象的中心为旋转中心	
	最大化视图切换	单击一次单屏显示，再次单击显示所有四个视图	Alt+W

1.2.6　信息提示区

信息提示区主要用于显示当前系统的状态信息，包括选定对象的数目、类型变换值和栅格数目等信息，并提示下一步进行什么操作，常用的有锁定开关、物体坐标位置、网格间距，如图1-21所示。

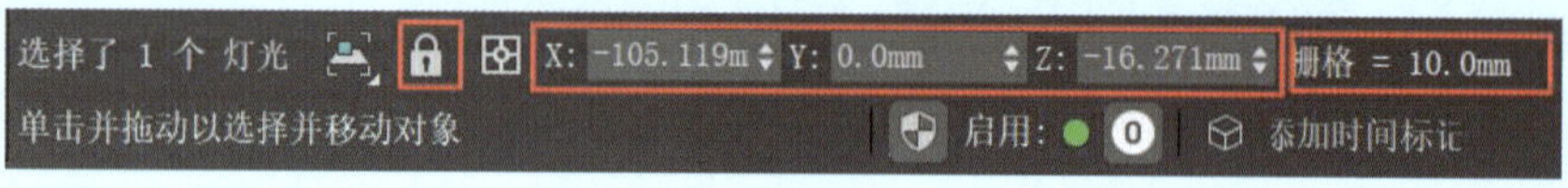

图 1-21

1.3　3ds Max 2024视图操作

首次打开3ds Max 2024的时候，系统默认以四个视图进行划分显示，即“顶视图”“前视图”“左视图”“透视图”，这是标准的视图划分方式。

1.3.1　视图的类型

默认状态下，左上方的为“顶视图”，顶视图展示了三维空间中物体的俯视效果，在这种视图状态下可以对物体进行前后、左右的移动操作，并对物体的长、宽进行修改，如图1-22所示。右上方为“前视图”，前视图展示了三维空间中物体的正视效果，在这种视图状态下可以对物体进行上下、左右的移动，并对物体的高度和宽度进行修改，如图1-23所示。

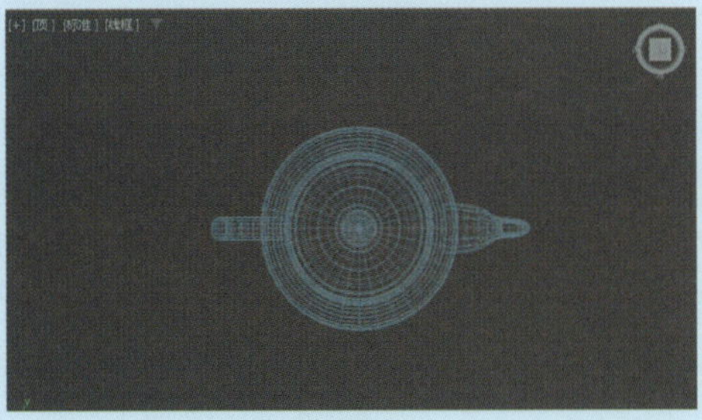

图 1-22

图 1-23

左下角为“左视图”，左视图展示了三维空间中物体的左视的效果，即从左侧来观察物体，可以上下、前后移动模型，并对物体的高度和长度进行修改，如图1-24所示。

上面所说的三个视图统称“正交视图”，能够方便用户对某个正面进行观察和操作。而要观察到立体的效果，则必须通过“透视图”来进行观察，如图1-25所示。

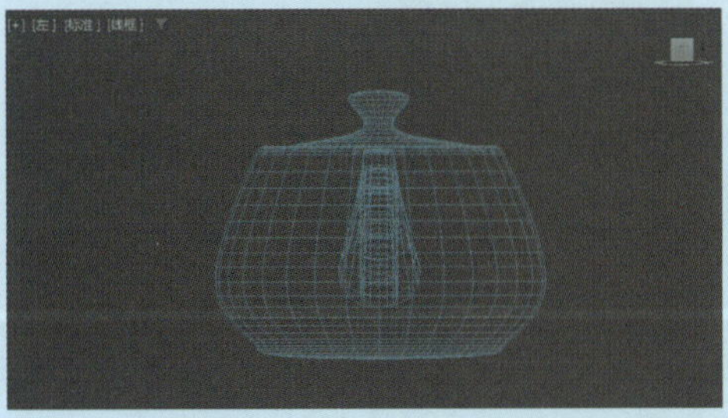

图 1-24

图 1-25

技巧 提示

现实生活中，人眼观看远近景物的透视规律如下：物体远近不同时，人对物体大小的感觉不同，愈近愈大，愈远愈小，最远的小点会消失在地平线上；有规律地排列或互相平行的线条，越远则观察到线条越靠拢和聚集，最后会聚为一点而消失在地平线上；物体的轮廓线条距离视点越近越清晰，越远则越模糊。但是在做效果图的过程中，“透视图”不能满足观察的需要，因此在生成最终效果时，通常使用“摄像机视图”，通过摄像机来展示观察效果，如图1-26所示。

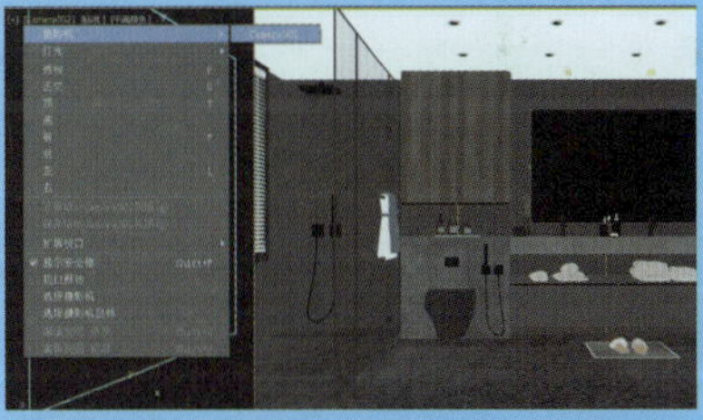

图 1-26

可以在视图控制区中，右击来打开“布局”面板。将鼠标指针放在窗口的边界上，按住并拖动可以随意地改变窗口的大小，如图1-27所示。在窗口边界上右击，选择“重置布局 ”命令可以恢复默认的视图布局。

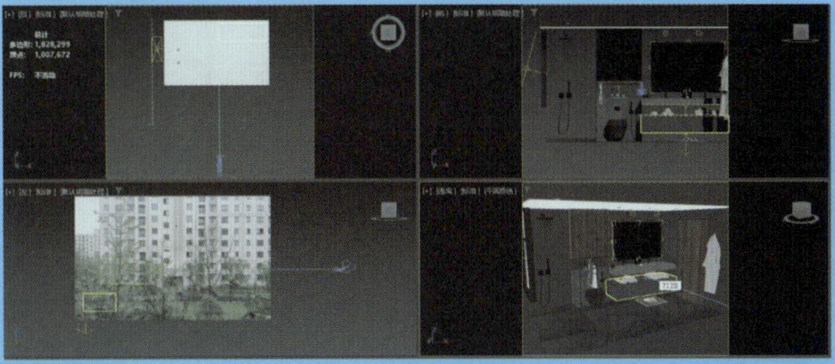

图 1-27

1.3.2 视图区域

标准的视图区域主要用于视图的编辑操作，是操作界面中最大的一个区域，也是3ds Max中用于实际操作的区域。视图分为正交视图、用户视图和透视图，通常的建模工作就是在这些视图中完成的，默认状态下为单一的视图显示，通常使用的状态为正交视图显示，包括顶视图、左视图、前视图和透视图，通过这些视图可以从不同的角度对场景中的对象进行观察和编辑。正交视图是来自六个方向的投影视图，包括“顶视图”“底视图”“前视图”“后视图”“左视图”和“右视图”，它们两两相对，可以通过快捷键进行快速切换，快捷键为对应视图英文单词的开头字母。

3ds Max 5.0版本后取消了“后视图”和“右视图”的快捷键。若要切换该视图，可在视图标识上右击，在弹出的菜单中选择相应的视图名称；也可使用快捷键V，然后在弹出的“视图”对话框中进行选择。如图1–28所示。

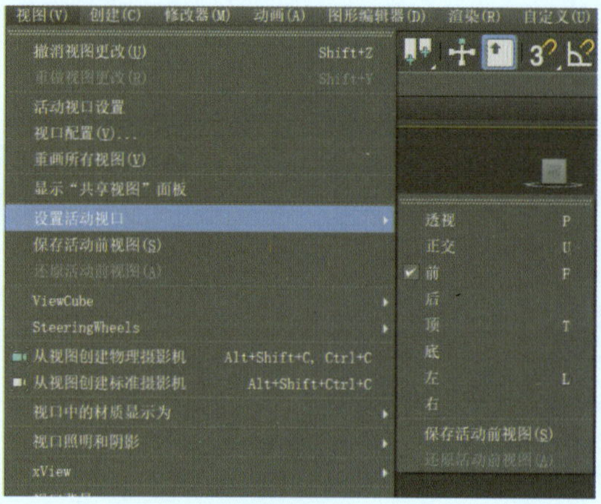

图 1–28

1.3.3 个性化用户界面

在进行正式的软件基本操作前，可以将当前软件的参数设置成符合个人日常习惯的参数。

1. 操作界面设置

3ds Max 2024默认的界面颜色相对较深。对于习惯以前版本界面的用户来说，可以通过自定义UI的方式，将界面颜色切换到以前版本的颜色。

操作步骤为：打开“自定义”菜单，选择“加载自定义用户界面方案”命令，弹出的界面如图1–29所示，然后选择其他界面样式文件，单击“打开”按钮，操作界面就切换到以前版本的颜色。

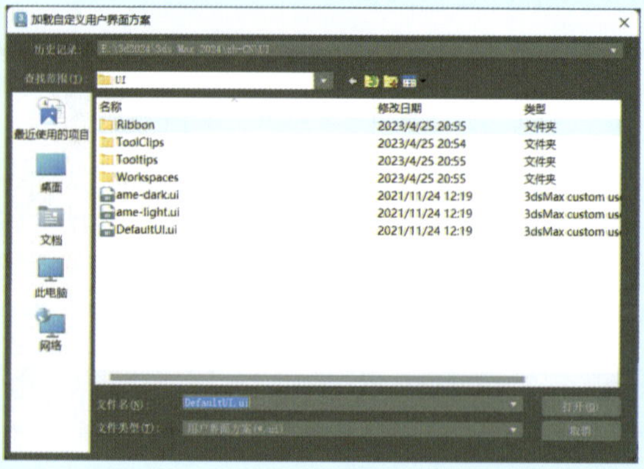

图 1–29

2. ViewCube视图立方体

ViewCube视图立方体也称三维视图导航器，当前视图最大化显示后，通过该工具可以快速地切换到不同方向查看效果。该工具默认为启动状态，若不需要使用，可以按Ctrl+Alt+V组合键或执行“视图”菜单里“ViewCube”→“显示ViewCude”命令将其关闭。

若需要设置视图立方体的属性，可以将鼠标指针置于ViewCube区域并右击，在弹出的快捷菜单中选择“配置”命令，如图1-30所示。在弹出的“视口配置”对话框中，可以根据实际需要设置显示属性，如图1-31所示。

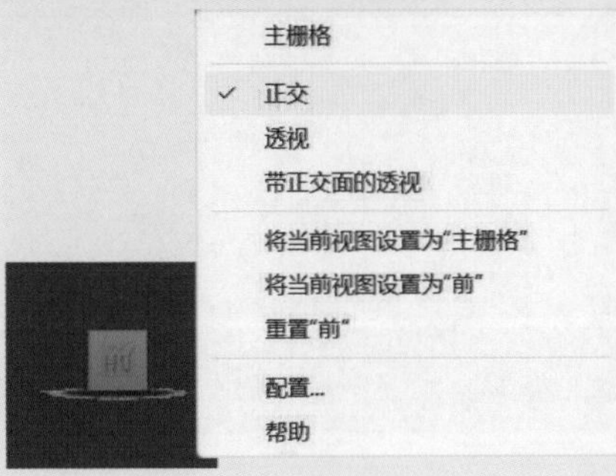

图 1-30

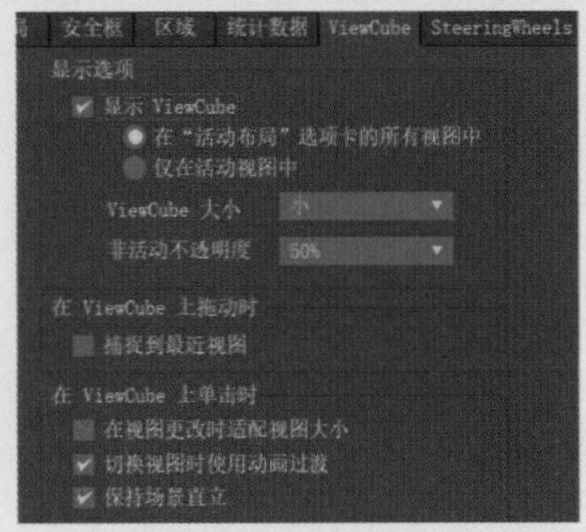

图 1-31

3. 单位设置

使用3ds Max 2024制作效果图时，尺寸单位的设置很重要。精确的单位设置会在后期的材质编辑、灯光调节中起到重要的作用。在文件正式创建之前，需要设置场景单位。选择“自定义”→“单位设置”菜单命令，在“单位设置”对话框中，可以看到默认的“显示单位比例”为“通用单位”。现在，重新设置“显示单位比例”为“公制”，并将“公制”的显示单位设置为“毫米”；在“单位设置”对话框中，单击“系统单位设置”按钮，即可弹出“系统单位设置”对话框，在“系统单位设置”对话框中，设置“1单位=1.0毫米”，单击“确定”按钮，完成单位设置，如图1-32所示。

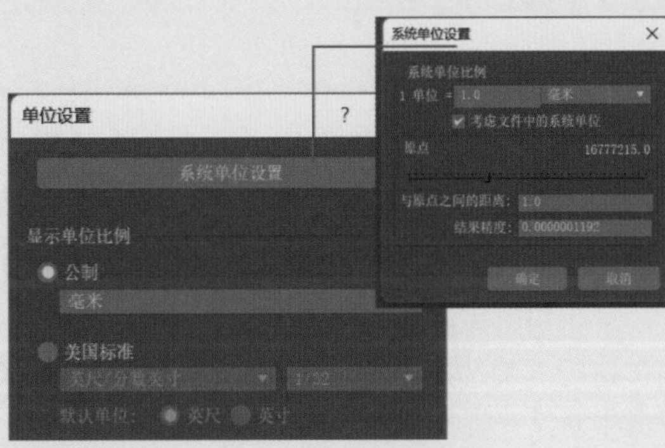

图 1-32

1.4 3ds Max 2024主工具栏的使用

在3ds Max 2024菜单栏下有一行工具栏，使用频率非常高，称为“主工具栏”，包含常用的编辑工具，如撤销、重复、选择、移动、旋转、材料编辑器、渲染等。

1.4.1 工具栏的基本操作

1. 撤销和重做

单击主工具栏中的撤销按钮 ，可以取消上一次的操作结果，与“编辑”→“撤销”菜单命令功能相同，快捷键为Ctrl+Z。单击撤销按钮右侧的下拉箭头，即可以进入撤销动作列表。

单击主工具栏中的重做按钮，可以取消上一次“撤销”命令的效果，与“编辑”→“撤销”菜单命令功能相同，快捷键为Ctrl+Y。单击撤销按钮右侧的下拉列表箭头，可进入重做动作列表，如图1–33所示。在这个列表中，可以知道每一步操作的内容。按Shift键可以连续选择操作。在3ds Max中，默认的可撤销次数为20次，也就是系统可以保留20条操作记录，当然，也可以选择“自定义”→“首选项”菜单命令，打开“首选项设置”对话框，单击“常规”选项卡，在“场景撤销”选项中设置可撤销的次数，如图1–34所示。

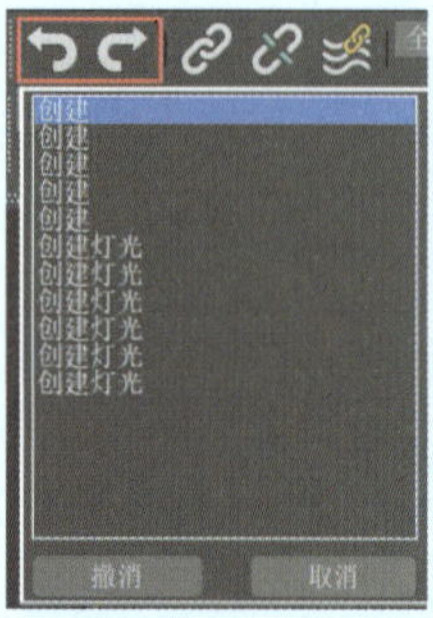

图 1–33

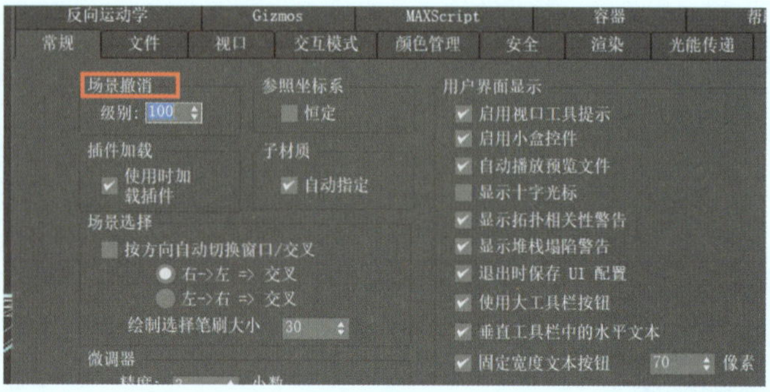

图 1–34

技巧 提示

在制作过程中，有很多操作是不允许撤销的，例如修改命令面板中的某些参数、改变屏幕视图显示等。如果遇到不能使用撤销命令的情况，应该在操作之前执行“编辑”→“暂存”命令，这之后如果要撤销修改，执行菜单命令“编辑”→“取回”命令即可。

2. 选择对象

“选择并链接”按钮：用于将两个或多个对象链接为父子层次关系。

“断开当前选择链接”按钮：用于解除两个对象之间的父子层次关系。

“绑定到空间扭曲”按钮：将当前选中的对象附加到空间扭曲。

“选择过滤器”下拉列表全部：可以通过此下拉列表来屏蔽其他物体而对特定类型的物体进行准确选择，默认设置为“全部”，即不产生过滤效果。选择过滤器适合用于在复杂场景中对某一类物体进行单独选择并进行操作，如图1–35所示。

“选择对象”按钮：单击按钮或使用Q键，系统即处于选择状态，直接单击物体就可以将物体选择，被选择的物体以白色线框方式显示，如果系统处于实体显示模式，则右上角显示一个白色的八角边块，如图1–36所示。

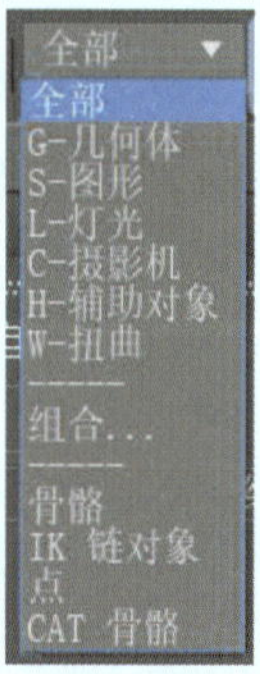

图 1–35

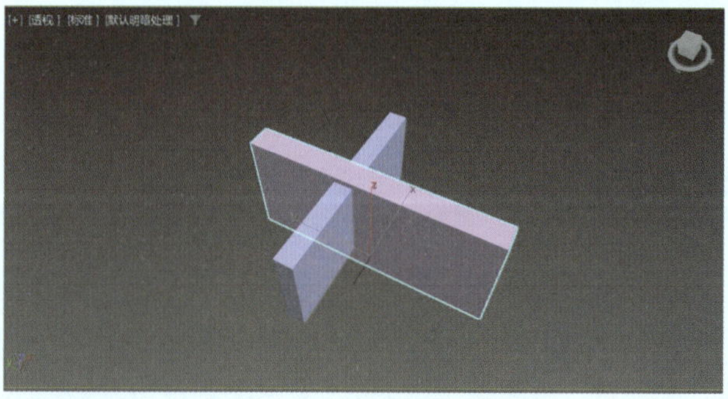
图 1–36

技巧 提示

除直接单击选择外，还可以使用虚线框进行框选，这样可以一次选择多个物体，配合Ctrl键可进行加选，配合Alt键可进行减选。

3. 按名称选择

单击主工具栏中的“按名称选择”按钮，打开“从场景选择”对话框，可以通过物体的名称来选择物体，这种方式快捷、准确，便于在复杂的场景中对物体进行选择，但是这也要求对物体起名时要保证名字有代表性，以便于识别，如图1-37所示。

技巧 提示

还可以通过“编辑”→“选择方式”→“名称”菜单命令，或是通过按H键来调出“从场景选择”对话框。

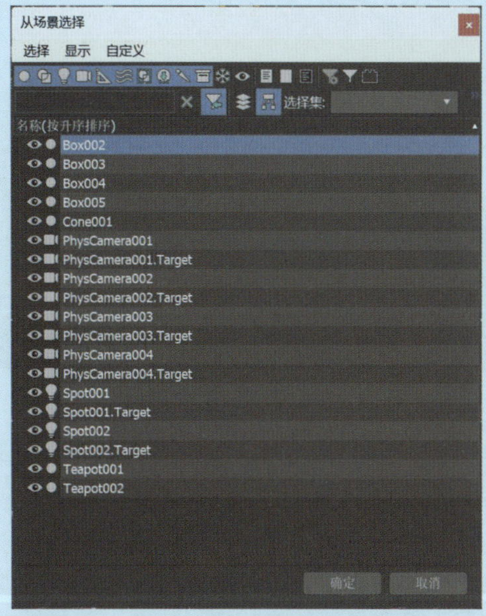

图 1–37

4. 选择区域

主工具栏中的按钮为用户提供了矩形、圆形、围栏、套索和画笔五种选择方式，但需要配合选择按钮和变换按钮、、来使用。

“矩形选择区域”按钮：拉出矩形选择框，长按该按钮，可以在弹出的下拉菜单中选择不同形状的选择区域。

“窗口/交叉”按钮：单击该按钮，可以在“窗口”模式和“交叉”模式之间切换。当使用交叉选择框选方式时，虚线框所涉及的所有物体都能被选中，即使物体只有一部分被包含在框选范围内。当使用窗口选择框选方式时，只有完全被包含在虚线框内的物体才能被选择，部分在虚线框内的物体不能被选择。

5. 选择和变换

“选择并移动”按钮、“选择并旋转”按钮、“选择并均匀缩放”按钮都属于变换工具，也具有选择的功能。移动、旋转、缩放分别对应的快捷键是W、E、R。

“选择并移动”按钮能够根据定义的坐标系和坐标轴对物体进行移动。可以通过操纵坐标轴来控制移动，直接将鼠标放在相应的轴上，该轴会变成黄色，然后拖动鼠标即可移动物体，如果将鼠标放在两条轴的夹角上，相应的两条轴也会变成黄色，拖动鼠标可以将物体向两个方向移动，如图1-38所示。

图 1–38

当移动工具开启时，在其按钮上右击，可以在弹出的对话框内通过输入数值来改变物体的位置，也可以选择“编辑”→“变换输入”命令，打开对话框，如图1–39所示，在这里可以通过“绝对坐标值”和“相对坐标值”进行物体的移动变换。

“选择并旋转”按钮可以对选择的物体进行旋转操作，同样可以根据定义的坐标系和坐标轴来旋转，如图1–40所示。

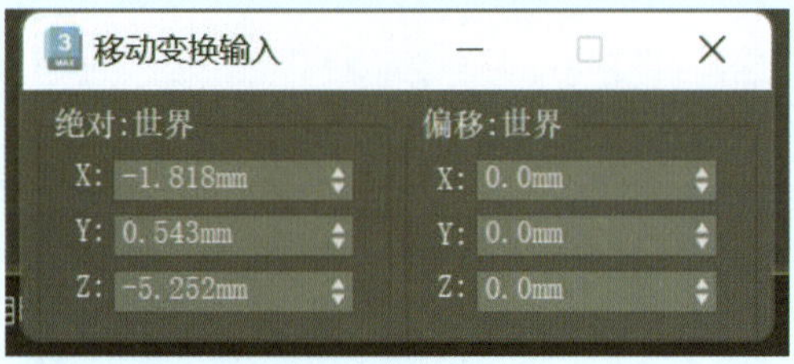

图 1–39

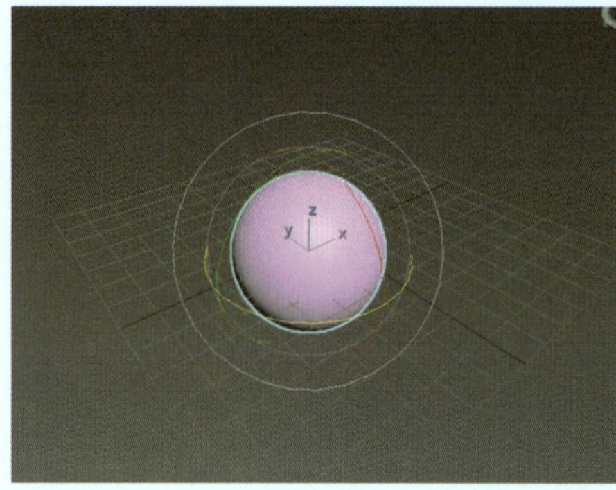

图 1–40

拖动单个轴，可以对物体进行单方向上的旋转，红、绿、黄3种颜色分别对应X、Y、Z3个轴，当选中一个轴时，该轴会显示为黄色。

内圈的灰色圆弧可以对物体进行空间上的旋转，即，使物体在3个轴上同时进行自由旋转。外圈的灰色圆弧可以在当前视图角度的平面上对物体进行旋转。另外，旋转物体时，当前视图上还会显示旋转的扇形角度，正向轴上还可以看到切线和角度数据，如图1–41所示。

当旋转工具开启时，在其按钮上右击，可以在弹出的对话框内通过输入数值来改变物体的位置。要按照固定的角度旋转，可以单击主工具栏上的“捕捉开关”按钮，开启角度捕捉功能，右击该按钮，在弹出的对话框中设置合适的旋转角度，如图1–42所示。

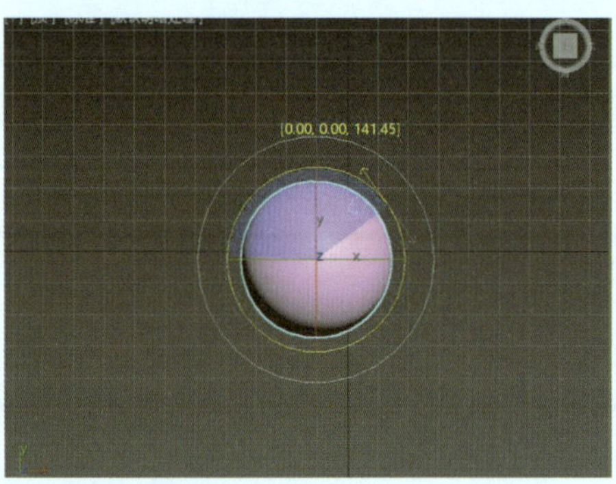

图 1–41

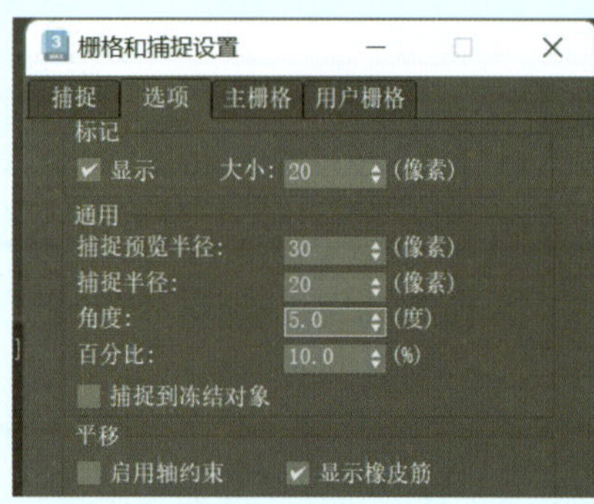

图 1–42

“选择并缩放”工具包括3个缩放工具，产生3种不同的缩放形式，如图1–43所示。其中“选择并均匀缩放”在3个轴上做等比例的缩放，只改变物体大小，不改变形状。“选择并非均匀缩放”在指定的坐标轴上对物体进行非等比例缩放，物体体积和形状都发生了变化。“选择并挤压”在指定的坐标轴上对物体做挤压变形，物体保持体积不变，但是形状发生变化。

(a)选择并均匀缩放　(b)选择并非均匀缩放　(c)选择并挤压

图 1-43

技巧 提示

在使用上述3种缩放工具时，可以使用以下3种方法。

●拖动内部中心的三角区域可以对物体进行等比例缩放。

●拖动单个轴，可以对物体进行单个方向上的放缩。红、绿、蓝3种颜色分别对应X、Y、Z 3个轴，当选中某个轴时，该轴会显示为黄色。

●拖动外侧的三角形区域可以在双方向上同时进行缩放。

6．窗口/横跨

选择一个物体后，按下空格键会弹出窗口，如图1-44所示。常用功能如下。

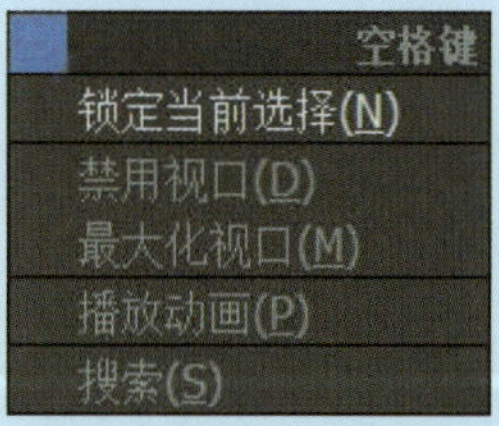

图 1-44

“锁定当前选择”：注意状态栏上的“选择锁定切换”按钮的颜色，按钮为黄色时，此时将无法选择其他物体，再次按下“锁定当前选择”，则关闭选择锁定功能。

“最大化视口”：将当前视图最大化。

1.4.2 视图坐标控制

“参考坐标系”列出了所有可以指定的变换操作，如移动、旋转、缩放等所使用的坐标系统，如图1-45所示。

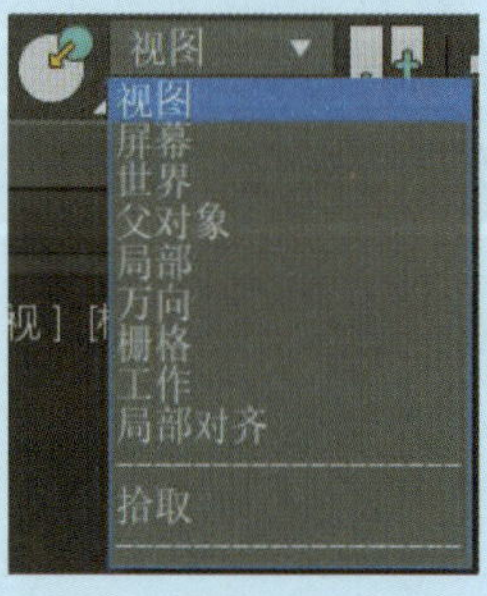

图 1-45

“视图”坐标系统：这是默认的坐标系统，也是最为普遍的坐标系统。实际上，视图坐标系统是世界坐标系统与屏幕坐标系统的结合，在正交视图（如顶视图、前视图、左视图等）中使用屏幕坐标系统，在“透视图”中使用世界坐标系统。

“屏幕”坐标系统：在所有的视图中都使用与屏幕平行的“主栅格平面”，该平面中X轴为水平方向，Y轴为垂直方向，Z轴为景深方向，所以不同视图中的X、Y、Z轴对于物体的含义是不同的。

“世界”坐标系统：从前方看，X轴为水平方向，正方向向右；Z轴为垂直方向，正方向向上；Y轴为景深方向，正方向指向屏幕内。坐标轴在任何视图中都固定不变，以它为坐标系统可以保证在任何视图中都有相同的操作效果。

“局部”坐标系统：使用物体自身的坐标轴作为坐标系统。在使用局部坐标系统的情况下，物体将以自身坐标轴为中心进行变形。当多个物体进行变形时，它们会各自以自身的坐标轴为中心进行变形。

“万向”坐标系统：主要配合离合XYZ旋转动画控制器使用，类似于自身坐标系统，但是在旋转时不用彼此正交。

“栅格”坐标系统：以栅格物体的自身轴作为坐标系统。

“工作”坐标系统：使用工作轴作为坐标系。

“拾取”坐标系统：拾取屏幕中的任意一个物体，以它的自身坐标系作为当前的坐标系统。

“父对象坐标系统”：使用选定对象的父对象作为坐标系，子物体保持与父物体的依附关系，在父物体所在的轴上发生变化。如果选定对象未链接至特定对象，则其为世界坐标系的子对象，其父坐标系与世界坐标系相同。

1.5 知识与技能梳理

3ds Max 2024是最优秀的三维制作软件之一，通过本章的学习读者能够掌握3ds Max基本操作的控制方法，熟悉3ds Max 2024的工作界面，为后面的学习打下良好的基础。

- 重要工具：工具栏、视图。
- 核心技术： 视图坐标控制、轴心点控制。
- 实际运用：3ds Max 2024视图的控制方法和工具栏的使用。

1.6 课后练习

一、选择题（共4题），请扫描二维码进入即测即评。

1. 在3ds Max 2024的工作界面中，可以用来帮助控制视图的显示模式，如线框模式、实体模式等的是（　　）。

A. 模型浏览器　　B. 设置管理器

C. 视图切换器　　D. 场景资源管理器

2. 3ds Max的大部分命令都集中在（　　）中。

A. 标题栏　　B. 菜单栏

C. 工具栏　　D. 状态栏

1.6 课后练习

3. 在3ds Max中，可以用来切换场景显示角度的是（　　）。

A. 视图　　B. 工具栏

C. 命令面板　　D. 状态栏

4. 在3ds Max中，可以实现撤销到前一步的方法是(　　)。

A. Ctrl+Z　　B. 编辑—重复　　C. 工具—删除　　D. 文件—导出

二、简答题

1. 3ds Max视图变换坐标系包括哪些系统？请选择1～2个做简要说明。

2. 3ds Max的工作界面主要由什么组成？

Chapter 2

3ds Max 2024基础模型创建

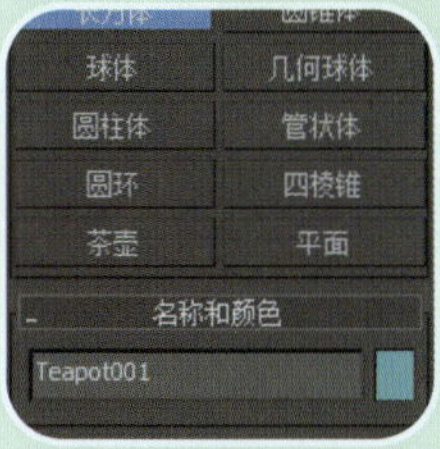

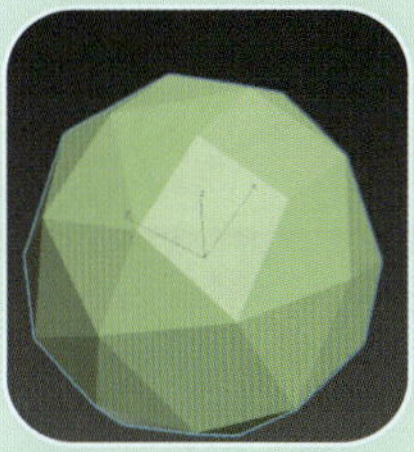

在3ds Max中创建模型的方法有很多，如二维创建、基本几何体创建、扩展几何体创建等，然后可以通过修改命令将模型编辑成不同的形状。因此读者在学习时应多培养清晰的制作思路。建模对项目的重要性犹如地基对于楼房，只有地基打得牢，后面的操作才会更加顺利。

本章主要讲解创建几何体的方法和技巧，通过本章内容的学习，读者可以设计制作出简单的三维模型。

学习要求	知识点	学习目标			
		了解	应用	创新	知识点
	建模常识			🚩	
	标准几何体的创建方法				🚩
	扩展基本体的创建方法	🚩			
	AEC扩展	🚩			

能力与素养目标

2.1 建模常识

建模就是建立模型。建模的思路主要是首先利用软件提供的各种几何体建立模型基本的结构，再对它们进行适当的修改，完成基础模型的搭建。

2.1.1 认识模型的创建

1. 建模是什么

通俗来讲，建模就是通过三维制作软件虚拟三维空间，构建出具有三维数据的模型，如图2–1所示。建模可以以最低的成本展示设计作品的直观视觉效果，同时也有利于修改有设计缺陷的作品。

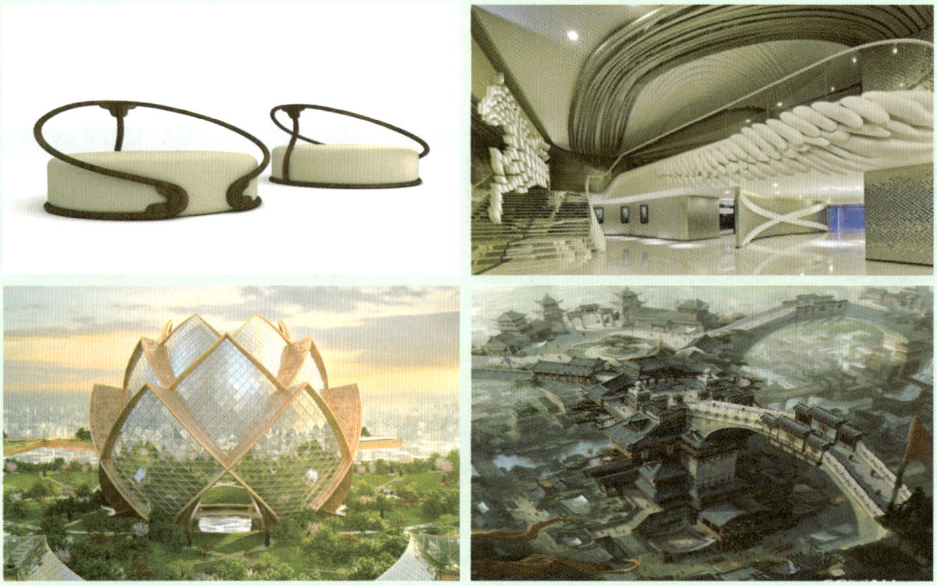

图 2–1

2. 建模的意义

对于3ds Max 2024的初学者来说，建模是学习的第一个步骤，也是基础，只有模型做得扎实、准确，才能避免在后面的渲染的步骤中反复修改建模时的错误，从而节省大量时间。

3. 常用的建模思路

一般来说，建模大致分为4个步骤，分别为梳理思路并确定建模方式、建立基础模型、细化模型和完成模型。

2.1.2 常用的建模方法

建模的方法很多，主要包括几何体建模、复合对象建模、样条线建模、修改器建模、网格建模、面片建模、NURBS建模和多边形建模等。其中几何体建模、复合对象建模、样条线建模、修改器建模、网格建模、NURBS建模应用最为广泛。下面进行简略的介绍。

1. 几何体建模

几何体建模就是利用3ds Max中自带的标准基本体、扩展基本体等模型建模。如使用长方体、球体、圆柱体等模型建模，并对其参数进行合理设置，最后使用修改器进一步调整模型。如图2-2和图2-3所示为使用几何体建模方式制作的模型。

图 2-2

图 2-3

2. 复合对象建模

复合对象建模是一种特殊的建模方式，使用复合对象可以快速制作出很多模型效果。复合对象包括变形、散布、一致、连接、水滴网格、图形合并、布尔、地形、放样、网格化、ProBoolean和ProCuttler，如图2-4所示为使用复合对象建模方式制作的模型。

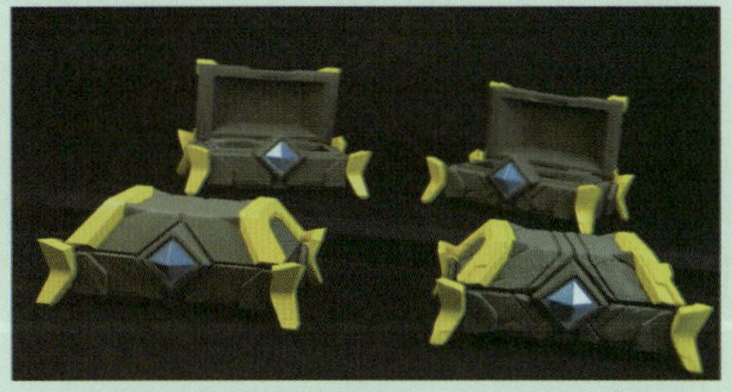

图 2-4

3. 样条线建模

使用样条线可以快速地绘制复杂的图形，也可以使用先绘制图形再添加修改器的方法将其快速转化为复杂的三维模型，如图2-5和图2-6所示为使用样条线建模方式制作的铁艺栅栏模型。

图 2-5

图 2-6

4. 修改器建模

“修改器”就是可以对模型进行编辑，改变其几何形状及属性的命令。修改器对于创建一些特殊形状的模型具有非常大的优势，因此在使用多边形建模等建模方法很难达到模型要求时，不妨采用修改器进行制作。如图2-7和图2-8所示为使用修改器建模方式制作的模型。

图 2-7

图 2-8

5. 网格建模

网格建模是3ds Max高级建模方法中的一种，与多边形建模的制作思路相类似，都是通过对几何体元素的编辑和操作，结合材质和贴图的运用来创建复杂的模型。使用网格建模可以进入网格对象的“顶点”“边”“面”“多边形”“元素”级别并编辑对象。并可以通过调整某级别的参数，以达到调节模型的效果，如图2-9所示。

6. NURBS建模

NURBS建模是一种非常优秀的建模方式，高级三维软件都支持这种建模方式。NURBS建模能够比传统的网格建模方式更好地控制物体表面的曲线度，从而能够创建更逼真、生动的造型，如图2-10所示为NURBS建模制作的模型。

图 2-9

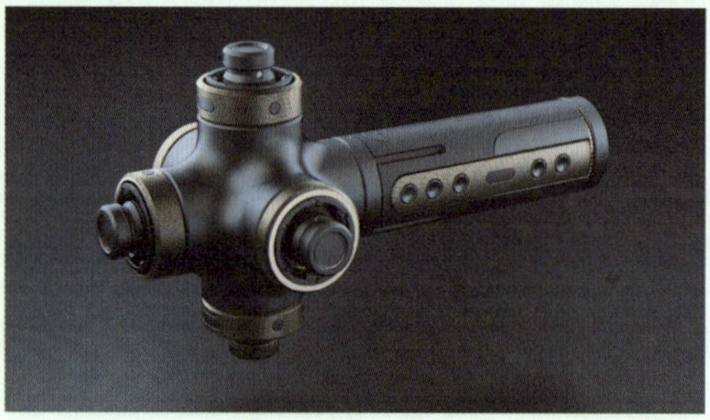

图 2-10

7. 多边形建模

多边形建模是最常用的建模方式之一，已经被广泛应用到游戏角色、影视角色、工业造型、室内外场景等模型制作中。多边形建模方法相比较网格建模，在编辑上更加灵活，其不同点在于网格建模只能编辑三角面，而多边形建模对面数没有任何要求，如图2-11所示是使用多边形建模方式制作的作品。

图 2-11

2.2 标准几何体的创建方法

启动3ds Max并进入操作界面，可以看到命令面板的默认选项为“创建”面板中的“标准基本体”选项，其下拉列表框如图2-12所示。在该选项下有11个按钮，代表11种标准基本体，分别是长方体、圆锥体、球体、几何球体、圆柱体、管状体、圆环、四棱锥、茶壶、平面以及加强型文本，如图2-13所示。

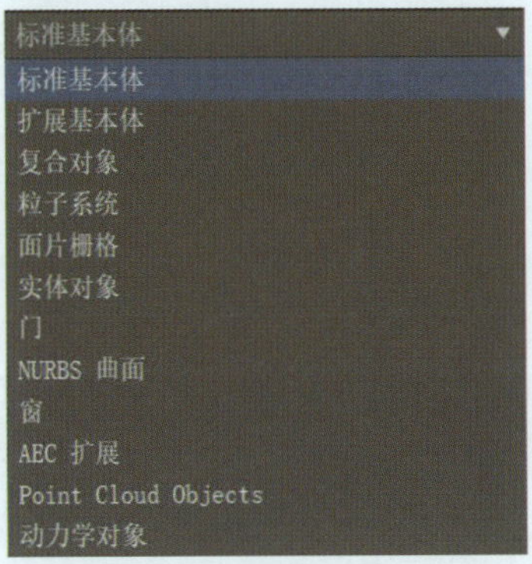

图 2-12

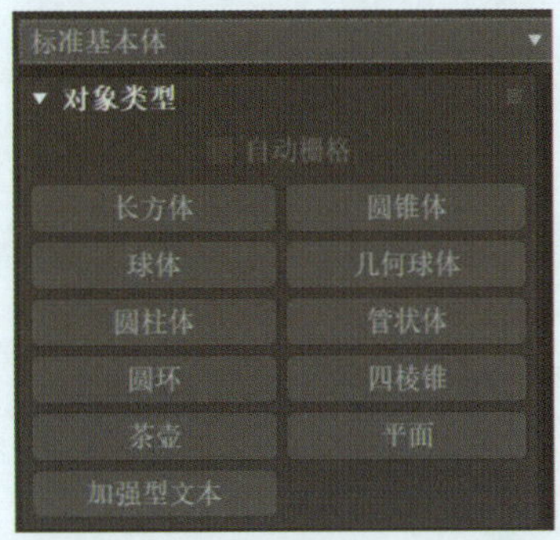

图 2-13

这11种标准基本体非常易于创建，单击选中后拖动鼠标即可完成。每一种几何体都有多种参数，调整其参数可以创建出不同形态的几何体，如圆锥体工具可以创建出圆锥、棱锥、圆台、棱台等。大多数工具都有切片参数，可以创建不同形态的扇形体。

2.2.1 长方体

长方体是最常用的标准基本体。可以缩放和改变其比例以制作不同种类的矩形对象，从大而平的面板和板材到高方柱和小块，均可通过长方体制作，示例如图2-14所示。

打开“创建”面板，单击“长方体”按钮，可以制作长度、宽度、高度不同的长方体。这时在“创建”命令面板的下方弹出“参数”卷展栏，如图2-15所示。长方体工具的参数比较简单，包括长度、宽度、高度以及对应的分段等。

图 2-14

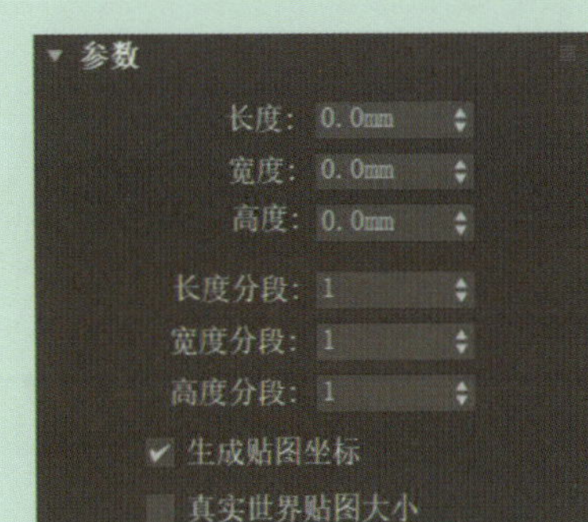

图 2-15

长度/宽度/高度：这3个参数决定了长方体的外形。

长度分段/宽度分段/高度分段：这3个参数用来设置沿着对象每个轴的分段数量。

创建长方体的步骤如下：

01 在“创建”命令面板中单击“长方体”按钮，以默认参数状态建立一个长方体。将鼠标指针移至命令面板左侧的视图区，在其中任意视窗中按下鼠标左键并沿对角线方向拖动鼠标，这时一个矩形出现在视图中。

02 放开鼠标左键，向上拖动鼠标挤出长方体的厚度，单击左键完成长方体的创建。此时无论如何移动鼠标，长方体都不会再变化，但是命令面板中的长方体按钮的底色仍是黄色，说明这时创建长方体的操作并未结束，必须右击结束该操作，这时长方体按钮底色恢复为默认显示方式，操作结束。创建效果如图2-16所示。

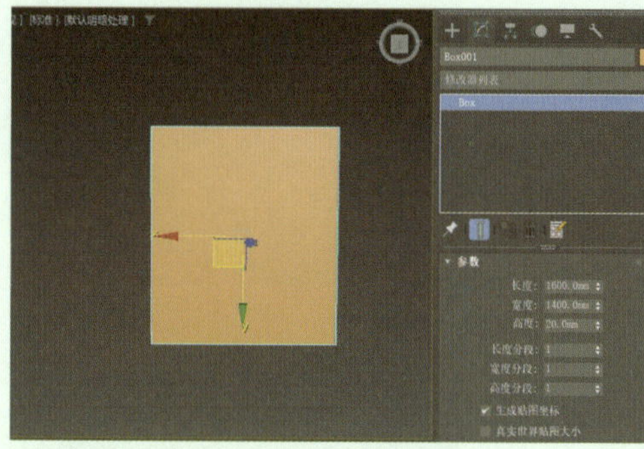

图 2-16

03 单击修改按钮，在“参数”卷展栏下对长方体的参数进行修改，如图2-17所示。

04 用鼠标拖动微调器或在数值区内直接输入数据，视图中长方体的大小会随之变化。然后增加盒子的细段数，设定长度分段为5、宽度分段为4、高度分段为1。视图中的长方体效果如图2-18所示。

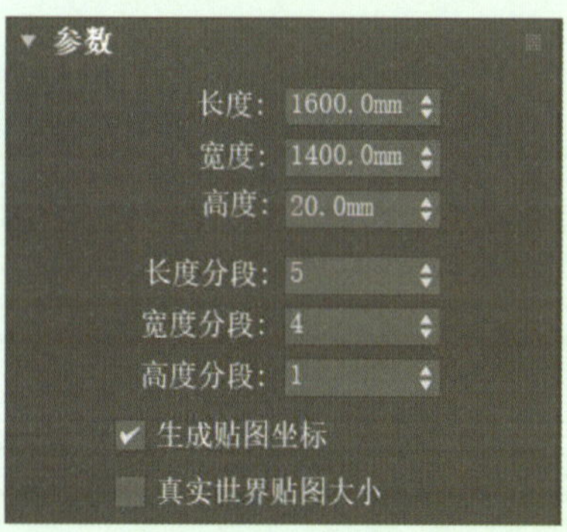

图 2-17

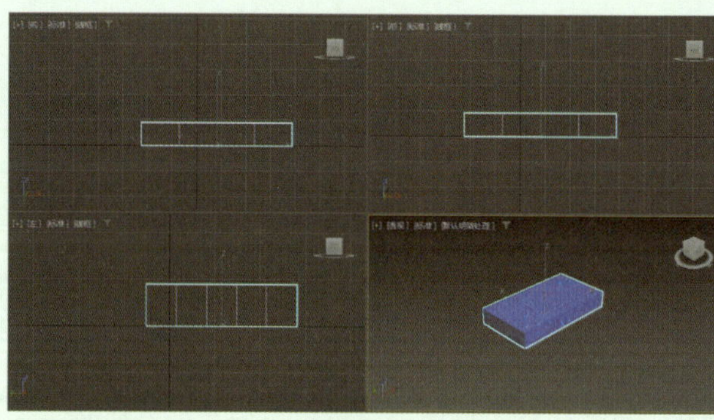

图 2-18

技巧 提示

此项分段操作可便于今后对长方体物体进行弯曲、挤压等变形操作，也可利用该分段长方体直接渲染生成网格物体。

小实例：利用长方体制作桌子

下面利用长方体工具制作桌子。

01 启动3ds Max 2024，选择“自定义”→“单位设置”菜单命令，弹出“系统单位设置”对话框，将“显示单位比例”和“系统单位比例”设置为“毫米”，如图2-19所示。

微课：利用长方体制作桌子

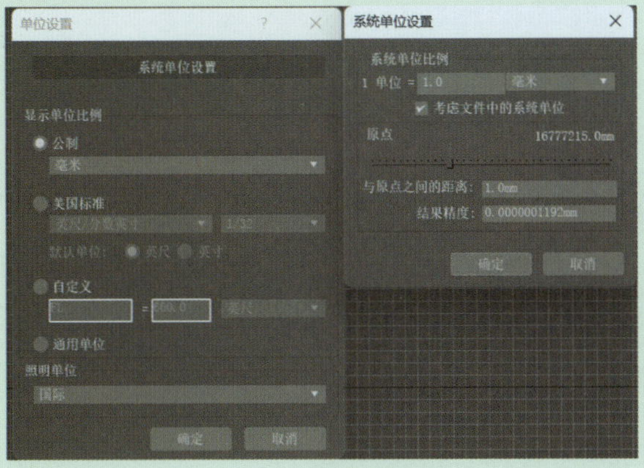

图 2-19

技巧 提示

建模前一定要进行单位设置，这样才会制作出非常标准的模型。如果不设置单位直接创建模型，即使模型在外观上看起来没什么问题，其实际的尺寸却不一定是正确的。一般来说，室内模型的制作以毫米作为计量单位；室外的大型模型则可以用米作为计量单位。设置好单位后，再制作模型时会默认使用之前设置的单位，所以以后再制作时就不用重复设置单位了。

02 在“创建”面板中单击“几何体”按钮，然后设置几何体类型为“标准基本体”，接着单击“长方体”按钮，并在透视图中创建一个长方体，然后单击“修改”按钮进入“修改”面板，接着在“参数”卷展栏中设置“长度”为550mm、“宽度”为550mm、“高度”为40mm，如图2-20所示。

03 继续使用“长方体”工具，在上一步创建的长方体的侧面创建新的长方体，然后在“参数”卷展栏中设置“长度”为40mm、“宽度”为40mm、“高度”为-410mm，如图2-21所示。

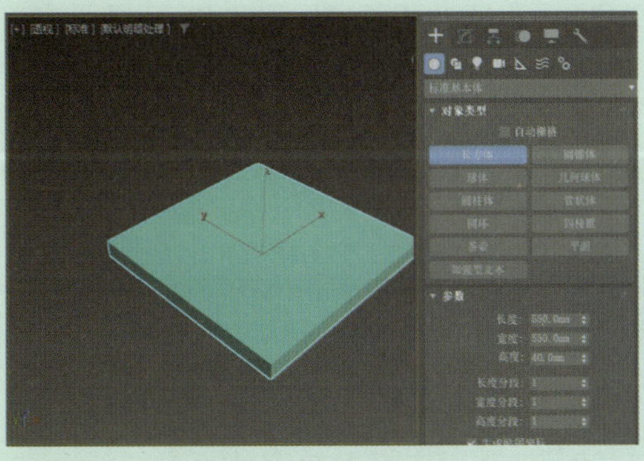

图 2-20

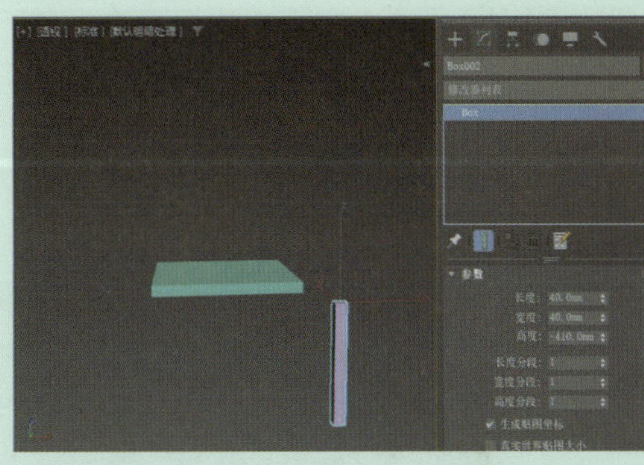

图 2-21

04 打开“捕捉开关”，使小长方体与大长方体的左下角重合，如图2-22所示。打开“绝对模式变换输入”按钮，设置“X”为30mm、“Y”为30mm，如图2-23所示。

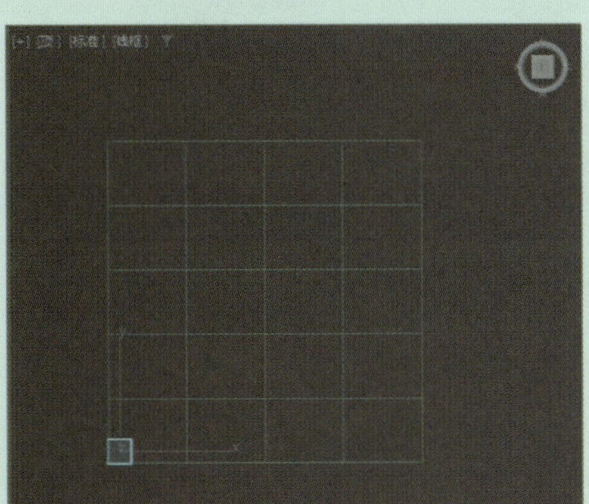

图 2-22

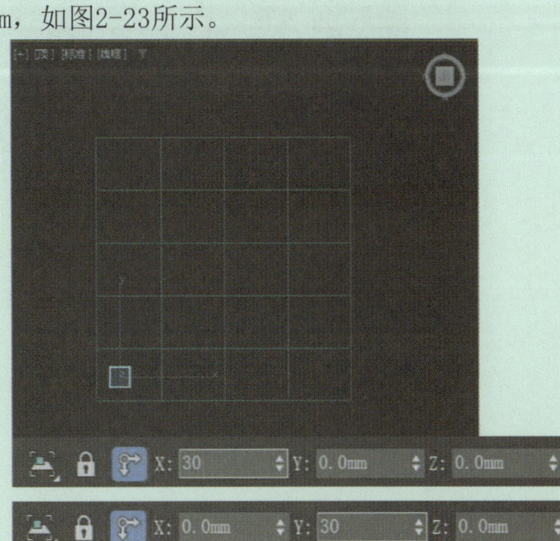

图 2-23

05 使用“选择并移动”工具，按住Shift键并拖曳所选择的模型，在弹出的“克隆选项”对话框中选中“实例”单选按钮，“副本数”设置为3，如图2-24所示。

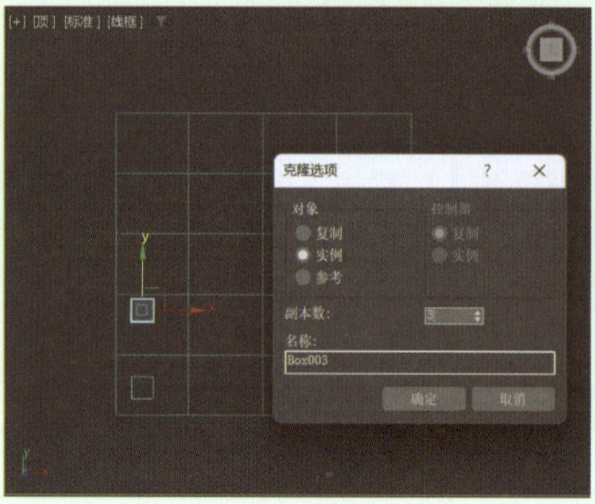

图 2-24

06 重复上述操作，打开“捕捉开关”将3个复制的副本分别与大长方体的左上角、右上角、右下角重合，打开“绝对模式变换输入”按钮，将左上角的小长方体的“X”设置为30mm、“Y”设置为-30mm；将右上角的小长方体的“X”设置为-30mm、“Y”设置为-30mm；将右下角的小长方体的“X”设置为-30mm、“Y”设置为30mm。最终效果如图2-25所示。

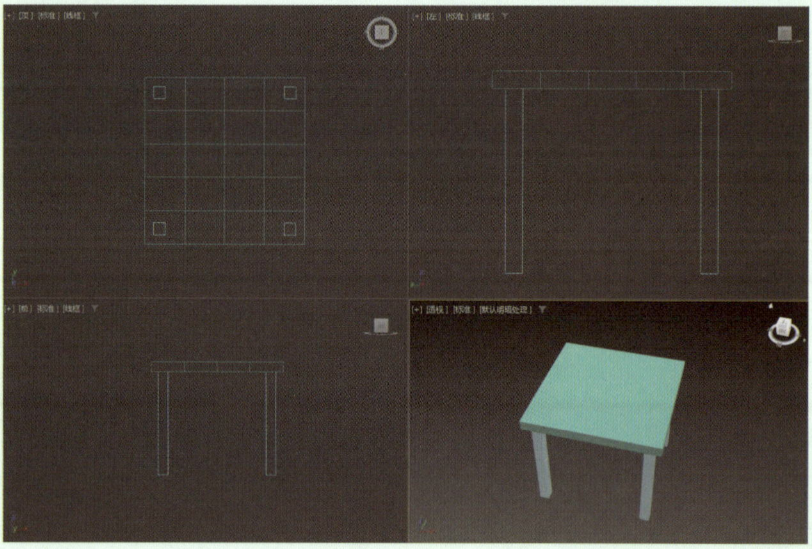

图 2-25

2.2.2 球体

球体工具可创建完整的球体、半球体或球体的其他部分，还可以围绕球体的垂直轴对其进行“切片”，示例如图2–26所示。单击“球体”按钮，如图2–27所示，可得到球体的“参数”卷展栏，如图2–28所示。

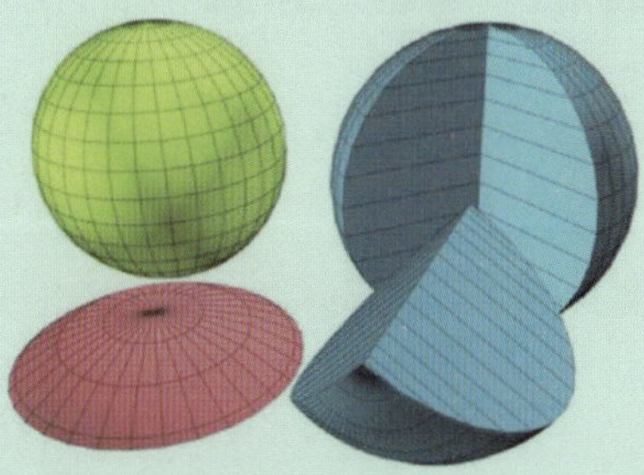

图 2–26

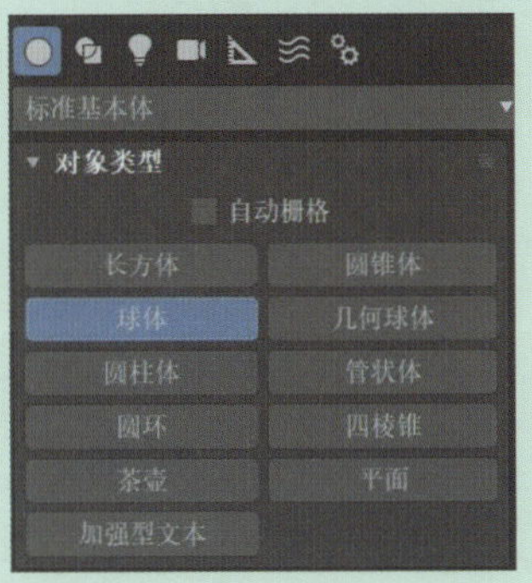

图 2–27

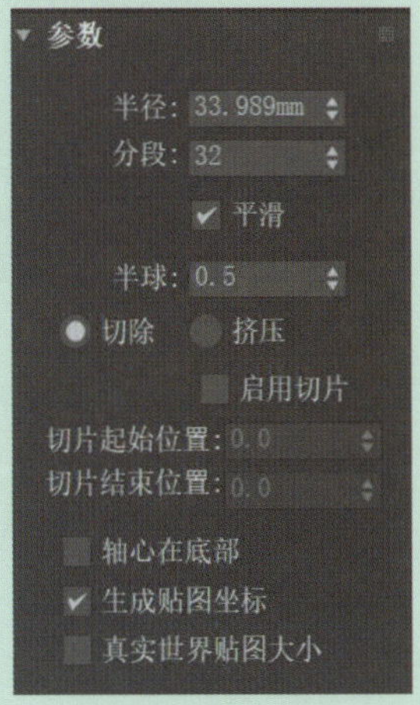

图 2–28

半径：用于设定球体半径。

段数：用于设定球体段数。

平滑：用于设定是否对球体进行光滑处理。

半球：可以使球体变为半球体。将选项值设置为0.5，球体造型如图2–29所示。

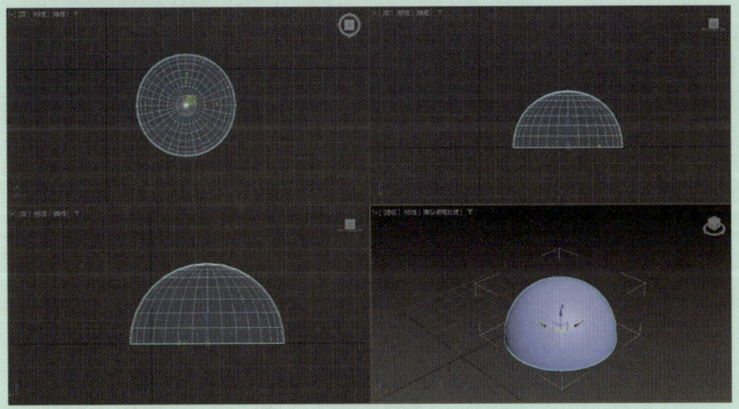

图 2–29

切除/挤压：在进行半球调整时起作用，在“切除”选项模式下，原来的网格划分数也被切除；在“挤压”选项模式下，原来的网格划分数被保留并挤入剩余的半球体。

启用切片：用于设定是否对球体进行切割，可用于制作不完整的球体。

切片起始位置、切片结束位置：分别设定切割的开始和结束角度。图2–30所示的是切片起始位置和结束位置分别为0.0和90.0时，球体的切片效果。

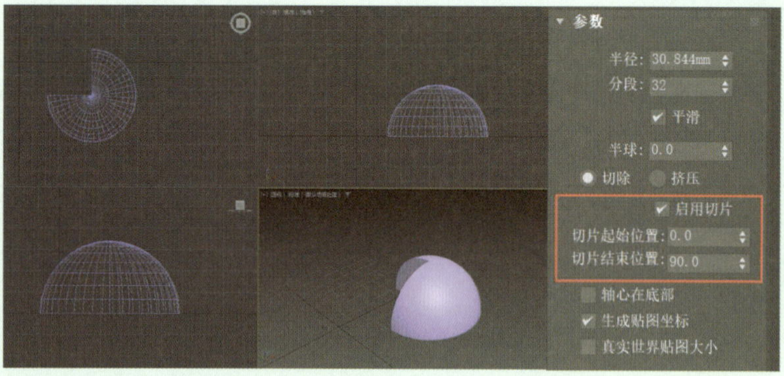

图 2–30

轴心在底部：创建球体时，默认的球体中心在球体正中央，选中此复选框则使球体中心在球体底部。

生成贴图坐标：生成将贴图材质应用于球体的坐标。默认设置为启用状态。

真实世界贴图大小：控制应用于该对象的纹理贴图材质所使用的缩放方法。缩放值由位于应用材质的“坐标”卷展栏中的“使用真实世界比例”设置控制。默认设置为禁用状态。

创建球体的某部分的步骤如下：

01 在命令面板中单击“创建”按钮，然后单击“几何体”按钮，接着设置“几何体”类型为“标准基本体”，最后单击“球体”按钮，如图2-31所示。在顶视图中拖曳鼠标创建一个球体，然后进入“修改”面板，在“参数”卷展栏下设置“半径”为90mm、“分段”为32，如图2-32所示。

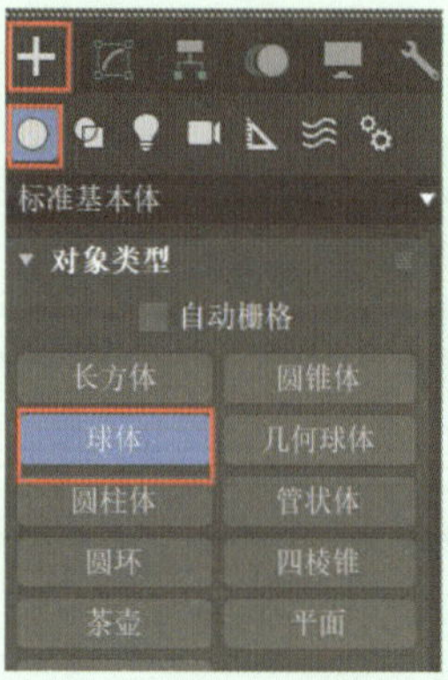

图 2–31

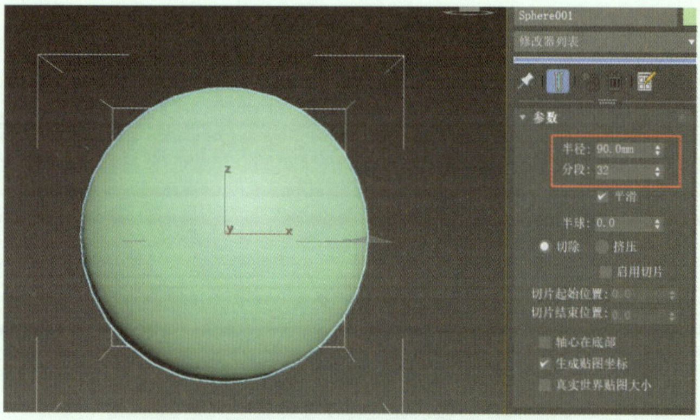

图 2–32

02 选择前面创建的球体，然后在命令面板中单击“修改”按钮，进入“修改”面板，在“参数”卷展栏下设置“半球”为0.5，如图2-33所示。

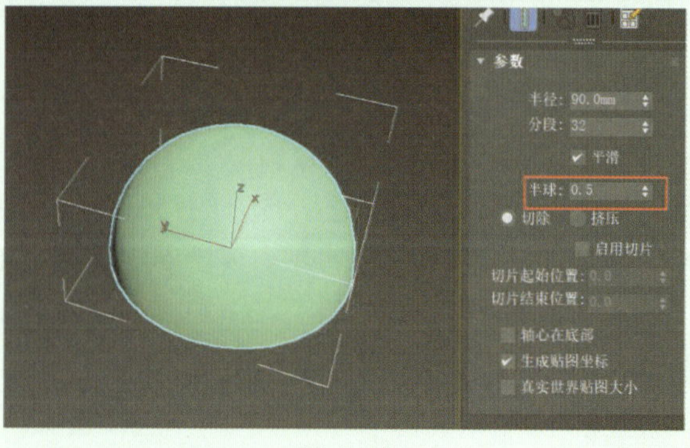

图 2–33

03 在“参数”卷展栏下勾选“启用切片”复选框，设置“切片起始位置”为40，如图2-34所示。单击主工具栏中的“选择并旋转”按钮，然后将模型进行适当的旋转，如图2-35所示。

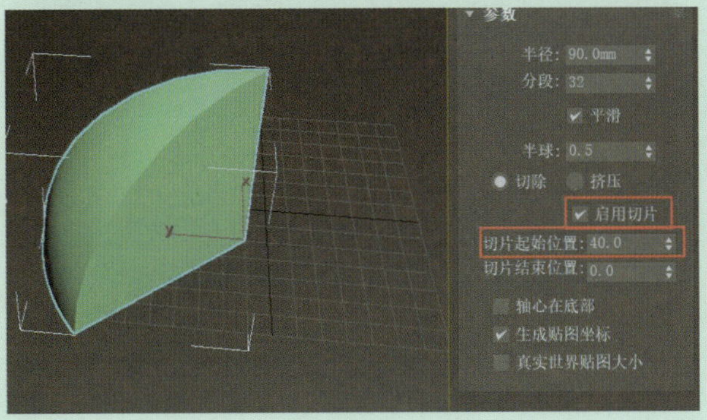

图 2-34

图 2-35

2.2.3 几何球体

几何球体工具与球体工具的功能极其相似，如果仅仅是创建球或半球，则二者在效果上完全相同，不同的是几何球体是由三角面相拼接而成的球体。其“参数”卷展栏如图2-36所示。

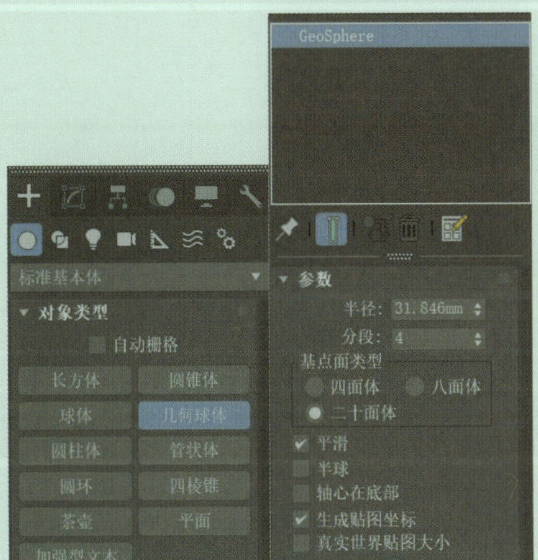

图 2-36

技巧 提示

几何球体的参数与球体参数近似，它有三个选项，分别是四面体、八面体以及二十面体，其中二十面体最光滑，如图2-37所示。

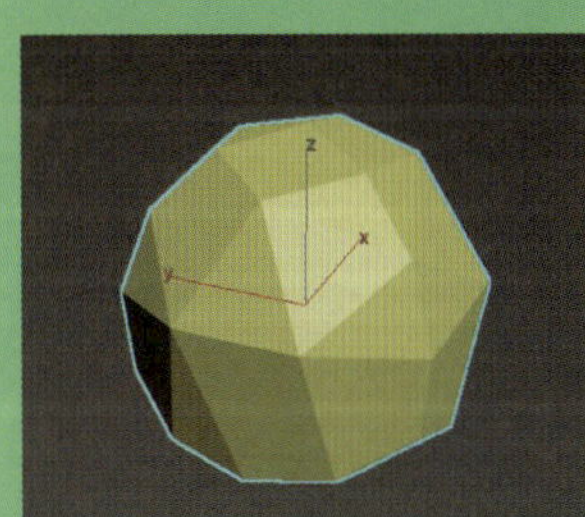

图 2-37

2.2.4 圆锥体

圆锥体工具可以创建直立或倒立的圆锥体，也可以创建圆台模型，如图2-38所示。单击“圆锥体”按钮，可得到其“参数”卷展栏，如图2-39所示。

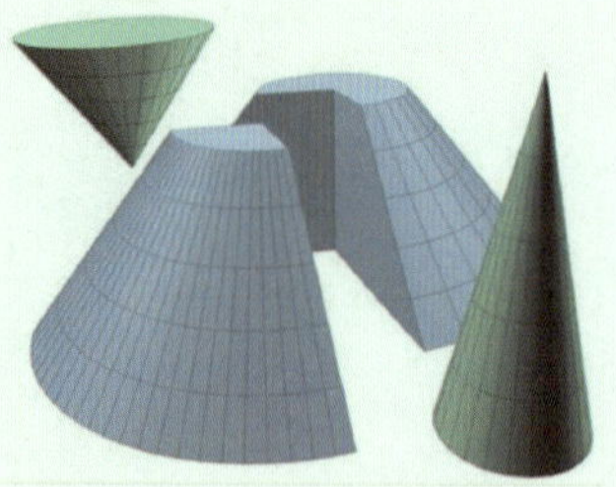

图 2-38

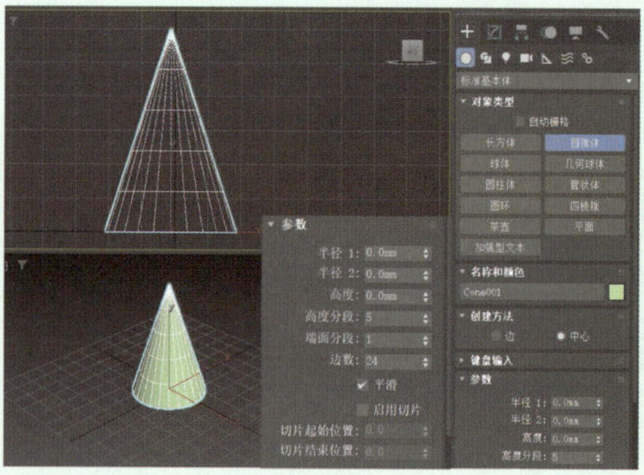

图 2-39

半径1：用于设定锥体底面半径。

半径2：用于设定锥体顶面半径。

高度：用于设定锥体的高度。

高度分段：用于设定锥体在高度上的段数。

端面分段：用于设定锥体在顶面上的段数。

边数：用于设定锥体侧面段数。

平滑：用于设定是否对锥体进行光滑处理，选中该复选框，将产生圆锥、圆台；取消选中该复选框，将产生棱锥、棱台。

启用切片：用于设定是否对锥体进行切割，可制作不完整的锥体。

切片起始位置、切片结束位置：分别设定切割的开始和终止位置。

2.2.5 圆环

圆环工具可创建环形或具有圆形横截面的环。可以将平滑选项与旋转和扭曲设置组合使用，以创建复杂的变体。环形体如图2-40所示。

在“创建”面板中，单击“圆环”按钮，以默认参数建立一个圆环模型。创建圆环的基本

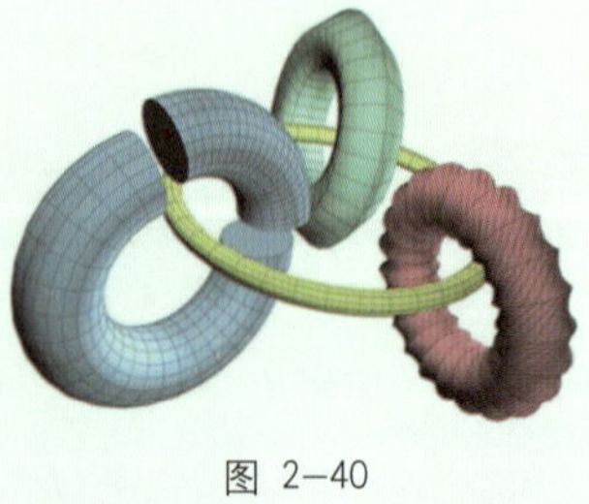

图 2-40

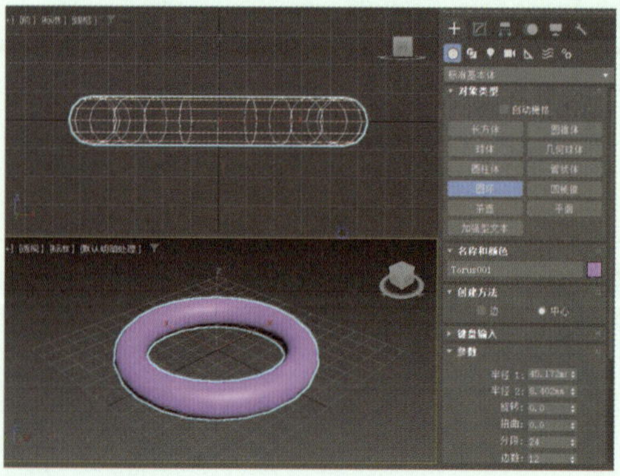

图 2-41

操作为：在顶视图中按住左键并拖动鼠标，确定圆环一侧的大小；然后放开鼠标左键，拖动鼠标挤出圆环；单击建立圆环。圆环的参数和效果如图2–41所示。

半径1：用于设定圆环半径。

半径2：用于设定圆环截面半径。

旋转：用于设定圆环的旋转角度。

扭曲：用于设定圆环的扭曲度。

分段：用于设定圆环圈的段数。

边数：用于设定圆环侧面上的段数。

平滑：用于设定是否对圆环进行光滑处理，“全部”表示对整个表面进行光滑处理；“侧面”表示只对侧面进行光滑处理；“无”表示不进行光滑处理；“分段”表示对每个独立片段进行光滑处理。

启用切片：用于设定是否对圆环进行切割，可制作不完整的圆环。

切片起始位置、切片结束位置：分别设定切割的开始和终止位置。

小实例：利用圆环和几何球体制作戒指

01 在“创建”面板中单击“圆环”按钮，创建一个圆环，然后进入“修改”面板修改参数，设置“半径1”为15mm、“半径2”为2mm、“分段”为40、“边数”为26，如图2-42所示。

微课：利用圆环和几何球体制作戒指

02 继续创建一个圆环，作为戒指的装饰架构部分，设置参数“半径1”为5mm、“半径2”为0.5mm、“分段”为40、“边数”为18。顶视图中创建一个圆柱体，给予适当大小。选中刚创建的圆柱体和小圆环，右击“选择并移动”按钮，设置“X”“Y”“Z”参数为0，此时圆柱体和圆环共用一个圆心，圆柱体与圆环重合，如图2-43所示。

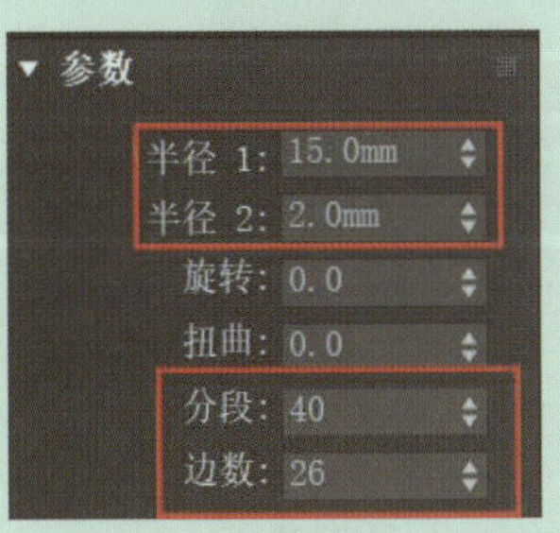

图 2–42

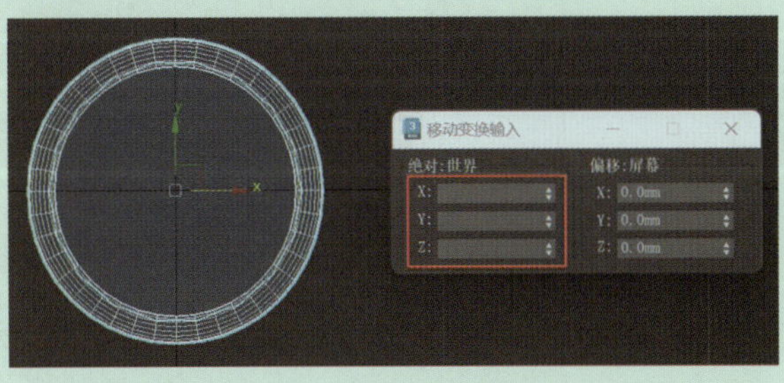

图 2–43

03 在“创建”面板中选择“几何球体”，在透视图中创建一个几何球体，然后单击“修改”面板设置参数“半径”为2.5mm、“分段”为3、“基点面类型”为“四面体”，取消选中“平滑”复选框，如图2-44所示。继续创建8个几何球体，设置参数“半径”为0.5mm、“分段”为3、“基点面类型”为“四面体”，取消选中“平滑”复选框，如图2-45所示。

图 2-44

图 2-45

04 将戒指的装饰架构部分成组，单击“组”按钮，设置组名为“戒指架构装饰部分”，如图2-46所示，右击“选择并旋转工具”并设置“Y”参数为90，如图2-47所示。

图 2-46

图 2-47

05 调整第一步中的圆环到相应位置，最终效果如图2-48所示。

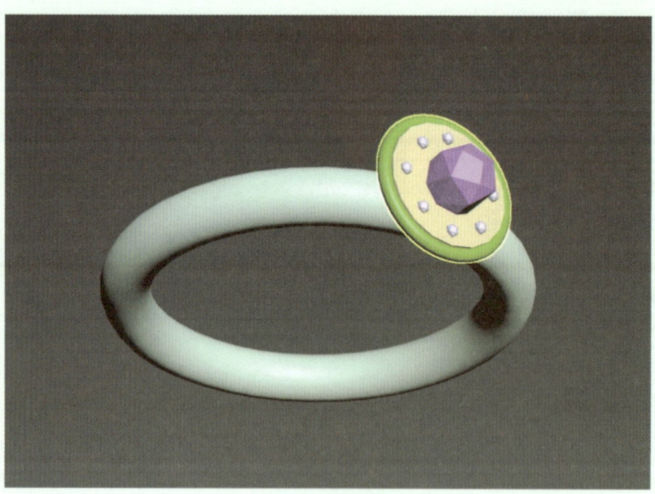

图 2-48

2.2.6 平面

平面工具可用来创建地平面、墙壁等对象。平面的创建过程十分简单，只要在顶视图中按住鼠标左键拖动即可，如图2-49所示。

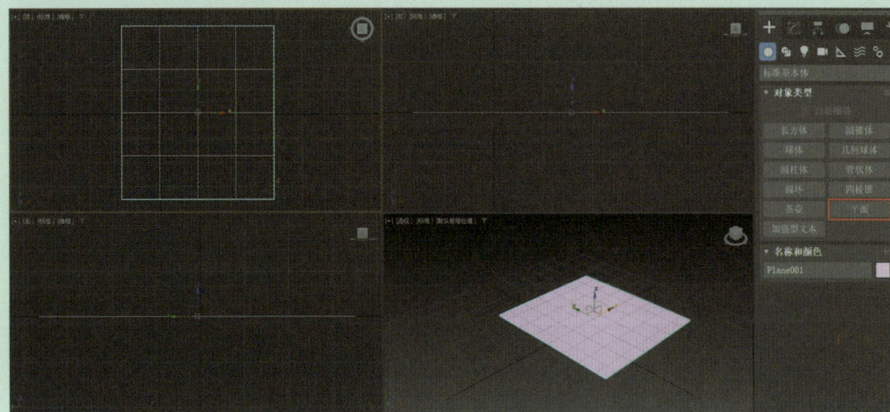

图 2-49

长度：设定平面的长。

宽度：设定平面的宽。

长度分段：设定平面长度方向的段数。

宽度分段：设定平面宽度方向的段数。

缩放：指定渲染时平面面积的倍增值。

密度：指定渲染时平面长宽方向上段数的倍增值。

2.2.7 圆柱体

圆柱体工具用于创建各种柱状形体，可以围绕其主轴进行“切片”，如图2-50所示。单击“圆柱体”按钮，在任意视图（这里是透视图）中按住左键拖动鼠标以定义底部的半径，松开鼠标，上移或下移鼠标可定义高度如图2-51所示。下面介绍圆柱体的常见参数。

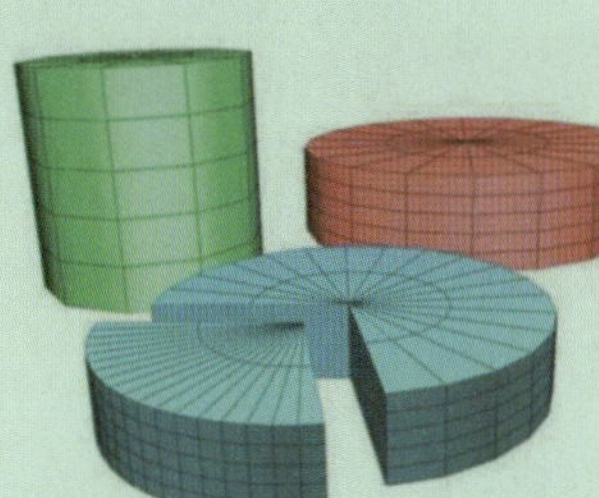

图 2-50

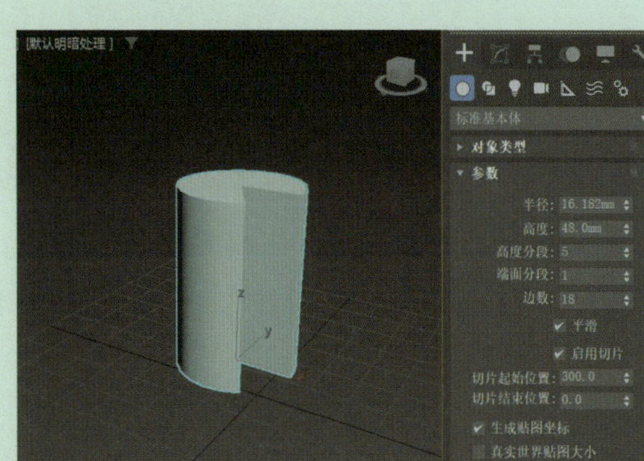

图 2-51

半径：用于设定圆柱的半径。

高度：用于确定柱体的高度。

高度分段：用于确定柱体在高度上的分段数。如果要弯曲柱体，设置较高的段数可以产生平滑的弯曲效果。

端面分段：用于确定两个顶面上沿半径片段划分的段数。

边数：用于设定圆周上的片段划分数，对于圆柱体，边数越多越光滑。

平滑：用于控制柱体表面是否平滑。

启用切片：用于设定是否对圆柱体进行切割，可制作不完整的圆柱。

切片起始位置、切片结束位置：分别设定切割的开始和终止位置。

技巧 提示

3ds Max默认创建的是18边和5个高度段数的光滑圆柱，如果不打算对圆柱进行修改，应将“高度分段”设置为1，以降低场景的复杂程度。

小实例：使用圆柱体制作茶几

微课：使用圆柱体制作茶几

01 使用“圆柱体”工具在场景中先创建一个圆柱体，然后在“参数”卷展栏下设置“半径”为100mm、“高度”为10mm、“高度分段”为1、“端面分段”为1、“边数”为32，如图2-52所示。

02 使用“管状体”工具在场景中创建一个管状体，然后在“参数”卷展栏中设置“半径1”为100mm、“半径2”为80mm、“高度”为10mm、“高度分段”为1、“端面分段”为1、“边数”为32，其位置和参数如图2-53所示。

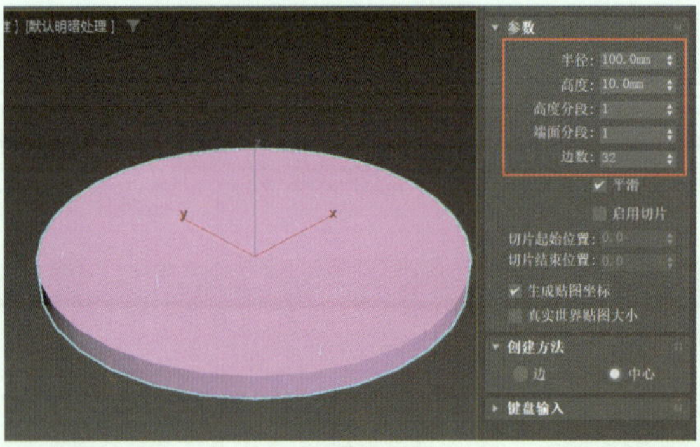

图 2-52

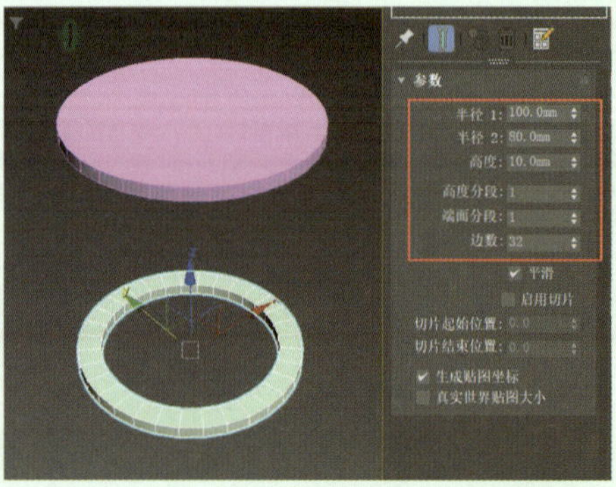

图 2-53

03 使用“长方体”工具在场景中创建一个长方体，然后在“参数”卷展栏中设置“长度”为10mm、“宽度”为2mm、“高度”为-240mm，其位置及参数如图2-54所示。

04 在命令面板中单击“层次”按钮，进入“层次”面板，然后单击“仅影响轴”按钮，在顶视图中，将长方体的轴心点移动到如图2-55所示的位置。

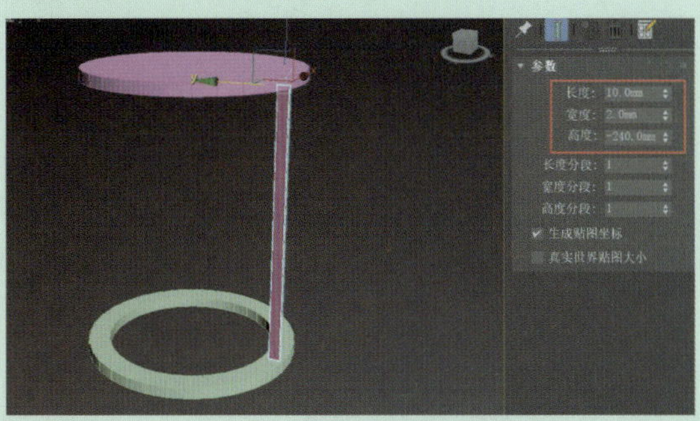

图 2-54

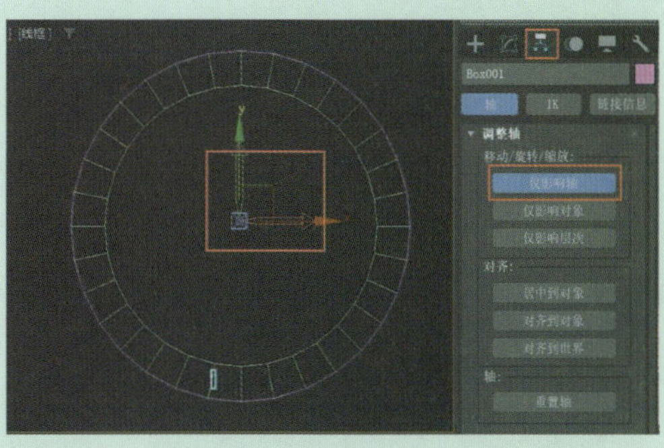

图 2-55

05 再次单击“仅影响轴”按钮，退出“仅影响轴”模式，然后在主工具栏中单击“角度捕捉切换”按钮，使用“选择并旋转”工具选择长方体，接着按住Shift键沿Z轴旋转复制120°，并在弹出的“克隆选项”对话框中设置“对象”为复制、“副本数”为2，最后单击“确定”按钮，如图2-56所示，茶几模型的最终效果如图2-57所示。

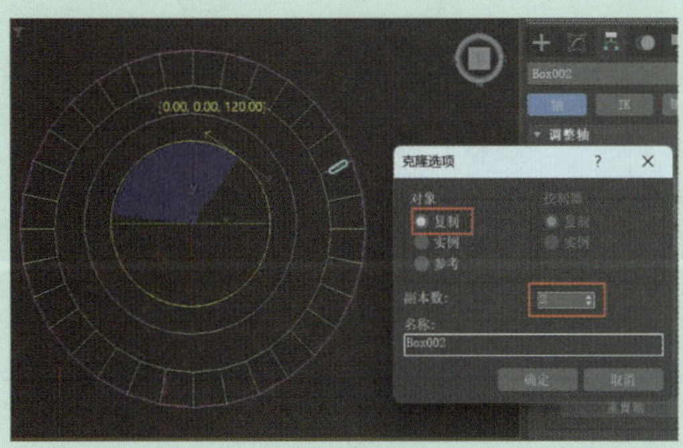

图 2-56

图 2-57

2.2.8 茶壶

茶壶工具可生成一个茶壶模型。茶壶以其表面复杂的弯曲度通常被作为材质测试和渲染效果的对比模型，可以通过3ds Max直接创建茶壶或茶壶的一部分，如壶盖、壶嘴、壶柄等，如图2-58所示。

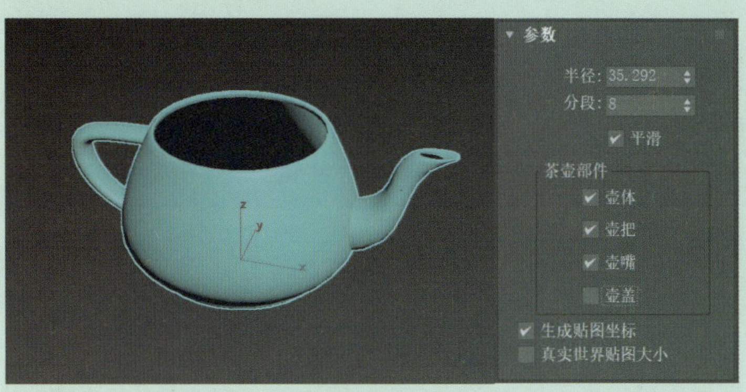

图 2-58

2.3 扩展基本体的建模

扩展基本体是3ds Max中复杂基本体的集合，可用来创建更多复杂的三维对象，比如胶囊、油罐、纺锤体、异面体、环形结和棱柱等。在“创建”面板中，设置“几何体”选项为“扩展基本体”，这时“创建”面板上会出现如图2-59所示的界面。图2-60所示为3ds Max提供的部分扩展基本体。

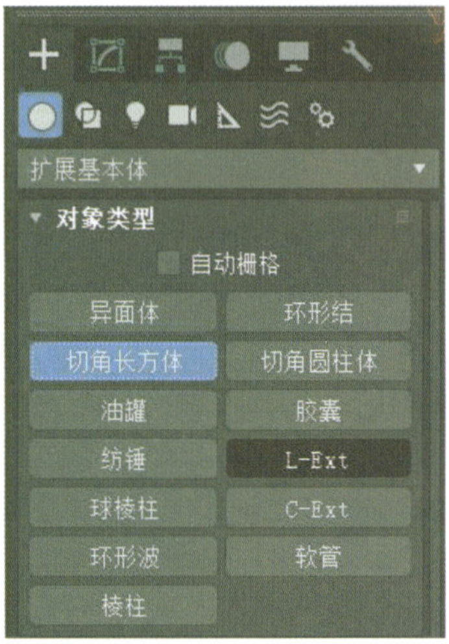

图 2-59

图 2-60

2.3.1 异面体

异面体工具可以用来建立各种多面体，利用“参数”卷展栏所提供的各个选项，可以制作出各式各样的奇特造型，如图2-61所示。

图 2-61

系列：此选项用于确定异面体的形状，包括四面体、立方体/八面体、十二面体/二十面体、星形1和星形2几种选项。

系列参数：包括P值和Q值。这两个值用于在“系列”选项提供的两个形状之间改变异面体的形状。例如，若将“系列”选项设置为“立方体/八面体”，那么P值为1时模型为八面体，而Q值为1时模型为立方体；当P、Q都为0时，模型为一个介于八面体和立方体之间的形状。因为这两个值是相关的，所以只有一个可以设为1。

轴向比率：包括P值、Q值和R值，用于调整三个方向上的缩放比例。

顶点：此区域选项给每个扩展多边形的中心另外添加顶点和边。默认选项为“基点”，不给异面体添加；中心选项使每个扩展多边形的中心添加顶点；中心和边选项添加中心顶点并与使用“轴向比率”选项的每个面的边连接。

半径：设定半径。

2.3.2 切角长方体

切角长方体是建模中必不可少的造型元素，有了这一扩展元素用户可以更方便地创建一些需要倒角的造型，如沙发、椅垫等。切角长方体如图2–62所示。

创建切角长方体的步骤为：在“扩展基本体”创建面板中，单击“切角长方体”按钮，在视图中建立切角长方体；在“参数”卷展栏中对其参数进行调整，如图2–63所示。

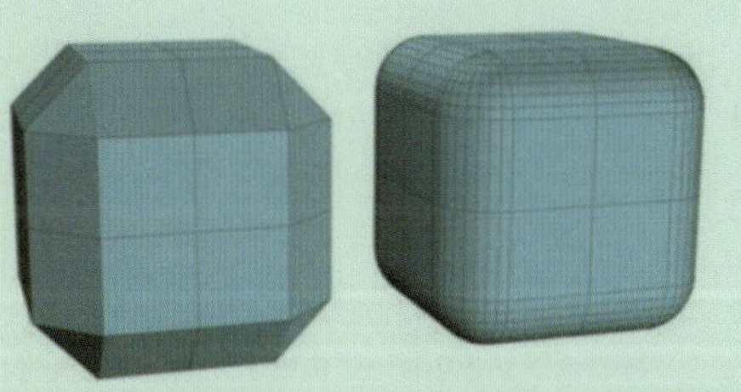

图 2–62

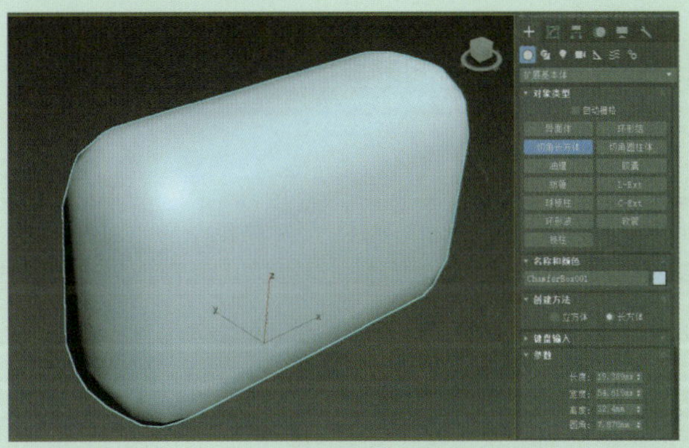

图 2–63

切角长方体的参数与长方体的参数十分相似，只是多了圆角和圆角段数两选项。

圆角：用于设定切角长方体的圆角大小。

圆角段数：用于设定切角长方体的圆角段数，可使切角长方体更加圆滑。

2.3.3 环形结

环形结与标准基本体中的环形相似，只是它的横截面是三维曲线，不是圆形。环形结的创建方法与圆环的创建方法相同。

基础曲线：包括打结和不打结两种选项。“半径”选项用于设定半径；“分段”选项用于设定对象表面的光滑度；“P”“Q”用于设置打结数目；“扭曲数”选项用于设定对象突出的卷曲角的数目；

横截面：“半径”选项用于设定环形截面的半径；“变数”选项用于设定环形对象环上的段数；“偏心率”选项用于设定环形的偏移程度，值为1时截面为圆；“扭曲”选项用于设定环形表面的扭曲程度；“块”选项用于设定环形膨胀程度；“块高度”选项用于设定膨胀高度；“块偏移”选项用于设定膨胀偏移程度。图2-64所示为各种环形结。

图 2-64

小实例：使用环形结制作吊灯

01 在“创建”面板里选择“扩展基本体”，然后单击“环形结”按钮，在顶视图中创建一个环形结，在“参数”卷展栏中设置参数“半径”为300mm、“分段”为820、“P”为12、“Q”为25，在“横截面”选项组中设置“半径”为20mm、“边数”为82、“偏心率”为3，如图2-65所示。

微课：利用环形结制作吊灯

02 再创建两个环形结，其中一个设置参数“半径”为65mm、“分段”为820、“P”为12、“Q”为25，“横截面”选项组下设置“半径”为10mm、“边数”为82、“偏心率”为3；另一个设置“半径”为40mm、“分段”为820、“P”为12、“Q”为25、“横截面”选项组中设置“半径”为10mm、“边数”为82、“偏心率”为3，并将其放置到顶部，如图2-66所示。

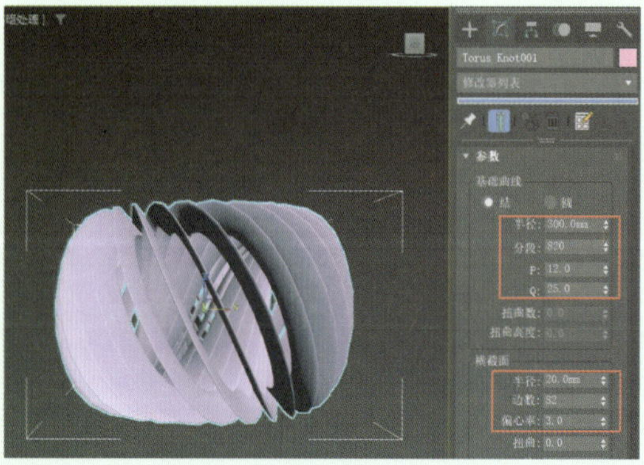

图 2-65

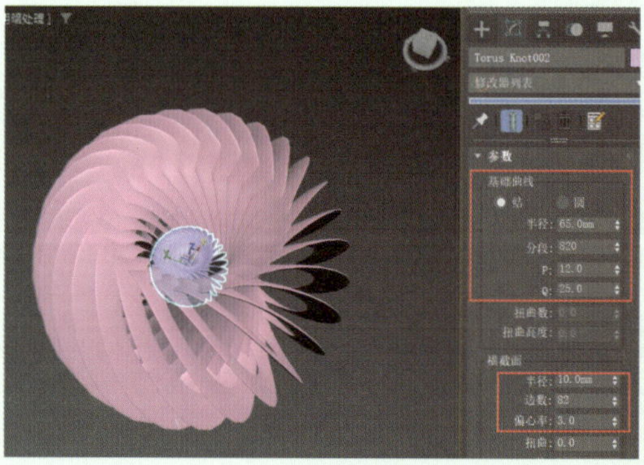

图 2-66

03 使用圆柱体工具在顶视图中创建一个圆柱体，设置参数“半径”为5mm、“高度”为1200mm、“高度分段”为1，如图2-67所示。最终模型效果如图2-68所示。

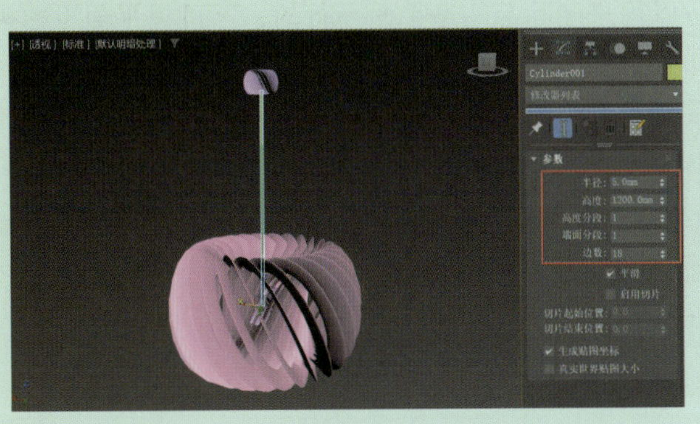

图 2-67

图 2-68

2.4 AEC扩展

AEC扩展专门用于建筑、工程和构建等领域，使用AEC扩展对象可以提高创建场景的效率。AEC扩展对象包括植物、栏杆和墙3种类型。

2.4.1 植物

使用植物工具可以快速创建出系统内置的植物模型。植物的创建方法很简单，首先将几何体类型切换为“AEC扩展”，然后单击“植物”按钮，如图2-69所示。接着在“收藏的植物”卷展栏中选择树种，在视图里拖曳鼠标即可完成创建，如图2-70所示。

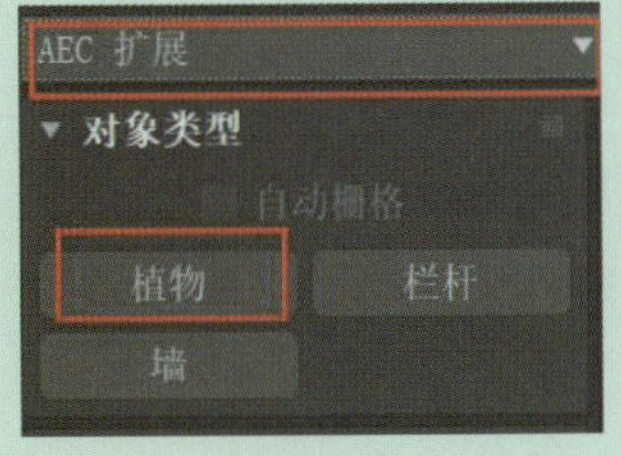

图 2-69

图 2-70

高度：控制模型的近似高度，它不一定是实际高度，只是一个近似值。

密度：控制植物叶子和花朵的数量。值为1表示植物具有完整的叶子和花朵；值为5表示植物具有1/2的叶子和花朵；值为0表示植物没有叶子和花朵。

修剪：只适用于具有树枝的植物，可以用来删除与构造平面平行的、不可见平面下的树枝。值为0表示不进行修剪；值为1表示修剪植物上所有的树枝。

新建：显示当前植物的随机变体，其旁边是种子的显示数值。

生成贴图坐标：对植物创建默认的贴图坐标。

显示：该选项组中的参数主要用来控制植物的树叶、果实、花、树干、树枝和根的显示情况，选中相应的复选框，与其对应的对象就会在视图中显示出来。

视口树冠模式：用于设置树冠在视图中的显示模式。

详细程度等级：用于设置植物的渲染细腻程度。

2.4.2 栏杆

栏杆对象包括栏杆、立杆和栅栏。栅栏包括支柱或实体填充材质，如玻璃或木条。如图2-71和图2-72所示为使用栏杆工具制作的模型。

图 2-71

图 2-72

下面介绍栏杆的参数，如图2-73所示。

1.栏杆

拾取栏杆路径：单击该按钮可以将视图中的样条线作为栏杆的路径。

分段：设置栏杆对象的分段数（只有使用栏杆路径时才能设置该选项）。

匹配拐角：在栏杆中放置拐角，以匹配栏杆路径的拐角。

长度：设置栏杆的长度。

上围栏：该选项用于设置栏杆的上围栏部分，包括剖面（横截面形状）、深度、宽度和延长。

下围栏：包括剖面、深度和宽度。

2.立柱

“立柱间距”按钮：单击该按钮可以打开“立柱间距”对话框，用于设置立柱间距的相关参数。

3.栅栏

类型：指定立柱之间的栅栏类型，有“无”“支柱”“实体填充”3个选项。

支柱：该选项组中的参数只有在栅栏类型设置为“支柱”时才可用。

实体填充：该选项组中的参数只有在栅栏类型设置为“实体填充”时才可用。

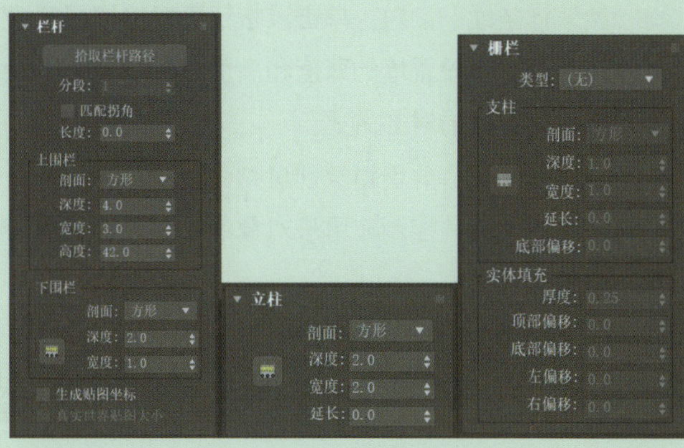

图 2-73

2.4.3 墙

墙对象由3个子对象构成，这些对象类型可以在“修改”面板中进行修改。编辑墙的方法和样条线类似，可以分别对墙本身及其顶点、分段和轮廓进行调整。创建墙模型的方法比较简单：首先将几何体类型切换为“AEC扩展”，然后单击“墙”按钮，在顶视图中拖曳鼠标即可创建一个墙体，如图2-74所示。

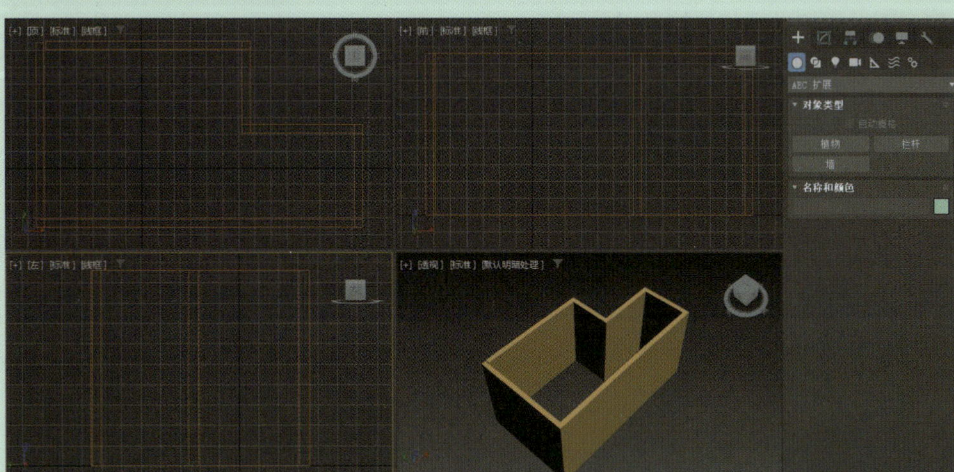

图 2-74

1 2 3 4 5 6 7 8 9

X/Y/Z：设置墙分段在活动构造平面中的起点的X/Y/Z轴坐标值。

添加点：根据输入的X/Y/Z轴坐标值来添加点。

“关闭”按钮：结束墙对象的创建，并在最后一个分段的端点与第一个分段的起点之间创建分段，以形成闭合的墙。

“完成”按钮：结束墙对象的创建，使之呈端点开放状态。

“拾取样条线”按钮：单击该按钮可以拾取场景中的样条线，并将其作为墙对象的路径。

宽度、高度：设置墙的厚度和高度，其范围为0.01～100mm。

对齐：设置墙的对齐方式。

生成贴图坐标：为墙对象创建贴图坐标。

真实贴图坐标：控制应用于对象的纹理贴图材质所使用的缩放方法。

2.5 知识与技能梳理

创建标准基本体、扩展基本体以及二维图形是创建3ds Max模型最基本的方法，可以通过各种不同的修改工具将这些基本模型编辑成形态各异的模型。

- 重要工具：标准基本体、扩展基本体、AEC扩展。
- 核心技术：熟练运用标准基本体、扩展基本体、AEC扩展进行模型创建。
- 实际运用：编辑创建的模型，创建不同形态的物体。

2.6 课后练习

一、选择题（共4题），请扫描二维码进入即测即评。

2.6 课后练习

1. 在3ds Max中，默认情况下，建模操作的参考平面是（　　）。

A．XZ平面　B．XY平面　C．YZ平面　D．自定义平面

2. 下列不属于标准几何体的是（　　）。

A．圆锥体　B．异面体　C．几何球体　D．茶壶

3. 在3ds Max中，可以用于增加或减少几何体细分级别的是（　　）。

A．组合　B．克隆　C．细分　D．阵列

4. 下列命令中，用于光滑三维物体的是（　　）。

A．网格平滑　B．编辑网格　C．噪波　D．融化

二、简答题

1．什么是建模？

2．简要说明网格建模与多边形建模的区别。

Chapter 3

材质与贴图

材质是对现实生活中材料的模拟，材质的制作是一个复杂的过程，需要通过参数的设定改变其反射、漫反射、高光、粗糙度等来得到想要的材质。贴图也是增强物体质感和真实感的强大技术。环境、灯光与贴图三者配合可以达到模拟物体质地与纹理图案的效果。

	知识点	学习目标			
		了解	应用	创新	知识点
学习要求	初识材质	🚩			
	材质编辑器				🚩
	材质类型	🚩			
	初识贴图	🚩			
	程序贴图		🚩		

能力与素养目标

3.1 初识材质

简单地说，材质就是物体的质地，它可以看成材料和质感的结合。在渲染过程中，材质是表面各可视属性的结合，这些可视属性包括色彩、纹理、光滑度、透明度、反射率、折射率和发光度。正是有了这些属性，模型才更加真实，三维的虚拟世界才会和真实世界一样缤纷多彩，如图3-1所示。

图 3–1

3.1.1 材质的定义

所谓材质，就是指定物体的表面或数个面的特性，它决定了这些平面在着色时的特定出现方式，如颜色、光亮程度、自发光度及不透明度等。基础材质是指赋予对象光的特性而没有贴图的材质，上色最快，内存占用少。当模型完成后，为了表现出物体各部分的性质，需要给物体的表面或里面赋予不同的特性，这个过程称为给物体加上材质。

在使用3ds Max制作效果图的过程中，通常需要设置很多种不同的材质，例如金属材质、玻璃材质、塑料材质、木纹材质等。通过这些不同材质的设置，可以更好地诠释空间的设计感、色彩感和质感，如图3–2所示。

图 3–2

3.1.2 设置材质的目的

材质主要有以下用途。

（1）突出质感。这是材质最主要的用途。设置合适的材质可以更清楚明了地体现物体的材料特性和外观，如图3–3所示。

（2）刻画细节。在模型细节很多的情况下，设置材质可以增加渲染完成时模型的细节，如图3–4所示。

(3) 表达作品的情感。作品的最高境界，不是技术多么娴熟，而是可以通过技术和手法去传达作品的情感，如图3–5所示。

图 3–3

图 3–4

图 3–5

3.1.3 材质的设置思路

需要按照合理的步骤设置材质，这样才会节省时间，提高效率。通常来说，设置新材质并将其应用到空间对象时应遵循以下步骤。

(1) 确定材质的名称。

(2) 选择材质的类型。

(3) 对于标准或光线追踪材质应选择着色类型。

(4) 设置漫反射颜色、光泽度和不透明度等参数。

(5) 将贴图指定给要设置贴图的材质通道，并调整相应的参数。

(6) 将材质应用到对象。

(7) 如有必要，应调整UV贴图坐标，以便正确定位贴图。

(8) 保存材质。

3.2 材质编辑器

3ds Max中材质的设置过程都是在“材质编辑器”中进行的。“材质编辑器”是创建、设置、改变和应用材质的界面，一般有精简材质编辑器和Slate材质编辑器两种。执行“渲染”→“材质编辑器”命令，在弹出的子菜单中选择一种编辑器，如图3-6所示；也可以使用快捷键M，在弹出的“材质编辑器”对话框中的“模式”菜单栏下进行切换。

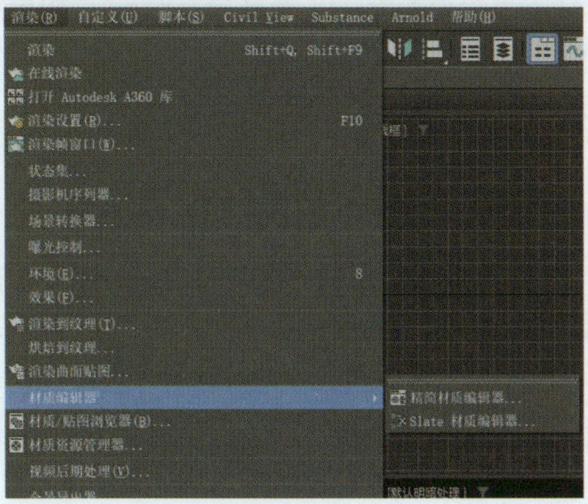

图 3–6

1 2 3 4 5 6 7 8 9

3.2.1 精简材质编辑器

材质编辑器的窗口是浮动的，可将其拖曳到屏幕上的任意位置，这样便于查看场景中材质赋予对象的结果。

材质编辑器的中间部分为固定不变区，包括示例显示样本球和工具功能按钮，名称栏中显示当前材质的名称。默认情况下在样本窗口排列着2×3个材质球，为了便于观察，可以在材质球上右击，在弹出的快捷菜单中选择6×4材质球的显示方式。上方的菜单栏可以控制模式、材质、导航、选项和实用程序的相关参数，如图3–7所示。

1. “模式”菜单

“模式”菜单主要用于切换材质编辑器的模式，包括“精简材质编辑器”和“Slate材质编辑器”两种，二者可以互相切换，如图3–8所示。

图 3–7

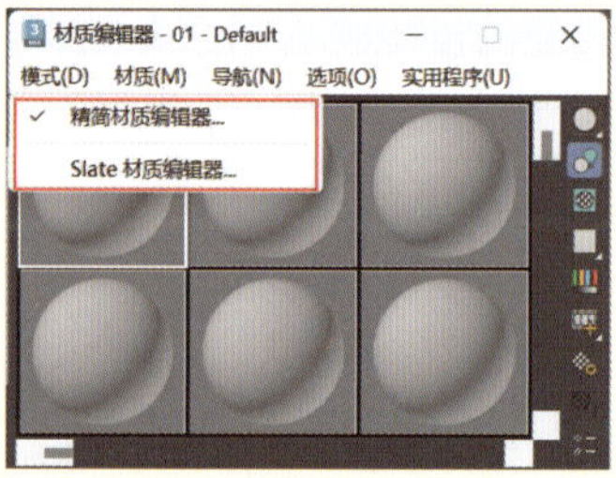

图 3–8

2. “材质”菜单

展开“材质”菜单，如图3–9所示。菜单主要选项说明如下。

获取材质：可打开“材质/贴图浏览器”面板，在该面板中可以选择材质或贴图。

从对象选取：从场景对象中选择材质。

按材质选择：基于“材质编辑器”界面中的活动材质来选择对象。

在ATS对话框中高亮显示资源：如果材质使用的是已跟踪资源的贴图，执行该命令可以打开“资源跟踪”对话框，同时资源会高亮显示。

指定给当前选择：将活动示例窗中的材质应用于场景中的选定对象。

生成材质副本：通过复制自身的材质来生成材质副本。

启动放大窗口：将材质示例窗口放大并在一个单独的窗口中进行显示（双击材质球也可以放大窗口）。

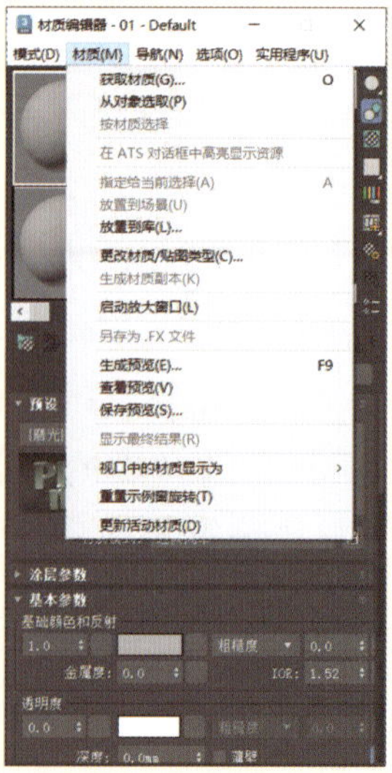

图 3–9

生成预览：使用动画贴图为场景添加运动，并生成预览。

视口中的材质显示为：打开一个子菜单，同“明暗处理视口标签”菜单上的“材质”子菜单相同。

重置示例槽旋转：使活动的示例窗对象回到其默认方向，等同于在示例窗右键单击后弹出的菜单上选择“重置旋转”。

更新活动材质：如果启用“材质编辑器选项”界面的“仅更新活动示例”设置，则选择此选项可更新其示例窗中的活动材质。

3. “导航”菜单

展开“导航”菜单，如图3–10所示。菜单主要选项说明如下。

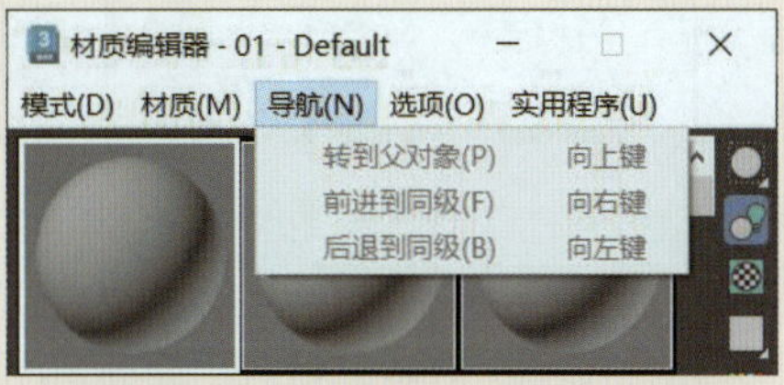

图 3–10

转到父对象：将当前材质向上移动一个层级。

前进到同级：移动到当前材质中相同层级的下一个贴图或材质。

后退到同级：与“前进到同级”命令类似，区别是“后退到同级”导航到前一个同级贴图，而不是后一个同级贴图。

4. “选项”菜单

展开选项菜单，如图3–11所示。菜单主要选项说明如下。

将材质传播到实例：将指定的任何材质传播到场景对象中的所有实例。

背景：将多颜色的方格背景添加到活动示例窗中。

自定义背景切换：如果已指定了自定义背景，该命令可切换背景的显示效果。

循环3×2、5×3、6×4示例窗：切换材质球的三种显示方式。

5. “实用程序”菜单

展开“实用程序”菜单，如图3–12所示。菜单主要选项说明如下。

按材质选择对象：可以基于“材质编辑器”对话框中的活动材质来选择对象。

清理多维材质：对多维或子对象材质进行分析，然后在场景中显示所有未分配材质ID的材质。

实例化重复的贴图：在整个场景中查找具有重复（位图）贴图的材质，并提供将它们关联化的选项。

还原材质编辑器窗口：利用缓冲区的内容还原编辑器的状态。

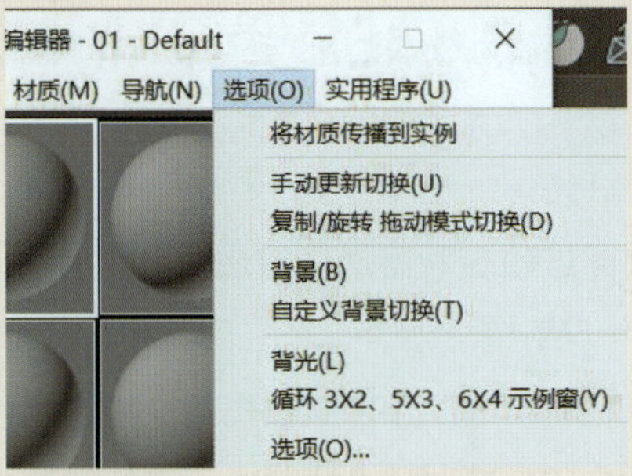

图 3–11

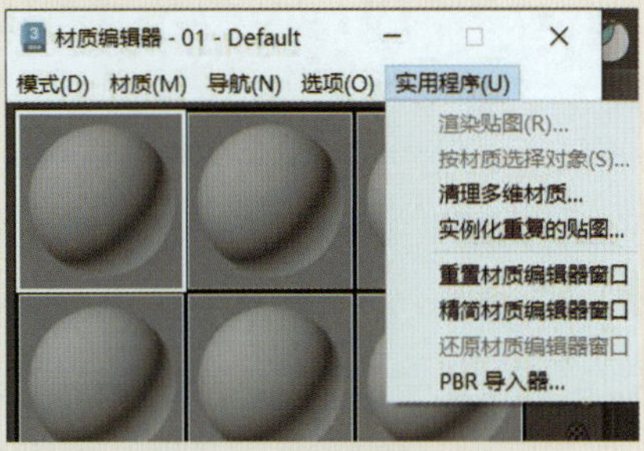

图 3–12

6．材质球示例窗

材质球示例窗用来显示材质效果，它可以很直观地显示出材质的基本属性，如反光、纹理和凹凸等，材质球示例窗中一共有24个材质球，有3种显示方式。无论采用哪种显示方式，材质球总数都为24个，如图3–13所示。

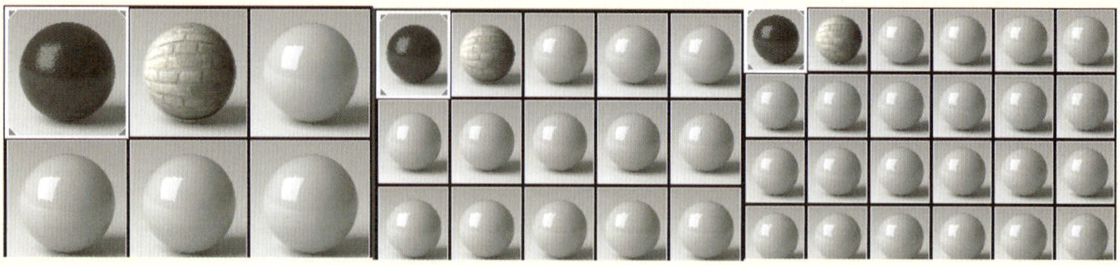

图 3–13

7．工具按钮栏

下面讲解“材质编辑器”界面中的两排材质工具按钮，如图3–14所示。

“获取材质”按钮：为选定的材质打开“材质/贴图浏览器”面板。

“将材质放入场景”按钮：编辑好材质后，单击该按钮可更新已应用于对象的材质。

“将材质指定给选定对象”按钮：将材质赋予选定的对象。

“重置贴图/材质为默认设置”按钮：删除修改的属性，将材质属性恢复到默认值。

“生成材质副本”按钮：在选定的示例窗中创建当前材质的副本。

“使唯一”按钮：将实例化的材质设置为独立的材质。

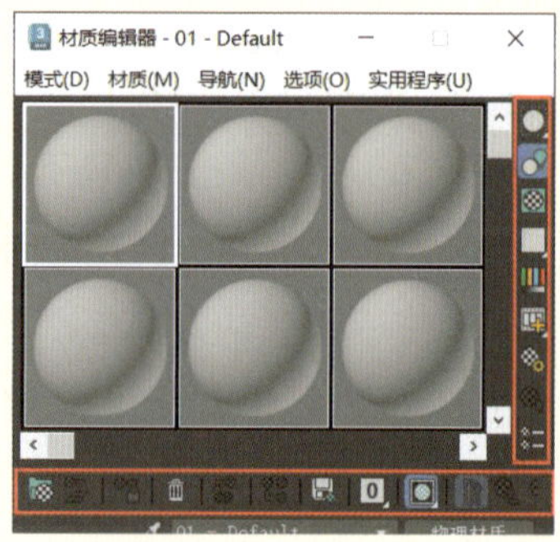

图 3–14

“放入库”按钮：重新命名材质并将其保存到当前打开的库中。

“材质ID通道”按钮：为应用后期制作设置通道ID。

“视口中显示明暗处理材质”按钮：在视图的对象上显示2D材质贴图。

“显示最终结果”按钮：在示例窗中显示材质以及应用的所有层次。

“转到父对象”按钮：将当前材质上移一层级。

“转到下一同级”按钮：选定同一层级的下一贴图或材质。

“采样类型”按钮：控制示例窗显示的对象的类型，默认为球体类型，还可以选择圆柱体和立方体类型。

“背光”按钮：打开或关闭选定示例窗中的背景灯光。

“背景”按钮：在材质后面显示方格背景图像，此选项在观察透明材质时非常有用。

“采样UV平铺”按钮：将示例窗中的贴图设置为UV平铺显示。

“视频颜色检查”按钮：检查当前材质中是否存在NTSC制式和PAL制式不支持的颜色。

“生成预览”按钮：用于产生、浏览和保存材质中NTSC制式和PAL制式不支持的颜色。

“选项”按钮：打开“材质编辑器选项”对话框，该对话框中包含与启用材质动画、加载自定义背景、定义灯光亮度或颜色以及设置示例窗数目相关的一些参数。

“按材质选择”按钮：选定使用当前材质的所有对象。

“材质/贴图导航器”按钮：单击该按钮可以打开“材质/贴图导航器”面板，在该面板中会显示当前材质的所有层级。

8. 参数控制区

(1) 明暗器基本参数

展开“明暗器基本参数”卷展栏，共有8种明暗器类型可以选择，还可以设置线框、双面、面贴图和面状等参数，如图3-15所示。

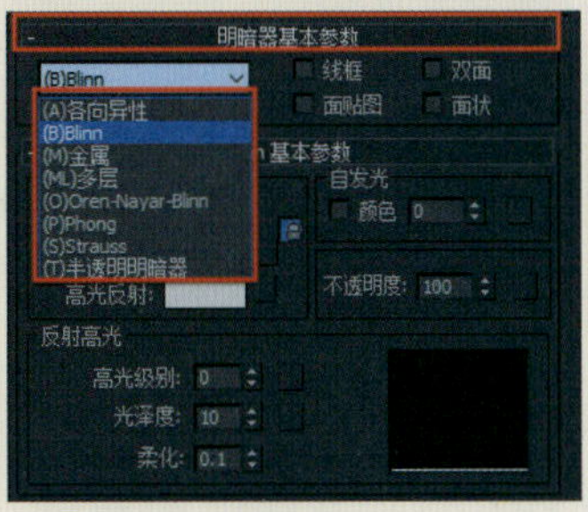

图 3-15

各向异性：这种明暗器用于制作磨砂金属或头发的效果，可创建拉伸并成角的高光，而不是标准的圆形高光。

Blinn：这种明暗器以光滑的方式渲染物体表面，它是最常用的一种明暗器。

金属：这种明暗器用于金属表面，它能提供金属的强烈反光效果。

多层：多层明暗器与各向异性明暗器相似，但多层明暗器可以控制两个高亮区，因此多层明暗器对材质拥有更多的控制，第1高光反射层和第2高光反射层具有相同的参数，可以对这些参数使用不同的设置。

Oren-Nayar-Blinn：这种明暗器适用于无光表面，与Blinn明暗器几乎相同，可以通过附加的“漫反射级别”和“粗糙度”两个参数实现无光效果。

Phong：这种明暗器可以用于平滑面与面之间的边缘，适用于强度很高的表面和具有圆形高光的表面。

Strauss：这种明暗器适用于金属和非金属表面，与金属明暗器十分相似。

半透明明暗器：这种明暗器与Blinn明暗器类似，二者最大的区别在于它能够设置半透明效果，使光线能够穿透这些半透明的物体，并且在穿过物体内部时离散。

线框：以线框模式渲染材质，用户可以在扩展参数上设置线框的大小。

双面：将材质应用到选定的面，使材质成为双面。

面贴图：将材质应用到几何体的各个面。如果材质是贴图材质，则不需要贴图坐标，因为贴图会自动应用到对象的每一个面上。

面状：使对象产生不光滑的明暗效果，把对象的每个面作为平面来渲染，可以用于制作加工过的钻石、宝石或任何带有硬边的表面。

(2) Blinn基本参数

下面以Blinn明暗器为例来讲解明暗器的基本参数。展开“Blinn基本参数”卷展栏，这里可以设置环境光、漫反射、高光反射、自发光、不透明度、高光级别、光泽度和柔化等属性，如图3-16所示。

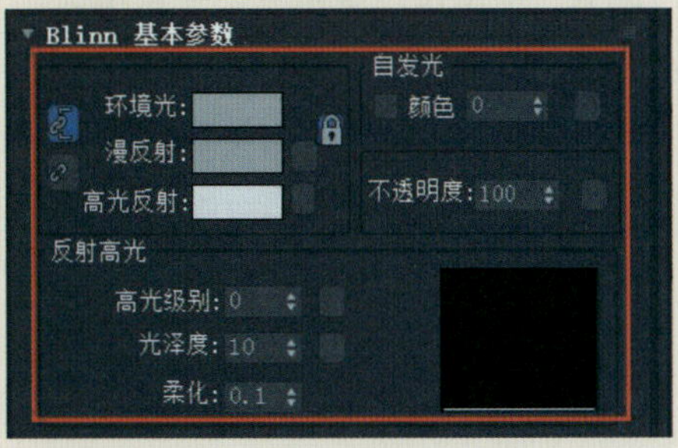

图 3-16

环境光：用于模拟间接光，如室内场景的大气光线，也可以用来模拟光能传递。

漫反射：控制光照条件较好的情况下，物体反射出来的颜色。

高光反射：控制物体发光表面高亮显示部分的颜色。

自发光：使用“漫反射”颜色替换曲面上的任何阴影，从而创建出白炽效果。

不透明度：控制材质的不透明度。

高光级别：控制反射高光的强度，数值越大，反射强度越高。

光泽度：控制镜面高亮区域的大小，即反光区域的尺寸。

柔化：控制反光区和不反光区衔接的柔和度，0表示没有柔化，1表示应用最大量的柔化效果。

3.2.2 Slate材质编辑器

“Slate材质编辑器”是一个材质编辑器界面，它在设计和编辑材质时使用节点和关联这样的图形方式显示材质的结构。

“Slate材质编辑器”界面包括：材质/贴图浏览器，可以在其中浏览材质、贴图等；当前活动视图，可以在其中组合材质和贴图；参数编辑器，可以在其中更改材质和贴图的参数，如图3–17所示。

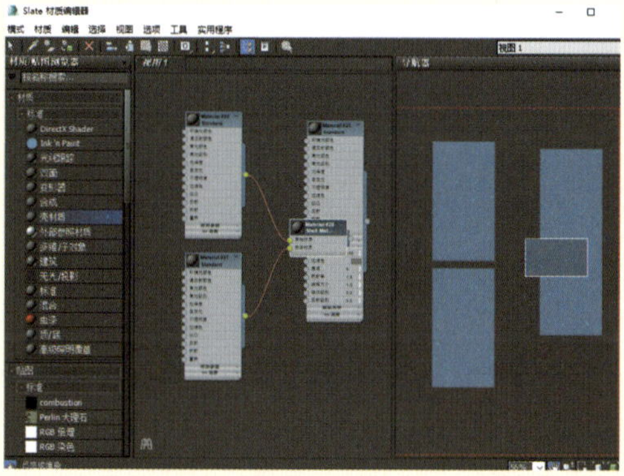

图 3–17

技巧 提示

“Slate材质编辑器”的参数与“精简材质编辑器”基本一致，这里不再详细讲解。

小实例：为模型赋予材质

必须将调整好的材质赋予对应的模型，才能表现出模型的颜色、质地等细节。下面为场景中一组花瓶模型赋予材质。

01 打开本书配套资源中的“Chapter 3/场景文件/赋予材质模型.max”文件。如图3-18所示是一组花瓶模型。

微课：为模型赋予材质

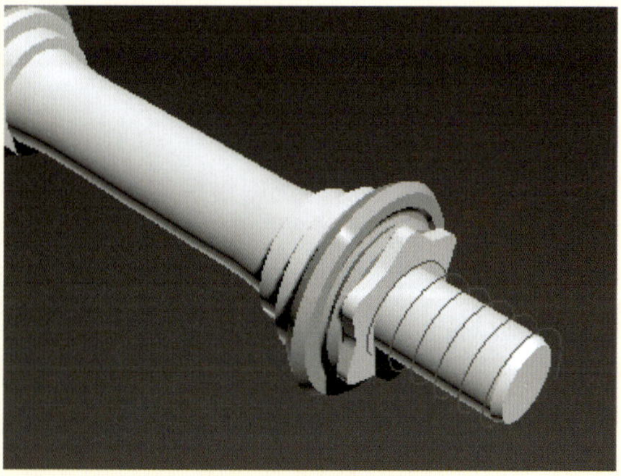

图 3–18

02 按M键打开“材质编辑器”，然后选中“白花瓶”材质球，接着选中视图中的花瓶模型，再在“材质编辑器”上单击“将材质指定给选定对象”按钮，如图3-19所示，右侧花瓶由默认的灰色变成了白色。

图 3–19

03 按照上一步的操作，将黑花瓶材质球赋予剩余三个花瓶模型，如图3-20所示。

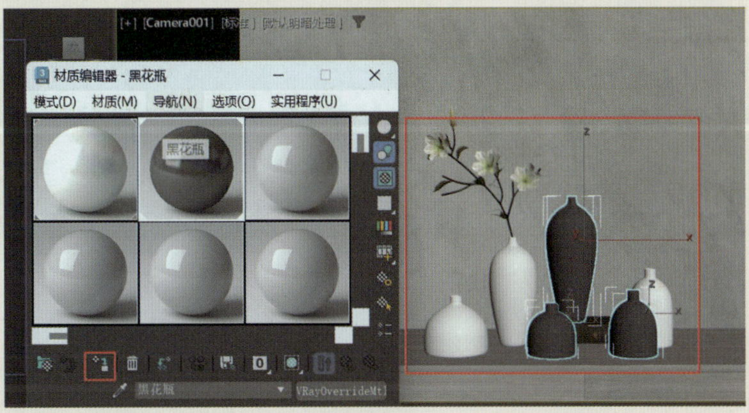

图 3–20

04 模型材质赋予完毕，接下来选择摄影机视图，按Shift+Q组合键进行渲染，最终效果如图3-21所示。

> **技巧 提示**
>
> 除上述提到的赋予材质球的方法以外，还可以用鼠标左键将材质球拖曳到需要赋予材质的模型上。

图 3–21

3.3 材质类型

3ds Max 2024中提供的每一种材质都具有相应的功能，如可以模拟大多数现实世界中的标准材质、适合表现金属和玻璃效果的光线追踪材质等，本节将对基本和常用的标准材质和VRayMtl材质类型进行详细讲解。

3.3.1 标准材质

标准材质是最常用的材质类型，是默认的材质类型，也可以在“材质编辑器”进行材质类型的切换。标准材质可以模拟表面单一的材质，为表面建模提供非常直观的方式。使用标准材质时可以选择各种明暗器，为各种反射表面设置颜色以及使用贴图通道等，这些设置都可以在参数卷展栏中进行，如图3-22所示。

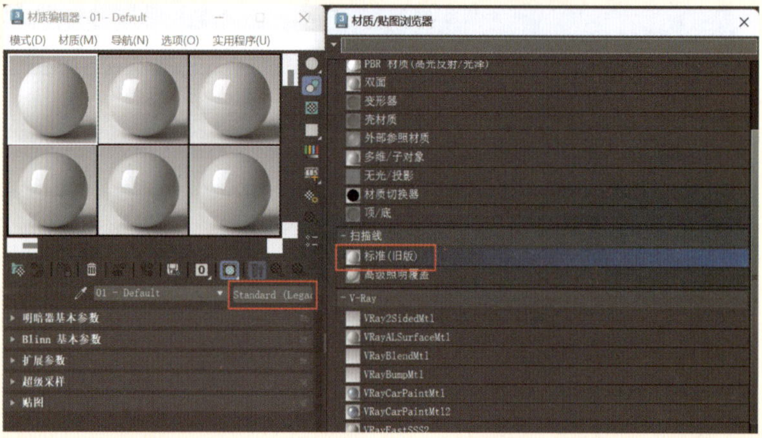

图 3-22

明暗器基本参数与Blinn基本参数见3.2.1节。

1. 扩展参数

“扩展参数”卷展栏提供了与透明度和反射相关的参数，通过该卷展栏可以制作更具有真实感的透明材质，如图3-23所示为该卷展栏的相关参数。

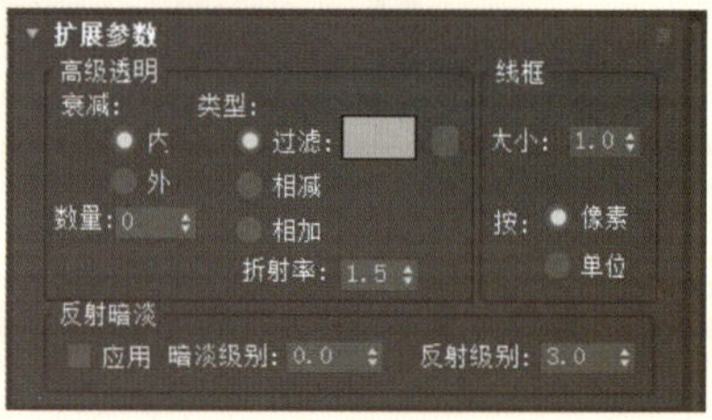

图 3-23

高级透明：该选项组提供的选项或参数影响透明材质的不透明度和衰减等效果。

反射黯淡：该选项组提供的参数可使阴影中的反射贴图显得黯淡。

2. 贴图通道

在“贴图”卷展栏中，可以访问材质的各个组件，部分组件还能使用贴图代替原有的颜色，如图3-24所示。

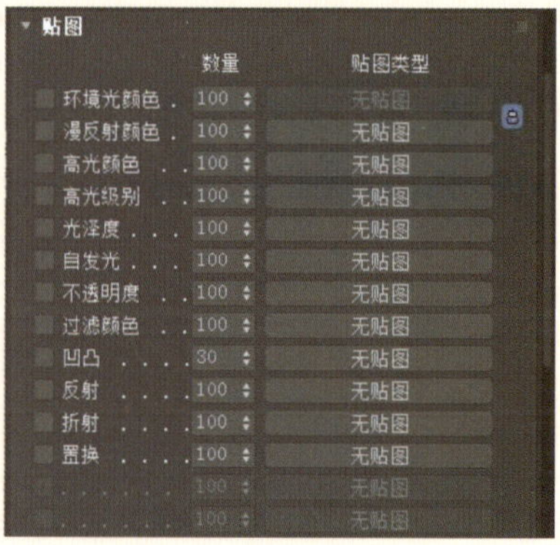

图 3-24

3．超级采样

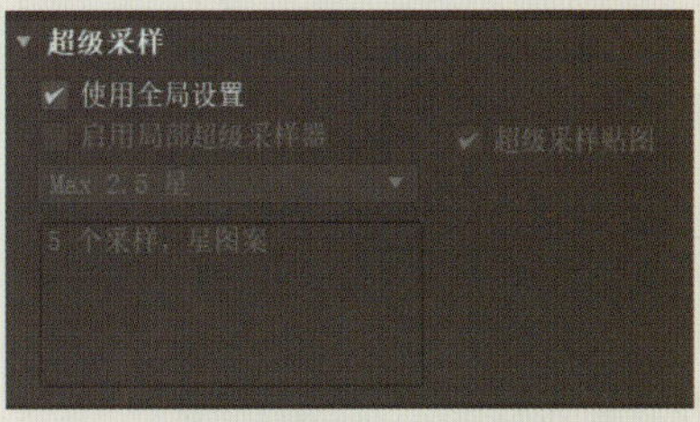

图 3-25

“超级采样”卷展栏可用于设置建筑、光线跟踪、标准和 Ink'n Paint 材质。该卷展栏用于设置超级采样的方法。超级采样会在材质上附加抗锯齿过滤。此操作虽然花费更多时间，却可以提高图像的质量。当需要渲染非常平滑的反射高光、精细的凹凸贴图或高分辨率图形时，超级采样可以发挥重要作用，如图3-25所示。

使用全局设置：启用此选项后，对材质使用“默认扫描线渲染器”卷展栏中设置的超级采样选项。默认设置为启用状态。

启用局部超级采样器：启用此选项后，对材质使用超级采样。默认设置为禁用状态。

小实例：制作金属材质

本例主要讲解利用标准材质制作金属材质的方法。金属的基本属性主要有以下3点：即有锈状的纹理效果，有一定的反射，有一定的凹凸效果。

微课：制作金属材质

01 打开本书配套资源中的“Chapter 3/场景文件/标准材质制作金属材质.max”文件，如图3-26所示。

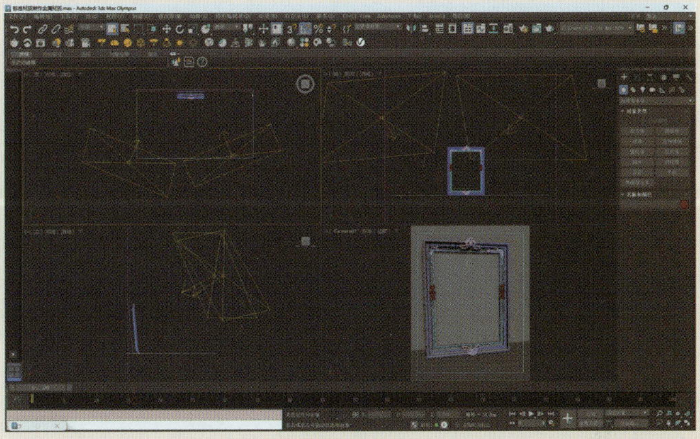

图 3-26

02 制作铜锈材质。选择一个空白材质球，将其命名为“铜锈”。在“漫反射”的通道上加载“衰减”程序贴图，设置“衰减类型”为“垂直/平行”、“颜色1”为黄色（R:236，G:157，B:72），并在“颜色1”通道上加载“混合”程序贴图，设置“颜色1”为褐色（R:32，G:15，B:0），设置“颜色2”为绿色（R:46，G:73，B:45），如图3-27和图3-28所示。

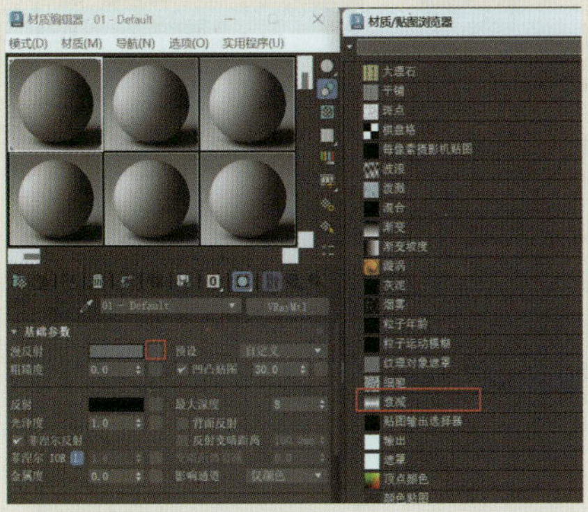

图 3-27

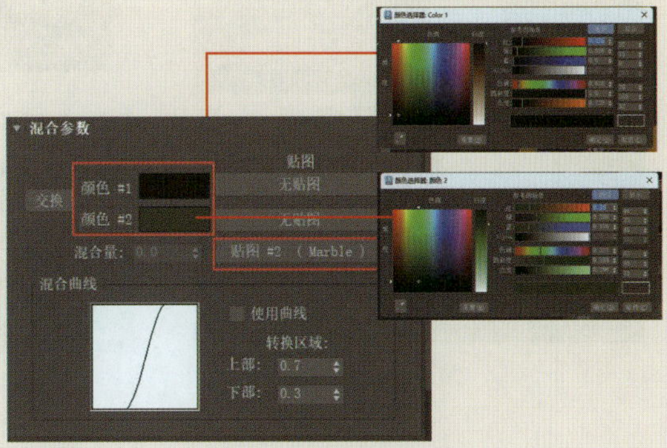

图 3-28

03 在“混合量”通道上加载“大理石”程序贴图，并设置“大小”为100、“颜色1”为淡绿色（R:190，G:190，B:161）、“颜色2”为深绿色（R:60，G:89，B:60），如图3-29所示。返回上一层级对象，展开“贴图”卷展栏，设置“凹凸”为90，如图3-30所示。

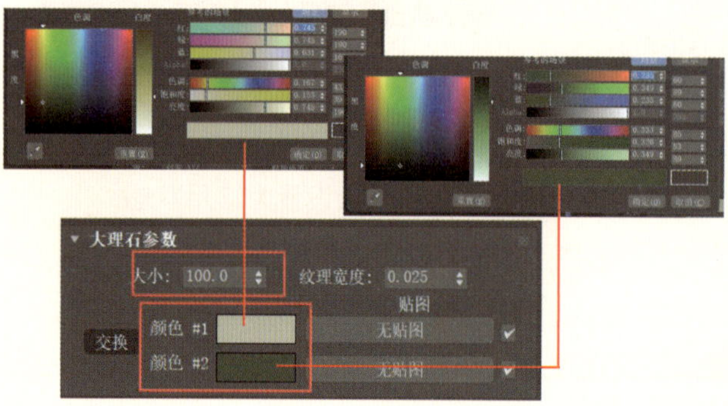

图 3-29

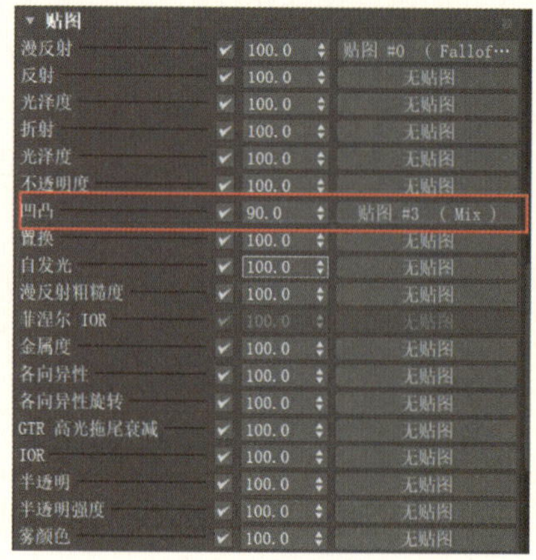

图 3-30

04 在“凹凸”通道上加载“混合”程序贴图。进入“混合参数”卷展栏，在“颜色1”和“颜色2”通道上分别加载“噪波”程序贴图，在“混合量”通道上加载“大理石”程序贴图，如图3-31所示。

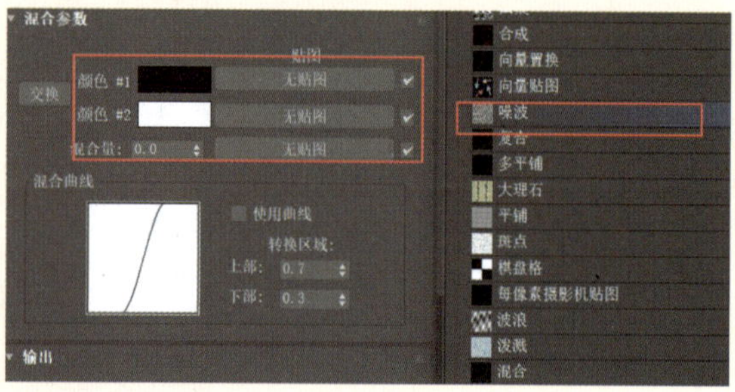

图 3-31

05 在“噪波参数”卷展栏下，设置“大小”为3，然后单击“转到父对象”，将“颜色1”通道上的“噪波”程序贴图拖曳到“颜色2”通道上，如图3-32所示。最后进入“大理石参数”卷展栏，设置“大小”为20，“颜色1”为淡绿色（R:190，G:190，B:161）、“颜色2”为绿色（R:60，G:89，B:60），如图3-33所示。

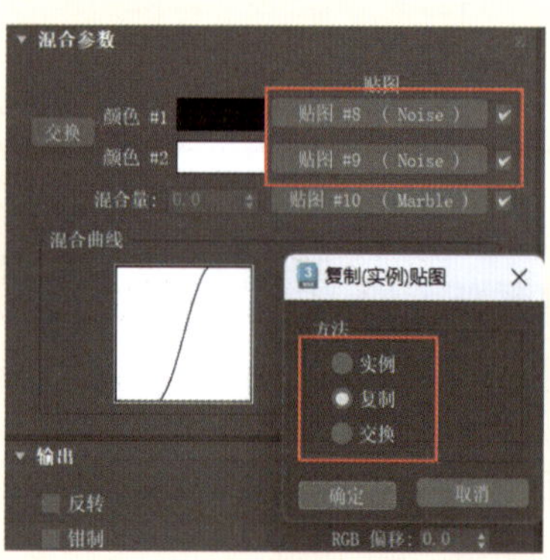

图 3-32

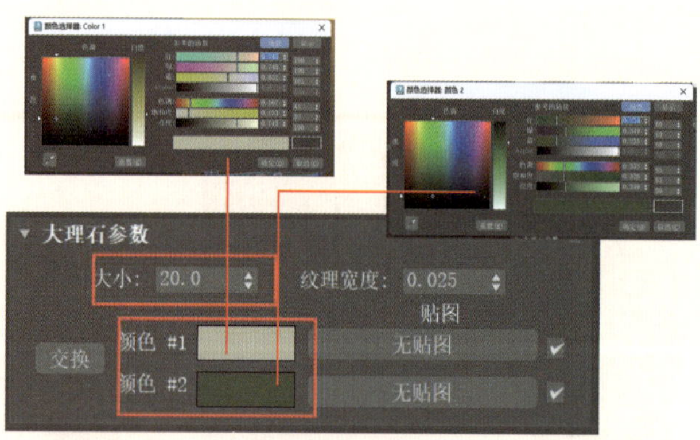

图 3-33

06 选中油画框，将制作好的材质赋给场景中的油画框，如图3-34所示。

07 将剩余的材质制作完成，并赋给相应的物体。最终渲染效果如图3-35所示。

图 3-34

图 3-35

3.3.2 VRayMtl

VRayMtl是使用最广泛的一种材质，常用于制作室内外效果图。它除了能完成一些反射和折射效果，还能出色地表现SSS以及BRDF等效果，其“基础参数”卷展栏如图3-36所示。

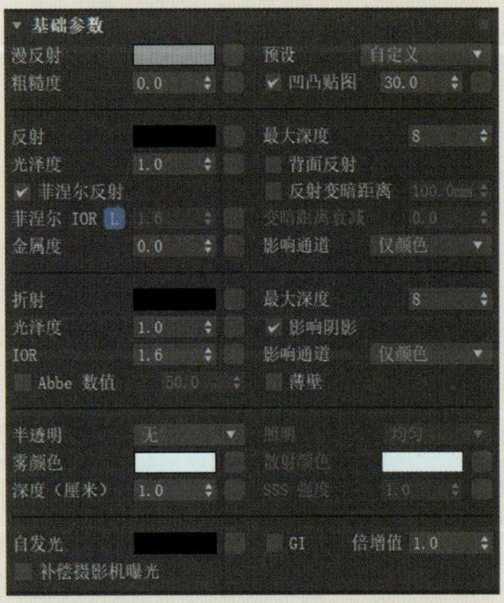

图 3-36

1.“基础参数”卷展栏

（1）漫反射

漫反射：用来设置物体的表面颜色。单击其色块，可以调节漫反射的颜色。单击右边的通道按钮可以选择不同的贴图类型。

粗糙度：数值越大，粗糙效果越明显，可以用该选项来模拟绒布的效果。

（2）反射

反射：靠颜色的灰度来控制反射强度，颜色越白，反射越弱。这里选择的颜色是反射出来的颜色，与反射的强度分开计算。单击旁边的通道按钮，可以使用贴图的灰度来控制反射的强弱。

菲涅尔反射：选中该复选框，反射强度会与光的入射角度有关系，入射角度越小，反射越强烈；垂直入射时，反射强度最弱。

菲涅尔IOR：在“菲涅尔反射”中，菲涅尔现象的强弱衰减率可以用该选项来调节。

金属度：通常也被称为“反射模糊”。物理世界中所有物体都有反射光泽度，只是程度有所差别。

技巧 提示

"菲涅尔反射"模拟了真实世界中的一种反射现象，反射的强度与摄影机的视点和具有反射功能的物体的角度有关。角度值接近0时，反射最强；当光线垂直于表面时，反射功能最弱，这也是真实世界中的物理现象。

背面反射：启用模型背面反射效果的渲染，以额外渲染计算为代价，让玻璃物体更真实。

反射变暗距离：开启或关闭反射变暗距离。

（3）折射

折射：与反射的原理一样，颜色越白，物体越透明，进入物体内部产生折射的光线也就越多；颜色越黑，物体越不透明，产生折射的光线也就越少。

折射率：设置物体透明的折射率。

技巧 提示

真空的折射率是1，水的折射率是1.33，玻璃的折射率是1.5，水晶的折射率是2，钻石的折射率是2.4，这些都是制作效果图的常用的折射率。

光泽度：用来控制物体的折射模糊程度。

影响阴影：该选项用来控制透明物体产生的阴影。

影响通道：控制是否影响通道。

最大深度：指反射的次数，数值越高效果越真实，但渲染时间也更长。

Abbe数值：选中该选项后将开启折射的色散效果。

（4）半透明

半透明效果有3种类型，一种是"无"；一种是"体积"，如海水；还有一种是"sss"。

照明：分为"均匀"和"方向性"两种。

① 均匀：计算表面反射的直接光照。均匀算法在材质内部传播光更均匀，并且计算皮肤材质更快。

② 方向性：需开启"影响阴影"选项以便阴影延伸到表面以下，此方法还可能在低面数的模型上渲染出分面的效果。

雾颜色：指定光线穿过材质时的衰减颜色。

散射颜色：指光透进物体内部后呈现出的颜色，它也影响了散射光的强度。

深度（厘米）：用来控制光线在物体内部被追踪的深度。

sss强度：设置光线穿透能力的倍增值。

2．"BRDF"卷展栏

展开"BRDF"（双向反射分布函数）卷展栏，如图3-37（a）所示。

明暗器列表：包括4种明暗器类型，分别是Microfacet GTR（GGX）、Phong、Ward、Blinn，如图3-37（b）所示。反射适合硬度很高的物体，高光区很小；多面适合大多数物体，高光区适中；沃德适合表面柔软或粗糙的物体，高光区最大。

各向异性：控制高光区域的形状，可以用该参数来制作拉丝效果。

旋转：控制高光区域的形状。

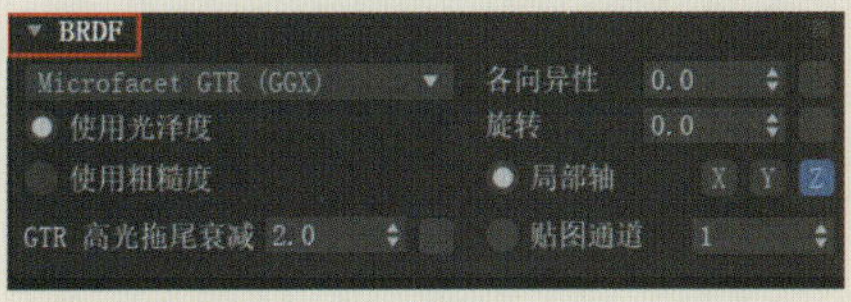

(a)

(b)

图 3-37

GTR高光拖尾衰减：当BRDF类型设置为“Microfacet GTR（GGX）”时，该选项控制高光区域到非高光区域的过渡。

局部轴：有X、Y、Z 3个轴可供选择。

贴图通道：可以使用不同的贴图通道与UVW贴图进行关联，从而实现一个物体在多个贴图通道中使用不同的UVW贴图，从而得到各贴图相对应的贴图坐标。

3.“选项”卷展栏

展开“选项”卷展栏，如图3-38所示。

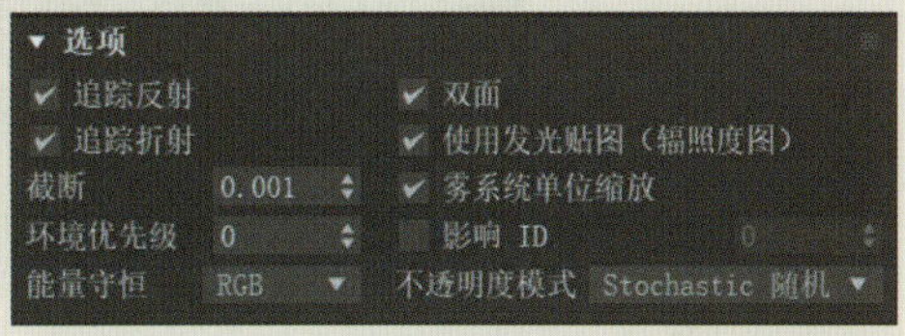

图 3-38

追踪反射：控制光线是否追踪反射。

追踪折射：控制光线是否追踪折射。

截断：设置中止选定材质的折射和反射的阈值。

环境优先级：控制“环境优先”的数值。

影响ID：可以用来控制材质和贴图的渲染方式。通过调整“影响ID”的参数，可以改变材质和贴图的渲染效果。

双面：控制VRay渲染的面是否为双面。

使用发光贴图（辐照度图）：控制选定材质是否使用“发光图”。

雾系统单位缩放：控制是否启用雾系统单位比例。

能量守恒：在效果图制作中一般都将该选项设置为“RGB”，以制作彩色效果。

不透明度模式：设置不透明度的采样算法。

4.“贴图”卷展栏

展开“贴图”卷展栏，如图3-39所示。

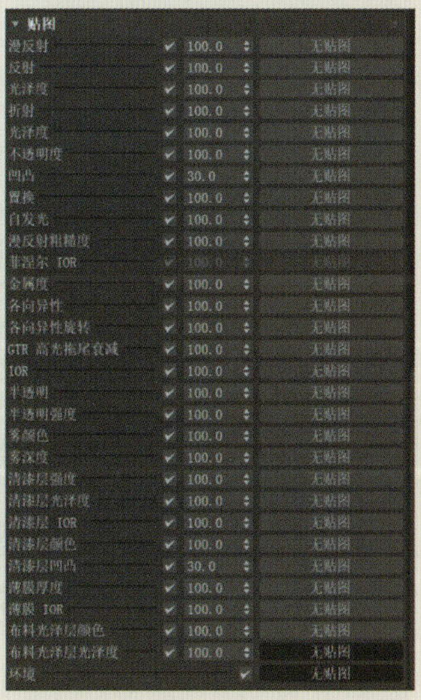

图 3-39

不透明度：主要用于制作窗帘、灯罩等透明物体。

凹凸：主要用于制作物体的凹凸效果。在后面的通道中可以加载一张凹凸贴图。

环境：针对反射、折射等上述贴图，在其贴图的效果上加入环境贴图效果。

技巧 提示

在每个贴图通道后面都有一个数值输入框，该输入框内的数值主要有两个功能。第1个功能是调整参数的强度。如在“凹凸”贴图通道中加载了凹凸贴图，那么该参数值越大，所产生的凹凸效果就越强烈。第2个功能是调整参数颜色通道与贴图通道的混合比例。如在“漫反射”通道中既调整了颜色，又加载了贴图，那么若此时数值为100，就表示只有贴图产生作用；若数值调整为50，则两者各起一半作用；若数值为0，则贴图将完全失效，只显示颜色效果。

小实例：利用VRayMtl材质制作玻璃材质

01 打开本书配套资源中的“Chapter 3/场景文件/VRayMtl材质制作玻璃材质.max”文件，此时场景效果图如图3-40所示。

微课：利用VRayMtl材质制作玻璃材质

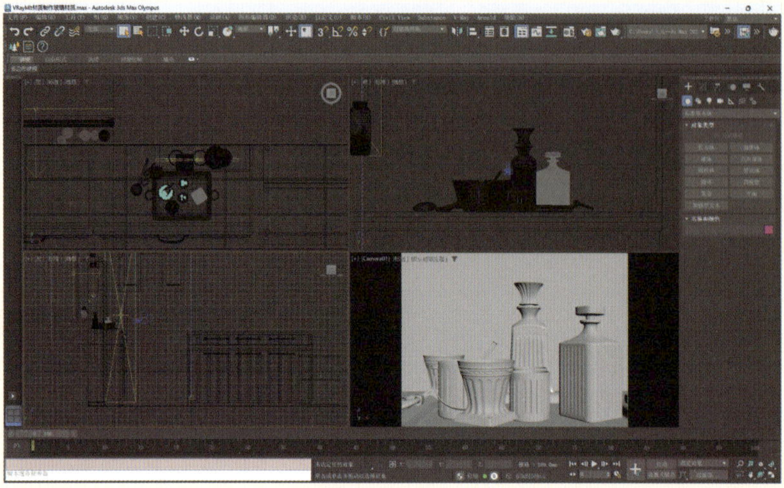

图 3-40

02 按M键打开“材质编辑器”窗口，选择第一个材质球，在弹出的“材质/贴图浏览器”面板中选择“多维/子对象”，如图3-41所示。

03 将材质命名为“玻璃1”，展开“多维/子对象基本参数”卷展栏，“设置数量”为3，分别在通道上加载VRayMtl材质，如图3-42所示。

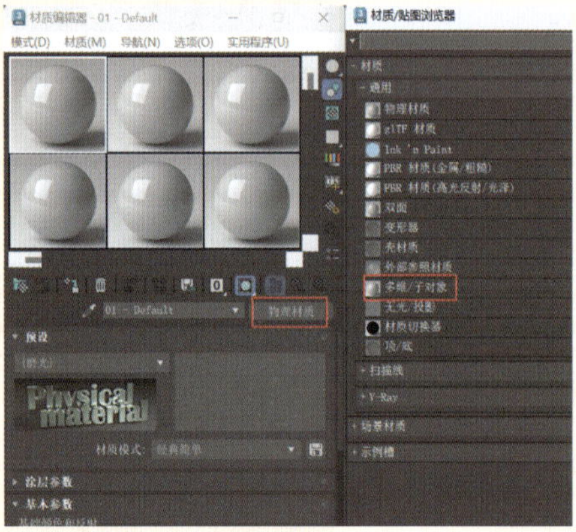

图 3-41

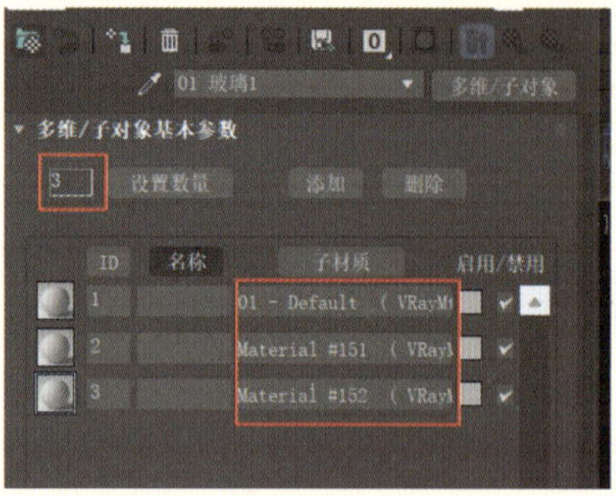

图 3-42

04 在ID号为1的通道中，设置“漫反射”颜色为黑色（R:0，G:0，B:0）；“反射”颜色为白色（R:255，G:255，B:255）“光泽度”设置为0.98；“折射”颜色为白色（R:255，G:255，B:255），“IOR”设置为1.5，“最大深度”为12。如图3-43所示。

05 在ID号为2的通道中，设置“漫反射”颜色为（R:21，G:21，B:18）；“反射”颜色为白色（R:255，G:255，B:255）“最大深度”设置7；“折射”颜色为黄色（R:246，G:231，B:110），“IOR”设置为1.356，“最大深度”设置为7；设置“雾颜色”为（R:250，G:241，B:198），“深度”为125。如图3-44所示。

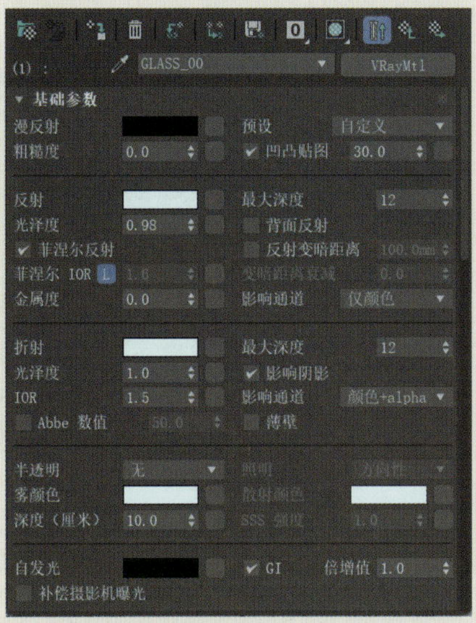

图 3-43

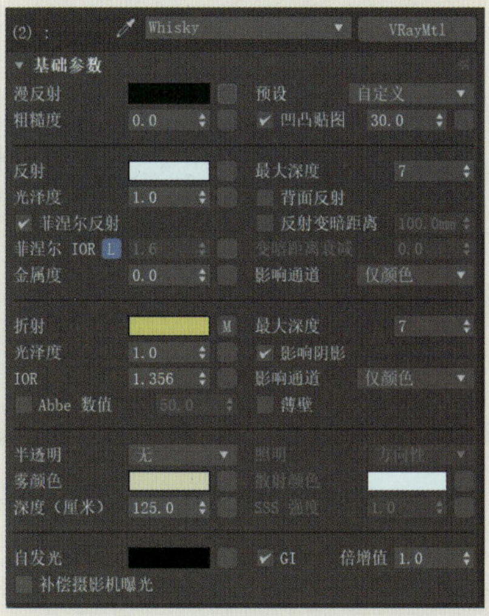

图 3-44

06 在ID号为3的通道中，设置“漫反射”颜色为（R:163，G:147，B:142）；“反射”颜色为黑色（R:0，G:0，B:0），“最大深度”设置为5；折射颜色为黑色（R:0，G:0，B:0），“最大深度”设置为5。如图3-45所示。

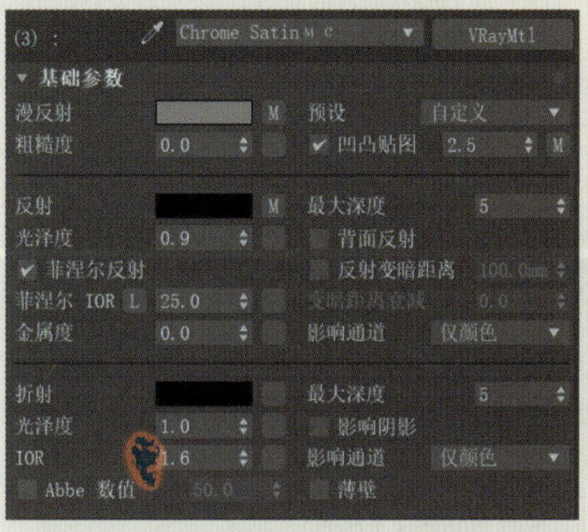

图 3-45

在“漫反射”的“位图参数”卷展栏下增加“材质1”贴图通道；在“凹凸”的相应位置增加“凹凸贴图”；在“反射”的相应位置增加“材质2”贴图通道，如图3-46所示。

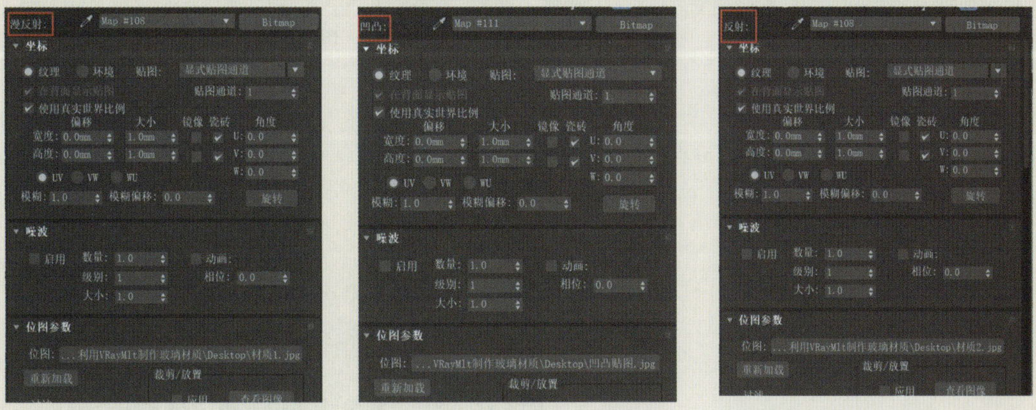

图 3-46

07 将“玻璃1”材质赋给酒瓶，如图3-47所示，得到如图3-48所示效果。

图 3-47

图 3-48

08 选择一个空白材质球，材质球类型设置为“VRayMtl”，并命名为“玻璃2”，然后进行参数设置。在“漫反射”选项组下设置颜色为白色（R:255，G:255，B:255）；在“反射”选项组下设置颜色为白色（R:255，G:255，B:255），“最大深度”为10；在“折射”选项组下设置颜色为白色（R:255，G:255，B:255），“最大深度”为15，“IOR”为1.66，如图3-49所示。

09 将制作完成的“玻璃2”材质赋予场景中的玻璃杯模型，如图3-50所示。

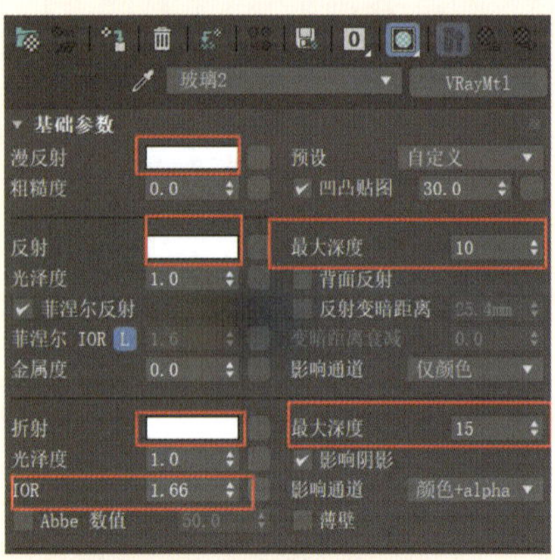

图 3-49

图 3-50

10 将剩余的材质制作完成，并赋予相应的物体，最后使用快捷键Shift+Q进行渲染，效果如图3-51所示。

图 3-51

3.4 初识贴图

贴图可以增强材质的质感，通过对贴图的设置可以制作出更加真实的材质效果，如麻布材质、地面材质和水波材质等。

3.4.1 什么是贴图

1. 程序贴图和位图

使用3ds Max制作效果图时，常需要制作贴图，如木纹花纹和壁纸等。3ds Max为用户提供了大量的程序贴图，用来模拟自然界中常见物体的表面纹理，如大理石、木材、波浪、细胞等，如图3–52所示。

程序贴图是通过计算机编程得到的一些仿自然纹理，跟真实世界中的物体纹理差距很大，所以最有效的方式是使用一张高清晰度的位图来制作纹理，这会得到最真实的效果。图3–53所示为使用位图设置贴图后的效果。

图 3–52

图 3–53

2. 贴图和材质的区别

贴图，顾名思义，即材质表面纹理，其除了可以直观地表现出物体的表面质感细节，还可以制作出材质的反射、折射、凹凸及透明等效果。例如，“漫反射”通道上使用的位图贴图、噪波贴图、衰减贴图、平铺贴图等。材质在3ds Max中指某个物体应用了什么类型的质地，如标准材质、VRayMtl和混合材质等。

贴图和材质的关系很简单，可以通俗地理解为材质的级别要比贴图大，贴图需要在材质下面的某一个通道上加载。也就是说先有材质，才会有贴图。如果要设置如图3–54所示的木纹材质，首先需要设置材质球类型为“VRayMtl”，然后设置“反射”等参数，最后依据具体需要在“漫反射”通道上加载“位图”贴图。

图 3–54

3.“贴图”卷展栏

展开“贴图”卷展栏，可以在任意一个通道上加载贴图。如图3–55所示。当需要为模型制作凹凸纹理效果时，可以在“凹凸”通道上添加贴图。

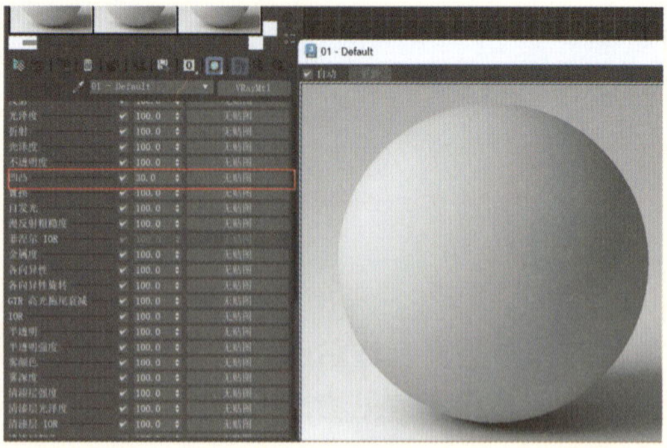

图 3–55

3.4.2 贴图参数

标准材质设置了12种贴图通道，可以使用相同的贴图方式在三维模型表面相应的区域制作不同的材质效果，如图3–56所示。

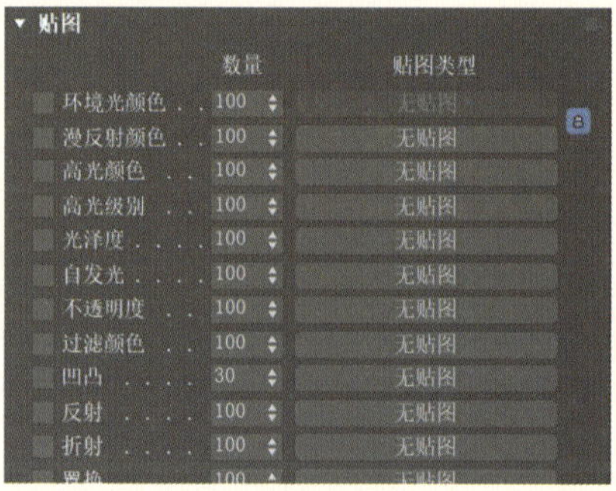

图 3–56

“环境光颜色”贴图通道：环境贴图代替了基本属性的环境色。

“漫反射颜色”贴图通道：漫反射贴图代替了基本属性中的漫反射颜色，是材质的固有纹理。

“光泽度”贴图通道：定义高光出现的位置。使用该通道可以通过缩小某些区域使对象显得更旧。贴图中黑色的部分体现为没有光泽，白色部分体现为光泽度最大。

“自发光”贴图通道：影响材质表面的自发光区域，自发光贴图中的黑色像素不产生自发光的效果，白色像素产生最强的自发光效果，灰色像素依据自身的明度比例改变自发光的效果。

“高光颜色”贴图通道：其代替了基本属性中的高光颜色。

“高光级别”贴图通道：其代替了基本属性中的高光强度。

“不透明”贴图通道：影响材质表面的透明区域，不透明度贴图中的黑色像素产生完全透明的效果，白色像素产生完全不透明的效果，灰色像素依据自身的明度比例产生半透明的效果。

“过滤颜色”贴图通道：该贴图可以给透明区域着色，如创建彩色玻璃材质。

“凹凸”贴图通道：影响材质表面的凹凸效果，凹凸贴图中的高明度区域产生凸起的效果，低明度区域产生凹陷的效果。

“反射”贴图通道：反射是许多材质具有的重要属性。

“折射”贴图通道：折射贴图用于模拟光线透过透明对象时产生的弯曲。

“置换”贴图通道：改变几何体表面或面片上多边形的分布，以在每个表面上创建很多三角面，从而实现置换效果。

3.4.3 坐标参数

二维贴图是用于几何体表面或环境贴图背景的二维图像。二维贴图包括位图、棋盘格、燃烧、渐变、渐变色过渡、旋涡和平铺等，如图3–57所示。

1. 贴图坐标参数

当在贴图通道中指定一个贴图时，会弹出“贴图坐标参数”卷展栏，通过该卷展栏可以控制贴图的方式、偏移、平铺、角度和模糊等参数，如图3–58所示。

图 3–57

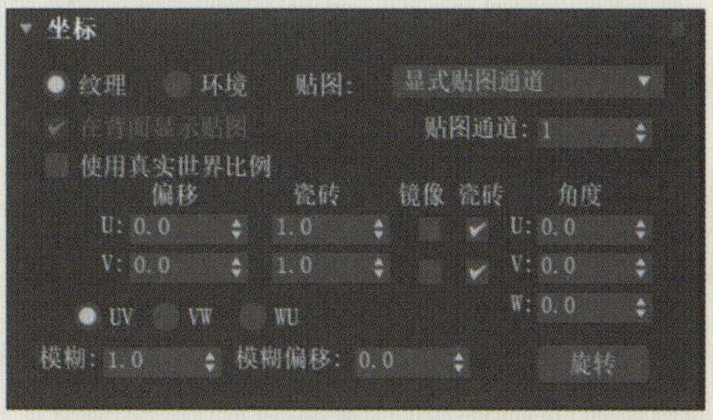

图 3–58

图 3–59

纹理： 将位图作为纹理贴图应用到表面。

环境： 将位图作为环境贴图，使用时就好像将它指定到场景中某个不可见的物体上。

偏移： 用于改变物体的UV坐标，以此调节贴图在物体表面的位置。

镜像： 在物体的U轴和V轴两个方向上进行镜像贴图，如图3–59所示。

“模糊”： 用于改变图像的锐化和模糊程度。

“模糊偏移”： 利用图像的偏移产生模糊效果，常用于制作柔化和散焦效果，如图3–60所示为不同模糊和模糊偏移参数的效果对比。

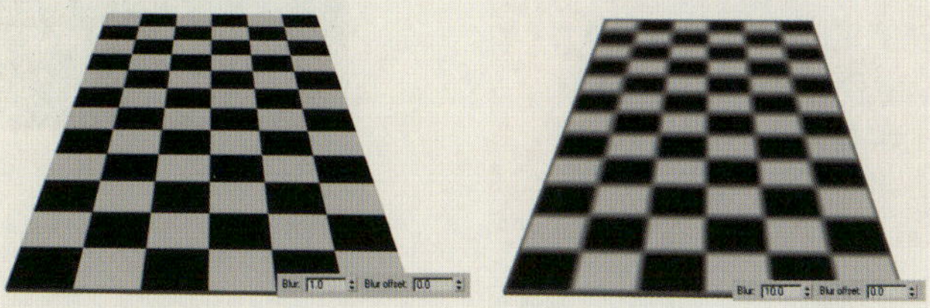

图 3–60

角度：在相应的坐标方向上使贴图产生旋转效果，既可以输入数据，也可以单击“旋转”按钮进行实时调节，如图3–61所示。

图3–61

2．噪波参数（2D）

当在贴图通道中指定一个贴图时，会弹出“噪波参数”卷展栏，可以通过其中的参数使UV轴上的贴图产生扭曲，为材质添加噪波效果，效果如图3–62所示。

开：控制噪波的开关。

数量：控制噪波的强度，值为0时不产生噪波效果，值为100时产生最大的噪波效果。

级别：与数量值相关联，数量值越大，级别的影响也就越强。

尺寸：值越大波形越梳，值越小波形越密。

动画：用于控制是否进行动画噪波处理，产生动画的效果。

相位：控制噪波产生的速度，将相位值记录为动画，就可以产生材质的噪波动画。

图 3–62

3.4.4 位图贴图

1.位图参数

在“位图参数”卷展栏中使用一张位图图像作为贴图是常用的贴图方式，3ds Max支持多种位图格式，包括AVI、BMP、CIN、CWS、GIF、HDR、IFL、JPG、MOV、PSD、TIF、TGA和RGB等，如图3–63所示。

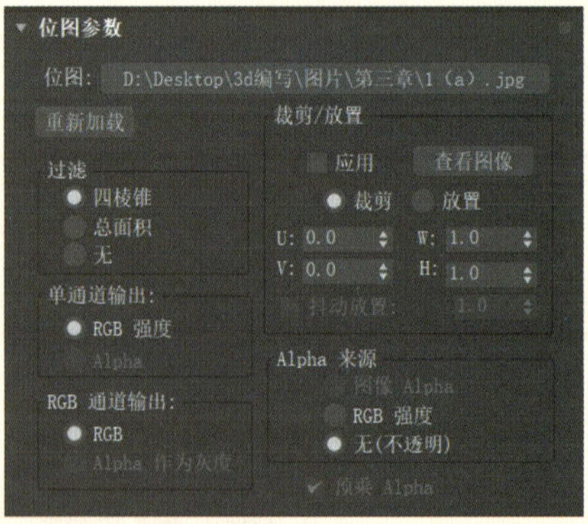

图 3–63

技巧 提示

位图贴图在使用时会自动查找路径，但是如果图像文件的位置产生了移动，系统将不会自动去查找。建议用户将全部贴图与场景文件放置在同一目录下，以避免在使用过程中发生材质丢失的问题。

2.棋盘格参数

棋盘格可以模拟类似于国际象棋棋盘的两色方格交错的图案，也可以将两个贴图进行交错，其应用和参数卷展栏如图3–64和图3–65所示。

图 3-64

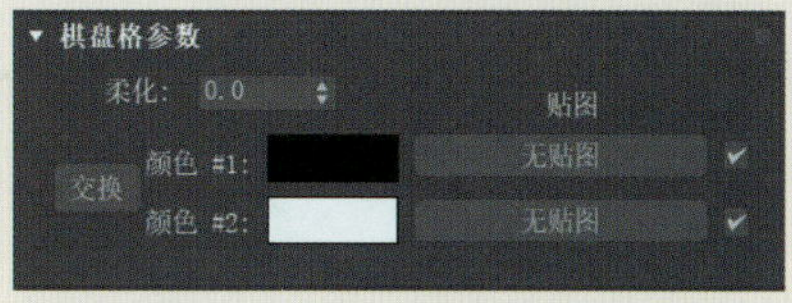

图 3-65

交换：用于调换两个颜色的区域。

柔化：模糊两个区域之间的交界。

3.渐变参数

渐变贴图可以产生3种颜色(或3个贴图)的过渡效果，并可以调节相互间的比例区域，其应用和参数卷展栏如图3-66和图3-67所示。

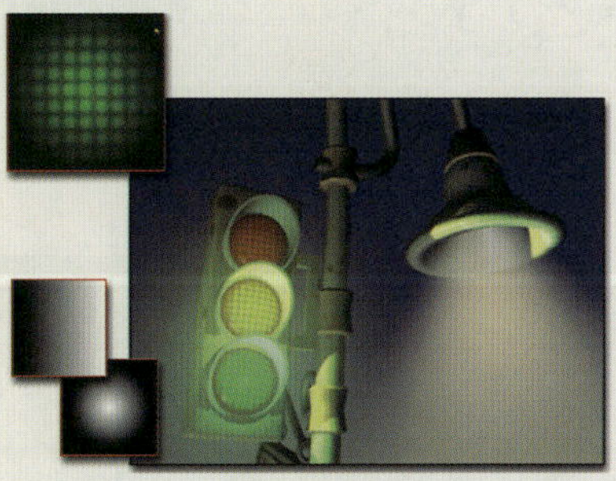

图 3-66

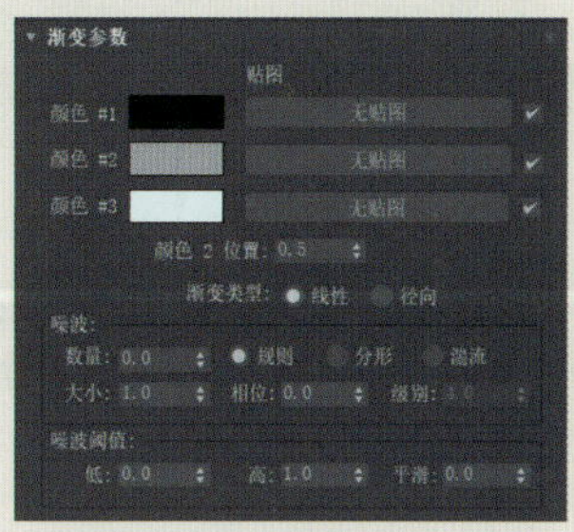

图 3-67

颜色2位置：用于设置中间色的位置，默认是0.5，表示3种颜色平均分配区域；当值为1时，颜色2取代颜色1；当值为0时，颜色2取代颜色3。

规则/分形/湍流：提供3种强度不同的噪波生成方式。

4. 渐变坡度参数

渐变坡度参数贴图能够比渐变贴图更自由地指定颜色和贴图，制作出更加多样化的渐变效果，如图3-68所示。

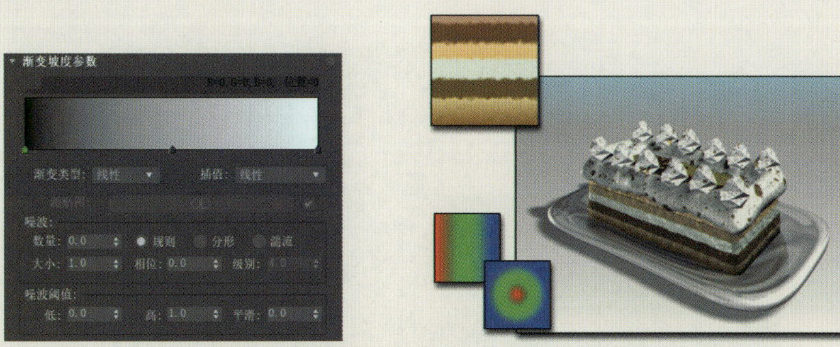

图 3-68

1
2
3
4
5
6
7
8
9

小实例：利用位图贴图制作桌面一角

微课：利用位图贴图制作桌面一角

01 打开本书配套资源中的“Chapter 3/场景文件/利用位图贴图制作桌面一角.max”文件，如图3-69所示。

02 按M键打开“材质编辑器”窗口，选择第一个材质球，在弹出的“材质/贴图浏览器”面板中选择“多维/子对象”材质，如图3-70所示。

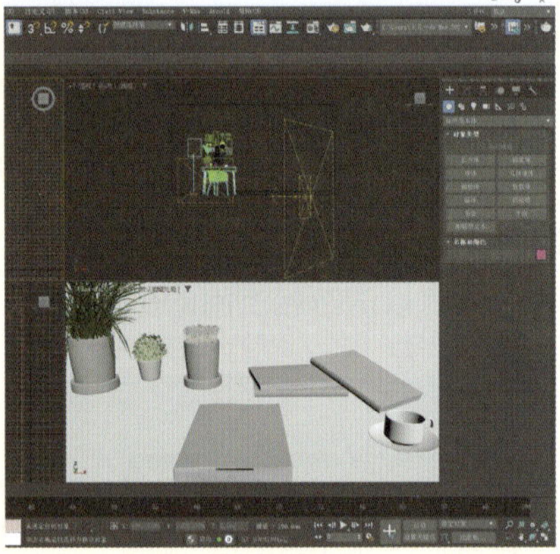

图 3-69

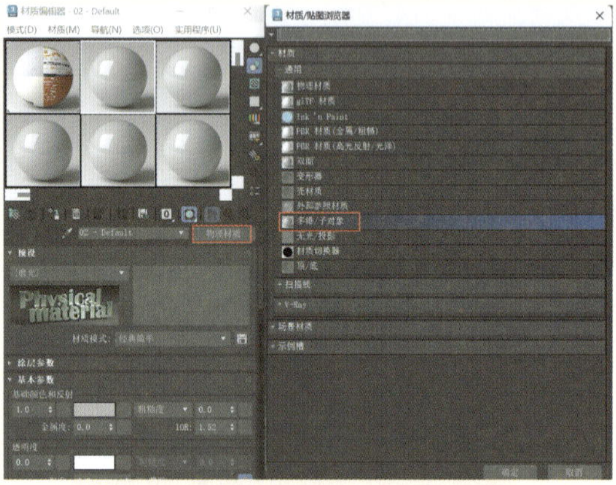

图 3-70

03 将材质命名为“书籍1”，展开“多维/子对象基本参数”卷展栏，“设置数量”为5，分别在通道上加载VRayMtl材质，如图3-71所示。

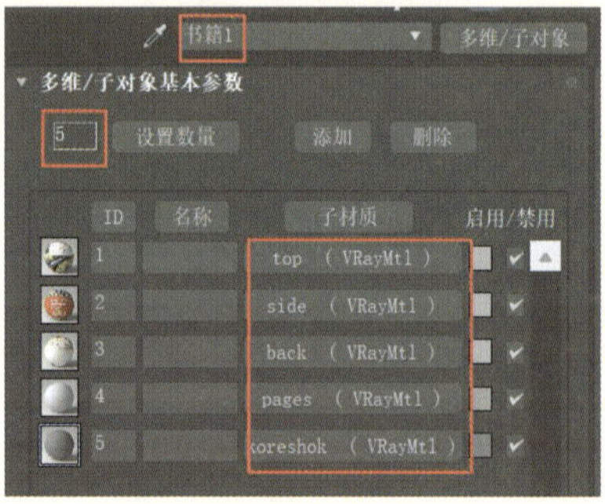

图 3-71

04 单击进入ID号为1的通道中，设置“top4”材质。在“漫反射”通道上加载“top4.jpg”贴图文件，并在“坐标”卷展栏下设置“模糊”为0.1。在“基础参数”卷展栏的“反射”选项组下设置“光泽度”为0.7，选中“菲涅尔反射”复选框，如图3-72所示。

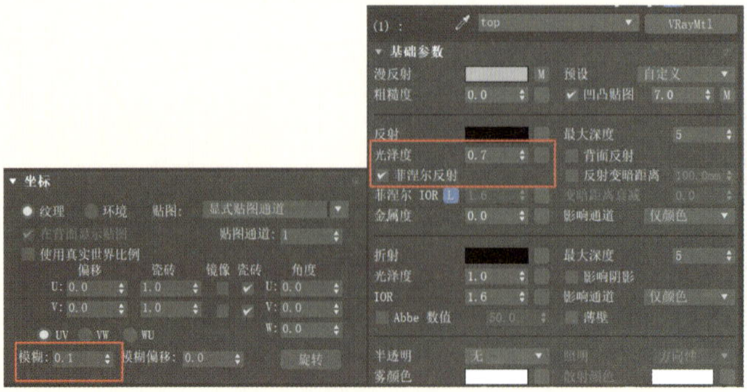

图 3-72

05 单击进入ID号为2的通道中，设置“side4”材质。在“漫反射”的通道上加载“side4”贴图文件，并在“坐标”卷展栏下设置“模糊”为0.1，在“基础参数”卷展栏的“反射”选项组下设置“光泽度”为0.7，选中“菲涅尔反射”复选框。

06 单击进入ID号为4的通道中，在“漫反射”的通道上加载“混合”程序贴图，分别在“颜色 #1”和“颜色 #2”后面的通道上加载“噪波”程序贴图，并设置“混合量”为40。如图3-73所示。单击进入“颜色 #1”通道，展开“坐标”卷展栏，设置“瓷砖”的X、Y和Z分别为0.001、 0.001和0.1，设置“模糊”为0.2。展开“噪波参数”卷展栏，设置“大小”为0.03、“颜色 #1”为（R:151，G:151，B:151）。如图3-74所示。

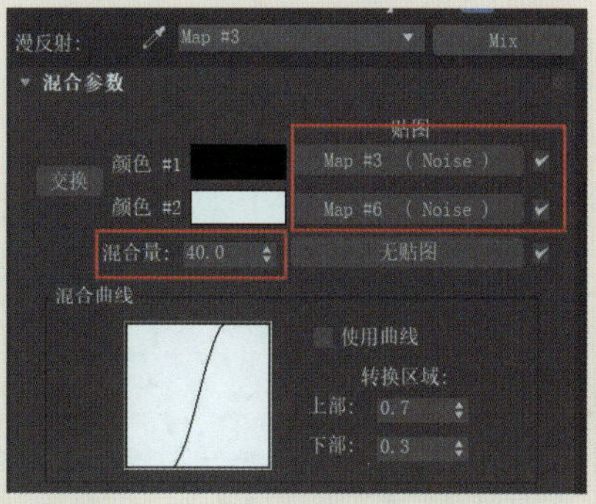

图 3-73

单击进入“颜色 #2”通道，展开“坐标”卷展栏，设置“瓷砖”的X、Y和Z分别为0.001、 0.001和0.1，设置“模糊”为0.1。展开“噪波参数”卷展栏，设置“大小”为0.05、“颜色 #1”为（R:187，G:187，B:120），如图3-75所示。

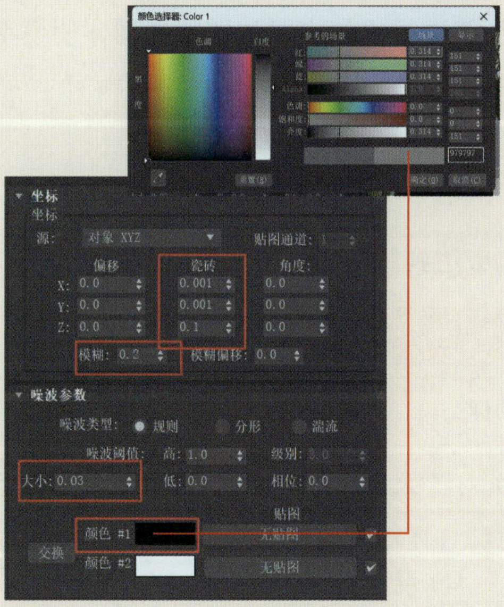

图 3-74

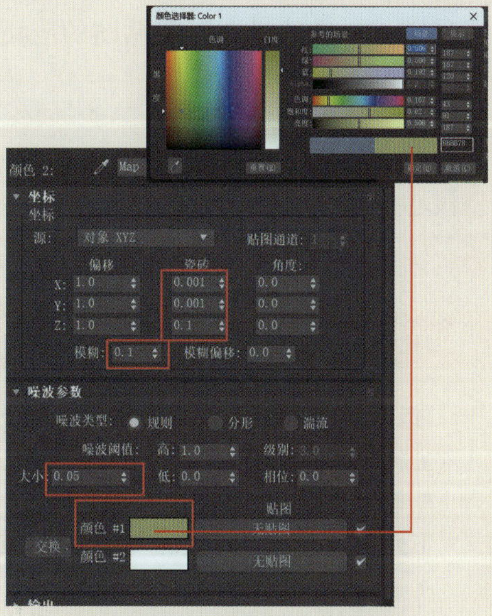

图 3-75

07 单击进入ID号为5的通道中，在“漫反射”的通道上加载“噪波”程序贴图，并设置“瓷砖”的X、Y和Z分别为0.03、0.03和0.1；在“噪波参数”卷展栏下设置“大小”为0.03、“颜色 #1”为（R:160，G:160，B:160），如图3-76所示。

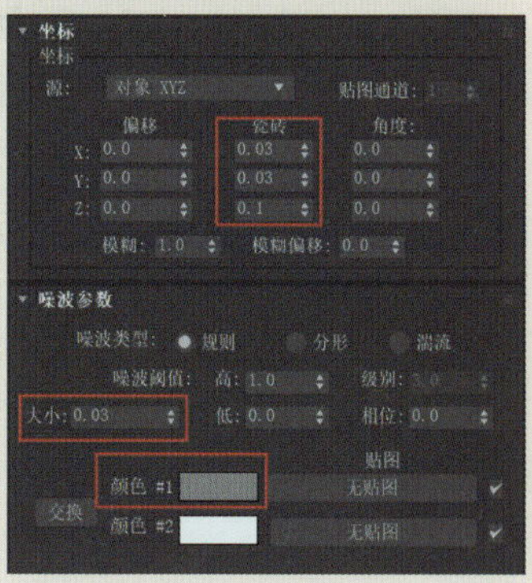

图 3-76

08 将制作好的材质赋给场景中的杂志模型，如图3-77所示。

09 将剩余材质制作完成，并赋给相应的物体。最后按Shif+F组合键进行渲染，效果如图3-78所示。

图 3-77

图 3-78

3.5 知识与技能梳理

通过学习材质的设置以及贴图的应用，读者能够进行更加丰富的细节处理，使模型更加真实。

- 重要工具：材质编辑器。
- 核心技术：参数的更改和设置。
- 实际运用：通过基本模型的创建及参数的调整达到练习的目的。

3.6 课后练习

一、选择题（共5题），请扫描二维码进入即测即评。

3.7 课后练习

1. 金属材质的选项为（　　）。

   A. Blinn　　B. Phong　　C. 金属　　D. 多层

2. 下列不属于3ds Max标准材质中贴图通道的是（　　）。

   A. 凹凸　　B. 反射　　C. 混合　　D. 附加光

3. 制作场景中镜子的反射效果，应在“材质/贴图浏览器”面板中选择（　　）贴图方式。

   A. 位图　　B. 平面镜像　　C. 水　　D. 木纹

4. 透明贴图文件的（　　）表示完全透明。

   A. 白色　　B. 黑色　　C. 灰色　　D. 黑白相间

5. 在默认情况下，渐变贴图的颜色有（　　）。

   A. 1种　　B. 2种　　C. 3种　　D. 4种

二、简答题

1. 在3ds Max中如何为1个物体赋予多个贴图?
2. 简要说明如何编辑透明材质。

Chapter 4

高级建模技术

随着建模技术学习的深入，读者会发现仅仅依靠前面所介绍的几何体建模技术和材质与贴图技术无法制作出形体更加复杂、表面细节更多的三维模型，如扭曲、晶格等，此时需要使用高级建模技术。高级建模包括修改器建模、多边形建模、NURBS建模等，本章将详细介绍这些建模技术。

学习要求	知识点	学习目标			
		了解	掌握	应用	重点知识
	修改器建模		🚩		🚩
	多边形建模			🚩	
	网格建模			🚩	
	NURBS建模			🚩	

能力与素养目标

4.1 修改器建模

修改器是3ds Max为三维设计师提供的对模型进行重新塑形、编辑贴图、添加动画等操作的命令集合，使用这种方法可以快速打造特殊的模型效果。给对象添加修改器的方法非常简单。选择一个对象后进入修改面板，然后单击“修改器列表”所在的下拉列表框，在弹出的列表中选择相应的修改器即可，如图4-1所示。

选择对象　　选择修改器　　“晶格”修改器效果

图 4–1

4.1.1 修改器堆栈

从“创建”面板中添加对象到场景中之后，进入“修改”面板。在该面板中可以更改对象的原始创建参数，但是这种方法只可以调整物体的基本参数，如长度、宽度、高度等，无法对模型本身做出大的改变。因此，可以使用“修改”面板中的修改器堆栈进行调整。

修改器堆栈是“修改”面板中的列表。它包含选定的对象以及应用于该对象的所有修改器。例如创建一个长方体“Box001”，进入修改器堆栈，在修改器堆栈中添加“Cloth”和“晶格”修改器，如图4–2所示。

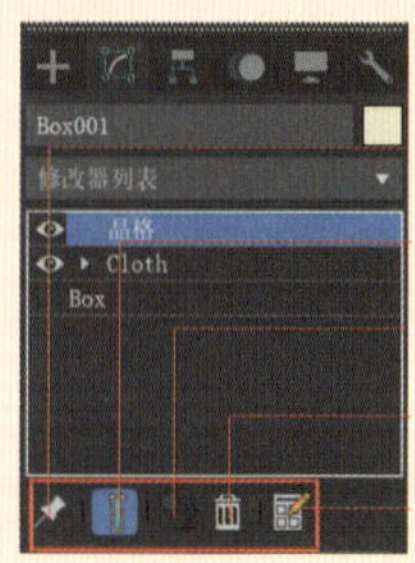

图 4–2

修改器堆栈中的重要工具介绍如下。

“锁定堆栈”按钮：激活该按钮，可将堆栈和“修改”面板的所有控件锁定为选定对象的堆栈。即使选择了视图中的另一个对象，也可以继续在“修改”面板中对锁定堆栈的对象进行编辑。

“显示最终结果”按钮：激活该按钮，会在选定的对象上显示整个堆栈的效果。

“使唯一”按钮：激活该按钮，可将关联的对象修改成独立对象，这样可以对选择集中的对象进行单独编辑（只有在场景中拥有选择集时该按钮才可用）。

“从堆栈中移除修改器”按钮：若堆栈中存在修改器，单击该按钮可删除当前修改器，并清除该修改器引发的所有更改。

“配置修改器”按钮：单击该按钮可弹出一个菜单，该菜单中的命令主要用于配置在“修改”面板中显示和选择修改器的方式。

4.1.2 修改器的具体使用

1. 加载修改器

以长方体为例，加载修改器的步骤如下：

01 使用修改器之前，一定要有已创建好的基础对象，如几何体、图形、多边形模型等。如图4-3所示为创建的一个长方体模型，已为其设置了合适的分段数值。

02 选择创建的长方体，然后单击“修改”面板，在“修改器列表”中选择“弯曲”选项。此时“弯曲”修改器已经添加给了长方体，然后单击“修改”面板，并将其参数进行适当设置，如图4-4所示。

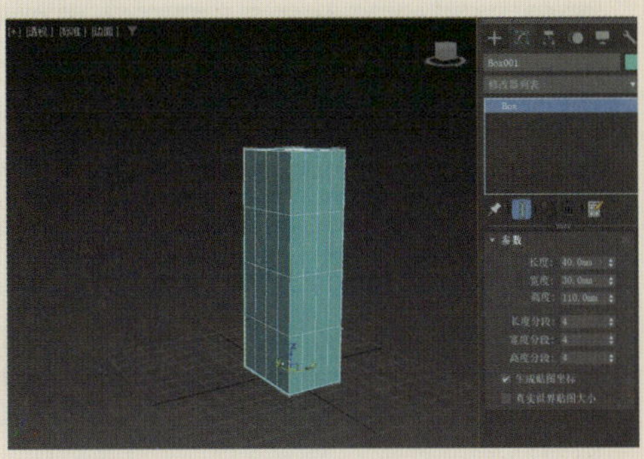

图 4-3

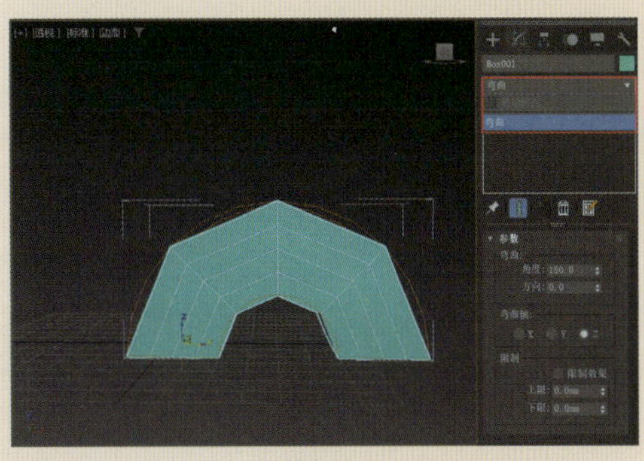

图 4-4

03 在“修改”面板的“修改器列表”中选择“晶格”选项，如图4-5所示。

04 此时长方体上新增了一个“晶格”修改器，而且后面加载的修改器在前面加载的修改器的上方。单击“修改”面板，对其参数进行适当的设置，效果如图4-6所示。

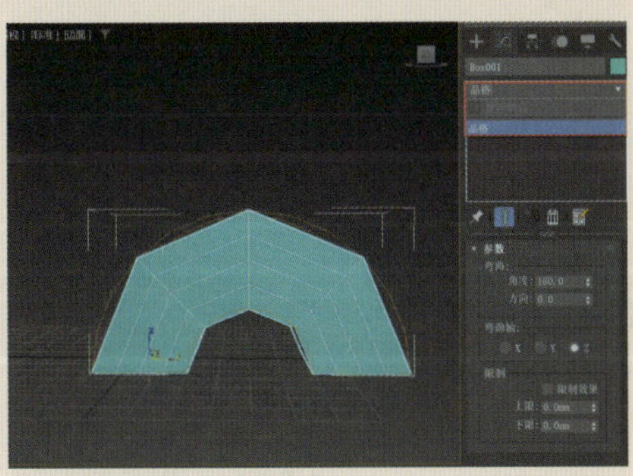

图 4-5

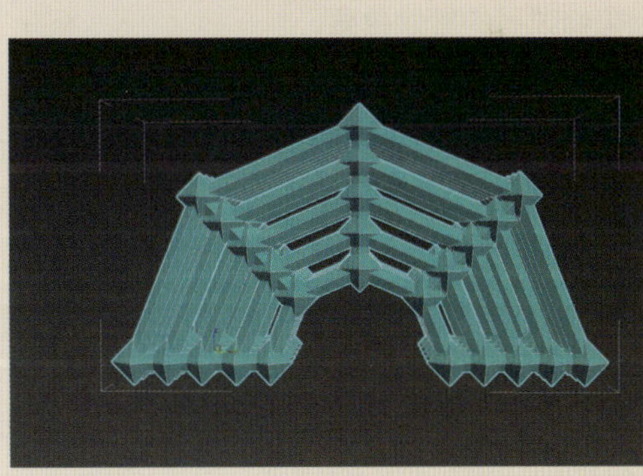

图 4-6

2. 修改器排序

修改器的排序遵循“据后”原则，即后添加的修改器在修改器堆栈的顶部，从而作用于它下方的所有修改器和原始模型；而最先添加的修改器在修改器堆栈的底部，从而只能作用于它下方的原始模型。如图4–7所示为创建模型后，先添加“弯曲”修改器，再添加“晶格”修改器的模型效果。如图4–8所示为创建模型后，先添加“晶格”修改器，再添加“弯曲”修改器的模型效果。

不难发现，修改器的次序会对最终模型产生影响。但这不是绝对的，有些情况下，更改修改器次序不会对模型产生任何影响。

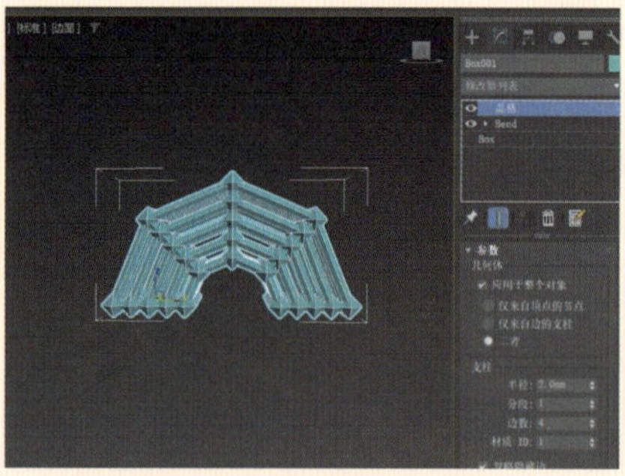

图 4-7

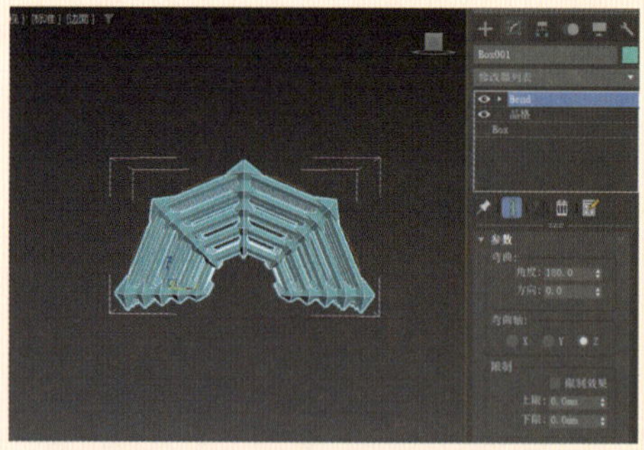

图 4-8

3. 启用与禁用修改器

默认情况下，为物体加载修改器后，修改器是启用的状态，可以看到修改器名称前面有眼睛图标，如图4-8所示。

当需要禁用修改器（与删除修改器不同）时，可以单击修改器名称前面的图标，此时图标如图4-9所示。再次单击图标时，即可恢复修改器的启用状态。

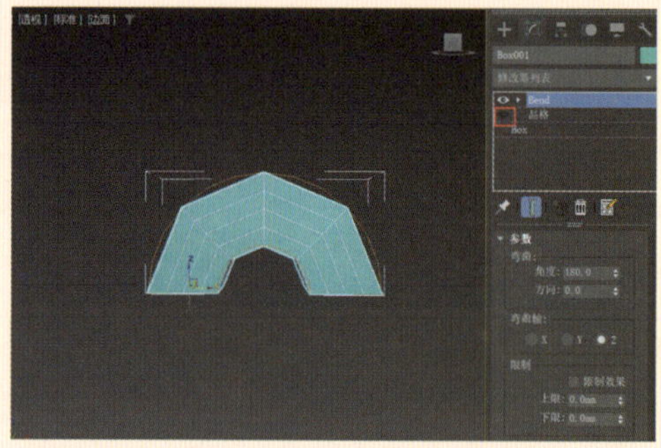

图 4-9

4. 编辑修改器

在修改器堆栈上右击，会弹出一个菜单，该菜单中的命令用于编辑修改器，如图4-10所示。

可以使用“塌陷全部”或“塌陷到”命令来分别将对象堆栈的全部或部分塌陷为可编辑的对象，该对象可以保留基础对象之上塌陷修改器的累加效果。

图 4-10

（1）塌陷到

“塌陷到”命令可以将选定修改器以下的修改器和基础物体进行塌陷。如图4-11所示，为一个长方体，依次加载“弯曲”“噪波”“扭曲”“网格平滑”修改器。

此时右击“噪波”修改器，在弹出的菜单中选择“塌陷到”命令，此时会弹出一个警告对话框，提示是否继续操作，包括“暂存/是”“是”“否”三种选项，这里单击“是”按钮，如图4-12所示。

（2）塌陷全部

“塌陷全部”命令可以将所有的修改器和基础物体全部塌陷。

若要塌陷全部修改器，可右击其中的任意一个修改器，然后在弹出的菜单中选择“塌陷全部”命令，如图4-13所示。

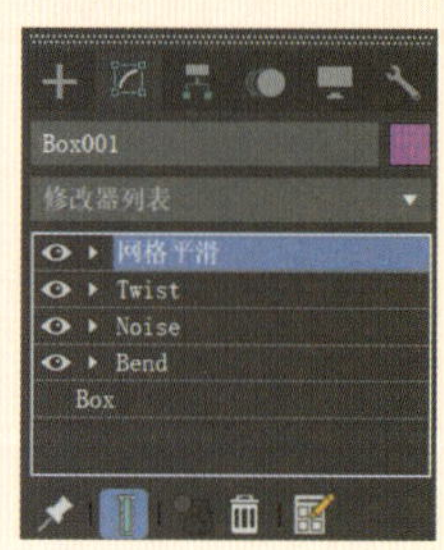

图 4-11

当塌陷全部修改器后，修改器堆栈中没有任何修改器，只剩下“可编辑多边形”，如图4-14所示。因此，该操作与直接对该模型执行“转换为可编辑多边形”命令的结果是一样的。

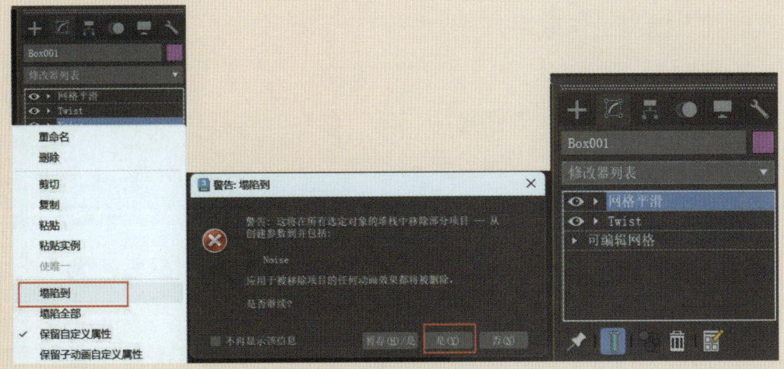

图 4-12

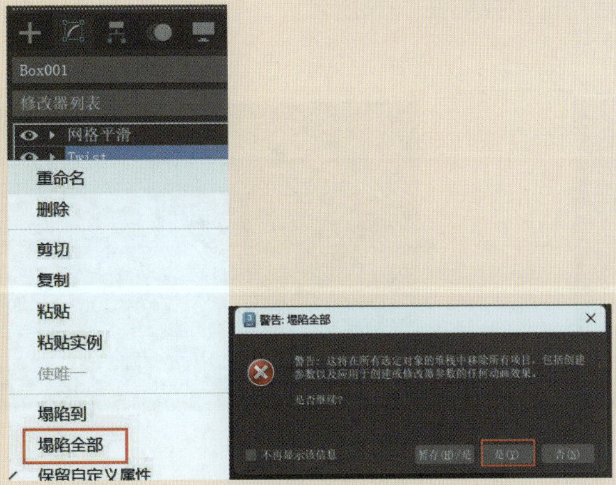

图 4-13

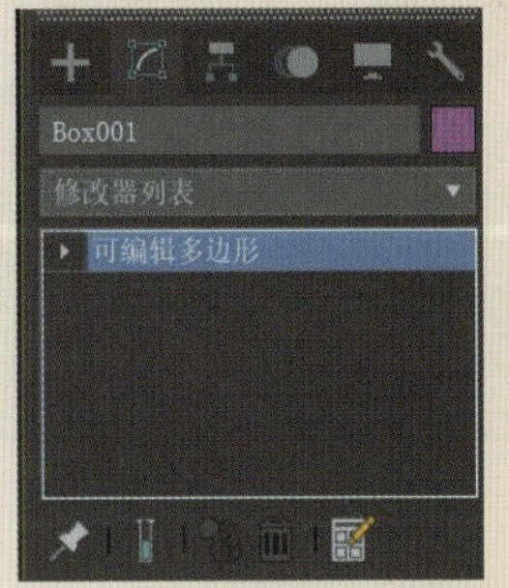

图 4-14

4.1.3 修改器的种类

选择二维图像或三维模型对象，然后单击“修改”面板，接着单击“修改器列表”右侧的下拉按钮，会看到很多种修改器。

修改器一般有几十余种，如果安装了插件，数量可能会相应增加。这些修改器被放置在几个不同类型的修改器集合中，分别为转化修改器、世界空间修改器和对象空间修改器，如图4-15所示。

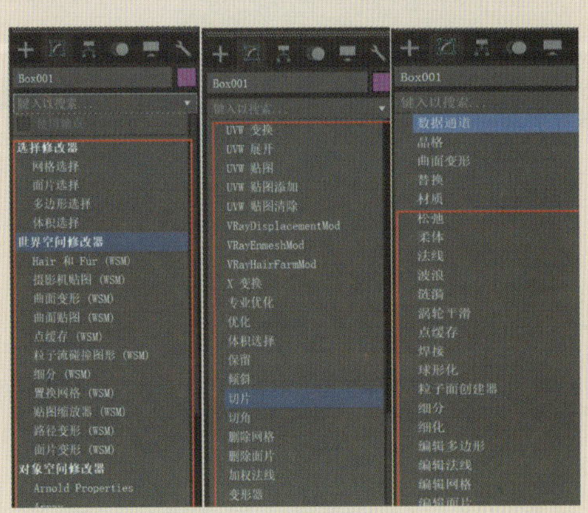

图 4-15

4.1.4 常用修改器类型

对象空间修改器包含多种类型，本节针对常用的修改器进行详细介绍，熟练掌握修改器可以节省操作时间，提高工作效率。

1. “挤出”修改器

“挤出”修改器将深度添加到图形中。其“参数”卷展栏如图4–16所示。

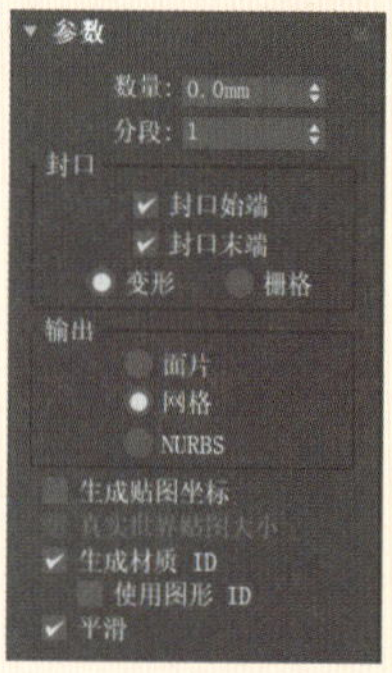

图 4–16

数量：该参数用于控制拉伸的高度。

分段：指定在基础对象中创建线段的数目。这个参数十分重要，尤其是在后期要进行多边形处理时特别有用，如图4–17所示。

“封口始端”和“封口末端”：如果启用“封口始端”复选框，则封闭模型的顶端；如果启用“封口末端”复选框，则封闭模型的末端。3ds Max默认启用这两个复选框，不启用的效果如图4–18所示。

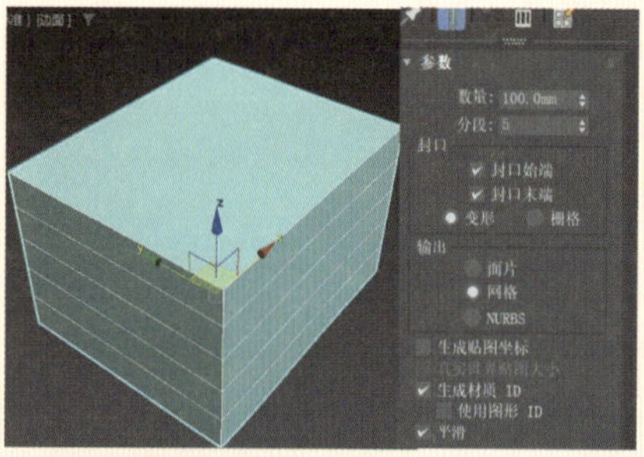

图 4–17

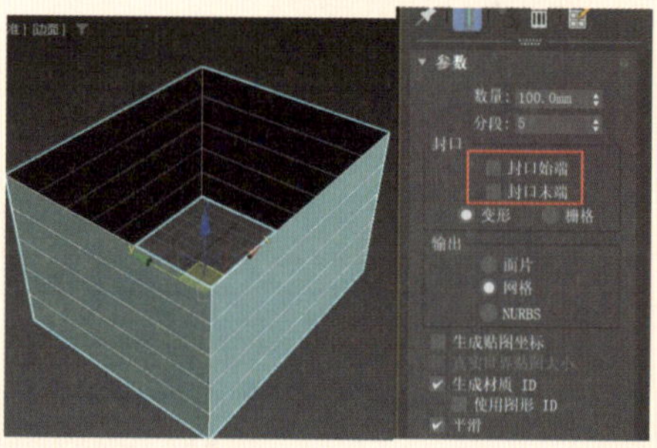

图 4–18

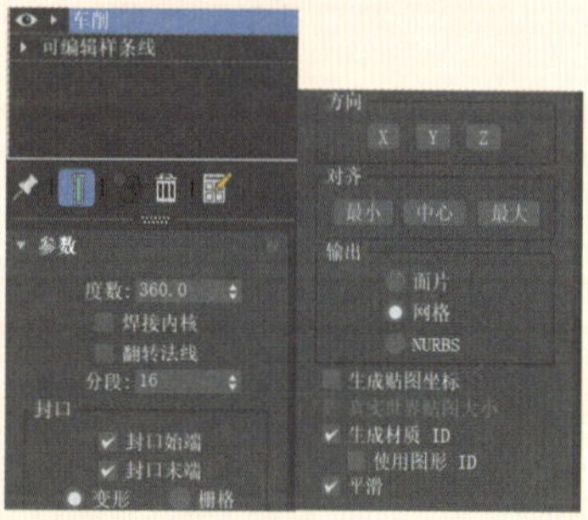

图 4–19

2. “车削”修改器

“车削”修改器可以通过一个图形或NURBS曲线的绕轴旋转来创建3D对象。其“参数”卷展栏如图4–19所示。

由于“车削”修改器的参数比较多，为了初学者能够快速掌握，这里向大家介绍常用的一些参数设置。

度数：用于设置对象绕轴旋转多少度，可以给“度数”设置关键点，来设置车削对象圆环增强的动画。使用不同的角度创建的效果如图4–20所示。

焊接内核：通过焊接旋转轴中的顶点来简化网格。如果要创建一个变形目标，则需要清除该复选框。

翻转法线：该参数依赖于图形上顶点的方向和旋转方向。旋转对象时可能会产生法线错误，导致模型内部造型外翻。此时就可以通过选中该复选框来进行纠正，如图4–21所示。

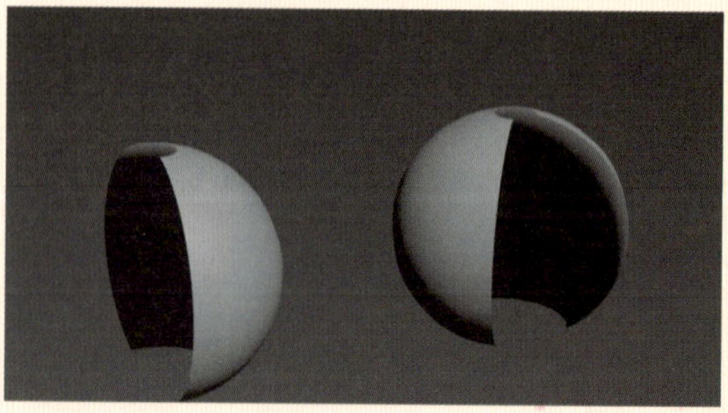

图 4–20

该选项用于设置截面旋转方向。通过设置该选项，可以确定截面图形沿哪个轴进行旋转。

对齐：该选项区域用于设置中心轴的位置是在截面曲线的最小边、中心（默认）还是最大边。

输出：输出选项区域为用户提供了三种基本的模型输出方式，分别是面片、网格和NURBS曲面，只需要选中相应的单选按钮就可以使用相应的曲面输出模型。

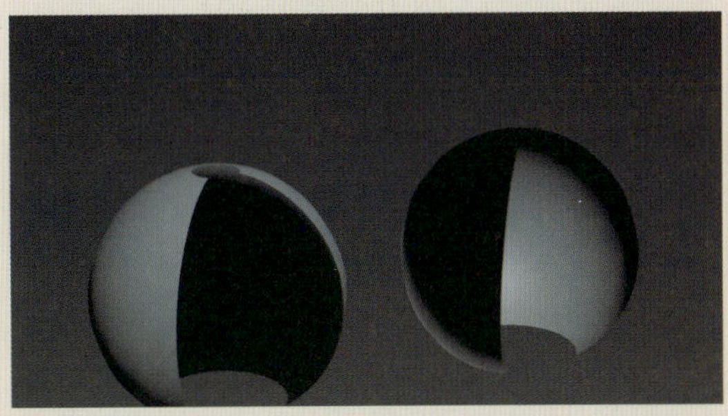

图 4-21

3．“弯曲（Bend）”修改器

“弯曲（Bend）”修改器可以在任意的3个轴上将物体进行弯曲处理，可以调节弯曲的角度和方向，以及限制对象在一定区域内的弯曲程度。其参数如图4-22所示。

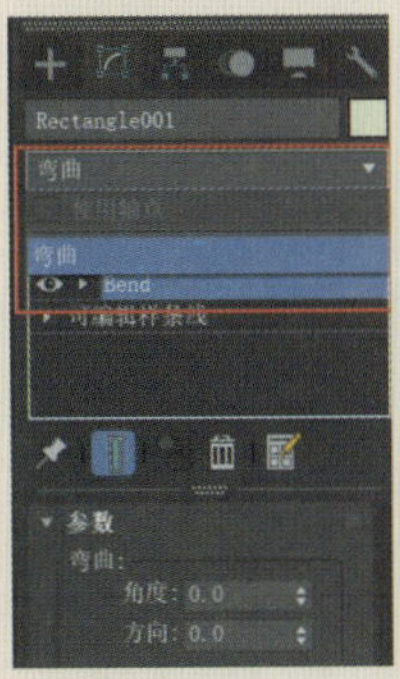

图 4-22

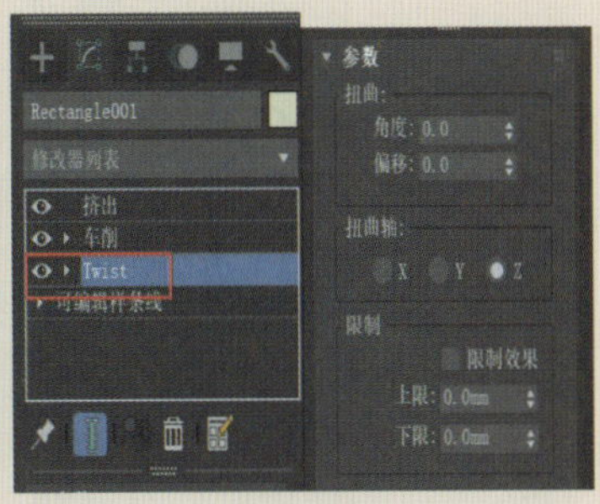

图 4-23

4．“扭曲（Twist）”修改器

“扭曲（Twist）”修改器可在对象的几何体中心产生旋转的效果，其“参数”卷展栏与“弯曲”修改器基本相同，如图4-23所示。

下面介绍一下常用参数的功能。

扭曲：用于控制扭曲的剧烈程度。其中，“角度”确定围绕垂直轴扭曲的量，不同的角度创建的不同效果如图4-24所示。“偏移”参数为负时，对象扭曲会与Gizmo中心相邻；该值为正时，对象扭曲远离Gizmo中心；如果参数为0，将均匀扭曲。

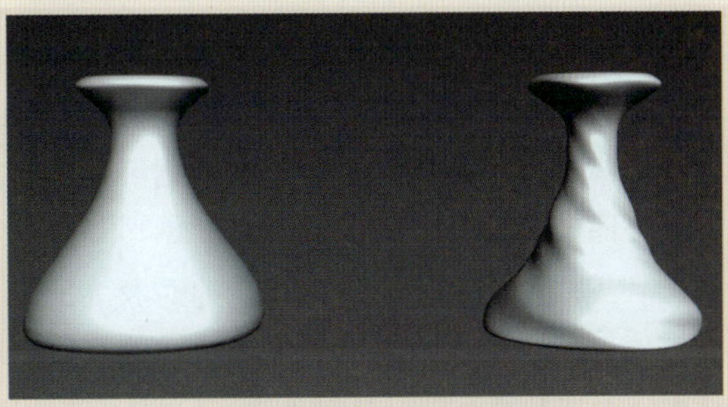

图 4-24

扭曲轴：“扭曲轴”用于设置发生扭曲的方向，可以分别在X、Y和Z方向上产生扭曲效果。

限制：仅对位于上下限之间的顶点应用扭曲效果。其中“限制效果”对扭曲效果应用限制约束，“上限”设置扭曲效果的上限，默认值为0；“下限”设置扭曲效果的下限，默认值为0。

5．“晶格”修改器

“晶格”修改器可以将图形的线段或边转化为圆柱体结构，并在顶点上产生可选择的关节多面体。其“参数”卷展栏如图4-25所示。

图 4-25

6. “壳”修改器

“壳”修改器通过添加一组朝向与现有面相反的额外面而制作出面的厚度，无论曲面在原始对象中的什么地方消失，都会有边来连接内部和外部曲面。可以为内部和外部曲面、边、材质以及边的贴图指定偏移距离。其“参数”卷展栏如图4–26所示。

7. “FFD”修改器

“FFD”修改器即自由变形修改器，其类别有如图4–27所示的五种。它使用晶格框包围住选中的几何体，然后通过调整晶格的控制点来改变封闭几何体的形状，其“参数”卷展栏如图4–28所示。

图 4–26

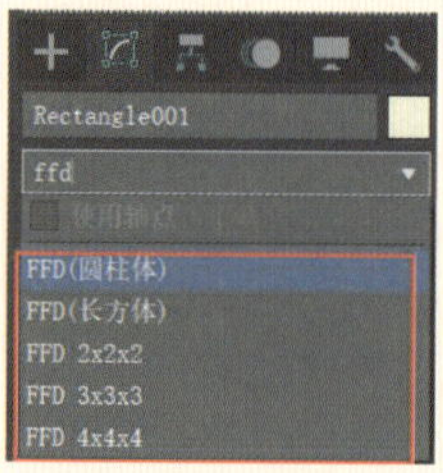

图 4–27

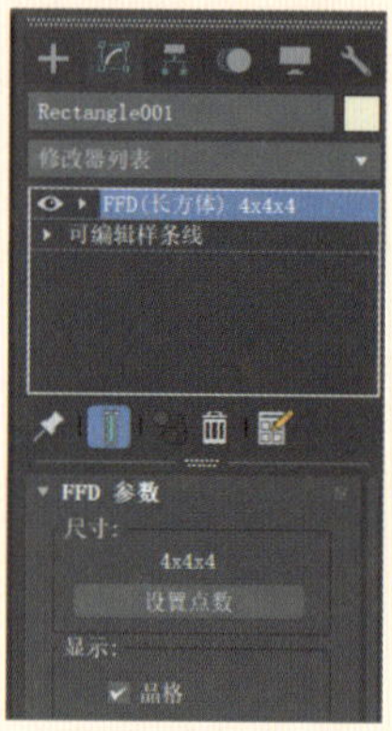

图 4–28

8. “编辑多边形”修改器和“编辑网格”修改器

“编辑多边形”修改器为选定对象（顶点、边、边界、多边形和元素）提供显示编辑工具。“编辑多边形”修改器包括基础可编辑多边形对象的大多数功能，但“顶点颜色”信息、“细分曲面”卷展栏、“权重和折逢”设置和“细分置换”卷展栏除外，如图4–29所示。

“编辑网格”修改器为选定的对象（顶点、边和面、多边形、元素）提供显式编辑工具。“编辑网格”修改器与基础可编辑网格对象的所有功能相匹配，只是不能在“编辑网格”修改器中设置子对象动画。参数如图4–30所示。

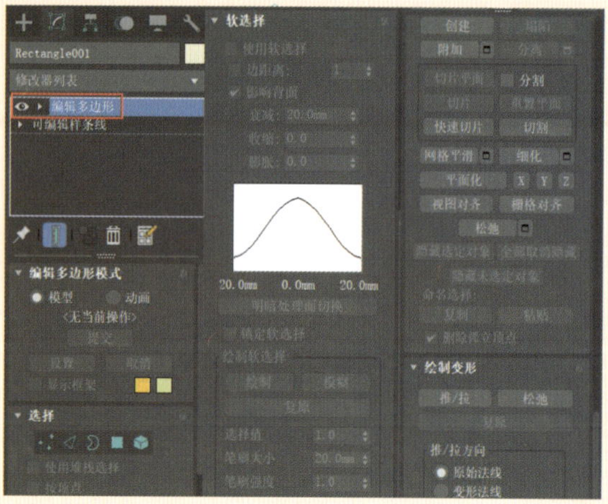

图 4–29

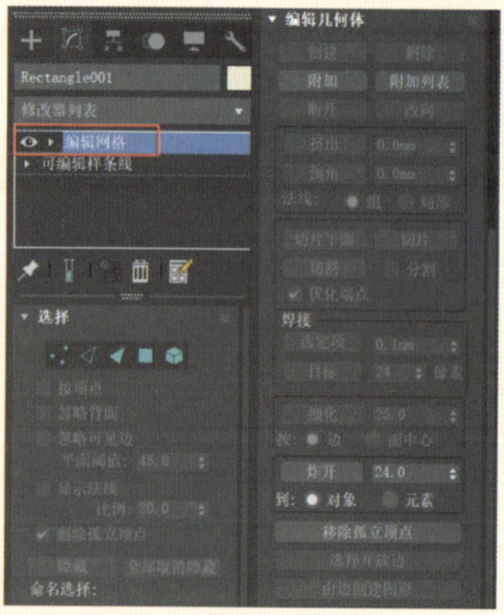

图 4–30

9. “平滑”“网格平滑”“涡轮平滑”修改器

“平滑”“网格平滑”“涡轮平滑”修改器都可以用于平滑几何体，其“参数”卷展栏如图4–31所示。

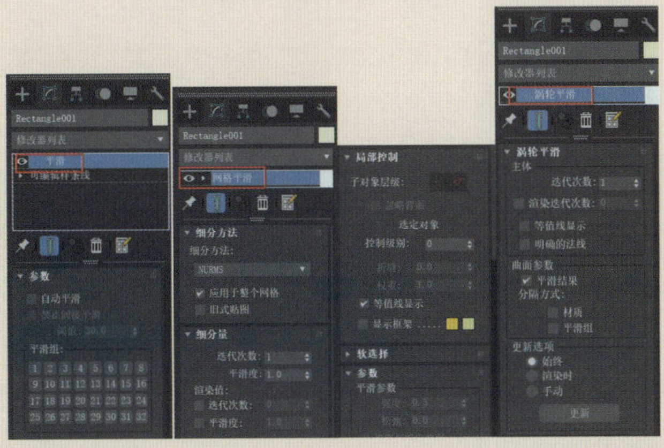

图 4–31

10. “细化”修改器

“细化”修改器会对当前选择的曲面进行细分。该修改器在渲染曲面时特别有用，并能为其他修改器创建附加的网格分辨率。如果子对象选择拒绝堆栈，那么整个对象会被细化。其参数如图4–32所示。

11. “优化”修改器

“优化”修改器可以减少对象的面和顶点的数目。其参数如图4–33所示。

12. “Noise”修改器：

“Noise”修改器可以使对象表面的顶点进行随机的变动，从而让表面变得起伏不平，常用于制作复杂的地形、地面和水面效果。“Noise”修改器可以应用于任何类型的对象上，其参数如图4–34所示。

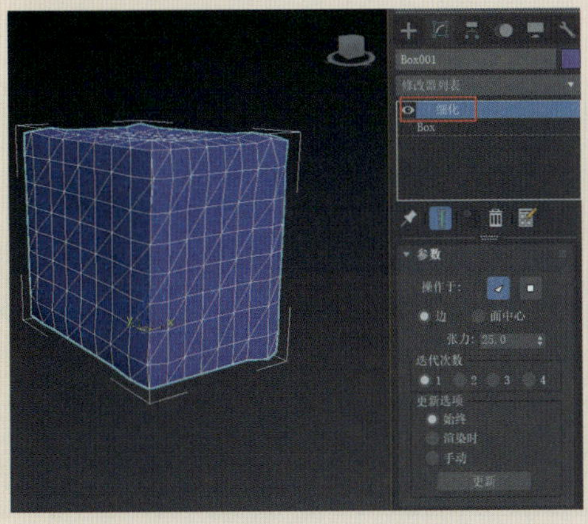

图 4–32

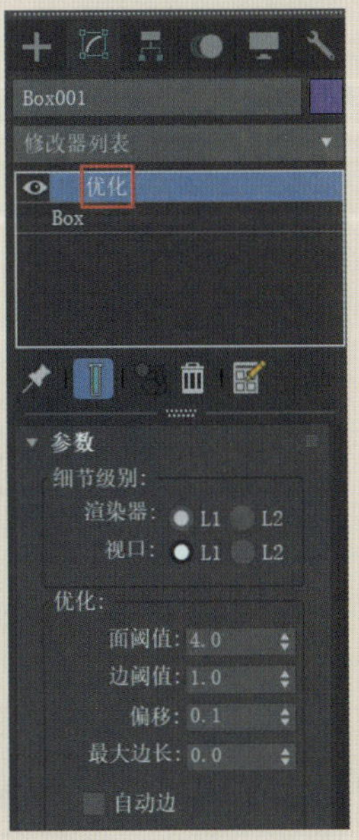

图 4–33

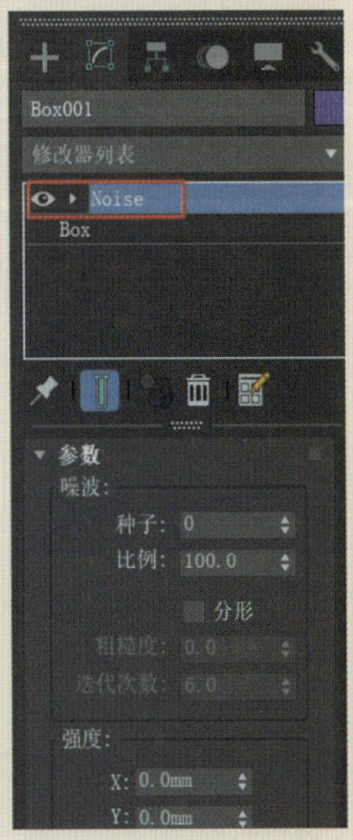

图 4–34

小实例：制作沙发模型

01 绘制一个“长度”为900mm、“宽度”边1900mm、“高度”400mm、“长度分段”为9、“宽度分段”为19、“高度分段”为4的长方体，如图4-35所示。

微课 制作沙发

02 选择长方体，然后单击鼠标右键，在弹出的快捷菜单中选择“转换为”→“转换为可编辑多边形”命令，将长方体模型转换为可编辑多边形，如图4-36所示。

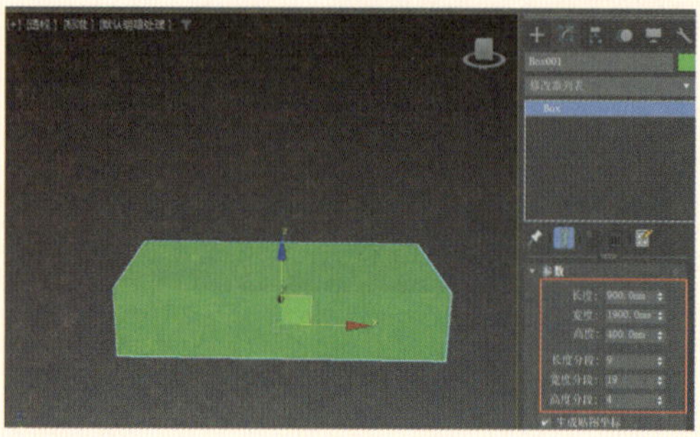

图 4-35

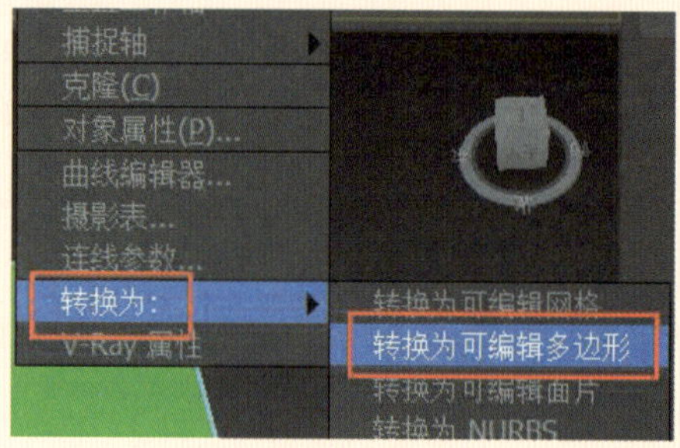

图 4-36

03 选择长方体，进入“修改”面板，在“可编辑多边形”下拉列表中选择“多边形”，进入“多边形”层级，在顶视图中，按Ctrl键加选三边，如图4-37所示。

04 切换回前视图，按Alt键进行减选，减选如图4-38所示区域。

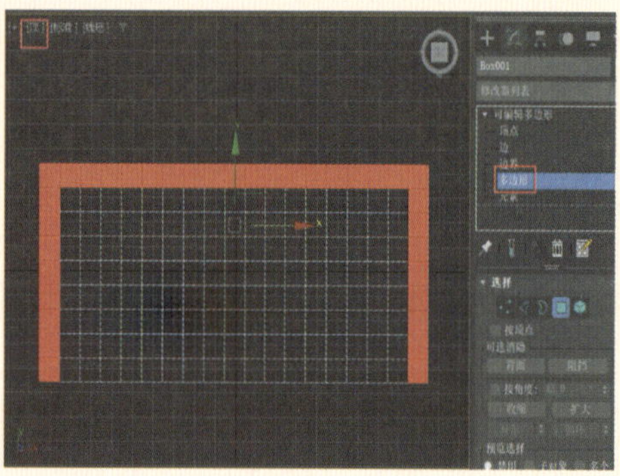

图 4-37

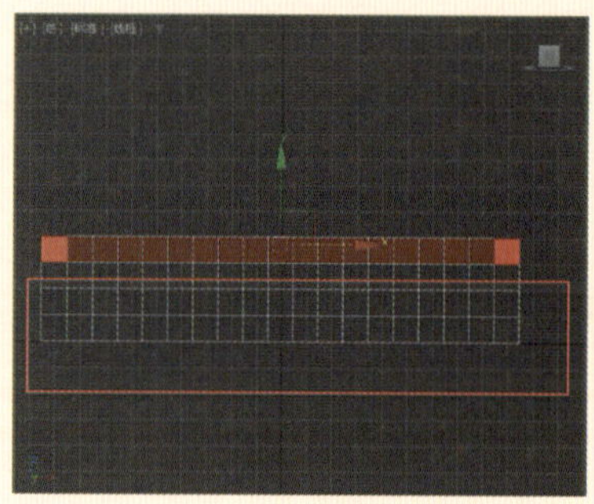

图 4-38

05 单击“绝对模式变换输入”按钮，设置“Y”为550，如图4-39所示。

06 在“可编辑多边形”下拉列表中选择“边”，进入“边”层级，在前视图中，选中沙发靠背部分，单击“连接”按钮，设置“连接边—分段”为3，如图4-40所示。

图 4-39

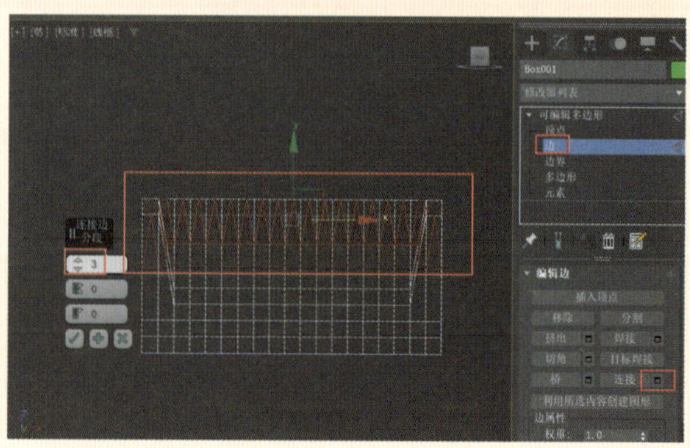

图 4-40

07 选择模型，在“修改”面板的“修改器列表”下拉列表框中选择并加载“网格平滑”修改器，然后展开“细分方法”卷展栏，设置“迭代次数”为2，如图4-41所示。

08 选择模型，在“修改”面板的“修改器列表”下拉列表框中选择并加载“Cloth”修改器，然后展开“对象”卷展栏，单击“对象属性”按钮，选择“布料”，选择“Box001”对象，将“压力”设置为4。如图4-42所示。

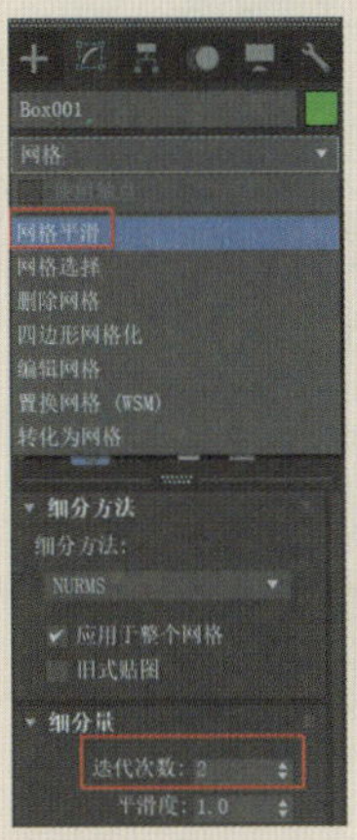

图 4-41

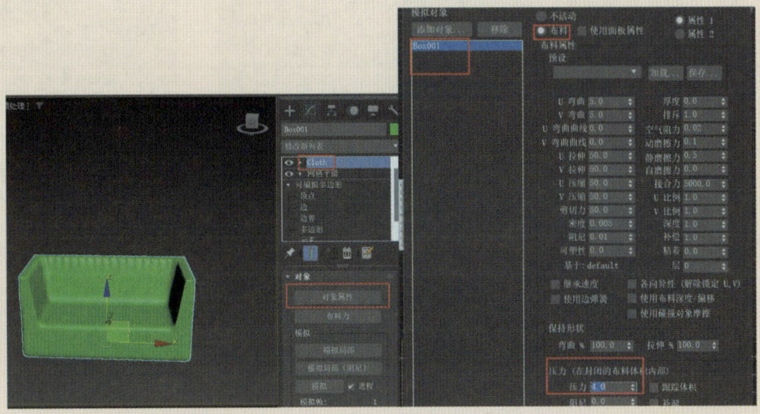

图 4-42

09 在“Cloth”修改器中，展开“模拟参数”卷展栏，取消选中“重力”按钮，展开“对象”卷展栏，在“模拟”选项组中单击“模拟局部”按钮，如图4-43所示。最终效果图如图4-44所示。

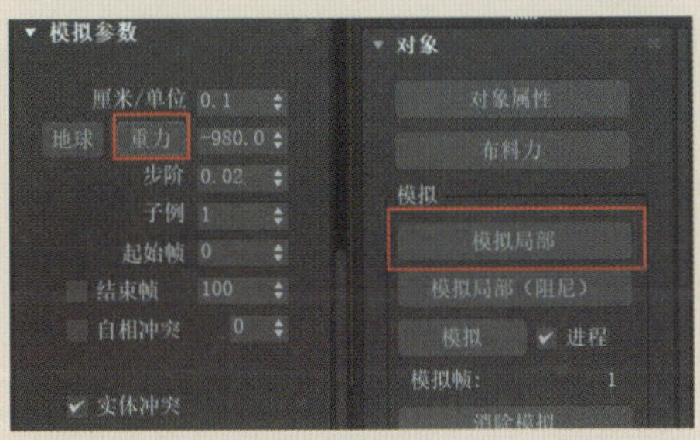

图 4-43

图 4-44

4.2 多边形建模

多边形建模是一种较为复杂的建模方式，其参数众多、功能强大，因此通常使用多边形建模制作复杂的模型。通过将模型转换为可编辑多边形，可进一步对模型的顶点、边、多边形等层级进行调整。

4.2.1 多边形对象基本知识

要进行多边形建模，首先要得到多边形对象。多边形对象不是创建出来的，而是通过转换得到的，任何几何体都能转换为多边形对象。注意，几何体转化为多边形对象后，形态基本不会发生变化，仅对象性质发生了变化。常见的将物体塌陷为多边形的方法有4种。

方法1：在物体上右击，然后在弹出的菜单中选择“转换为”→“转换为可编辑多边形”命令，如图4–45所示。

方法2：选中物体，然后在“建模”功能区中，单击“多边形建模”按钮，最后在弹出的菜单中选择“转换为多边形”命令，如图4–46所示。

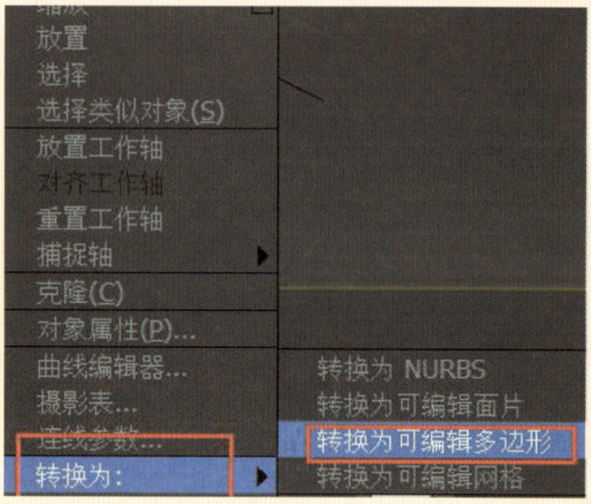

图 4–45

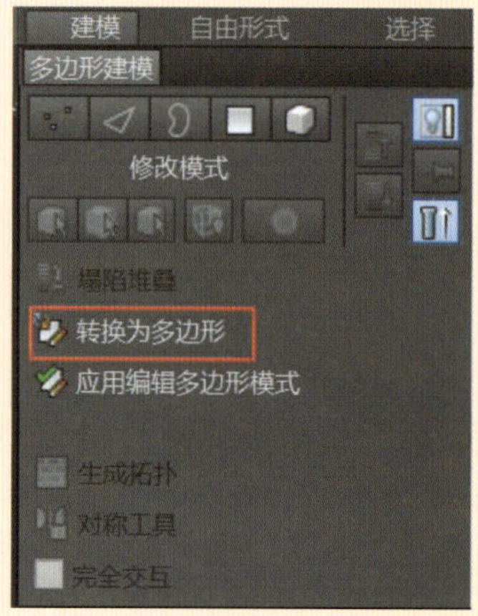

图4 –46

方法3：在“修改”面板中为物体加载“可编辑多边形”修改器，如图4–47所示。

方法4：在修改器列表中选中物体并右击，在弹出的快捷菜单中选择“可编辑多边形”命令，如图4–48所示。

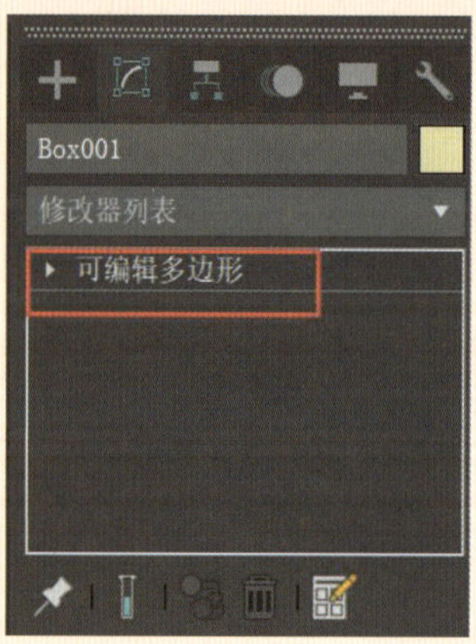

图 4–47

图 4–48

4.2.2 编辑多边形对象

当物体变成可编辑多边形对象后，可以观察到可编辑多边形对象有“顶点”“边”“边界”“多边形”“元素”5种子对象，包括6个多边形参数卷展栏，分别是“选择”“软选择”“编辑几何体”“细分曲面”“细分置换”“绘制变形”卷展栏，如图4–49所示。

1. “选择”卷展栏

该卷展栏中的参数主要用来选择对象和子对象，如图4–50所示。子对象层级包括“顶点”、“边”、“边界”、“多边形”和“元素”5种层级，“按顶点”选项可以在除“顶点”层级外的其他4种层级中使用。选中该复选框后，只有先选择所用的顶点后才能选择子对象，如图4–51所示。

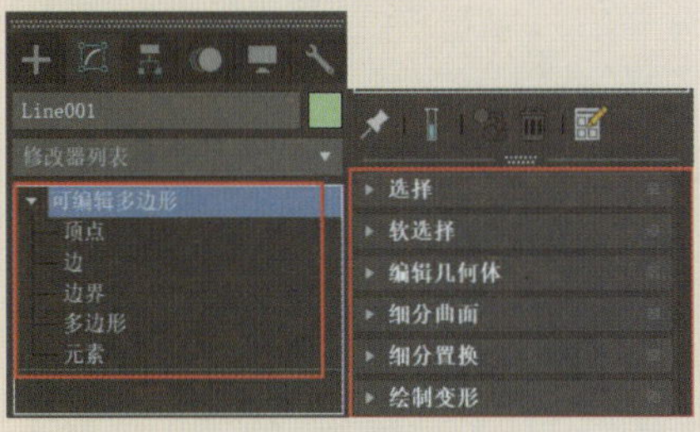

图 4–49

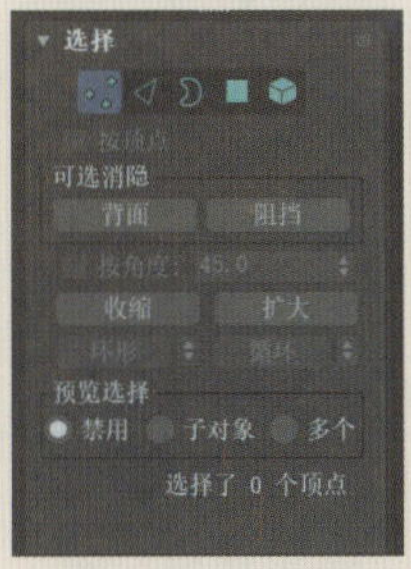

图 4–50

图 4–51

“可选消隐”选项组中有“背面”和“阻挡”两个选项。

背面：启用时，仅可选择面向用户的子对象。禁用（默认状态）时，无论物体的可见性或面向方向如何，都可以选择鼠标指针下的任何子对象。如果指针下的子对象不止一个，需要反复单击鼠标循环选中子对象。同样，禁用“背面”后，无论面对的方向如何，区域选择都包括所有子对象。

阻挡：启用时，仅可选择未被任何面阻止的子对象。此设置适用于“可编辑多边形”对象中的框选/区域选择，以及“编辑多边形”或“多边形选择”修改器。

其他常用选项如下。

按角度：选中该复选框后，可以根据面的转折度数来选择子对象。

收缩：单击该按钮可以将当前选择范围中的对象向内减少一圈。

扩大：与“收缩”按钮相反，单击该按钮可以将当前选择范围中的对象向外增加一圈。

环形：该按钮只能在“边”和“边界”层级中使用。在选中一部分子对象后，单击该按钮可以自动选择平行于当前对象的其他对象，如图4–52所示。

循环：该按钮只能在“边”和“边界”层级中使用。在选中一部分子对象后，单击该按钮可以自动选择与当前对象在同一曲线上的其他对象，如图4–53所示。

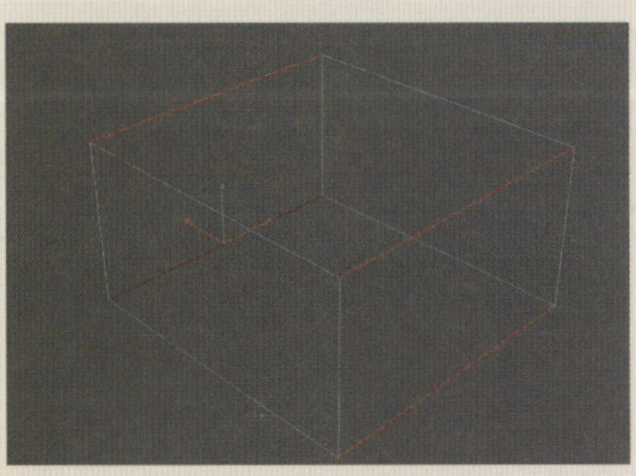
图 4–52

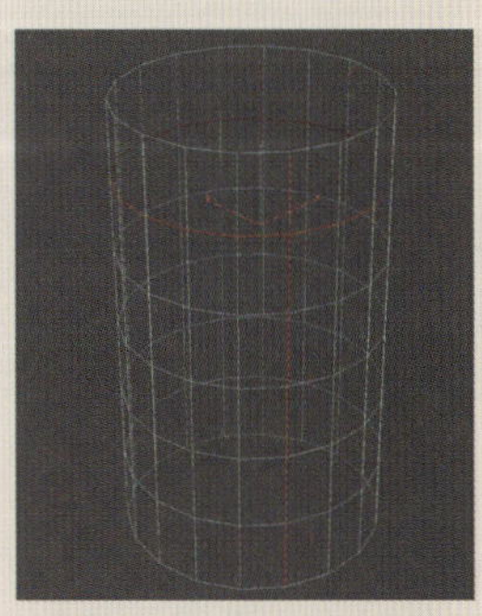
图 4–53

技巧 提示

在“环形”和“循环”按钮的右侧都有微调钮，选择一个边后，按住Ctrl键不放，单击向上或者向下的微调钮，可以逐渐增加环形选择或者循环选择的范围。

2．“软选择”卷展栏

该卷展栏用于控制以选中的子对象为中心的四周扩散，可以通过控制“衰减”“收缩”“膨胀”的数值来控制所选子对象的效果。只有将当前选择集定义为一种模式后，“软选择”卷展栏才变为可用，如图4–54所示。

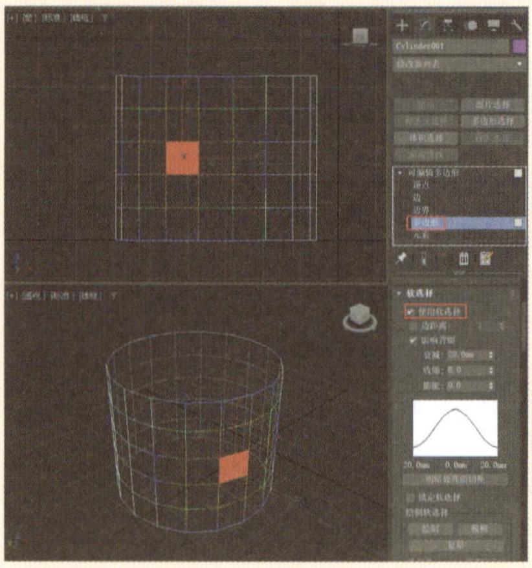

图 4–54

3．“编辑顶点”卷展栏

“编辑顶点”主要提供了编辑顶点的命令。在不同的选择集下，卷展栏形式不同。以将当前选择集定义为“顶点”为例，下面将对“编辑顶点”卷展栏进行介绍，如图4–55所示。

（1）移除

选中顶点后，按下该按钮可以删除顶点，然后对网格使用重复三角算法，使表面保持完整。如果按Delete键删除顶点，那么依赖于这些顶点的多边形也会被删除，这样会在网格中创建一个洞，如图4–56所示。

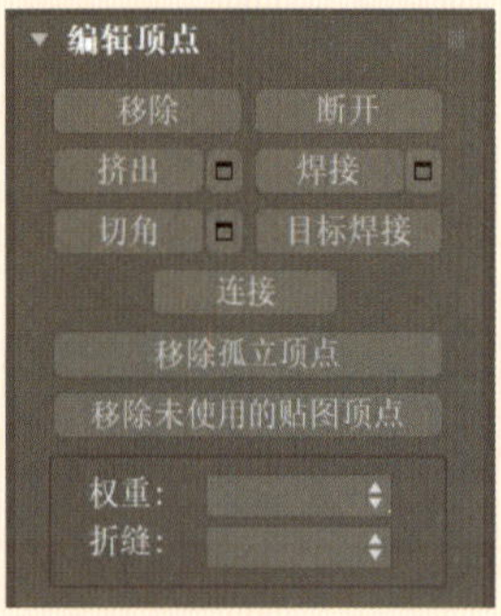

图 4–55

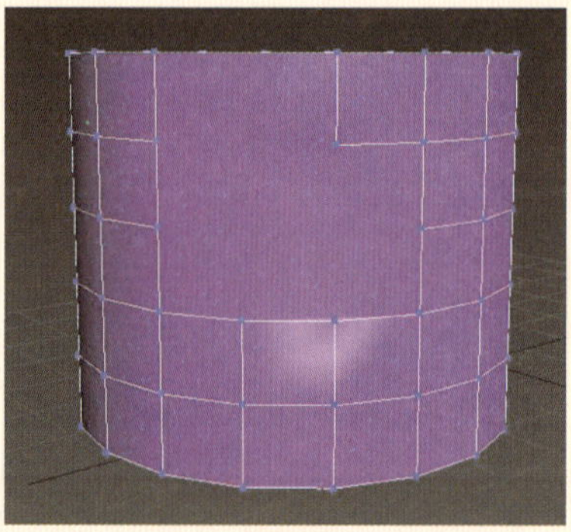

图 4–56

（2）断开

单击此按钮后，会在选择点的位置创建更多的顶点，即选择点周围的表面不再共享同一个顶点，每个多边形表面在此位置会拥有独立的顶点。

（3）挤出

单击“挤出”按钮后，在模型上选择一个或框选多个顶点，然后上下拖动鼠标可以挤出顶点的高度，左右拖动可以改变挤出基面的宽度。也可以单击右侧的“设置”按钮，在弹出的对话框中设置挤出参数，如图4–57所示。

（4）切角

单击“切角”按钮，然后在活动对象中拖动顶点，会使顶点产生切角效果，如图4–58所示。单击右侧的“设置”按钮，在弹出的对话框中可以设置“顶点切角量”的大小。

（5）焊接和目标焊接

这两个工具都可以将顶点焊接到一起，形成一个顶点。使用“焊接”工具可以在“焊接顶点”对话框中设置被焊接顶点的距离范围，如图4–59所示。而使用“目标焊接”工具则是将一个顶点和目标顶点进行焊接。

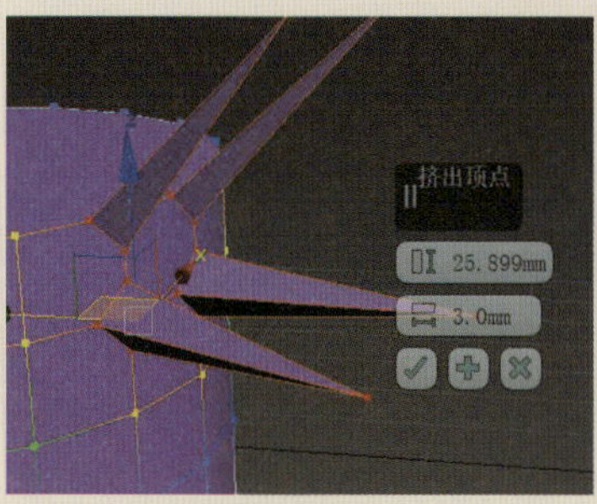

图 4-57

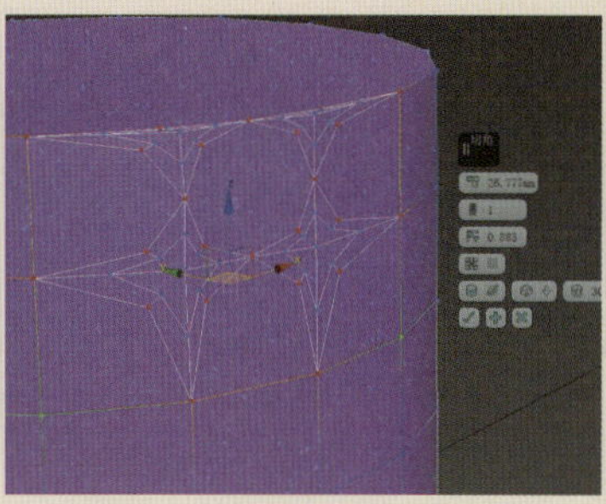

图 4-58

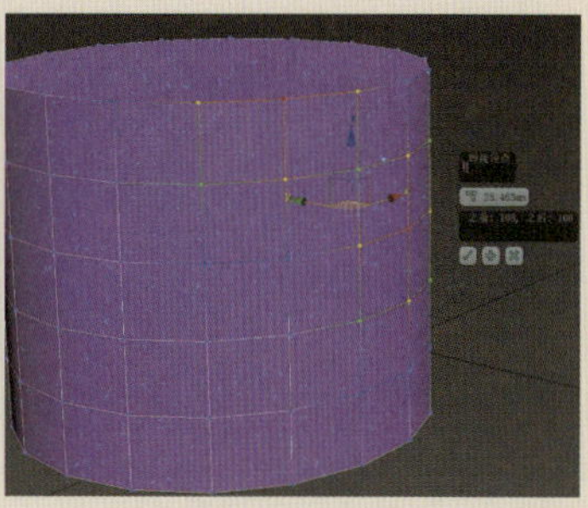

图 4-59

4. “编辑多边形”卷展栏

“多边形”选择集是指通过曲面连接的三条或多条边的封闭序列。多边形提供了可渲染的可编辑多边形对象曲面。接下来介绍“编辑多边形”卷展栏，如图4-60所示。

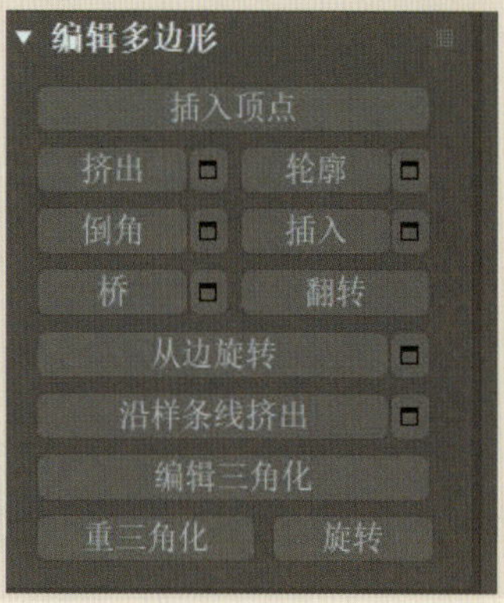

图 4-60

(1) 插入顶点

单击“插入顶点”按钮后单击视图中的相应面，即可插入一个顶点，同时也对多边形面执行了分割操作，如图4-61所示。

(2) 挤出

使用“挤出”工具可以挤出多边形面，该工具的使用率比较高。可以直接在视图中进行挤出操作，单击该工具右侧的“设置”按钮，在打开的对话框中可以选择三种不同的挤出方式，各自的挤出效果如图4-62所示。

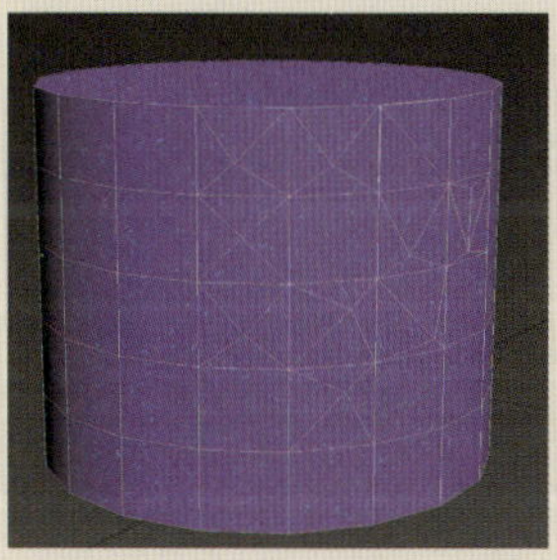

图 4-61

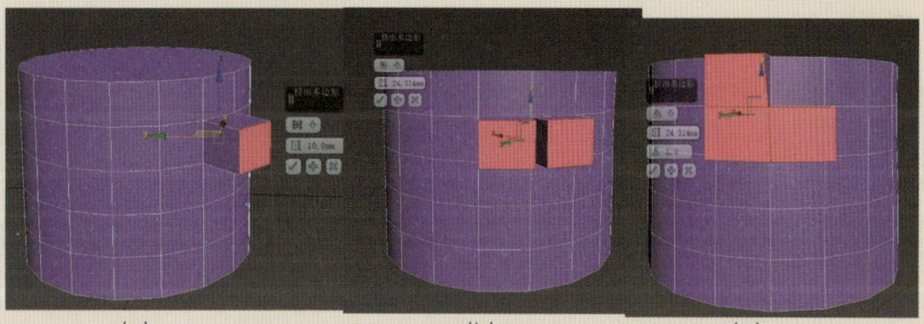

(a) (b) (c)

图 4-62

(3) 倒角

可以直接在视图中手动执行倒角操作。单击该按钮，然后在垂直方向上拖出任何多边形将其挤出，释放鼠标，再垂直移动鼠标挤出轮廓。单击“倒角”按钮右侧的“设置”按钮，打开对话框，对参数进行设置，如图4-63所示。

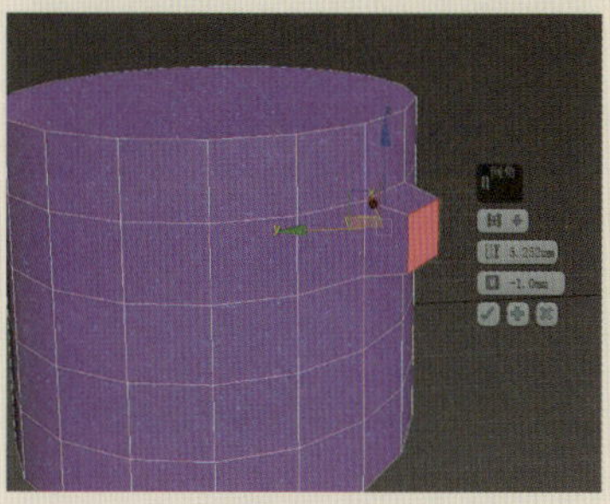

图 4-63

（4）轮廓

该工具用于增加或减小一组连续的选定多边形的外边。单击“轮廓”右侧的“设置”按钮，即可打开“轮廓”对话框，通过调整参数可以设置轮廓的大小，如图4–64所示。

（5）插入

“插入”是对选择的多边形进行倒角操作的另一种方式。与“倒角”功能不同的是，“插入”生成的多边形面相对于原多边形面没有高度上的变化，只是在同一平面上收缩，如图4–65所示。在其“插入”对话框中可以选择插入的类型和插入量。

（6）桥

使用该工具可以连接同一个模型上的两个多边形或者多边形组，在“跨越多边形”对话框中可以选择连接的方式、设置连接后的多边形，如图4–66所示。

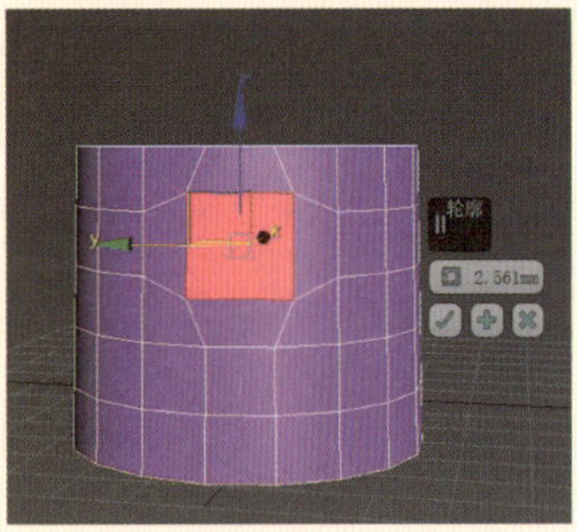
图 4–64

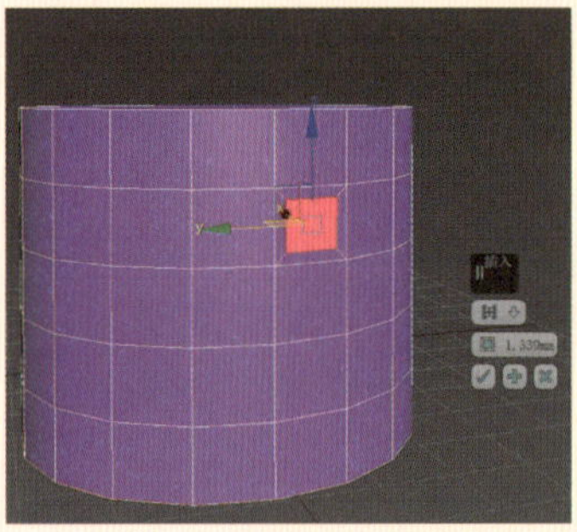
图 4–65

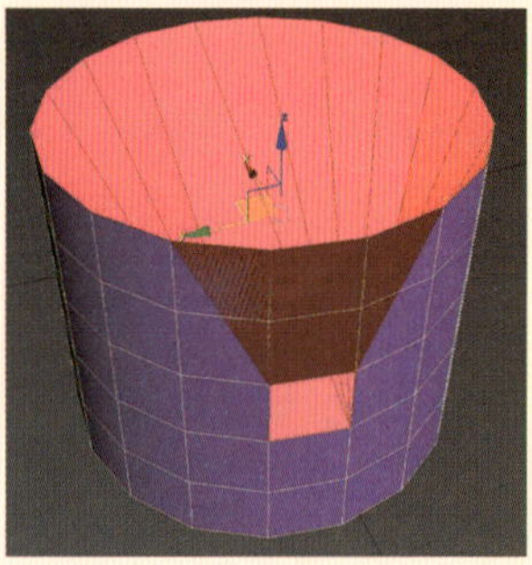
图 4–66

（7）翻转

单击“翻转”按钮，可以将选择的多边形面的法线翻转。

（8）从边旋转

该工具可以使选择的多边形面围绕一条边进行旋转并生成新的多边形面。具体操作方法是：在模型上选择一个或一组多边形面，单击“从边旋转”按钮后，在视图中任意一条边上上下拖动鼠标，即可使面围绕该边进行旋转，如图4–67所示。另外在其“从边旋转”对话框中还可以设置旋转模型的分段等。

（9）沿样条线挤出

“沿样条线挤出”工具可以使选择的多边形面沿样条线的走向进行挤出。在其“沿样条线挤出多边形”对话框中可以设置挤出面的“分段”以及“扭曲”等参数，如图4–68所示。

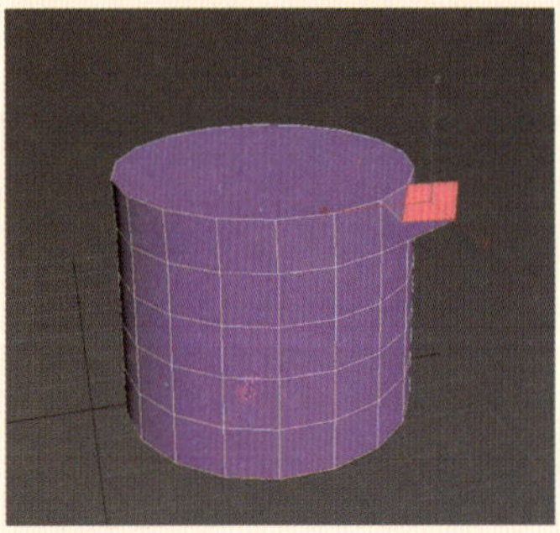
图 4–67

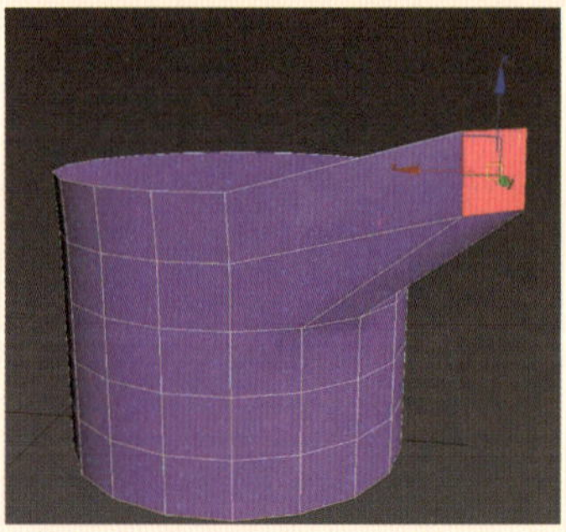
图 4–68

5. “编辑几何体”卷展栏

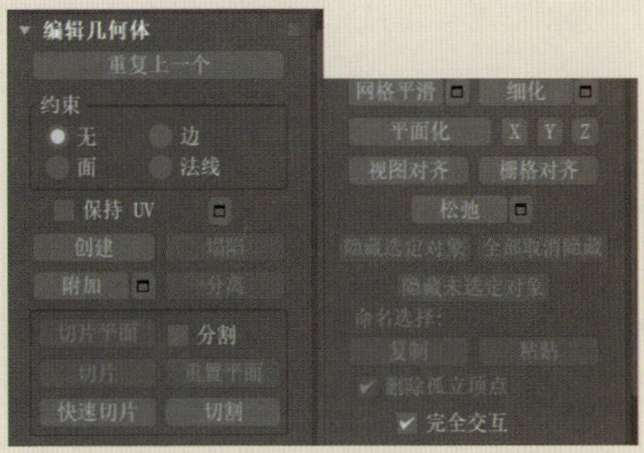

图 4-69

“编辑几何体”卷展栏中提供了多种用于编辑多边形的工具，这些工具在所有子对象级别下都可用，如图4-69所示。

“重复上一个”按钮可以重复使用上一次使用的命令。“约束”选项组使用现有的几何体来约束子对象的变换效果，共有“无”“边”“面”和“法线”4种方式可选择。

保持UV：选中该复选框，可以在编辑子对象的同时不影响该对象的UV贴图。

创建：创建新的几何体。

塌陷：类似于“焊接”工具。但是不需要设置“阈值”参数就可以将对象直接塌陷在一起。

附加：可以将场票中的其他对象附加到选定的可编辑多边形中。

分离：将选定的子对象作为单独的对象或元素分离出来。

切片平面：可以沿某一平面分开网格对象。

分割：选中该复选框，可以通过“快速切片”工具和“切割”工具在划分边的位置切割，创建两个顶点集合。

切片：可以在切片平面位置处执行切割操作。

重置平面：将执行过“切片”的平面恢复到之前的状态。

快速切片：可以将对象进行快速切片，切片线沿着对象表面，可以更加准确地进行切片。

切割：可以在一个或多个多边形上创建新的边。

网格平滑：使选定的对象产生平滑效果。

细化：增加局部网格的密度，从而方便处理对象的细节。

平面化：强制所有选定的子对象共面。

视图对齐：使对象中的所有顶点与活动视图所在的平面对齐。

栅格对齐：使选定对象中的所有顶点与活动视图所在的平面对齐。

松弛：使当前选定的对象产生松弛效果。

全部取消隐藏：将所有的隐藏对象还原为可见对象。

隐藏未选定对象：隐藏未选定的子对象。

命名选择：用于复制和粘贴子对象的名称。

完全交互：选中该复选框后，如果更改数值，将直接在视图中显示最终的结果。

6. “细分曲面”卷展栏

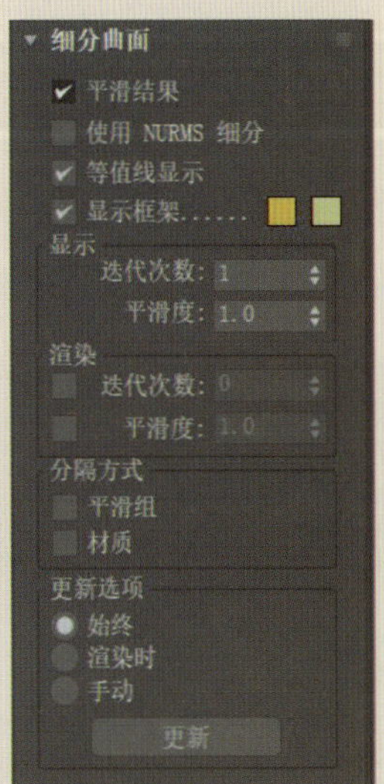

图 4-70

该卷展栏中的参数用于对多边形对象设置细分效果，以便对分辨率较低的框架网格进行操作，同时还可以察看更为平滑的细分结果，其参数如图4-70所示。

平滑结果：对所有的多边形应用相同的平滑组。

使用NURMS细分：通过NURMS方法制作平滑效果。

等值线显示：选中该复选框则只显示等值线。

显示框架：在对物体进行修改或细分之前，切换可编辑多边形对象的两种颜色线框的显示方式。

显示：包括“迭代次数”和“平滑度”两个选项。迭代次数用于控制平滑多边形对象时的迭代次数。平滑度用于控制多边形的平滑程度。

渲染：用于控制渲染时的迭代次数与平滑度。

分隔方式：包括“平滑组”与“材质”两个选项。

更新选项：设置手动或渲染时的更新选项。

7．“细分置换”卷展栏

该卷展栏中的参数主要用于细分可编辑多边形，如图4–71所示。

8．“绘制变形”卷展栏

该卷展栏可以控制物体子对象上的推拉操作，在该卷展栏下，用户可以通过在对象曲面上拖曳鼠标来改变顶点的位置。在对象层级中，“绘制变形”可以影响选定对象中的所有顶点；在子对象层级中，“绘制变形”仅影响所选定的顶点，如图4–72所示。

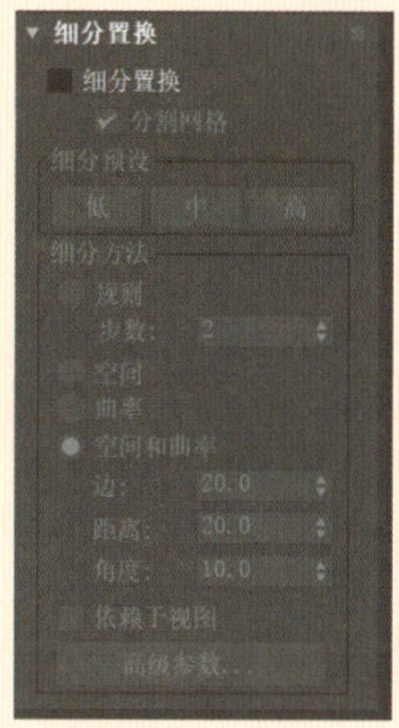

图 4–71

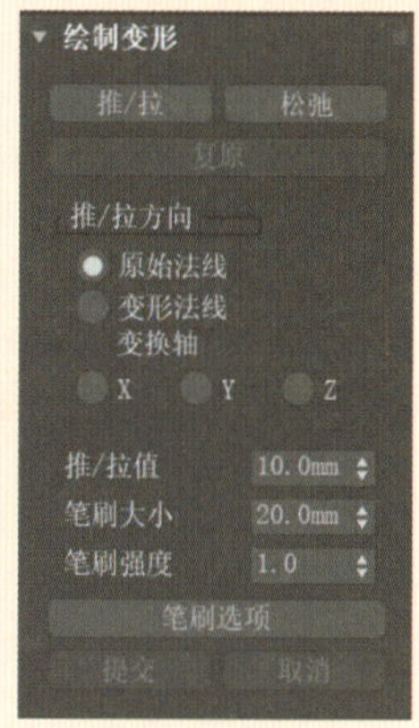

图 4–72

小实例：制作咖啡杯

本例主要是使用可编辑多边形下的“切角”“倒角”工具以及“优化”修改器制作咖啡杯模型。

微课：制作咖啡杯

01 绘制一个“半径”为250mm、“高度为”边100mm、“高度分段”为5、“端面分段”为1、“边数”为18的圆柱体，用这个圆柱体来制作咖啡杯的托盘，如图4-73所示。

02 选择圆柱体，然后右击，在弹出的快捷菜单中选择“转换为”→“转换为可编辑多边形”命令，将圆柱体模型转换为可编辑多边形，如图4-74所示。

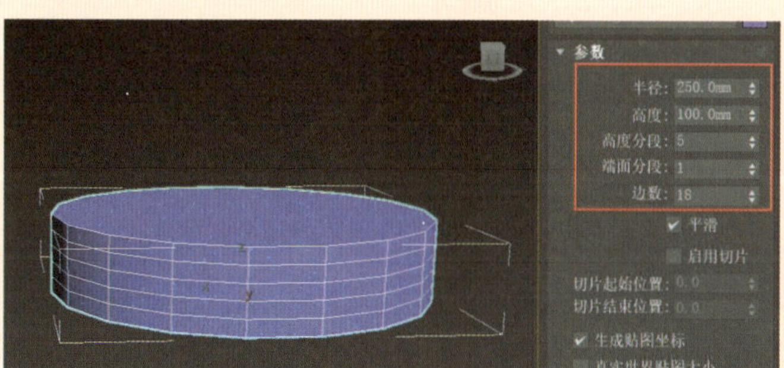

图 4–73

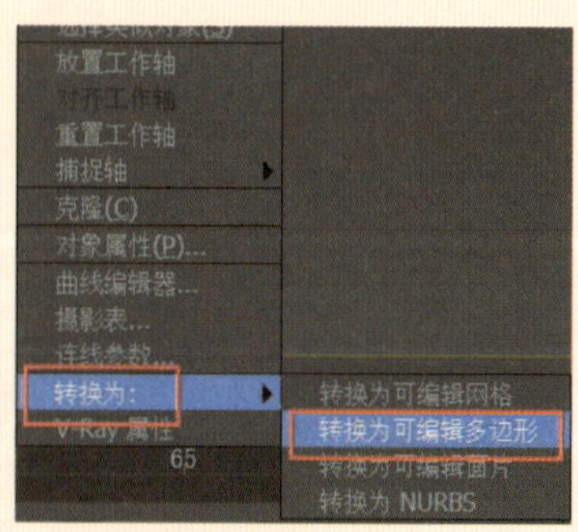

图 4–74

03 选择圆柱体，进入“修改”面板，在“选择”卷展栏中单击“顶点”按钮，进入顶点层级，选择如图4-75所示的点。

04 接着单击“选择并均匀缩放”按钮，对选择的点进行缩放。使用同样的方法，选择如图4-76所示的点，然后单击“选择并均匀缩放”按钮，对选择的点进行均匀缩放。

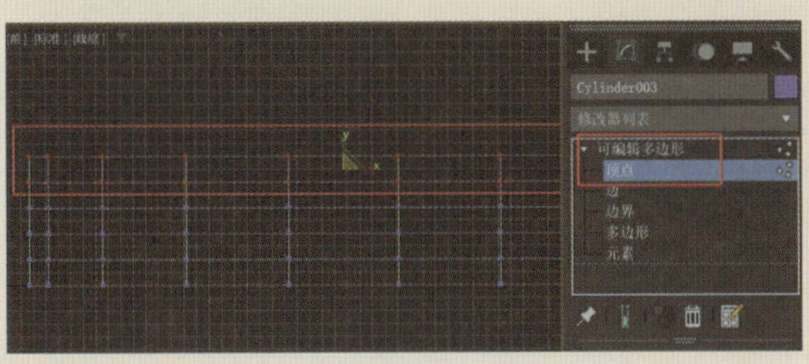

图 4-75

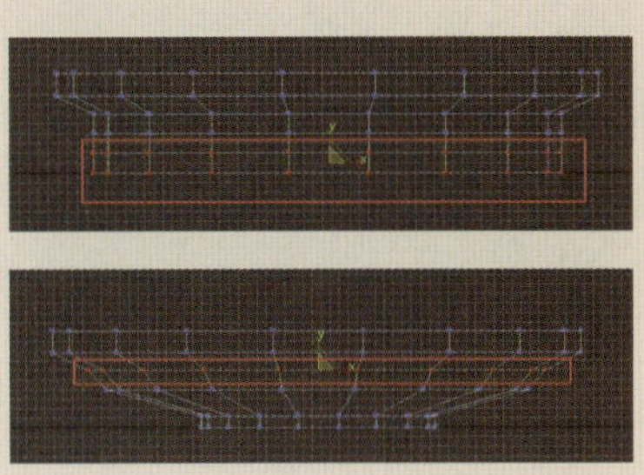

图 4-76

05 使用“选择并移动工具”继续在顶点层级对模型进行调整，此时咖啡杯托盘如图4-77所示。

06 在“可编辑多边形”下拉列表框中选择“多边形”，进入多边形层级，然后选择顶面多边形，接着按Delete键将所选择的多边形删除，结果如图4-78所示。

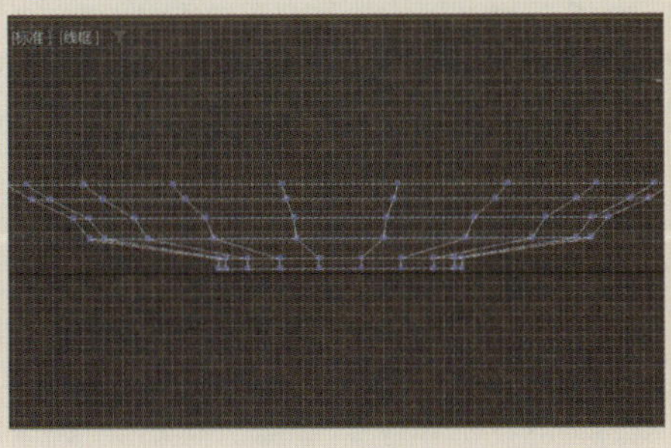

图 4-77

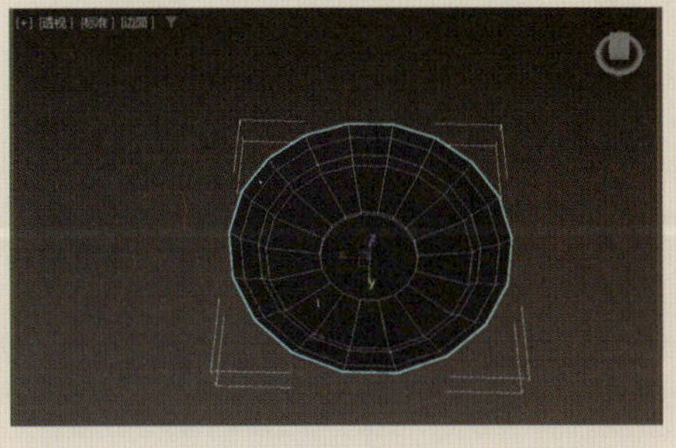

图 4-78

07 接着单击“插入”按钮后面的“设置”按钮，并设置“插入量”为5mm，然后单击对号按钮完成操作，如图4-79所示。

08 接着单击“挤出”按钮后面的“设置”按钮，并设置“挤出高度”为4mm，然后单击对号按钮完成操作，如图4-80所示。

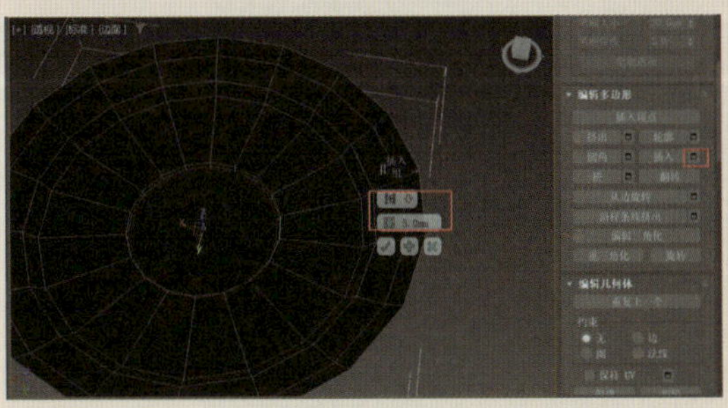

图 4-79

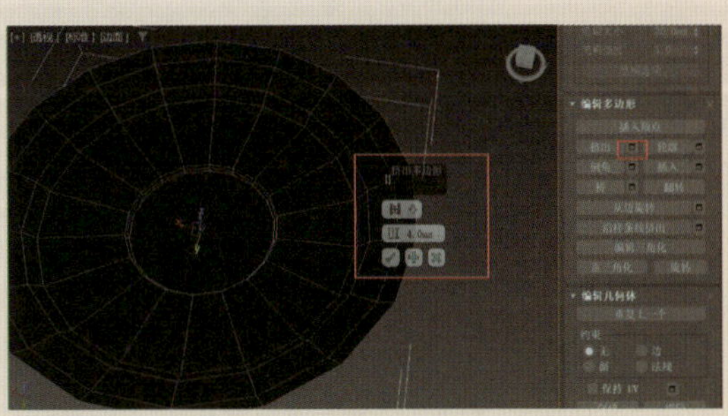

图 4-80

09 选择咖啡杯托盘模型，在“修改器列表”中选择并加载“编辑多边形”修改器，然后在“选择”卷展栏中单击“边”按钮，接着单击“切角”按钮后面的“设置”按钮，并设置“切角量”为0.5mm，如图4-81所示。

10 选择咖啡杯托盘模型，在“修改”面板的“修改器列表”中选择并加载“壳”修改器，然后展开“参数”卷展栏，设置“内部量”为6mm，如图4-82所示。

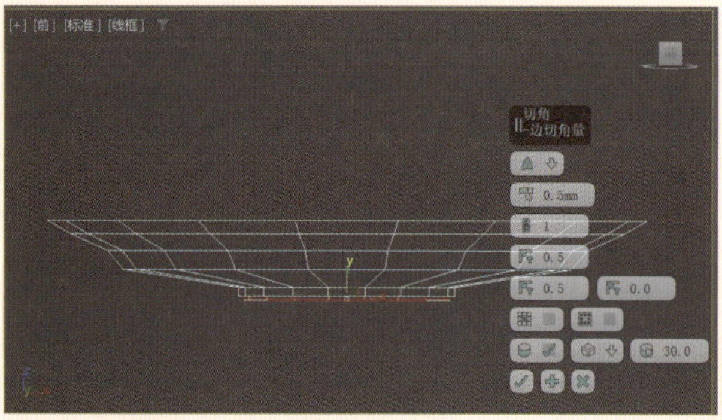

图 4-81

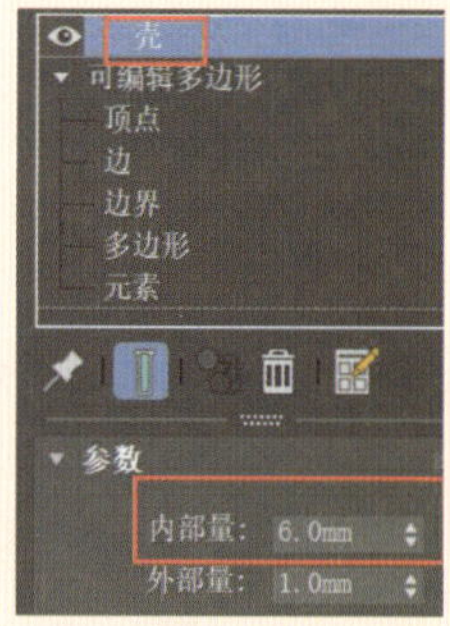

图 4-82

11 使用“圆环”工具在前视图中创建一个圆环，然后展开“参数”卷展栏，并设置“半径1”为5mm，“半径2”为7mm，如图4-83所示。

12 创建一个圆柱体，设置圆柱体的“半径”为200mm、“高度”为300mm、“高度分段”为7，如图4-84所示。

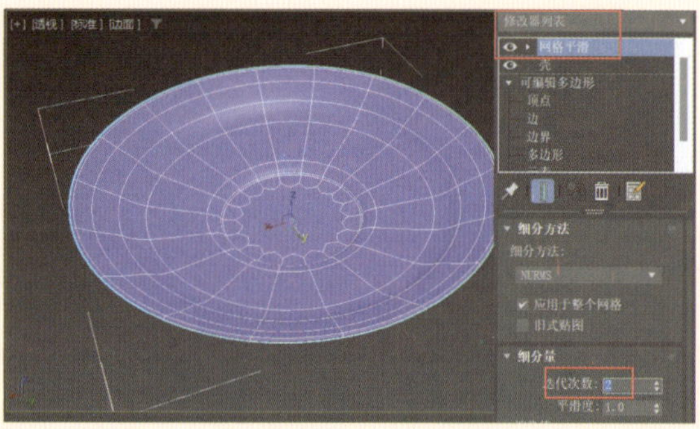

图 4-83

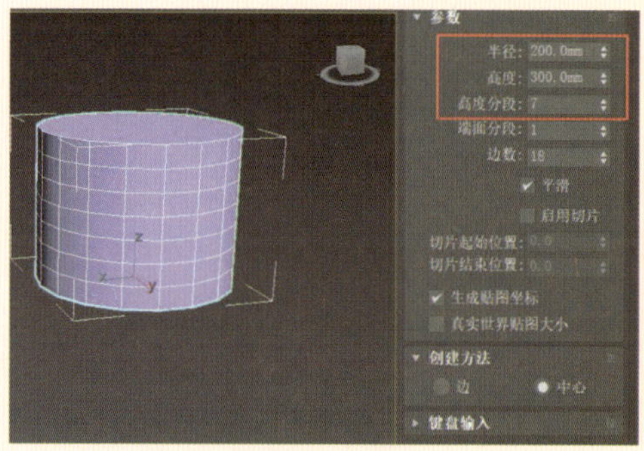

图 4-84

13 把圆柱体转换为可编辑多边形，进入“修改”面板，在“选择”卷展栏中单击“顶点”按钮，进入顶点层级。然后选择相关的点并进行移动和缩放调节，获得如图4-85所示的模型效果。

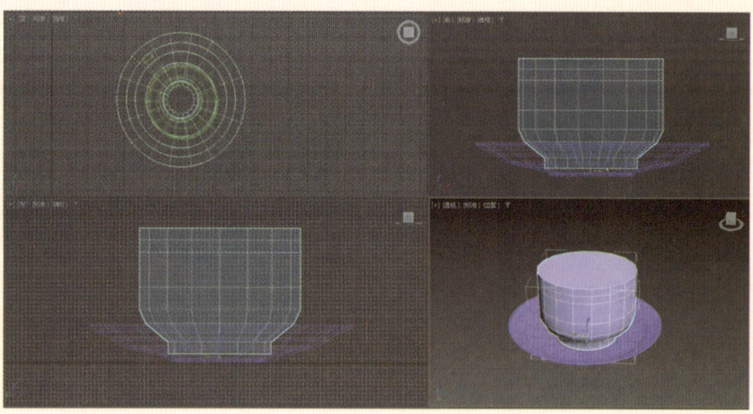

图 4-85

14 在“选择”卷展栏中单击“多边形”按钮，在视图中选中顶面多边形，按Delete键将所选择的多边形删除，如图4-86所示。

15 选中上一步完成的模型，进入“修改”面板，在“修改器列表”中选择并加载“壳”修改器，展开“参数”卷展栏，设置“内部量”为8mm，此时咖啡杯模型如图4-87所示。

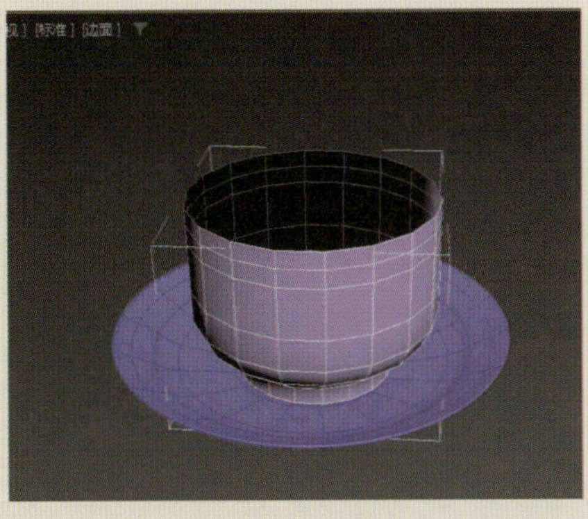

图 4-86

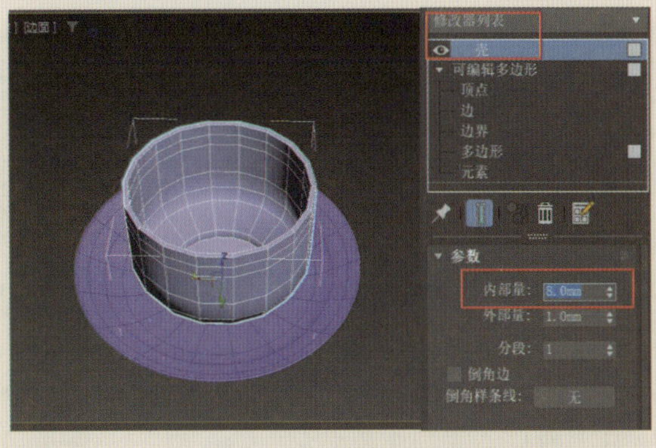

图 4-87

16 选择咖啡杯模型，再次将其转换成“可编辑多边形”，如图4-88所示。

17 进入“修改”面板，在“选择”卷展栏中单击“多边形”按钮，选择杯体上方的多边形，然后单击“挤出”按钮后的“设置”按钮，并在对话框中设置“挤出高度”为30mm，如图4-89所示。

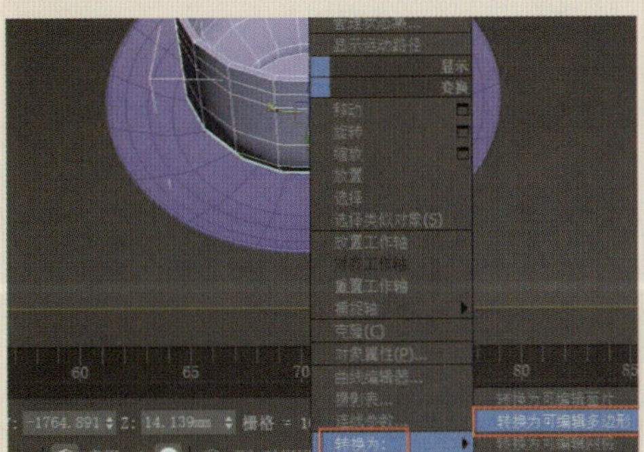

图 4-88

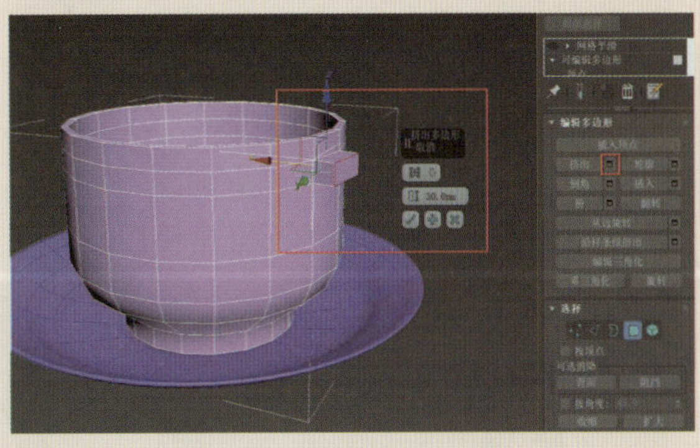

图 4-89

18 继续单击对话框中的加号按钮（连续单击3次），每次把面挤出30mm高度，这样整个高度就达到了120mm，模型效果如图4-90所示。

19 选择杯把上的多边形，接着单击“挤出”按钮后的“设置”按钮，并在对话框中设置“挤出高度”为60mm，然后单击对话框中的加号按钮进行挤出，如图4-91所示。

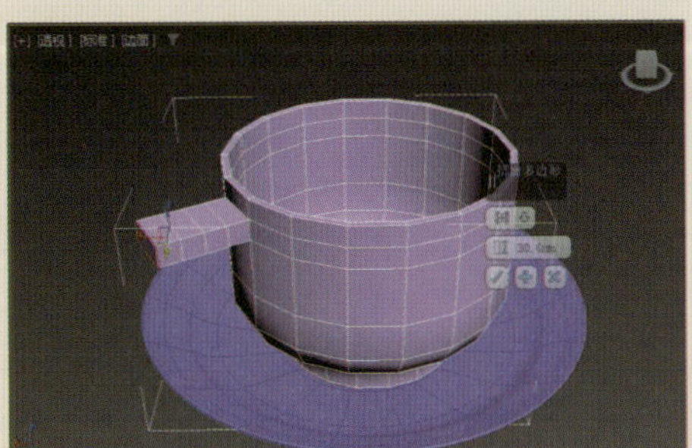

图 4-90

图 4-91

20 继续对杯把使用“挤出”命令，其模型效果如图4-92所示。

21 选择咖啡杯模型，在“修改器列表”中选择并加载“网格平滑”修改器，设置“迭代次数”为2，如图4-93所示。

图 4-92

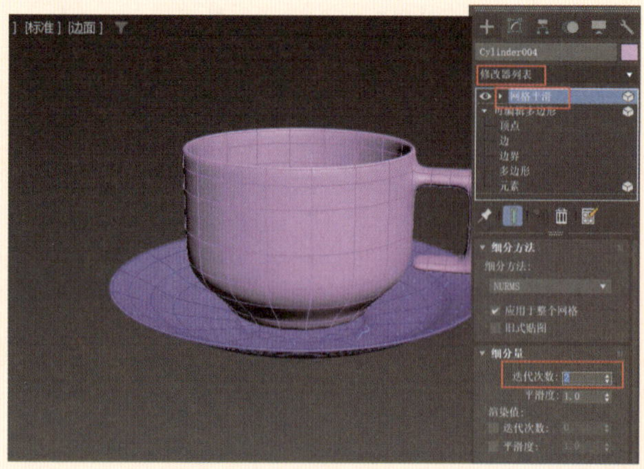

图 4-93

4.3 网格建模

网格建模是3ds Max高级建模方式中最重要的一种，与多边形建模的制作思路类似。使用网格建模可以进入网格对象的顶点、边、面、多边形和元素层级下编辑对象，如图4-94所示是一些比较优秀的网格建模作品。

图 4-94

4.3.1 网格建模卷展栏

与多边形对象一样，网格对象也不是创建出来的，而是经过转换得来的。将物体转换为网格对象的方法也与多边形建模类似。

在物体上右击，然后在弹出的菜单栏中选择“转换为”→“转换为可编辑网格”命令，在“修改器列表”中可以观察到物体已经变成了“可编辑网格”对象，如图4-95所示。通过这种方法转换成的可编辑网格对象的创建参数将全部丢失。

也可以选中对象，然后为其加载一个“编辑网格”修改器，如图4-96所示。通过这种方法转换成的可编辑网格对象的创建参数不会丢失，仍然可以调整。

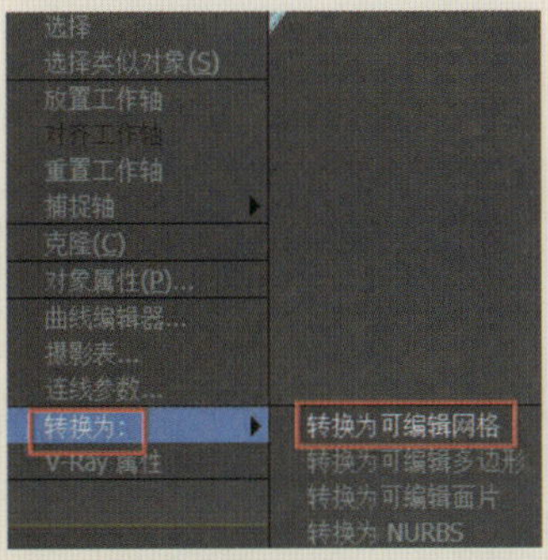

图 4-95

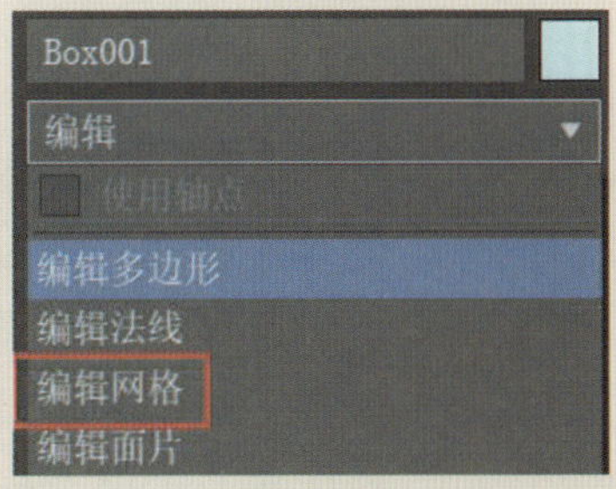

图 4-96

网格建模是一种能够基于子对象进行编辑的建模方法，网格子对象包含顶点、边、面、多边形和元素5种。网格对象共有4个参数卷展栏，分别是“选择”“软选择”“编辑几何体”“曲面属性”卷展栏，如图4-97所示。“可编辑网格”对象的参数与多边形建模类似，这里不再赘述。

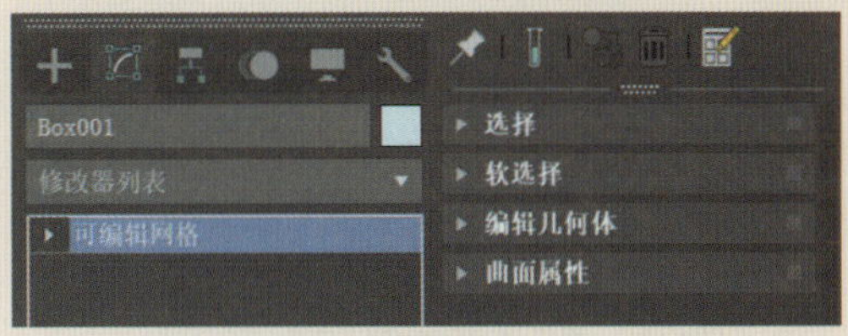

图 4-97

技巧 提示

网格建模本来是3ds Max最基本的多边形加工方法，但在3ds Max 4之后被多边形建模取代了，之后网格建模逐渐被忽略，不过网格建模的稳定性要高于多边形建模；多边形建模是当前最流行的建模方法，而且建模技术很先进，有着比网格建模更多、更方便的修改功能。其实这两种方法在建模的思路上基本相同，不同点在于网格建模所编辑的对象是三角面，而多边形建模所编辑的对象是三边面、四边面或更多边的面，因此多边形建模具有更高的灵活性。

4.3.2　制作叉子模型

01 使用“长方体”工具在场景中创建个长方体，在“参数”卷展栏中设置“长度”为100mm、“宽度”为80mm、“高度”为8mm、“长度分段”为2、“宽度分段”为7，如图4-98所示。

微课：制作叉子

02 将长方体转换为可编辑网格，然后进入“顶点”级别，接着将模型调整成如图4-99所示的效果。

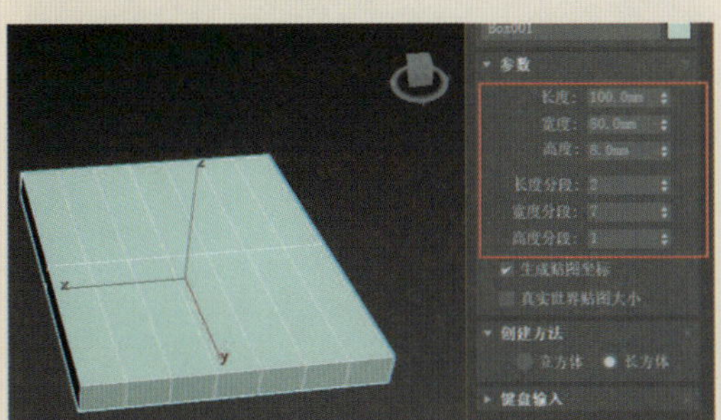

图 4-98

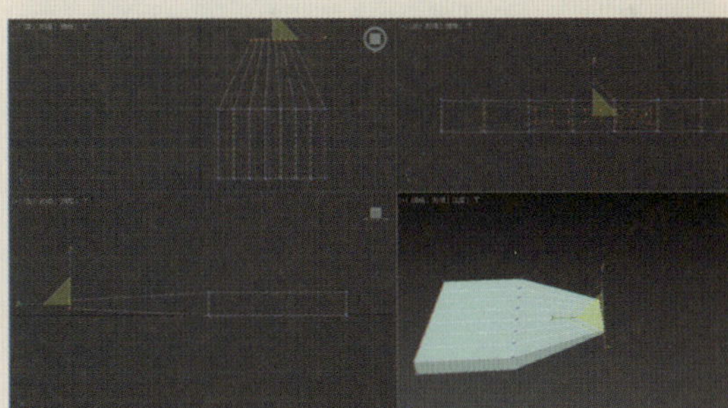

图 4-99

03 进入“多边形”层级，然后按住Ctrl键选择如图4-100所示的多边形，接着在“编辑几何体”卷展栏中的“挤出”后面的数值框中输入50mm，结果如图4-101所示。

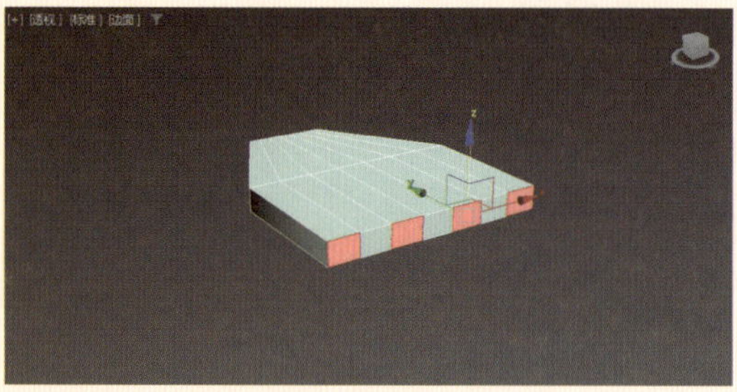

图 4-100

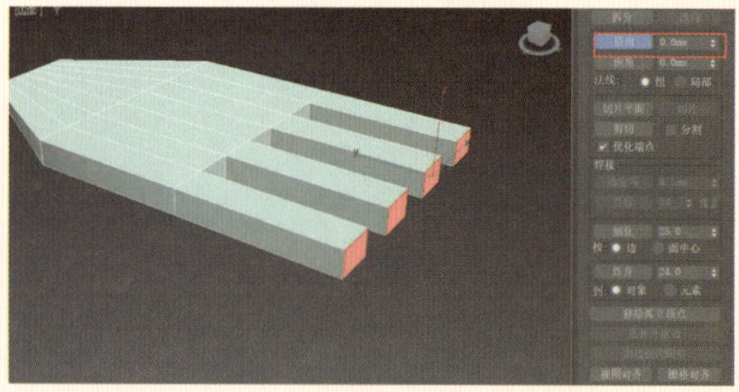

图 4-101

04 进入“顶点”层级，然后选择叉子顶部的顶点，接着使用“选择并均匀缩放”工具将其缩放成如图4-102所示的效果，最后使用“选择并移动”工具将其调整成如图4-103所示效果。

图 4-102

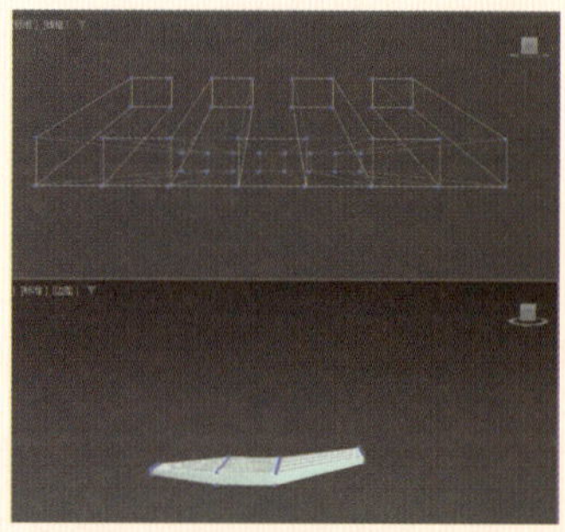

图 4-103

05 进入“多边形”层级，选择叉子尾部多边形，接着在“编辑几何体”卷展栏中的“挤出”后面的数值框中输入50mm，结果如图4-104所示。

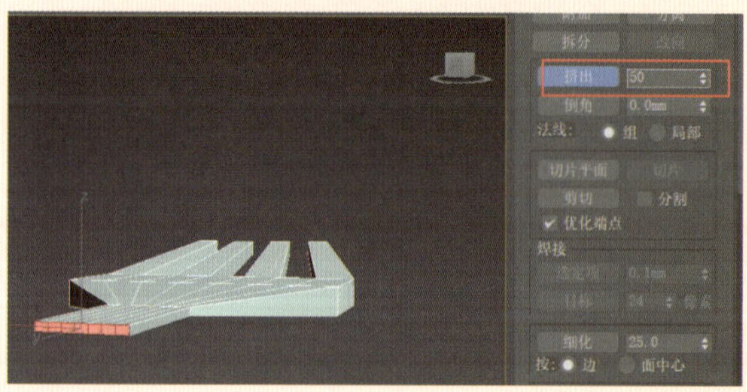

图 4-104

06 保持对多边形的选择，再次将其挤出20mm，如图4-105所示，然后使用“选择并均匀缩放”工具将其缩放成如图4-106所示的效果。

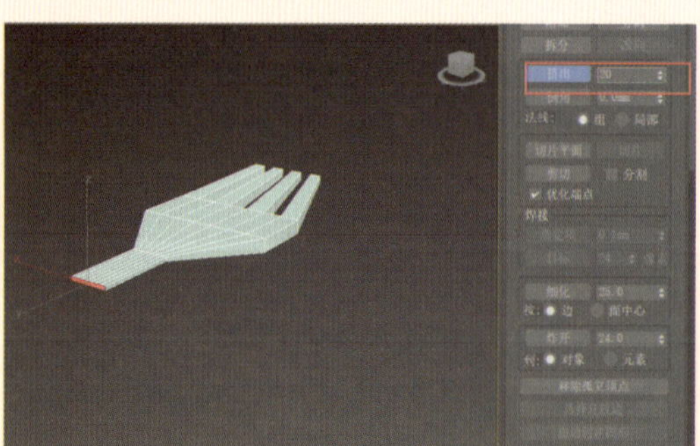

图 4-105

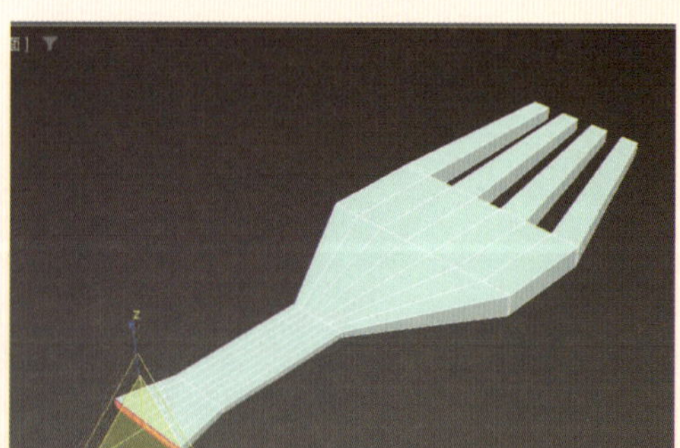

图 4-106

07 为模型加载一个“网格平滑”修改器，然后在“细分量”卷展栏中设置“迭代次数”为1，模型效果如图4-107所示。

08 使用“圆柱体”工具在场景中创建一个圆柱体，然后在“参数”卷展栏中设置“半径”为 10mm、“高度”为320mm、“高度分段”为1，模型位置如图4-108所示。

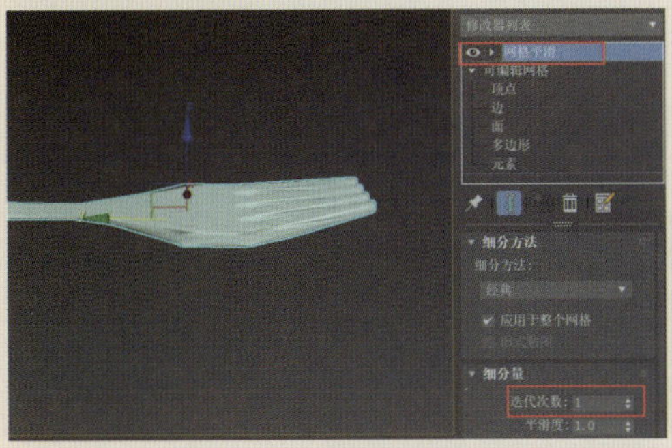

图 4-107

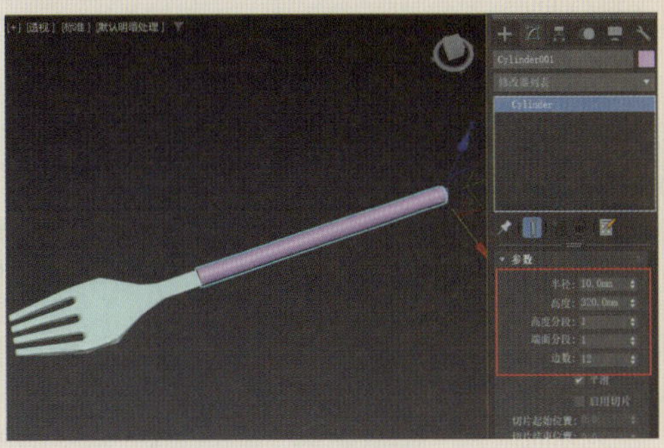

图 4-108

09 将圆柱体转换为可编辑网格，然后选择顶面的顶点，接着使用“选择并均匀缩放”工具将其缩放成如图4-109所示的效果。

10 进入网格对象的“边”层级，选择上一步缩放多边形的边，接着在“编辑几何体”卷展栏中的“切角”按钮后面的数值框中输入2.5mm，模型效果如图4-110所示。

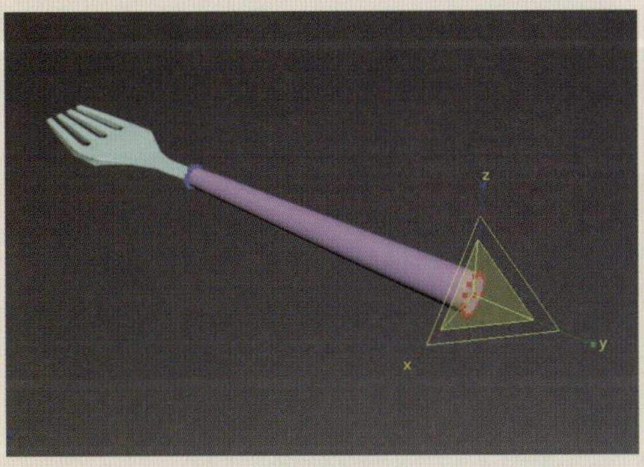

图 4-109

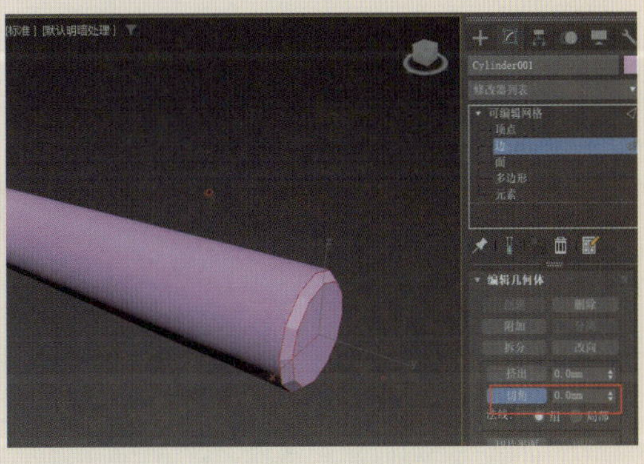

图 4-110

11 为模型加载一个“网格平滑”修改器，然后在“细分量”卷展栏中设置“迭代次数”为1，不锈钢餐叉的最终效果如图4-111所示。

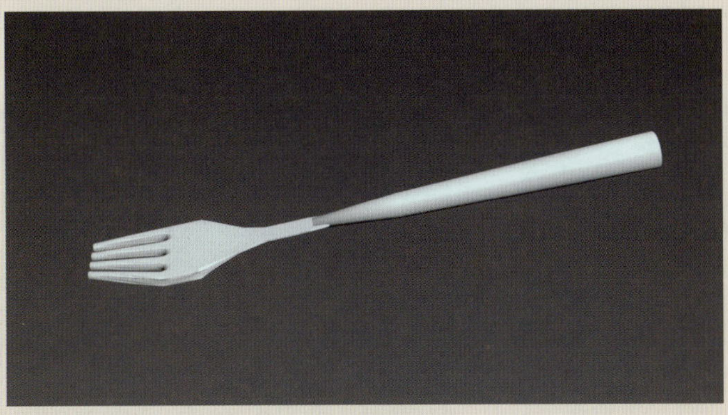

图 4-111

4.4 NURBS建模

NURBS建模是一种高级建模方法。NURBS是None Uniform Rational B Spline（非均匀有理B样条曲线）的简称。NURBS适合于创建一些复杂的弯曲曲面。

4.4.1 NURBS对象类型

NURBS是对3D曲线和曲面进行交互式建模的一种技术。NURBS对象包含NURBS曲面和NURBS曲线两种，如图4-112所示。

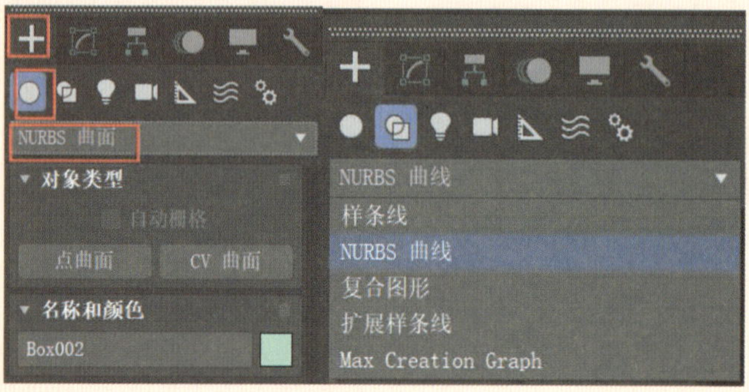

图 4-112

1. NURBS 曲面

NURBS曲面包含点曲面和CV曲面，点曲面由点来控制模型的形状，每个点始终位于曲面的表面上。CV曲面由控制顶点(CV)来控制模型的形状，CV形成围绕曲面的控制晶格，而不是位于曲面上。如图4-113所示。

图 4-113

2. NURBS 曲线

NURBS曲线包含点曲线和CV曲线，如图4-114所示。曲线由点来控制形状，每个点始终位于曲线上。CV曲线由控制顶点(CV)来控制曲线的形状，每个点不一定位于曲线上，如图4-115所示。

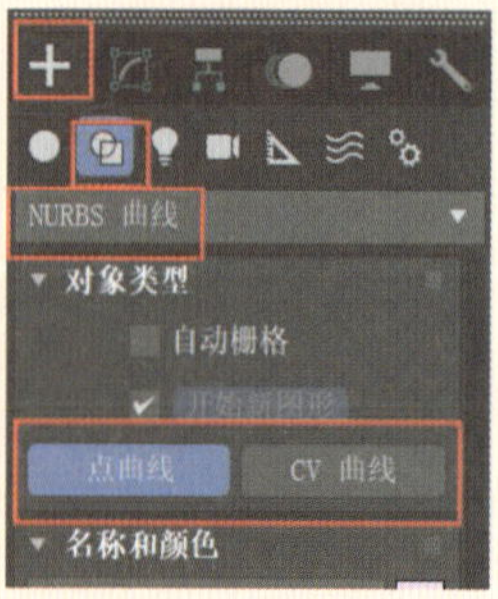

图 4-114

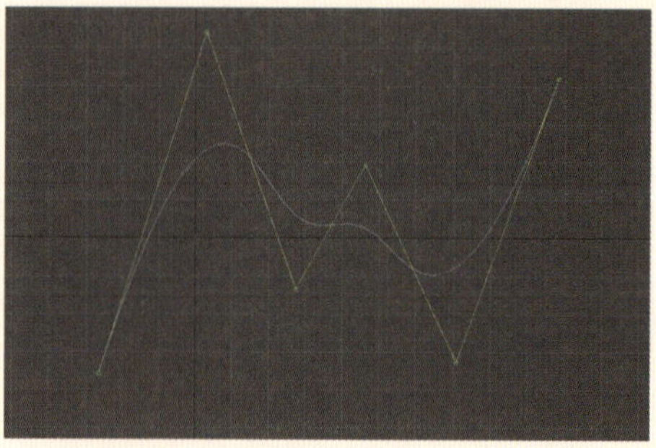

图 4-115

4.4.2 创建NURBS对象

创建NURBS对象的方法很简单，如果要创建NURBS曲面，可以将几何体类型切换为“NURBS曲面”，然后使用“点曲面”工具或“CV曲面”工具创建出相应的曲面对象；如果要创建NURBS曲线，可以将图形类型切换为“NURBS曲线”，然后使用“点曲线”工具或“CV曲线”工具创建相应的曲线对象。

NURBS对象可以直接创建出来，也可以通过转换对象的方法得到。将对象转换为NURBS对象的方法主要有以下3种。

方法一：选择对象并右击，接着在弹出的菜单中选择“转换为”→“转换为NURBS”命令，如图4-116所示。

方法二：选择对象，然后进入“修改”面板，接着在“修改器列表”下方的列表上右击对象，最后在弹出的菜单中选择“NURBS”。如图4-117所示。

方法三：为对象加载“挤出”或“车削”修改器，并在“参数”卷展栏里设置“输出”为“NURBS”。如图4-118所示。

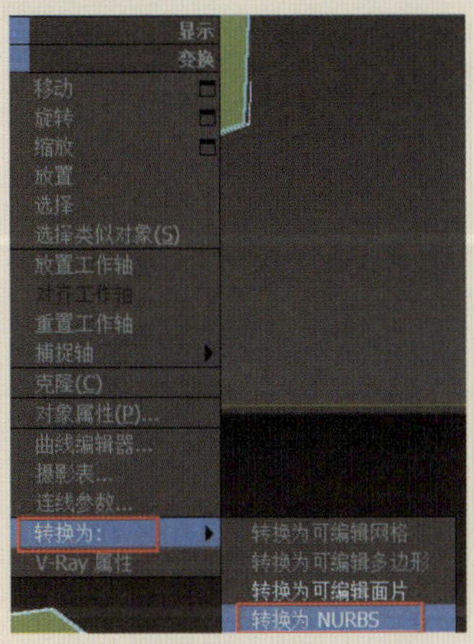

图 4-116

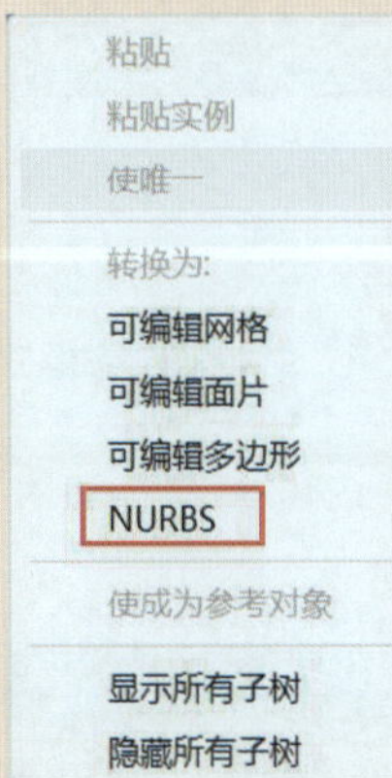

图 4-117

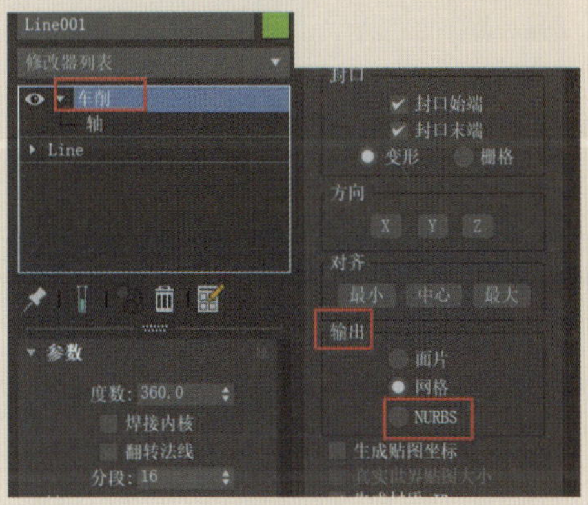

图 4-118

4.4.3 编辑NURBS对象

NURBS对象共有7个参数卷展栏，以“NURBS曲面”对象为例，分别是“常规”“显示线参数”“曲面近似”“曲线近似”“创建点”“创建曲线”和“创建曲面”卷展栏。

1. 常规

“常规”卷展栏中包含“附加”工具、“导入”工具、“显示”方式以及“NURBS工具箱”按钮等，如图4-119所示.

2. 显示线参数

“显示线参数”卷展栏下的参数主要用来指定显示NURBS曲面所用的“U向线数”和“V向线

数”的数值，如图4–120所示。

3．曲面近似

“曲面近似”卷展栏下的参数主要用于控制视图和渲染器的曲面细分，可以根据不同的需要来选择“高”“中”“低”3种不同的细分预设，如图4–121所示。

4．曲线近似

“曲线近似”卷展栏与“曲面近似”卷展栏相似，主要用于控制曲线的步数及曲线细分的级别，如图4–122所示。

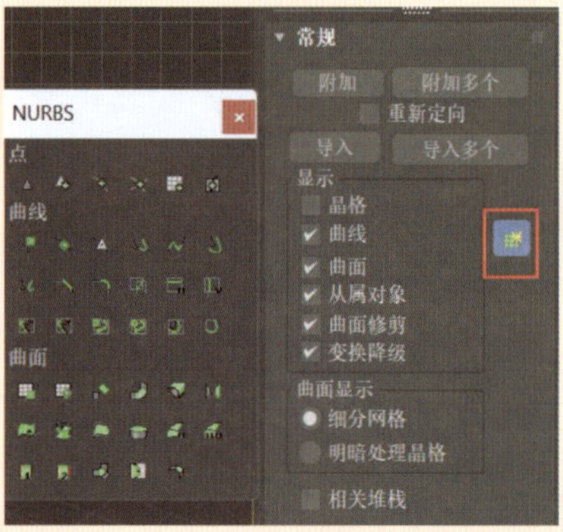

图 4–119

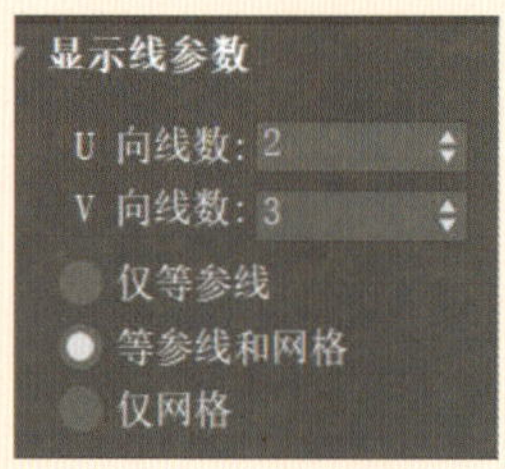

图 4–120

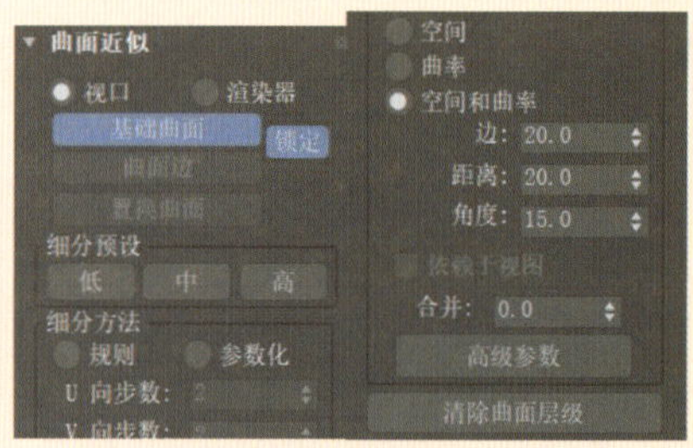

图 4–121

5．创建点和创建曲线卷展栏

这两个卷展栏中的工具与“NURBS工具箱”中的工具相对应，主要用来创建点、曲线和曲面对象，如图4–123所示。

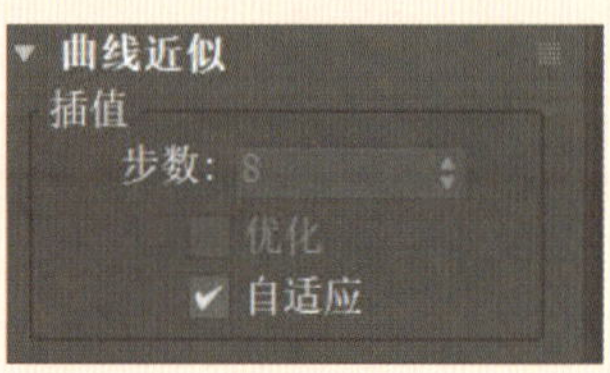

图 4–122

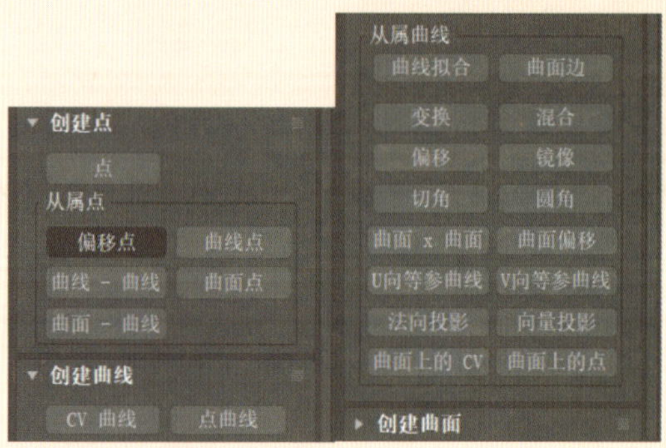

图 4–123

小实例：利用NURBS建模制作花瓶

本例主要使用NURBS建模中的“创建曲面上的点线面”和“分离”工具来制作花瓶。操作步骤如下：

01 在“创建”面板中单击“图形”按钮，设置图形类型为“NURBS曲线”，然后单击“点曲线”。如图4-124所示。

02 在前视图中创建如图4-125所示的点曲线。

微课：制作花瓶

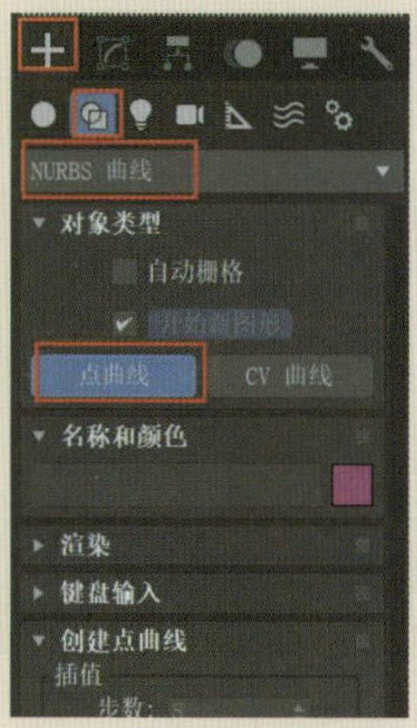

图 4-124

图 4-125

03 选择曲线，进入“修改”面板，在“常规”卷展栏中单击“NURBS创建工具箱”按钮，打开NURBS工具面板，如图4-126所示。

04 在NURBS工具面板中单击“创建车削曲面”按钮，然后移动鼠标指针到曲线上，此时曲线颜色变成蓝色，并且鼠标指针也会发生变化，如图4-127所示。

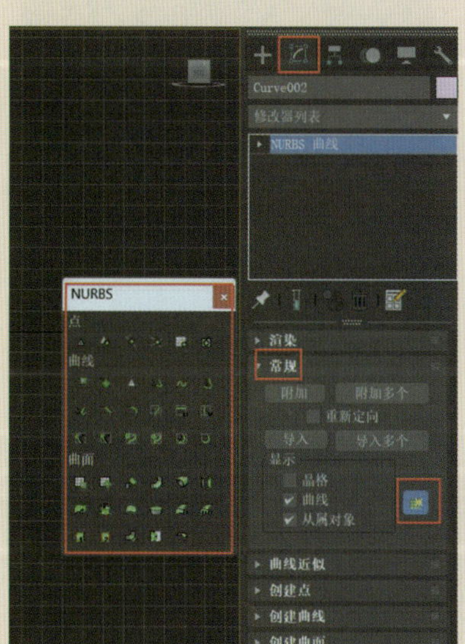

图 4-126

图 4-127

05 单击曲线，进行车削操作，效果如图4-128所示。

06 选择模型，在“修改”面板的“修改器列表”中选择并加载“壳”修改器，然后展开“参数”卷展栏，设置“内部量”为1mm，效果如图4-129所示。

图 4-128

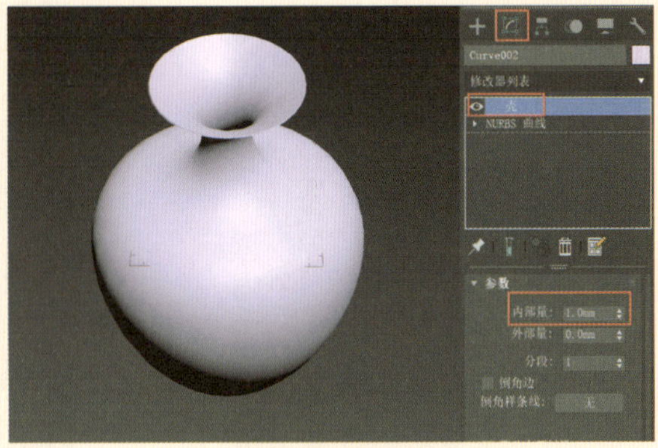

图 4-129

07 在“图形”面板“样条线”里选择“圆”工具，绘制出如4-130所示圆。

08 选择所有的圆，然后右击，在弹出的快捷菜单中选择“转换为”→“转换为 NURBS”命令，将模型转换为NURBS，如图4-131所示。

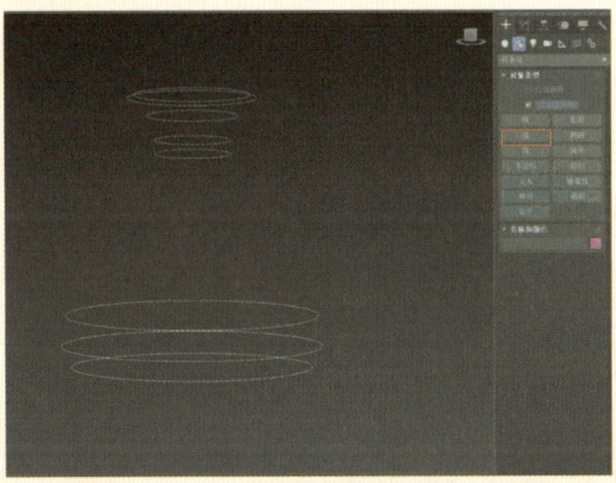

图 4-130

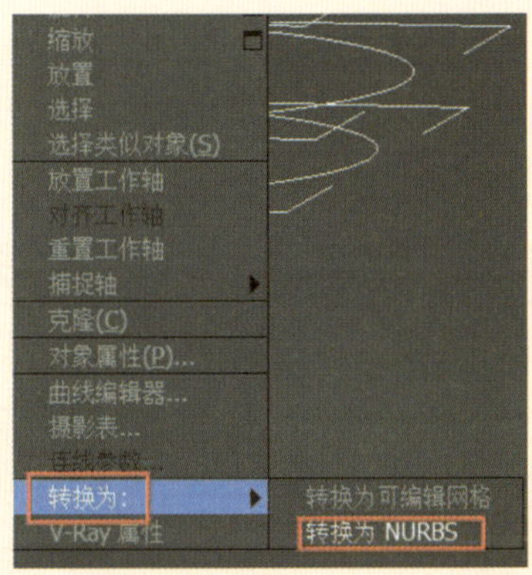

图 4-131

09 选择圆，进入“修改”面板，在“常规”卷展栏中单击“NURBS创建工具箱”按钮，打开NURBS工具面板，选择“创建U向放样曲线”按钮，如图4-132所示。

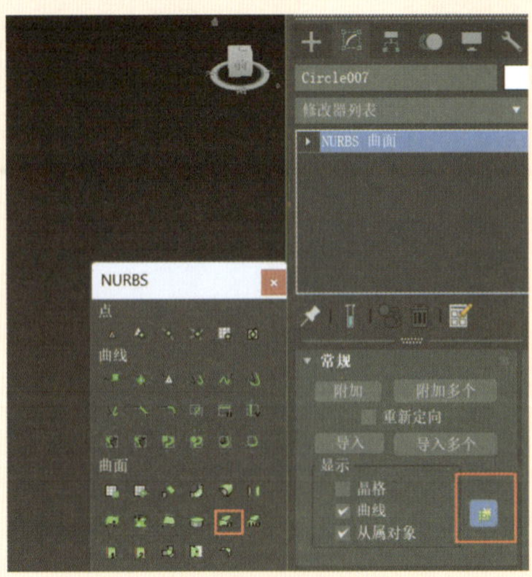

图 4-132

10 从上到下依次单击圆模型，单击“NURBS创建工具箱”按钮，打开NURBS工具面板，单击“创建封口曲面”按钮，将底面封住，效果如图4-133所示。

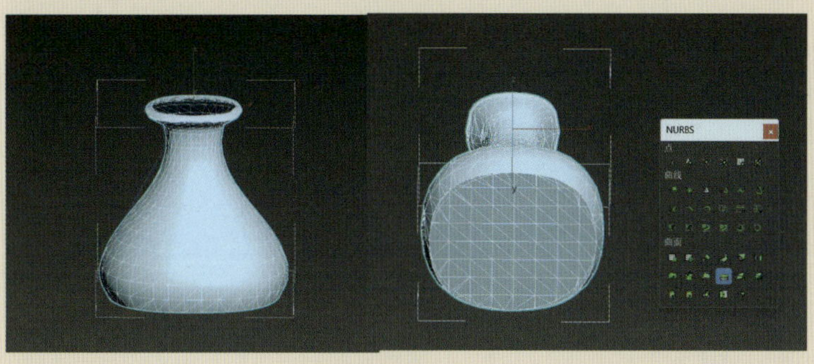

图 4-133

4.5 知识与技能梳理

本章主要讲解利用修改器建模、多边形建模、NURBS建模等技术来创建模型。

- 重要工具：修改器的综合运用、多边形建模和网格建模。
- 核心技术：建模参数的设置。
- 实际运用：通过创建二维图形并利用修改命令制作咖啡杯、叉子和花瓶模型。

4.6 课后练习

一、选择题（共4题），请扫描二维码进入即测即评。

4.6 课后练习

1. 在3ds Max 2024中，可以用于创建复杂的细分曲面模型的是（　　）。

A. 编辑网格　　B. 网格平滑

C. 拉伸　　D. 焊接

2. 要想对一个圆柱添加“弯曲”修改器，则有一个参数不能为1，这个参数是（　　）。

A. 长　　B. 高

C. 网格数　　D. 分段

3. 使用“车削”命令制作的模型中间有黑色发射状区域，取消这个区域可使用的参数是（　　）。

A. 光滑　　B. 焊接内核

C. 翻转法线　　D. 调整轴线

4. 下列不属于可编辑多边形子对象级别的是（　　）。

A. 顶点　　B. 边界　　C. 样条线　　D. 元素

二、简答题

1. 列举3ds Max中常见的建模方式，并选择一种最常用的建模方式，说明其优缺点。

2. 简述什么是样条（NURBS）建模。

Chapter 5

灯光

光线是画面视觉信息与视觉造型的基础，没有光就无法体现物体的形状和质感。光的应用是制作效果图强有力的手段，合理运用灯光能够突出室内外建筑的空间层次感和纵深感，不同的光能够使人产生不同的感受。灯光在三维表现中尤为重要，3ds Max中的灯光类型分为标准灯光、光度学灯光和Arnold灯光，这些灯光可以模拟真实世界中的各种灯光，比如室内的灯光、室外的太阳光以及化学反应的光等。

学习要求	知识点	学习目标			
		了解	掌握	应用	重点知识
	灯光常识			🚩	
	光度学灯光				🚩
	标准灯光	🚩			
	Arnold 灯光	🚩			

能力与素养目标

5.1 灯光常识

光是人们看见绚丽世界的前提条件，假若没有光的存在，一切将不再美好。摄影中，最难把握的也是光的表现。不难发现在现在的建筑设计中贯穿着各式各样的灯光主题，光影交集比比皆是，营造出了不同的气氛及意境。灯光是一个较灵活且富有趣味的设计元素，可以成为气氛的催化剂，也可以加强现有装潢的层次感。

5.1.1 什么是灯光

灯光是3ds Max中的一种特殊对象。灯光不仅可以影响其周围物体表面的光泽和颜色，还可以控制物体表面高光点和阴影的位置。灯光通常需要和环境、模型以及模型的材质共同作用才能得到丰富的色彩和明暗对比效果。灯光一般分为直接灯光和间接灯光。

直接灯光主要泛指直射式的光线，如太阳光等。光线直接散落在指定的位置上并产生投射，直接而简单，如图5–1所示。

间接灯光在气氛营造上能发挥其独特性，营造出不同的意境。它的光线不会直射到地面，而是被置于灯罩之中或天花板后，光线先被投射到墙上再反射至沙发和地面，柔和的灯光仿佛轻轻地笼罩整个空间，浪漫而温柔，如图5–2所示。

将两种灯光适当配合才能缔造出完美的空间意境。有一些光线明亮活泼，有一些光线浪漫柔和，通过对比表现出灯光的特殊魅力，散发出环境不凡的意韵。

图 5–1

图 5–2

所有的光，无论是自然光还是人工室内光，都有共同的属性。

（1）强度：表示光的强弱，随光源能量和距离的变化而变化。

（2）方向：光的方向决定物体的受光、背光及阴影的效果。

（3）色彩：灯光由不同的颜色组成，多种颜色的灯光搭配到一起可以营造出多种变化和气氛。

5.1.2 3ds Max中使用灯光

3ds Max提供了三种类型的灯光，分别是光度学灯光、标准灯光和Arnold灯光。将“命令”面板切换至“灯光”面板，在下拉列表框中即可选择灯光的类型。如图5–3所示为“光度学”灯光类型中包含的灯光按钮；如图5–4所示为“标准”灯光类型中所包含的灯光按钮；如图5–5所示为“Arnold”灯光类型中所包含的灯光按钮。

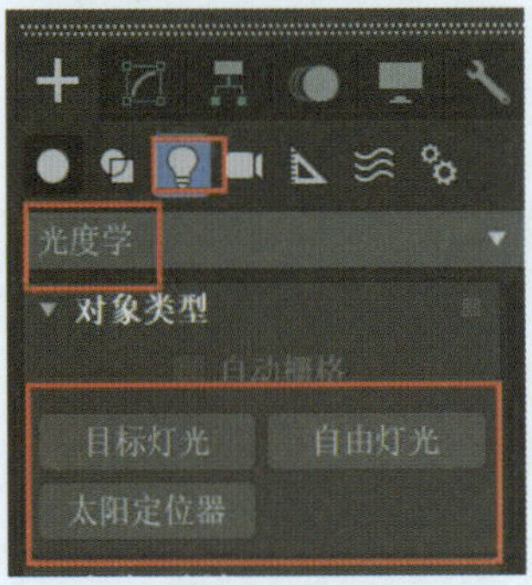

图 5-3

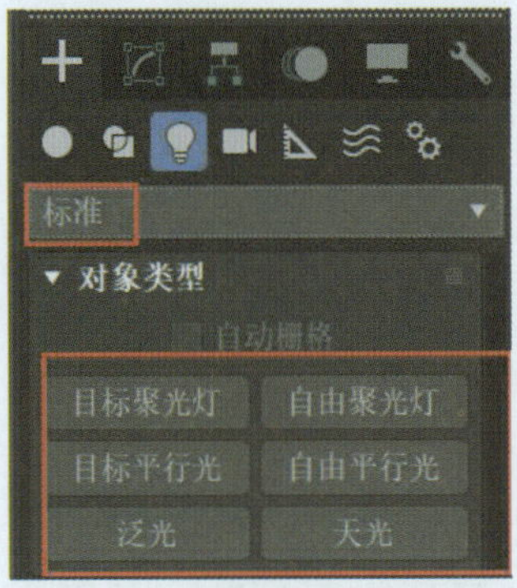

图 5-4

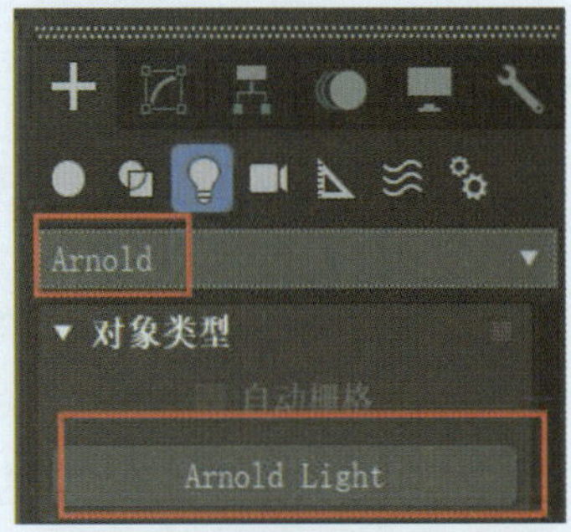

图 5-5

5.2 光度学灯光

光度学灯光是3ds Max系统默认的灯光类型，共有3种不同类型的灯光，分别是目标灯光、自由灯光和太阳定位器，3种灯光的照明方式不同，合理搭配灯光才能产生恰到好处的效果。

5.2.1 目标灯光

目标灯光带有一个目标点，用来指明灯光的照射方向。通常可以用目标灯光来模拟灯泡、射灯、壁灯及台灯等灯具的照明效果。如图5-6所示为使用目标灯光制作的作品。

图 5-6

1．“常规参数”卷展栏

单击“创建”→“灯光”→“目标灯光”，可在视图中创建一盏目标灯光，展开“常规参数”卷展栏，如图5-7所示。

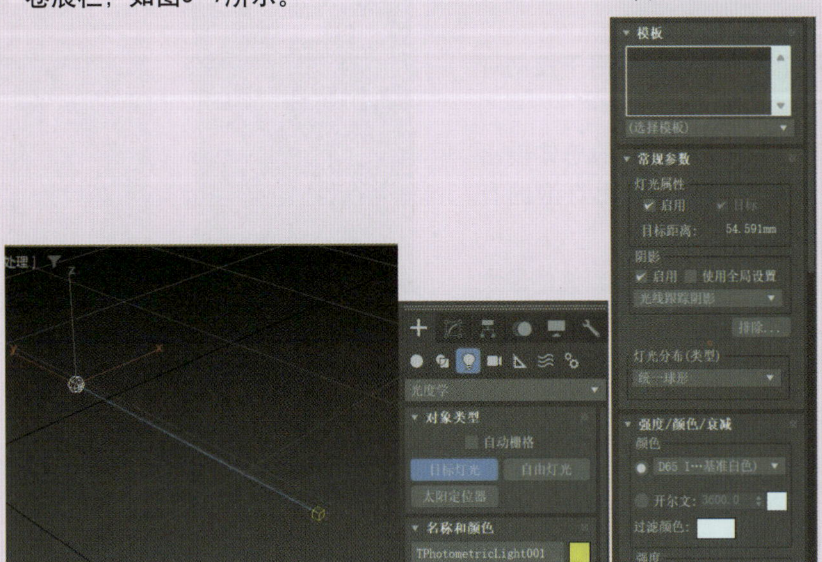

图 5-7

1 2 3 4 5 6 7 8 9

（1）灯光属性

启用：控制是否开启灯光。

目标：选中该复选框，目标灯光才有目标点；取消选中该复选框，目标灯光将变成自由灯光。

目标距离：用来显示目标的距离。

（2）阴影

启用：控制是否开启灯光的阴影效果。

使用全局设置：如果选中该复选框，该灯光投射的阴影将影响整个场景的阴影效果；如果取消选中该复选框，则必须指定渲染器使用哪种方式来生成特定的灯光阴影。

阴影类型：设置渲染器渲染场景时使用的阴影类型，包括“mental ray阴影贴图”“高级光线跟踪”“区域阴影”“阴影贴图”“光线跟踪阴影”“VRay阴影贴图”。

“排除”按钮：将选定的对象排除于灯光效果之外。

（3）灯光分布“类型”

灯光分布“类型”：设置灯光的分布类型，包括“光度学Web”“聚灯光”“统一漫反射”“统一球形”4种类型。

2.“强度/颜色/衰减”卷展栏

展开“强度/颜色/衰减”卷展栏，如图5–8所示。

（1）颜色

“预设”列表：取自于常见的灯具照明规范，使其近似于灯光的光谱特征。

开尔文：通过调整色温微调器设置灯光的颜色，色温以开尔文度数显示，相应的颜色在色温微调器旁边的色样中可见。例如，设置“开尔文”为1800时，灯光的颜色为橙色；“开尔文”为20000时，灯光的颜色为淡蓝色。

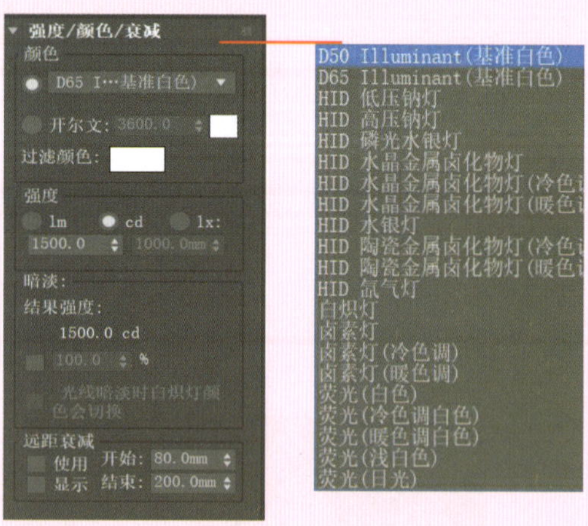

图 5–8

过滤颜色：使用颜色过滤器来模拟置于光源上的过滤色效果。

（2）强度

lm、cd和lx3个单选按钮用于控制灯光的强弱程度。

lm（流明）：测量灯光的总体输出功率（光通量）。100W的通用灯泡约有1750lm的光通量。

cd（坎得拉）：用于测量灯光的最大发光强度，光线通常沿着瞄准目标的方向发射。100W通用灯泡的发光强度约为139 cd。

lx（lux）：测量以一定距离并面向光源方向投射到表面上的灯光所带来的照射强度。

（3）暗淡

结果强度：用于显示暗淡的强度，使用与“强度”组相同的单位。

暗淡百分比：启用该选项后，该值会指定用于降低灯光强度。

光线暗淡时白炽灯颜色会切换：启用该选项之后，可以在暗淡时产生更多的黄色来模拟白炽灯。

(4) 远距衰减

使用：启用灯光的远距衰减。

显示：在视图中显示远距衰减的范围。聚光灯的衰减范围看起来像圆锥体。其他灯光的衰减范围呈球体状。默认情况下，“远距开始”为浅棕色，“远距结束”为深棕色。

开始：设置灯光开始淡出的距离。

结束：设置灯光减为“0”的距离。

3. “图形/区域阴影”卷展栏

展开“图形/区域阴影”卷展栏，如图5-9所示。

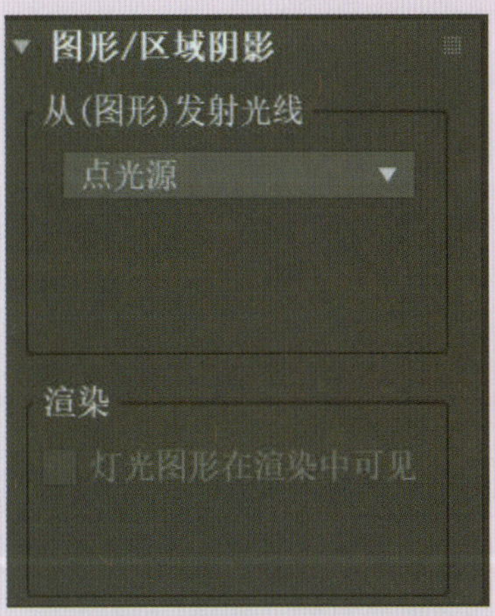

图 5-9

从（图形）发射光线：选择生成阴影的图形类型，包括点光源、线、矩形、圆形、球体和圆柱体6种类型。

灯光图形在渲染中可见：选中该复选框，如果灯光对象位于视野之内，那么灯光图形在渲染时会显示为自供照明（发光）照明。

4. “光线跟踪阴影参数”卷展栏

展开“光线跟踪阴影参数”卷展栏，如图5-10所示。

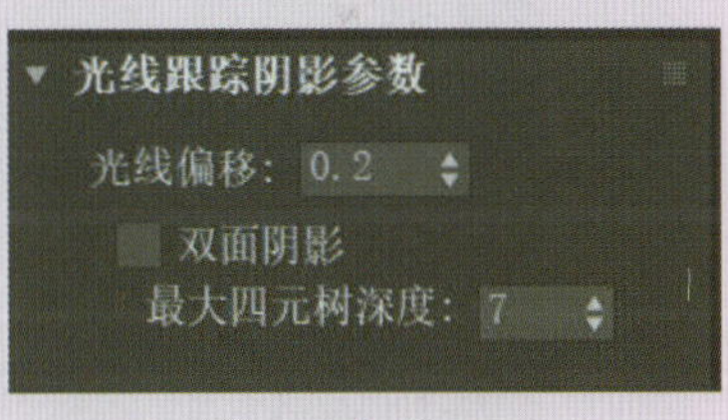

图 5-10

光线偏移：将阴影移向或偏离投射阴影的对象。

双面阴影：选中该复选框，计算阴影时物体的背面也将产生阴影。

5. “高级效果”卷展栏

展开“高级效果”卷展栏，其参数如图5-11所示。

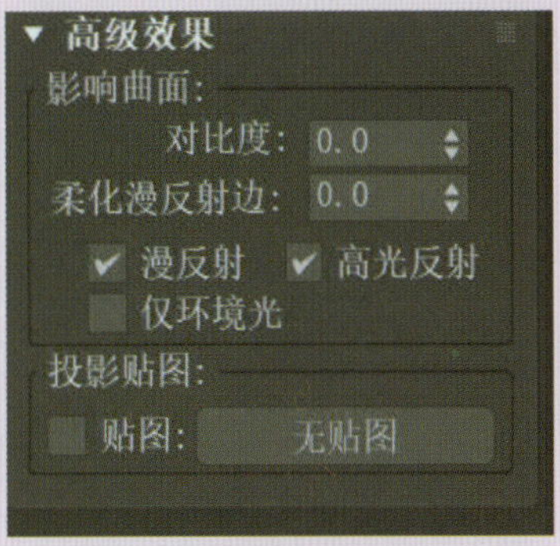

图 5-11

对比度：调整曲面的漫反射区域和环境光区域之间的对比度。普通对比度的值为0。增加对比度的值可增加特殊效果的对比度，例如，模拟外部空间刺眼的光。其默认设置是 0.0。

柔化漫反射边：增加“柔化漫反射边”的值可以柔化曲面的漫反射部分与环境光部分之间的边缘，这样有助于消除在某些情况下曲面上出现的边缘。

漫反射：启用此选项后，灯光将影响对象曲面的漫反射属性。禁用此选项后，灯光在漫反射曲面上没有效果。其默认设置为启用。

高光反射：启用此选项后，灯光将影响对象曲面的高光属性。禁用此选项后，灯光在高光属性上没有效果。其默认设置为启用。

仅环境光：启用此选项后，灯光仅影响照明的环境光组件，以对场景中的环境光照明进行更详细的控制。启用“仅环境光”后，“对比度”“柔化漫反射边缘”“漫反射”和“高光”不可用。其默认设置为禁用。在视图中“仅环境光”的效果是不可见的，仅在渲染场景时才显示。

贴图：选中该复选框可以通过“贴图”按钮投影选定的贴图。清除该复选框可以禁用投影。

技巧 提示

光度学灯光中有一个自由灯光，自由灯光没有目标对象，在“创建”面板中单击“自由灯光”按钮即可在场景中创建一个自由灯光，自由灯光的参数与目标灯光的参数基本一致，它们的区别仅在于是否具有目标点。自由灯光创建完成后，目标点可以在“修改”面板通过“常规参数”卷展栏内的“目标”复选框来进行切换。

5.2.2 太阳定位器

太阳定位器是3ds Max中使用频率较高的一种的灯光，配合Arnold渲染器使用，可以非常方便地模拟出自然的室内照明及室外光线。在“创建”面板中单击“太阳定位器”按钮可以在场景中创建出该灯光，如图5-12所示。

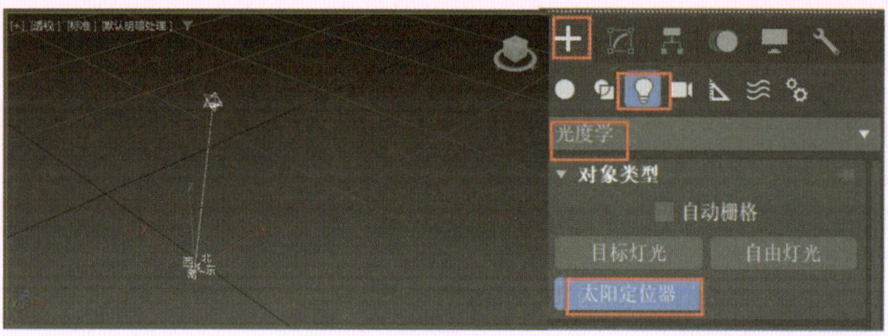

图 5-12

创建完成该灯光系统后，按下快捷键F8打开“环境和效果”面板。在“环境”选项卡中，展开“公用参数”卷展栏，可以看到系统自动为“环境贴图”的贴图通道加载了“物理太阳和天空环境”贴图，如图5-13所示。渲染场景后，可以看到逼真的天空环境效果。同时，在“曝光控制”卷展栏内，系统还为用户设置了“物理摄影机曝光控制”选项。

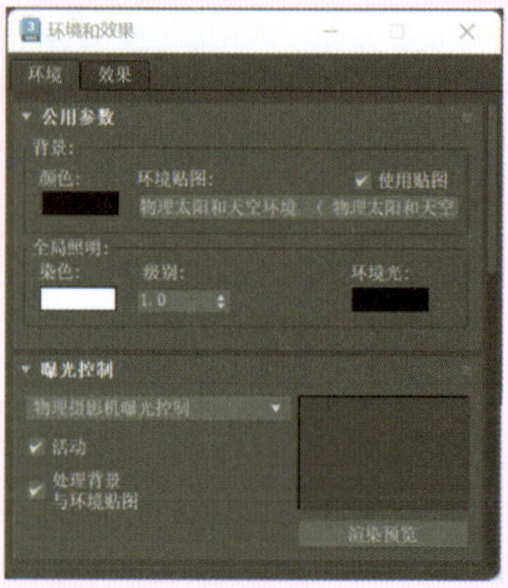

图 5-13

在“修改”面板中，可以看到“太阳定位器”拥有“显示”和“太阳位置”两个卷展栏，如图5–14所示。

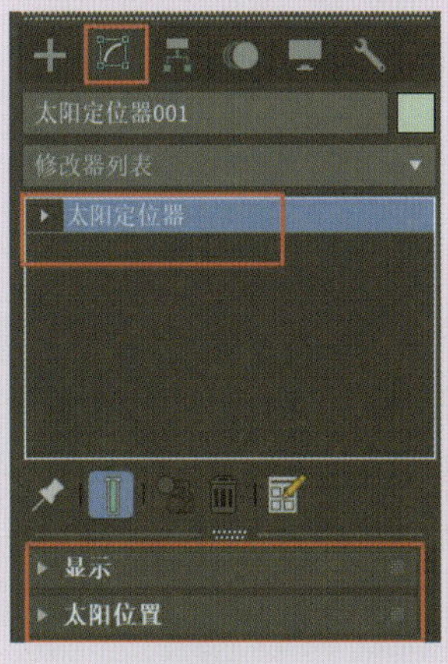

图 5–14

1.“显示”卷展栏

如图5–15所示，“显示”卷展栏有“指南针”“太阳位置”2个选项组。

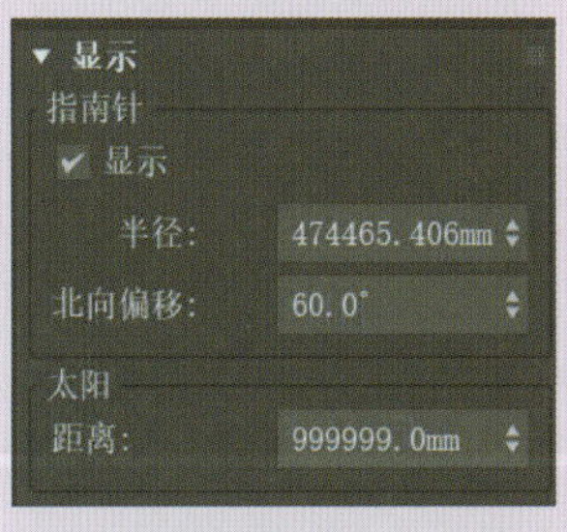

图 5–15

（1）“指南针”选项组

“显示”复选框用于在视图中切换显示指南针。“半径”用于设置指南针在视图中显示的半径。“北向偏移”用于旋转指南针，根据日期和时间更改太阳的基本方向。

（2）“太阳”选项组

“距离”表示太阳与指南针的距离。

2.“太阳位置”卷展栏

如图5–16所示，有“日期和时间模式”“在地球上的位置”2个选项组。

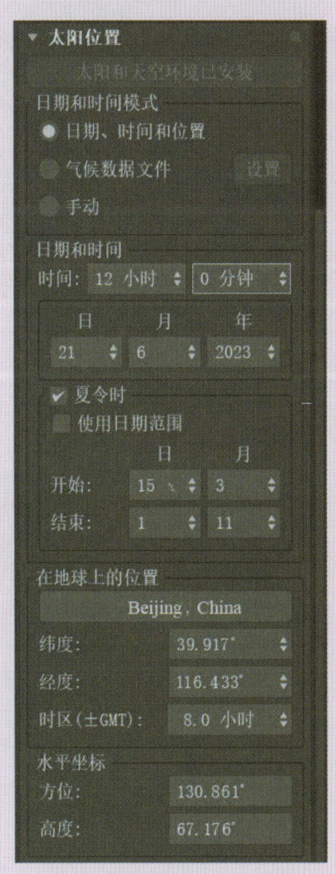

图 5–16

（1）“安装太阳和天空环境”按钮

“安装太阳和天空环境”使用物理太阳和天空环境替换当前环境贴图。

（2）“日期和时间模式”选项组

“日期、时间、位置”用于根据日期、时间和位置信息定位太阳。“气候数据文件”使用气候数据定位太阳及天空照度。“设置”按钮用于打开“配置气候数据”对话框。“手动”用于通过平移/旋转或根据方位/高度手动定位太阳。

（3）“日期和时间”选项组

“时间”是指一天中的时间（以小时和分钟为单位）。“夏令时”复选框用于切换使用夏令时。“使用日期范围”用于设置要使用的一系列连续天数（由指定的开始日期和结束日期定义）。

（4）“在地球上的位置”选项组

从用户可配置的数据库中设置位置。“纬度”表示位置的纬度坐标。“经度”表示位置的经度坐标。“时区”用与 GMT 的偏移量表示。

（5）“水平坐标”选项组

“方位”表示太阳在天空中的方位（相对于正北方向）。“高度”表示太阳在天空中的海拔高度（相对于地平线）。

小实例：利用目标灯光制作筒灯效果

微课：利用目标灯光制作筒灯效果

01 打开本书配套资源中的“Chapter 5/场景文件/利用目标灯光制作筒灯效果.max”文件。在“创建”面板中单击“灯光”，选择“灯光类型”为“光度学”，接着单击“目标灯光”按钮，如图5-17所示。

02 在前视图创建两盏目标灯光，位置如图5-18所示。

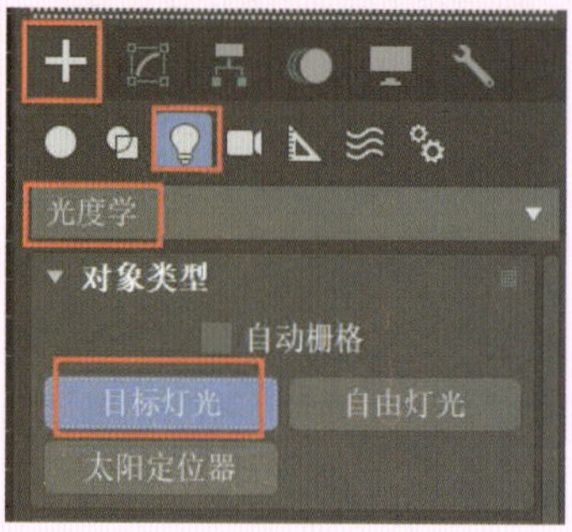

图 5-17

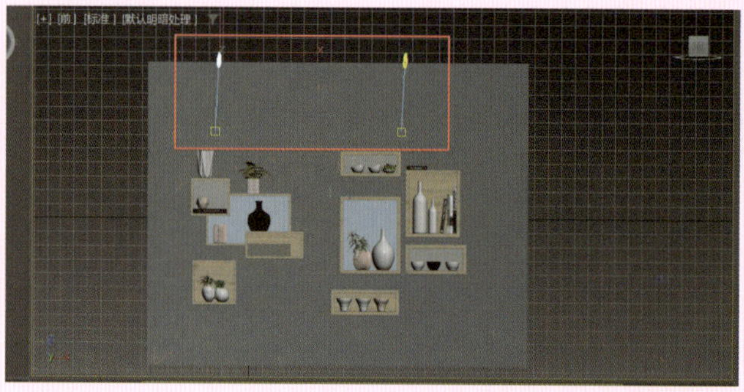

图 5-18

03 选择上一步创建的目标灯光，切换到“修改”面板。展开“常规参数”卷展栏，在“阴影”选项组下勾选“启用”复选框，设置“阴影类型”为“VRayShadow”，最后在“灯光分布（类型）”选项组下设置灯光分布类型为“光度学Web”，如图5-19所示。

04 展开“分布（光度学Web）”卷展栏，然后在其通道上加载光域网文件“提取.ies”，如图5-20所示。

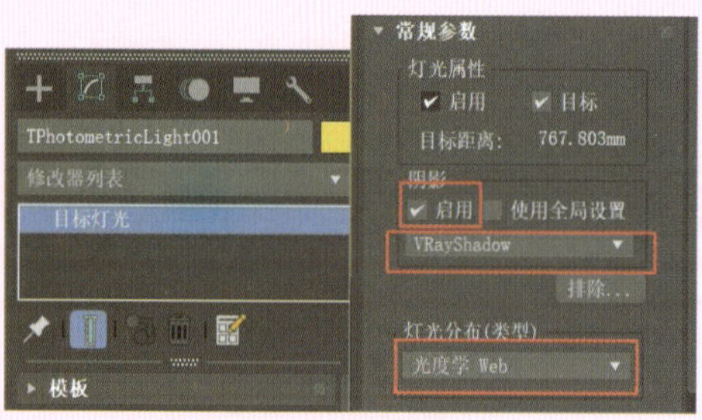

图 5-19

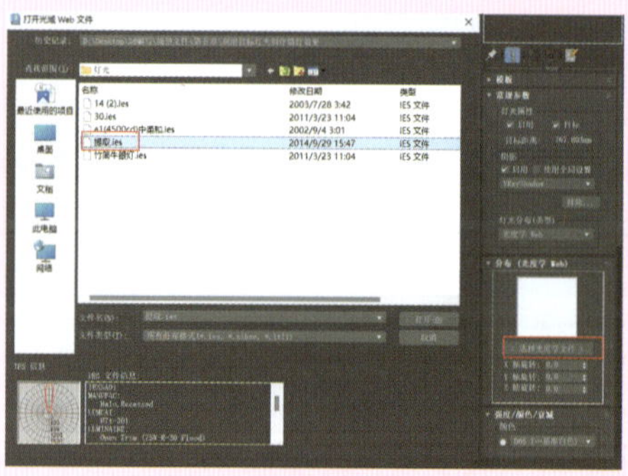

图 5-20

05 展开“强度/颜色/衰减”卷展栏，设置过滤颜色为淡黄色（R:255，G:255，B:197），接着设置强度为2000cd，如图5-21所示。

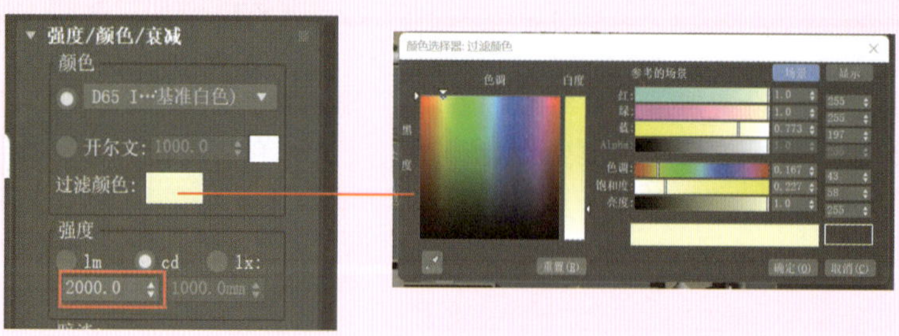

图 5-21

06 展开“VRayShadows 参数”卷展栏，分别设置U、V、W的尺寸为200mm，如图5-22所示。

07 在“创建”面板中单击“灯光”，选择“灯光类型”为“VRay”，接着单击“VRayLight”按钮，在顶视图中创建灯光，并将其调整到合适位置，如图5-23所示。

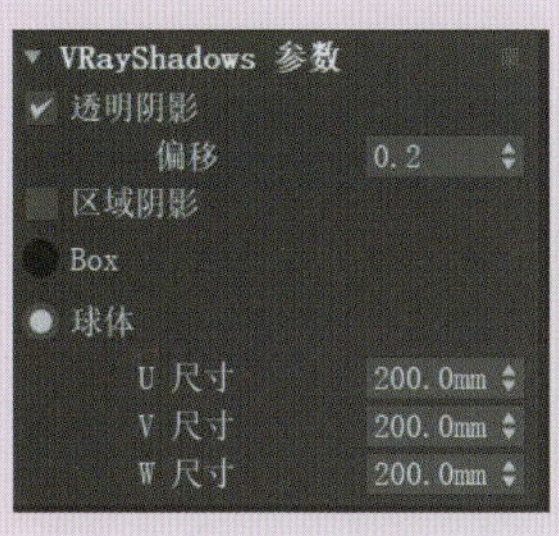

图 5-22

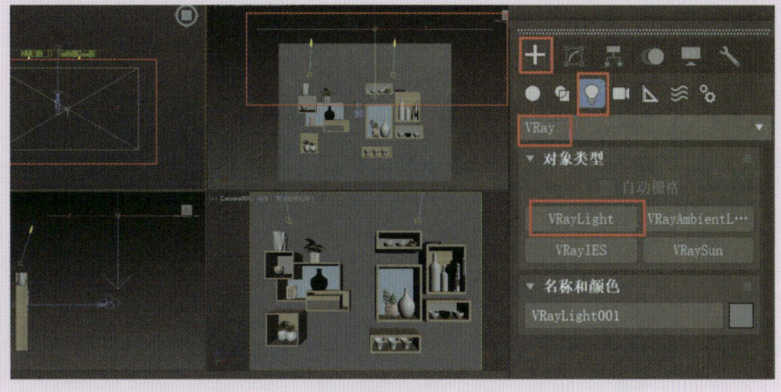

图 5-23

08 选择上一步创建的VRay灯光，然后切换到“修改”面板，在“常规”卷展栏下设置“倍增”值为2，颜色为（R:255，G:255，B:233），如图5-24所示。

09 在“选项”卷展栏下，勾选“不可见”复选框，如图5-25所示。

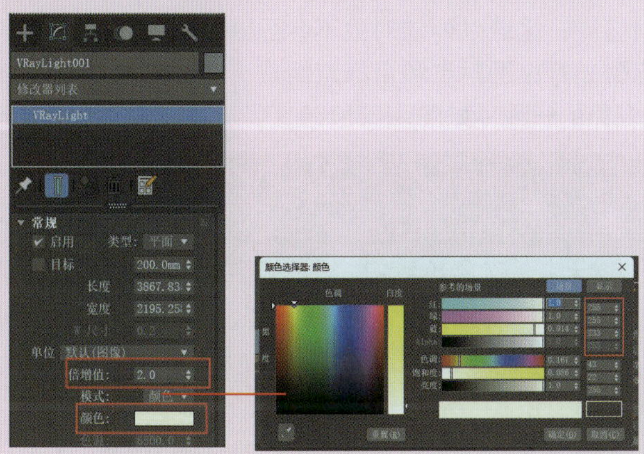

图 5-24

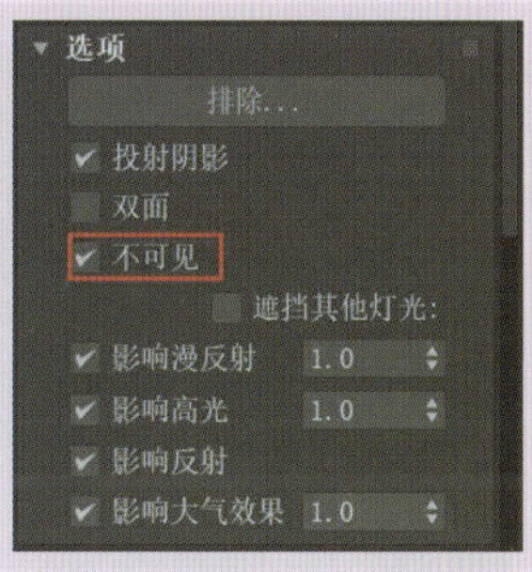

图 5-25

10 在“Camera001”视图中，按F9键测试渲染当前场景，最终效果如图5-26所示。

图 5-26

5.3 标准灯光

标准灯光有6种类型，分别是目标聚光灯、自由聚光灯、目标平行光、自由平行光、泛光和天光，不同类型的灯光产生的照明方式不同，合理搭配灯光才能产生恰到好处的效果，各灯光如图5-27所示。

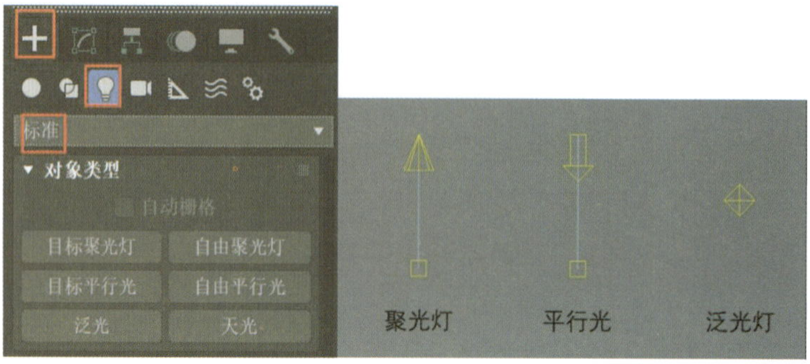

图 5–27

5.3.1 目标聚光灯

目标聚光灯可以产生一个锥形的照射区域，区域以外的对象不会受到灯光的影响，主要用来模拟吊灯、手电筒等发出的灯光。目标聚光灯由透射点和目标点组成，其方向性非常好，对阴影的塑造能力也很强，是标准灯光中最常见的一种，如图5–28所示。

图 5–28

展开“聚光灯参数”卷展栏，如图5–29所示。

显示光锥：是否开启圆锥体显示效果，如图5–30所示。

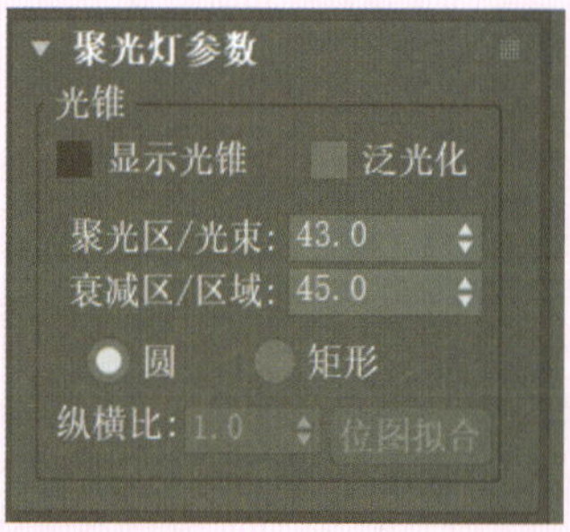

图 5–29

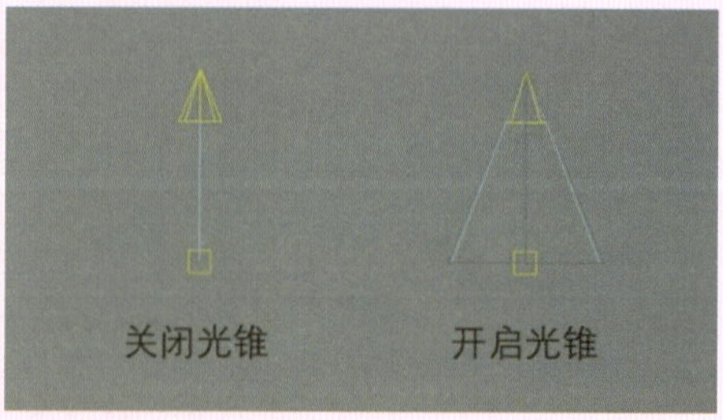

图 5–30

泛光化：选中该复选框，灯光将在各个方向投射光线。

聚光区/光束：用来调整圆锥体灯光角度。

衰减区/区域：设置灯光衰减区的角度。图5–31所示是不同设置的“聚光区/光束”和“衰减区/区域”的光锥对比。

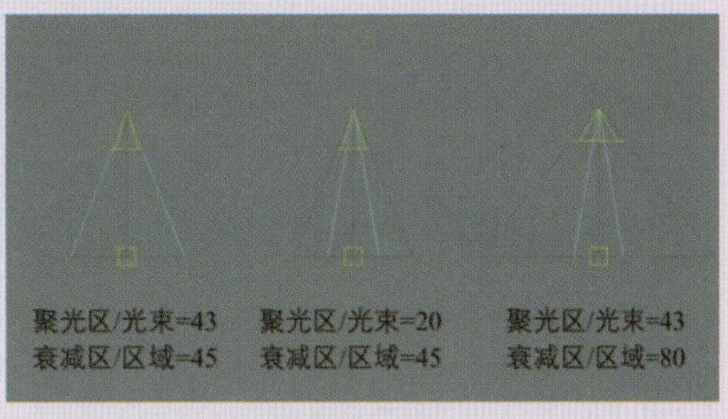

图 5–31

圆/矩形：指定聚光区和衰减区的形状。

纵横比：设置矩形光束的纵横比。

位图拟合：若灯光阴影纵横比为矩形，可以用该按钮来设置纵横比，以匹配待定位图。

技巧 提示

自由聚光灯和目标聚光灯相似，只是它无法分别对发射点和目标点进行调整，如图5–32所示。自由聚光灯特别适合于模仿一些动画灯光，如舞台上的射灯等。可以使用“选择并移动”工具和“选择并旋转”工具对自由聚光灯进行移动和旋转操作。

图 5–32

5.3.2 目标平行光

目标平行光可以产生一个照射区域，主要用来模拟自然光线的照射效果，常用该灯光模拟室内外日光效果，如图5–33所示。如果将目标平行光作为体积光来使用的话，那么可以用它模拟出激光束等效果。

目标平行光的参数如图5–34所示。

图 5–33

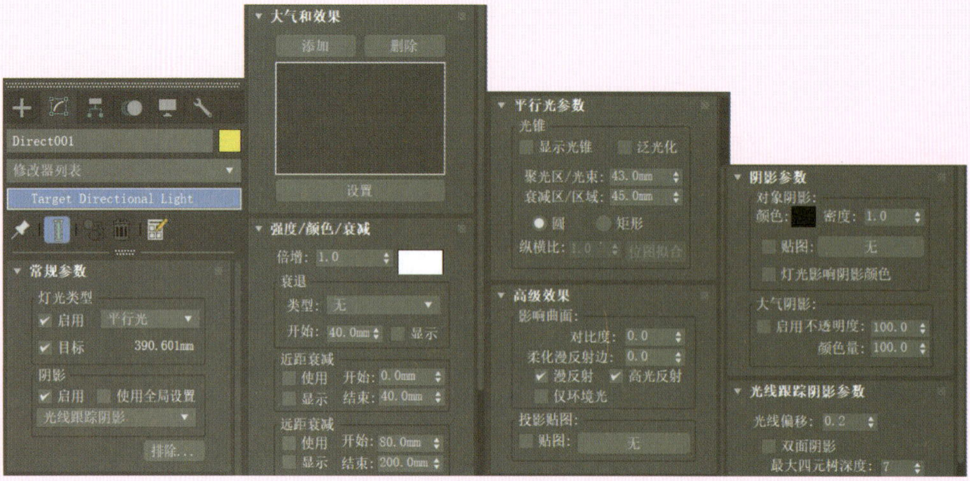

图 5–34

技巧 提示

虽然目标平行灯可以用来模拟太阳光，但是它与目标聚光灯的灯光类型不相同。目标聚光灯的灯光类型是聚光灯，而目标平行光的灯光类型是平行光。从外形上看，目标聚光灯更像锥形，目标平行光更像筒形，如图5-35所示。

图 5–35

小实例：利用目标平行光制作阴影场景

01 打开本书配套资源中的“Chapter 5/场景文件/利用目标平行光制作阴影场景.max”文件，如图5-36所示。

02 在“创建”面板中单击“灯光”，选择“灯光类型”为“标准”，接着单击“目标平行光”按钮，创建灯光，如图5-37所示。

微课：利用目标平行光制作阴影场景

图 5–36

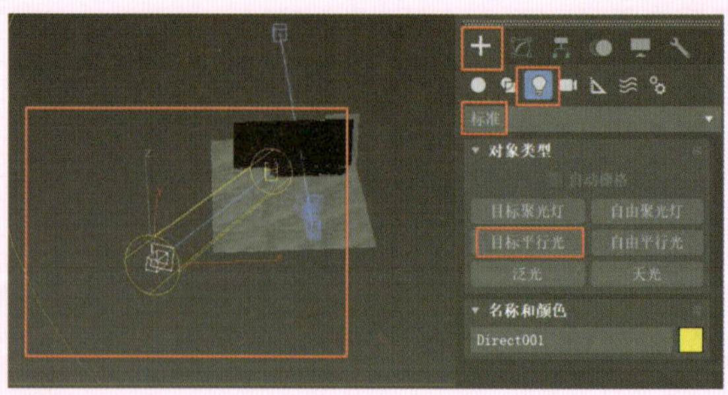

图 5–37

03 选择上一步创建的目标平行光，切换到“修改”面板。展开“常规参数”卷展栏，在“阴影”选项组下勾选“启用”复选框，设置“阴影类型”为“VRayShadow”。展开“强度/颜色/衰减”卷展栏，设置“倍增”为3，颜色为白色。展开“平行光参数”卷展栏，设置“聚光区/光束”为1300，“衰减区/区域”为19000，如图5-38所示。

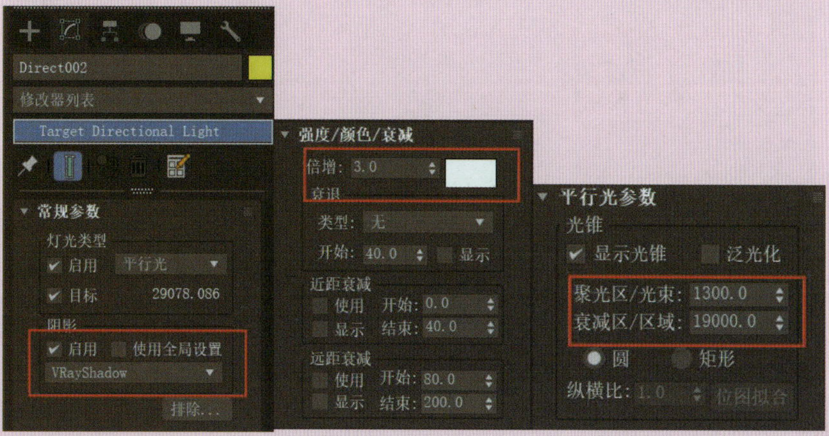

图 5-38

04 展开“高级效果”卷展栏，然后在投影贴图选项组下勾选“贴图”复选框，接着在贴图通道中加载“阴影.jpg”文件，展开“VRayShadows 参数”卷展栏，设置U、V、W的尺寸为250，如图5-39所示。

05 选择摄影机视图，按F9键测试渲染，最终效果如图5-40所示。

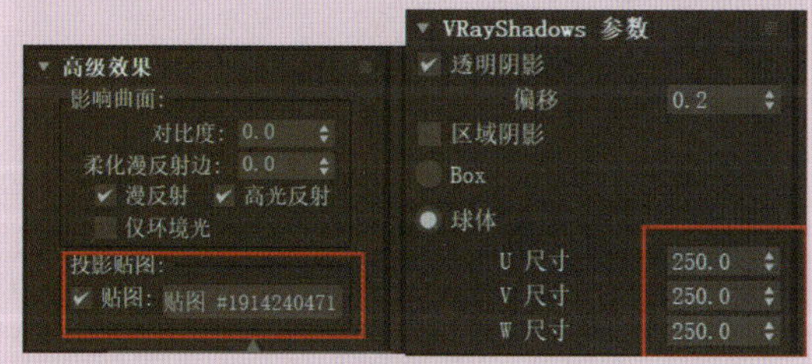

图 5-39

图 5-40

5.3.3 泛光

泛光可以向周围发散光线，其光线可以到达场景中无限远的地方，优点在于方便创建而不必考虑照射范围。泛光灯用于将“辅助照明”添加到场景中或模拟点光源，如灯泡、烛光等，如图5-41所示。

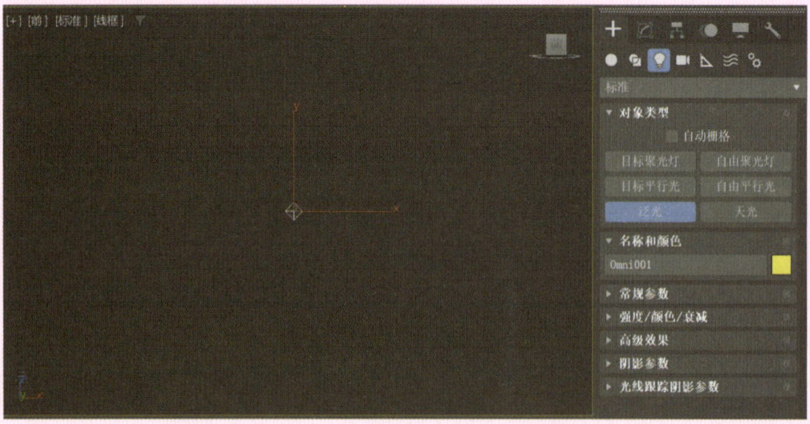

图 5–41

泛光的参数及使用方法与目标聚光灯基本一致，泛光没有目标点，即在其“修改”面板中“目标”选项为不可用状态。在“修改”面板中的“常规参数”卷展栏内将灯光类型切换为“聚光灯”或“平行光”后才可以设置“目标”选项。泛光灯比较容易创建和调节，能够均匀地照射场景，但是在一个场景中如果使用太多泛光灯可能会导致场景灰暗，缺乏对比。

5.3.4 天光

天光主要用来模拟天空光，常用来作为环境中的补光。它以弯顶方式发光，可以作为场景唯一的光源，也可以与其他灯光配合使用，实现高光和投影锐边阴影。天光的参数比较简单，只有一个“天光参数”卷展栏，如图5–42所示。

启用：是否开启天光。

倍增：控制天光的强弱。

使用场景环境：使用“环境与特效”对话框中设置的灯光颜色。

天空颜色：设置天光颜色。

贴图：指定贴图来影响天光颜色。

投影阴影：控制天光是否投影阴影。

每采样光线数：计算落在场景中的每个点的光子数目。

光线偏移：设置光线产生的偏移距离。

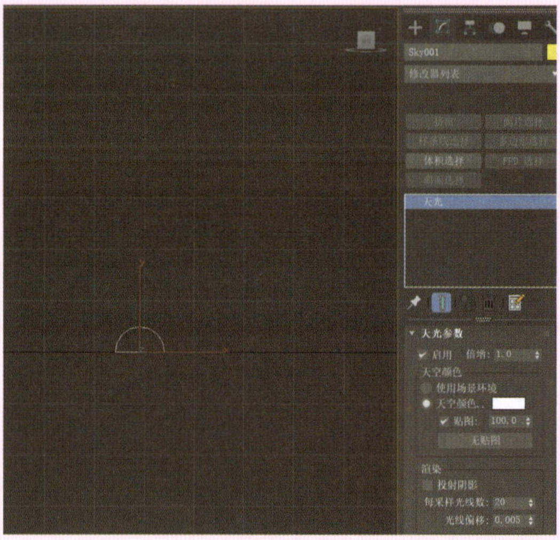

图 5–42

5.4 Arnold灯光

如今，Arnold渲染器已经取代了默认的扫描线渲染器，成为了3ds Max 2024的默认渲染器。一定要熟练掌握该灯光的使用方法，因为仅使用该灯光就几乎可以模拟各种常见照明环境。另外，需要注意，即使是在简体中文版3ds Max 2024中，该灯光的命令参数仍然为英文显示，如图5-43所示。

图 5-43

5.4.1 Arnold Light卷展栏

在“修改”面板中，可以看到Arnold Light的卷展栏如图5-44所示。下面讲解其中较为常用的参数。

1. “General(常规)”卷展栏

“General(常规)”卷展栏主要用于设置Arnold Light的开启及目标点等相关命令，“General(常规)”卷展栏中的参数命令如图5-45所示。

2. “Shape(形状)”卷展栏

“Shape(形状)”卷展栏主要用于设置灯光的类型，“Shape(形状)”卷展栏的参数命令如图5-46所示。

Type：用于设置灯光的类型。3ds Max 2024为用户提供了如图5-46所示的9种灯光类型，帮助用户解决不同的照明环境模拟需求。从这些类型上看，仅仅是一个Arnold Light对象，就可以模拟出点光源、聚光灯、面光源、天空环境、光度学、网格灯光等多种不同的灯光照明。

Spread：用于控制Arnold Light的扩散照明效果。当该值为默认值1时，灯光对物体的照明会产生散射状的投影；当该值设置为0时，灯光对物体的照明会产生清晰的投影。

Quad X/Quad Y：用于设置灯光的长度或宽度。

Soft Edge：用于设置灯光产生的投影的边缘虚化程度。

3. “Color/Intensity(颜色度)”卷展栏

“Color/Intensity(颜色度)”卷展栏主要用于控制灯光的色彩及照明强度。该卷展栏的参数命令如图5-47所示。

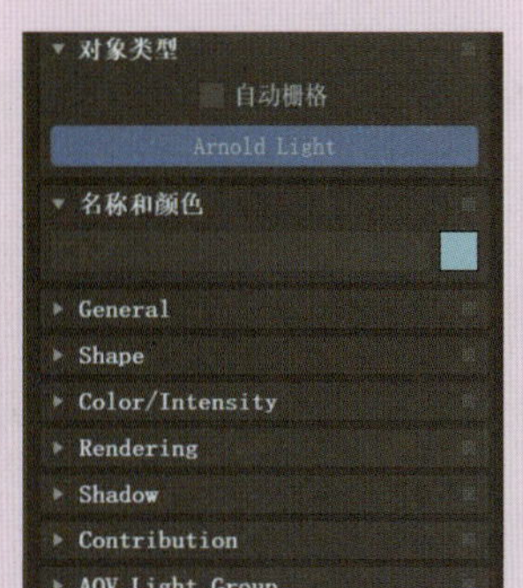

图 5-44

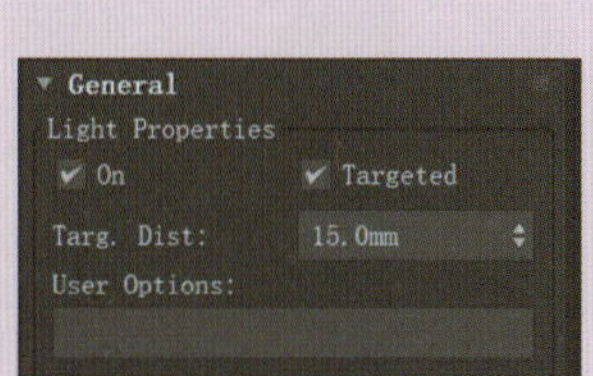

图 5-45

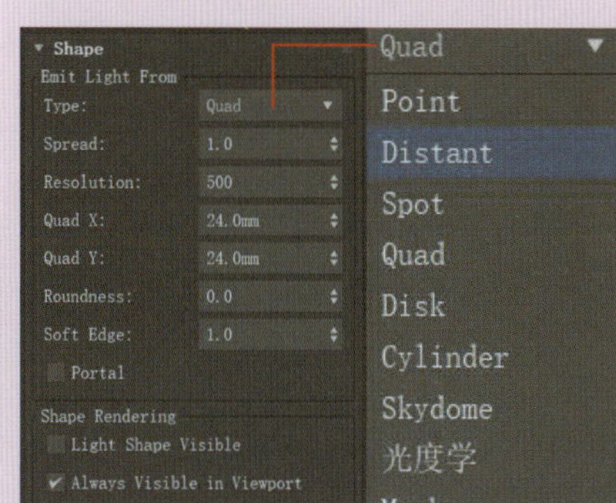

图 5-46

（1）“Color(颜色)”选项组

Color：用于设置灯光的颜色。

Preset：勾选该复选框后，用户可以使用系统所提供的各种预设来照明场景。

Kelvin：使用色温值来控制灯光的颜色。

Texture：使用贴图来控制灯光的颜色。

Filter Color：设置灯光的过滤颜色。

（2）“Intensity（强度）”选项组

Intensity：设置灯光的照明强度。

Exposure：设置灯光的曝光值。

4．“Rendering(渲染)”卷展栏

“Rendering(渲染)”卷展栏的参数命令如图5-48所示。

Samples：设置灯光的采样值。

Volume Samples：设置灯光的体积采样值。

5．“Shadow(阴影)”卷展栏

“Shadow(阴影)”卷展栏的参数命令如图5-49所示。

Cast Shadows：设置灯光是否投射阴影。

Atmospheric Shadows：设置灯光是否投射大气阴影。

Color：设置阴影的颜色。

Density：设置阴影的密度值。

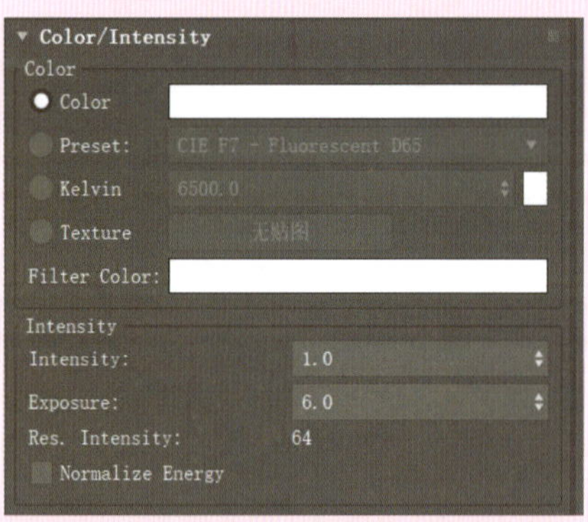

图 5-47

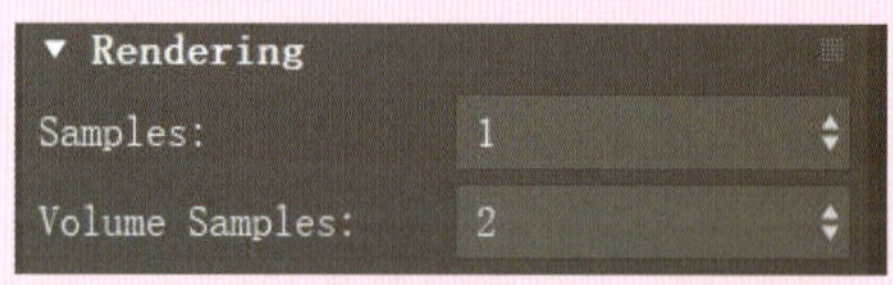

图 5-48

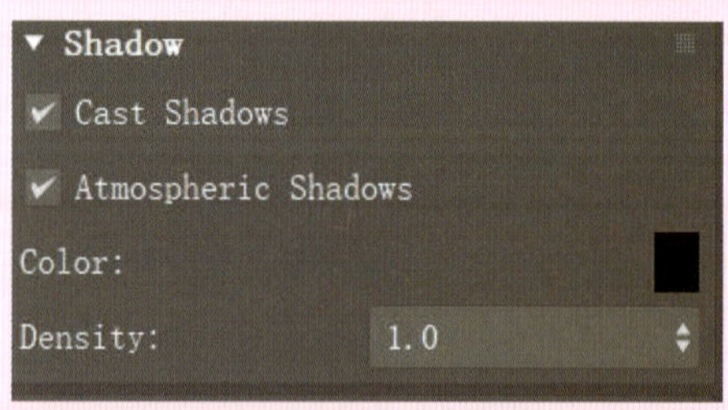

图 5-49

下面通过一个实例来介绍Arnold灯光的使用方法。

01 分别单击“创建”面板中的“圆柱体”按钮和“平面”按钮，在场景中创建一个圆柱体模型和一个平面模型，如图5-50所示。

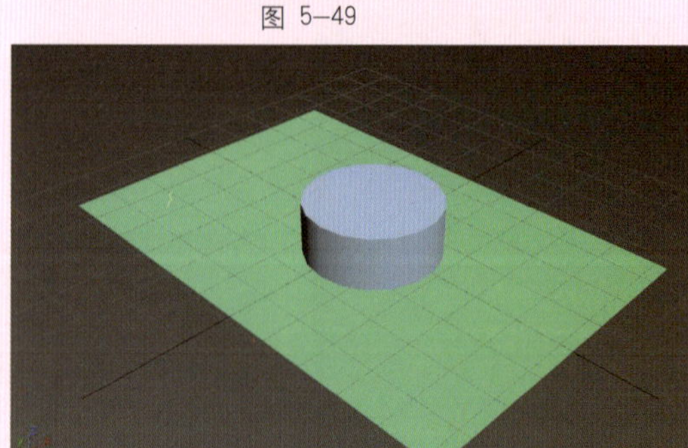

图 5-50

02 单击“创建”面板中的“Arnold”按钮，在前视图中创建一个“Arnold Light”灯光，如图5-51所示。在“修改”面板中，展开“Color/Intensity”卷展栏，设置“Intensity”值为20，设置“Exposure”值为10，如图5-52所示。在“Shape”卷展栏中，设置“Type”选项为“Sport”，如图5-53所示。

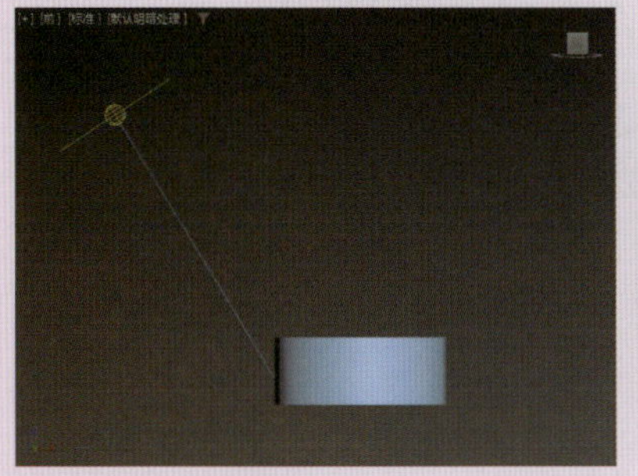

图 5-51

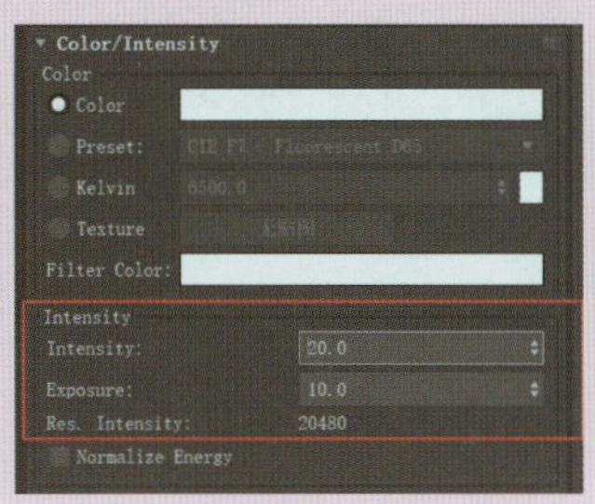

图 5-52

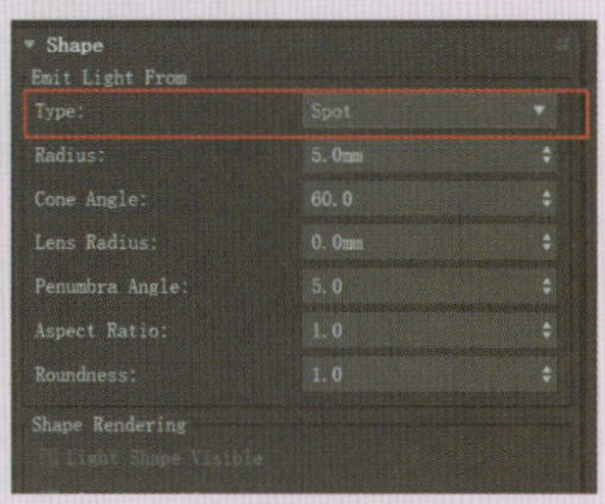

图 5-53

03 单击视图，按F9键进行渲染，最终效果如图5-54所示。

图 5-54

5.4.2 利用Arnold灯光制作台灯

01 打开本书配套资源中的“Chapter 5/场景文件/利用Arnold灯光制作台灯照明效果.max”文件，在“创建”面板中单击“灯光”，选择“灯光类型”为“Arnold”，接着单击“Arnold Light”按钮，在场中创建一个“Arnold”灯光，位置如图5-55所示。

微课：利用Arnold灯光制作台灯照明效果

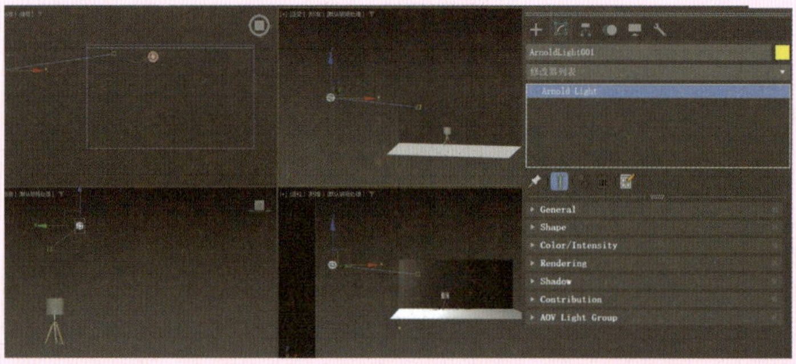

图 5-55

02 在“修改”面板中，展开“Shape”卷展栏，设置“Quad X”的值为120，“Quad Y”的值为180，如图5-56所示。

03 展开“Color/Intensity”卷展栏，设置“Intensity”值为15，“Exposure”的值为9，如图5-57所示。

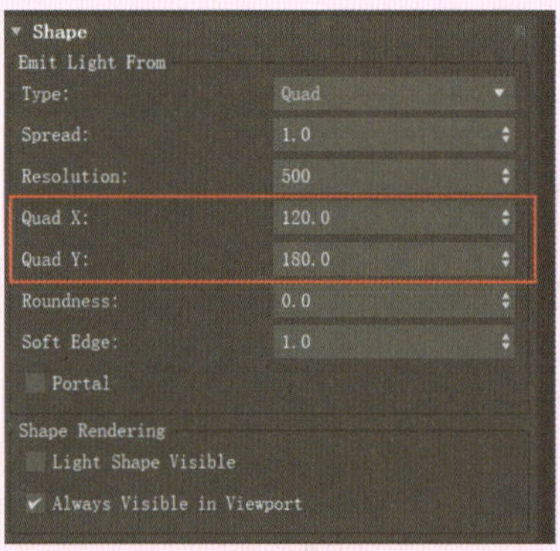

图 5-56

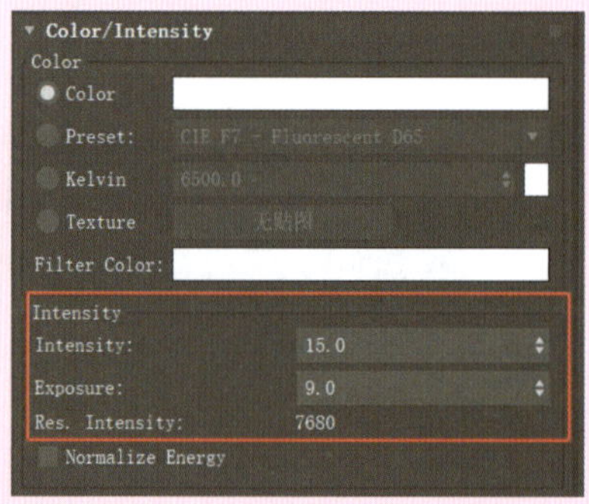

图 5-57

04 设置完灯光后，按F9键渲染当前场景，如图5-58所示。

05 继续创建Arnold灯光，位置如图5-59所示。

图 5-58

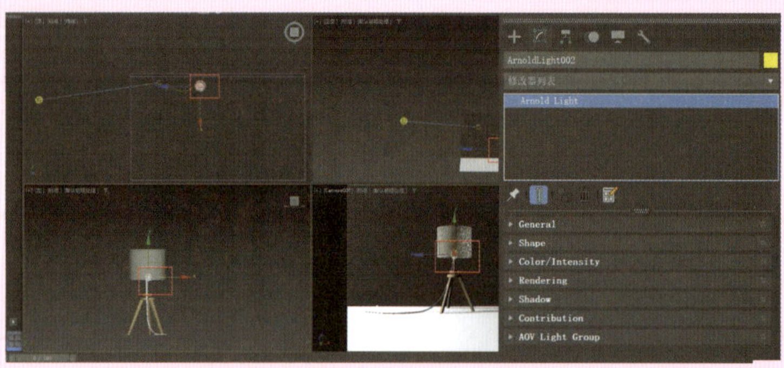

图 5-59

06 在“修改”面板中，展开“Shape”卷展栏，设置“Type”为“Point”，“Radius”的值为7.0，如图5-60所示。

07 展开“Color/Intensity”卷展栏，在“Color”选项组中将“Kelvin”值设置为2500，设置“Intensity”值为4，“Exposure”的值为8，如图5-61所示。

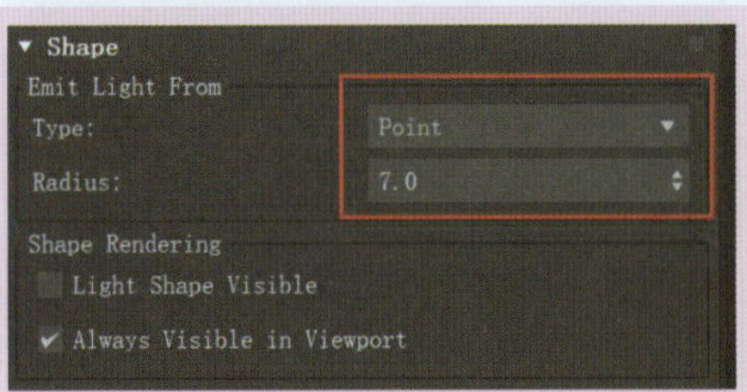

图 5-60

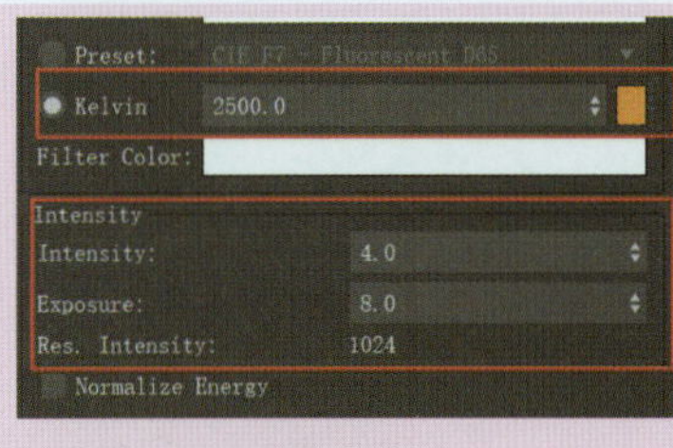

图 5-61

08 按F9键进行渲染，最终结果如图5-62所示。

图 5-62

5.5 知识与技能梳理

为了使场景更加真实，需要增加灯光来突出空间层次感和纵深感,通过不同的光产生不同的情调。

- 重要工具：光度学灯光、标准灯光、Arnold灯光。
- 核心技术：不同场景灯光的运用。
- 实际运用：通过灯光营造气氛。

5.6 课后练习

一、选择题（共4题），请扫描二维码进入即测即评。

5.6 课后练习

1. 下列不属于3ds Max中默认灯光类型的是（　　）。
   A.泛光　　B.目标聚光灯　　C.自由聚光灯　　D.Brazil
2. 火焰、雾、光学特效效果可以在（　　）中正常渲染。
   A.顶视图　　B.前视图　　C.摄影机视图　　D.左视图
3. 下列灯光中，不能控制发光范围的是（　　）。
   A.泛光灯　　B.聚光灯　　C.直射灯　　D.天光
4. 灯光的（　　）参数可以用来柔化漫反射的边界。
   A.漫反射　　B.柔化边　　C.过渡区　　D.近距衰减

二、简答题

1. 3ds Max的标准灯光有哪些?
2. 简要举例说明灯光的使用。

Chapter 6

渲染

渲染可以将创建好的场景生成单帧或序列帧图片。场景中的灯光、材质和各种效果等都会直观地展现在渲染的图片上。合适的渲染参数不仅可以得到质量较高的渲染效果，还可以尽量减少渲染时间，这在实际工作中非常重要。

学习要求	知识点	学习目标			
		了解	掌握	应用	重点知识
	渲染的基本常识			🚩	
	渲染的基本参数				🚩
	扫描线渲染器	🚩			
	VRay渲染器		🚩		

能力与素养目标

6.1 渲染的基本常识

渲染的重要性不言而喻，即使有良好的光照、精美的材质，如果没有合理的渲染参数，依然得不到优秀的渲染作品。渲染可以表现出真实的光影效果（如白天、夜晚等）和不同的物体质感（如金属、玻璃、陶瓷、布料等）。

6.1.1 渲染的定义

使用3ds Max创作作品时，一般按照“建模→布置灯光→赋予材质→渲染出图”这个基本的步骤进行，渲染是其中最后一道工序。渲染通过复杂的运算将虚拟的三维场景投射到二维的平面上，用户需要对渲染器进行一系列设置，渲染器需要经过一定时间的运算才能输出结果，对场景渲染后的效果如图6-1所示。

通常所说的渲染指的是在“渲染设置”面板中，通过调整参数来控制最终图像的照明程度、计算时间、图像质量等综合因素，让计算机在一个合理的时间内计算出令人满意的图像。这些参数的设置就是渲染的过程。

图 6-1

6.1.2 渲染的目的

生活中，人们所看到的都是带有真实材质、真实灯光的渲染文件，而不是3ds Max文件，因此模型在渲染输出后才可以在各种媒介上使用。

对于渲染，不要单纯地追求高参数和高质量。虽说参数越高质量越高，但前提是颜色、风格、空间等搭配也要合理，否则，高质量的参数也渲染不出漂亮的效果。另外，商业效果图追求的不仅仅是质量，还要满足速度与质量的平衡，即在有限的时间内渲染出满足商业需求的效果图。

6.2 渲染的基本参数

3ds Max提供了多种渲染器以供用户使用，同时还允许用户安装第三方软件生产商提供的渲染器插件。通过各类渲染参数的设置可以还原真实世界的各种材质与光线，渲染出真实感。

6.2.1 渲染器类型

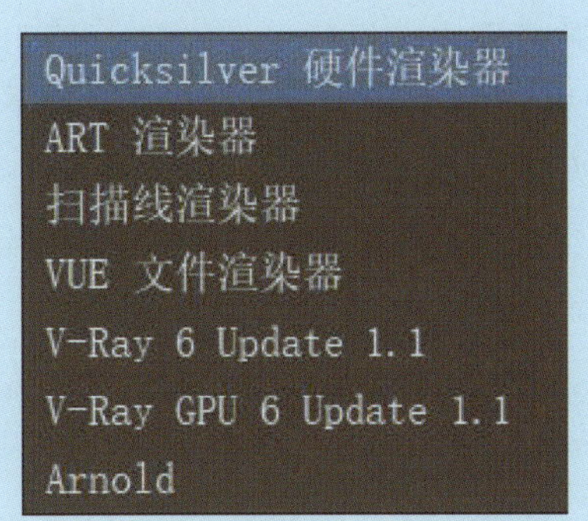

图 6–2

3ds Max的渲染器类型很多，截至3ds Max 2024版本已经做了多次更新，目前包括扫描线渲染器、Arnold渲染器、ART渲染器、Quicksilver硬件渲染器、VUE文件渲染器5种，可以在“渲染设置”面板中进行选择，如图6–2所示。此外，用户还可以使用外置的渲染器插件，比如VRay渲染器、Brazil渲染器等。

扫描线渲染器：扫描线渲染器是3ds Max默认的渲染器，它是一种多功能渲染器，可以将场景渲染为从上到下生成的一系列扫描线。该渲染器的渲染速度是最高的，但是真实度一般。

Arnold渲染器：Arnold渲染器是一款高级的、跨平台的渲染器，与传统用于CG动画的扫描线渲染器不同，它是照片级的光线追踪渲染器，是基于物理算法的电影级别渲染引擎。

Quicksilver硬件渲染器：Quicksilver硬件渲染器使用图形硬件进行渲染。Quicksilver硬件渲染器的优点是它的速度高，默认提供快速渲染功能。

VUE文件渲染器：VUE文件渲染器可以创建VUE（.vue）文件。VUE文件使用可编辑ASCII码格式。

VRay渲染器：VRay渲染器是渲染效果相对比较好的渲染器，是本书重点讲解的渲染器。

6.2.2 渲染工具

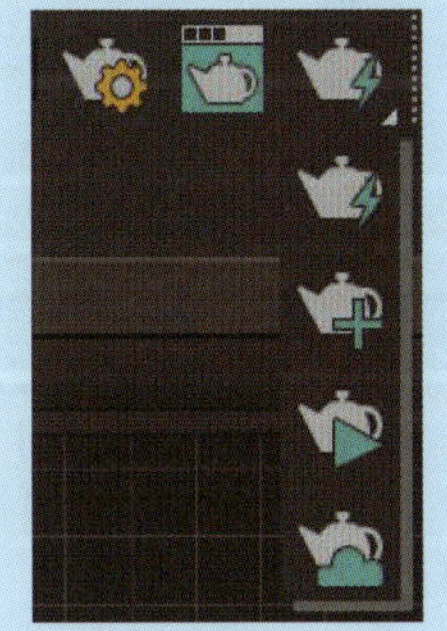

图 6–3

3ds Max 2024在主工具栏右侧提供了多个渲染工具，如图6–3所示。以下对重要工具进行说明。

渲染设置：该命令是最标准的渲染命令，单击该按钮会弹出“渲染设置”对话框，以便进行各项渲染设置。执行“渲染”→“渲染设置”菜单命令与使用此工具的结果相同。对一个新的场景进行渲染时，应首先使用此工具进行参数设置。之后渲染相同场景时可以使用另外几个工具直接渲染，不用再进行设置。

渲染帧窗口：“渲染帧窗口”是一个用于显示渲染输出的窗口，单击该按钮可以打开“渲染帧窗口”对话框。在此对话框中可以选择渲染区域、切换通道和存储渲染图像等。

渲染产品：根据“渲染设置”对话框中的输出设置，进行产品级别的快速渲染，单击该按钮即进入渲染状态。

渲染迭代：可在迭代模式下渲染场景，是一种快速渲染工具。其在现有图像上进行更新，主要用于最终聚集、反射或其他特定对象的更改调试。迭代渲染会忽略文件输出、网络渲染、多帧渲染、导出到MI文件以及电子邮件通知。

ActiveShade：可以提供交互式渲染会话，使用户在工作时看到接近最终渲染质量的场景。即每次调整灯光、几何体、摄影机或材质时，ActiveShade都会交互式地更新渲染。用户可以直接在视图中使用ActiveShade，也可以在一个单独的浮动窗口中使用。要使用ActiveShade，必须使用Nitrous驱动程序，因为旧版驱动程序不被支持。一次只能在一个窗口或视图中显示ActiveShade。

在线渲染：将设置好的场景上传到云端进行渲染。

6.3 扫描线渲染器

按F10键打开“渲染设置”对话框，在“渲染设置”对话框的标题栏上可查看当前场景文件所使用的渲染器名称，如图6-4所示。

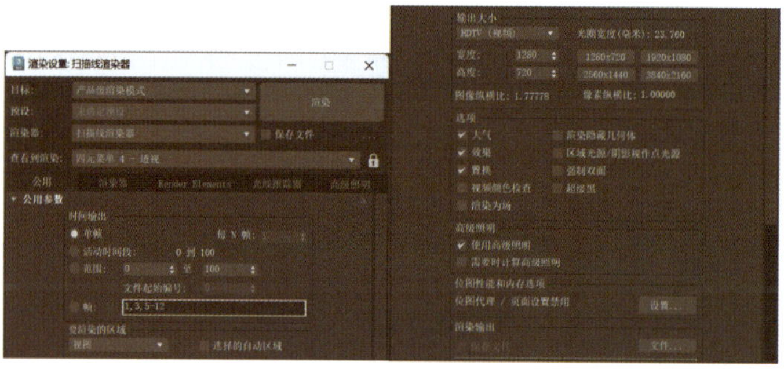

图 6-4

技巧 提示

“渲染设置”对话框中包含“公用”Render Elements“”渲染器“”光线追踪器“”高级照明“五个选项卡，如图6-4所示。一般情况下不会用到该渲染器，因为其渲染质量不高，并且渲染参数也特别复杂，因此这里不讲解其参数。

6.3.1 渲染帧窗口

单击“渲染帧窗口”按钮，会弹出“渲染帧窗口”对话框，下面详细介绍该对话框的用法。

1．“渲染控制”区域

“渲染帧窗口”分为“渲染控制”和“工具栏”两大部分。其中，“渲染控制”区域如图6-5所示。

图 6-5

要渲染的区域：该下拉列表框提供可用的“要渲染的区域”选项，共有视图、选定、区域、裁剪、放大5个选项可选。

编辑区域：启用对区域窗口的操纵。拖动控制柄可重新调整大小，通过在窗口中拖动可进行移动。当将“要渲染的区域”设置为“区域”时，用户既可以在“渲染帧窗口”中编辑该区域，也可在活动视图中编辑该区域，如图6-6所示。

图 6-6

自动选定对象区域：启用该选项之后，会将“区域”“裁剪”“放大”区域自动设置为当前选择。该自动区域会在渲染时被计算，并且不会覆盖用户可编辑区域。

渲染设置：单击该按钮可以打开“渲染设置”对话框。

环境和效果对话框（曝光控制）：在“环境和效果”对话框中打开“环境”面板。

产品级/迭代：选定“产品级”模式会使用“渲染帧窗口”“渲染设置”等选项中的所有设置进行渲染；选定“迭代”模式会忽略网络渲染、多帧渲染、文件输出、导出至MI文件以及电子邮件通知，但在使用扫描线渲染器时，会使“渲染帧窗口”的其余部分完好保留。

2.“工具栏”区域

“渲染帧窗口”的“工具栏”如图6-7所示。

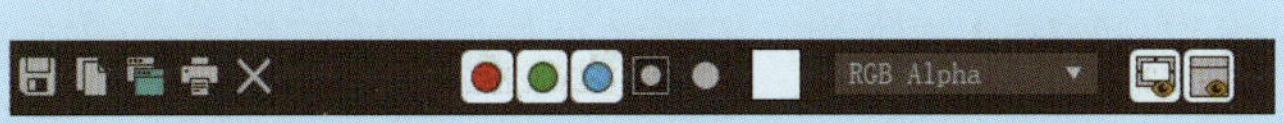

图 6-7

保存图像按钮：用于保存在渲染帧窗口中显示的渲染图像。

复制图像按钮：将渲染图像的可见部分的精确副本放置在Windows剪贴板上，以便粘贴到绘制程序或位图编辑软件中。图像始终按当前显示状态复制，因此，如果启用了单色按钮，则复制的数据由8位灰度位图组成。

克隆渲染帧窗口按钮：创建另一个包含所显示图像的窗口。可以将一个图像渲染到“渲染帧窗口”，然后将其与上一个克隆的图像进行比较。

打印图像按钮：将渲染图像发送至Windows中的默认打印机。

清除按钮：清除“渲染帧窗口”中的图像。

启用红色通道按钮：显示渲染图像的红色通道。禁用该选项后，红色通道将不会显示，如图6-8所示。

启用绿色通道按钮：显示渲染图像的绿色通道。禁用该选项后，绿色通道将不会显示，如图6-9所示。

启用蓝色通道按钮：显示渲染图像的蓝色通道。禁用该选项后，蓝色通道将不会显示，如图6-10所示。

图 6-8

图 6-9

图 6-10

显示Alpha通道按钮：显示图像的Alpha通道。

单色按钮：显示渲染图像的8位灰度。

色样按钮：存储上次右击的像素的颜色值。

切换UI叠加按钮：启用时，如果“区域”“裁剪”“放大”区域中有任意一个选项处于活动状态，则会显示表示相应区域的帧。

切换UI按钮：启用时，所有控件均可使用。如果要简化对话框界面并且使该界面占据较小的空间，可以禁用此选项。

6.3.2 利用扫描线渲染器渲染沙发

扫描线渲染器是3ds Max的默认渲染器，用户较少使用，下面重点介绍渲染过程。

01 打开本书配套资源中的“Chapter 6/场景文件/利用扫描线渲染器渲染沙发.max”场景文件，如图6-11所示。

微课：利用扫描线渲染器渲染沙发

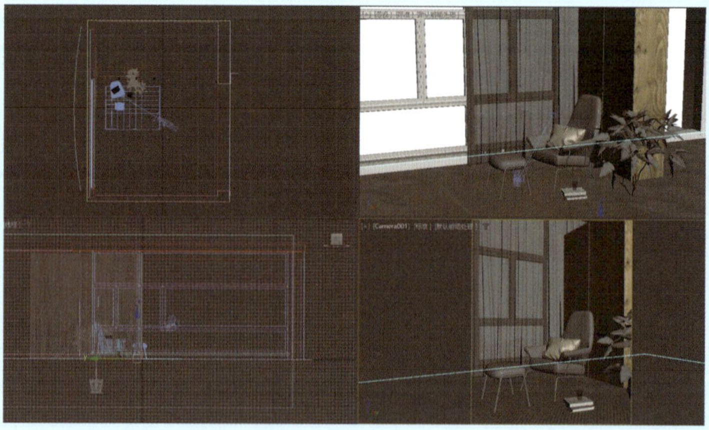

图 6-11

02 按M键打开“材质编辑器”对话框，然后选择一个空白材质球，单击“Standard”按钮，在弹出的“材质/贴图浏览器”面板中选择“VRayMtl”，如图6-12所示。

03 在“漫反射”后面加载“混合”通道，再在“颜色　1”通道后面加载“混合”通道，如图6-13所示。

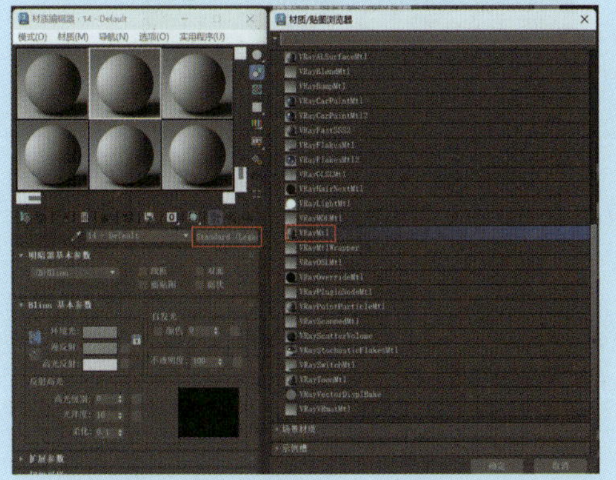

图 6-12

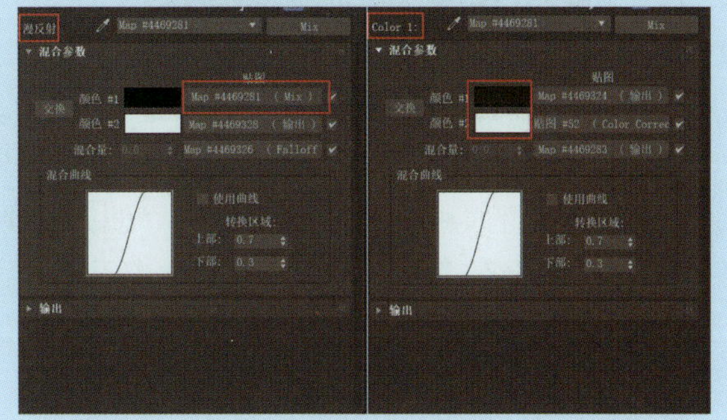

图 6-13

04 设置“颜色　1”颜色为（R：49，G：38，B：31），在“颜色1”通道后面加载“输出”通道，在“输出参数”卷展栏的“贴图”后加载“沙发.jpg”位图通道，如图6-14所示。

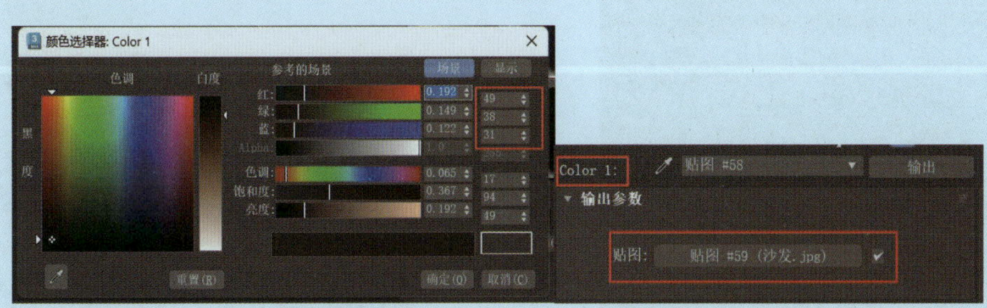

图 6-14

05 在“漫反射”后面的“混合”通道里的“颜色2”后面加载“输出”通道，在“输出参数”卷展栏的“贴图”后加载“沙发.jpg”位图通道，如图6-15所示。

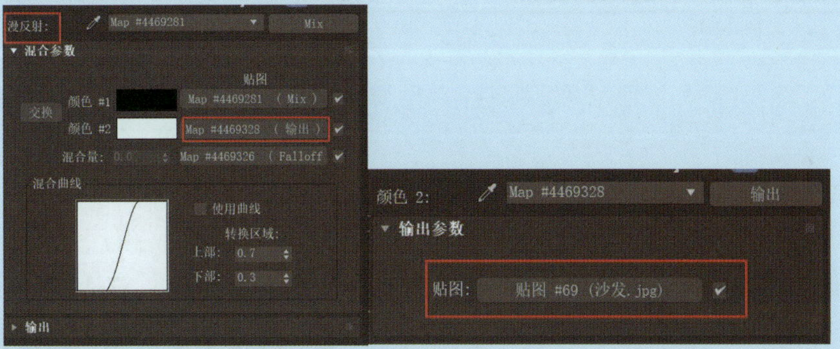

图 6-15

06 在“漫反射”后面的“混合”通道里的“混合量”中加载“衰减”的贴图通道，如图6-16所示。

07 在“凹凸”后面的“位图参数”卷展栏下加载“沙发.jpg”位图通道，如图6-17所示。

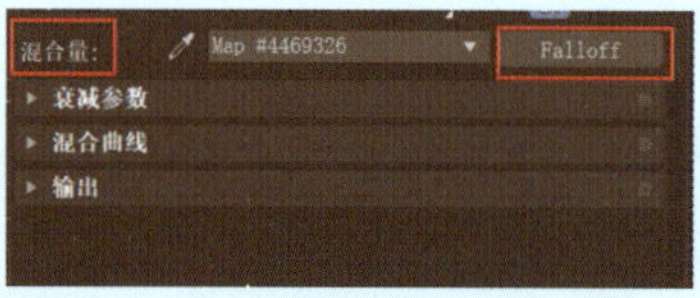

图 6-16

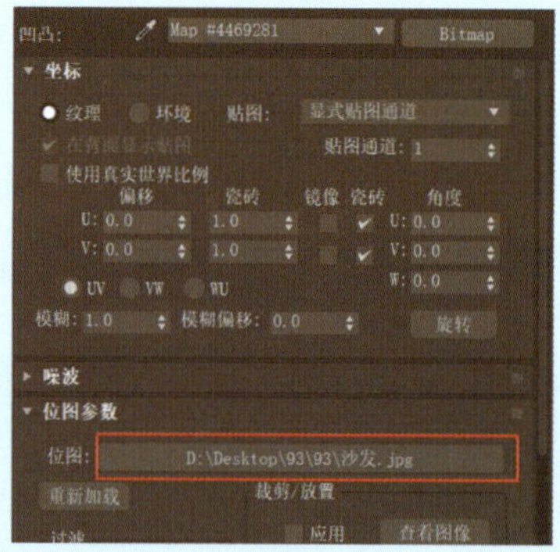

图 6-17

08 将材质赋予模型，并按F10键打开“渲染设置”对话框，然后设置渲染器类型为“扫描线渲染器”，接着在“公用参数”卷展栏中设置“宽度”为1200，“高度”为1500，最后单击“图像纵横比”选项后面的“锁定”按钮，如图6-18所示。

09 按F9键渲染当前场景，效果如图6-19所示。

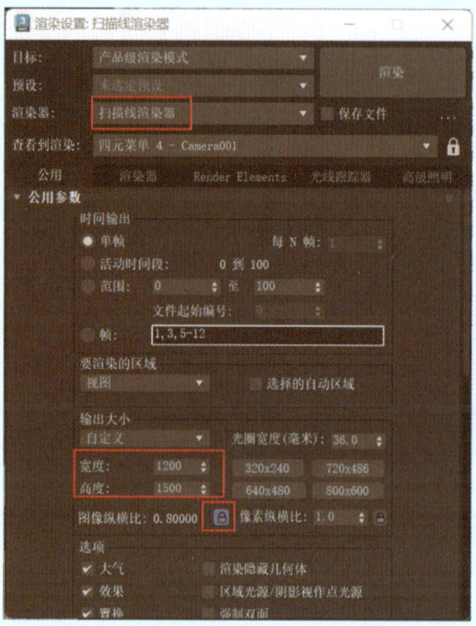

图 6-18

图 6-19

6.4 VRay渲染器

VRay渲染器以插件的形式应用在3ds Max、Maya、SketchUp等软件中，由于VRay渲染器能够真实地模拟现实场景，操作简单方便，可控性较强，被广泛地应用于建筑表现、装饰设计、动画制作等领域中。按F10键，打开“渲染设置”对话框。在“公用”选项卡下展开“指定渲染器”卷展栏，在“产品级”选项后单击下拉列表框。在弹出的“选择渲染器”对话框中选择“V-Ray 6 Update 1.1”，如图6-20所示单击“确定”按钮即可完成指定渲染器的操作。

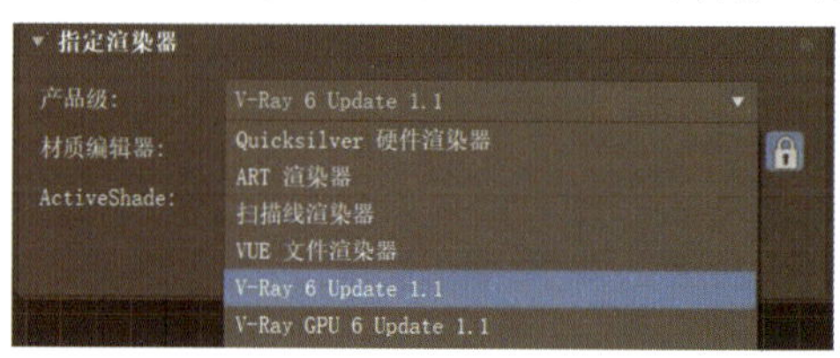

图 6-20

6.4.1 渲染设置

“VRay渲染设置”对话框中主要包括“公用”“V-Ray”“GI”“设置”“Render Elements”共5个选项卡，各个选项卡中又包含了多个参数卷展栏。“公用”选项卡中的参数适用于所有渲染器，分为“公用参数”“电子邮件通知”“脚本”“指定渲染器”4个卷展栏，主要包括单帧/多帧渲染、调整图像大小、控制图像输出和指定渲染器等基本功能，如图6-21所示。

1．“公用参数”卷展栏

“公用参数”卷展栏可以设置渲染的帧数、大小、效果选项、保存文件等参数，这些设置对于各种渲染器都是通用的，如图6-22所示。下面介绍该卷展栏中常用参数的含义。

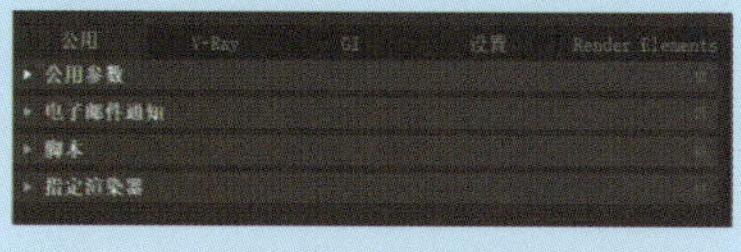

图 6-21

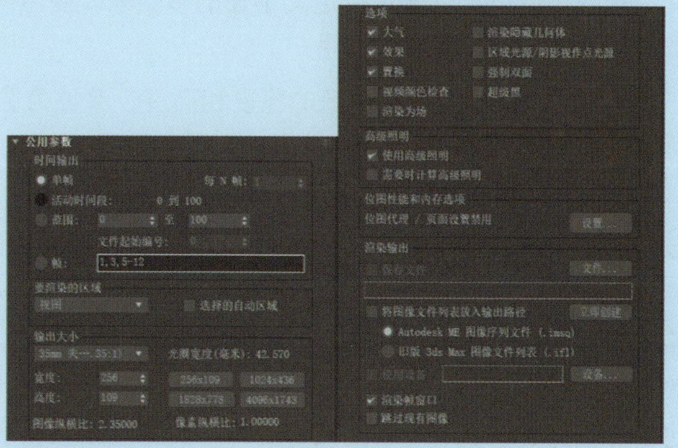

图 6-22

要渲染的区域：该选项组的参数主要用于设置被渲染区域，如图6-23所示。其下拉列表框提供了5种不同的渲染类别，主要用于控制渲染图像的尺寸和内容，其中“视图”对当前激活视图的全部内容进行渲染，是默认的渲染类型。“选定对象”只对当前激活视图中选择的对象进行渲染。

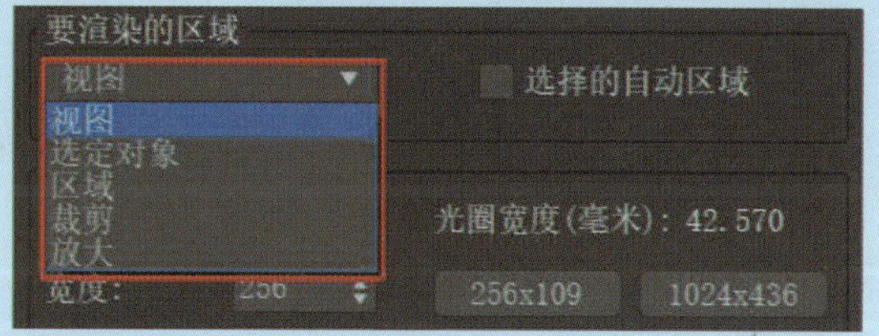

图 6-23

以图6-24所示的渲染场景为例，假如客户想用新模型替换茶壶，读者可能会重新渲染，但重新渲染整张图过于浪费时间。这时可以将“要渲染的区域”设置为“区域”，视图中会出现选框，如图6-25所示，用户可以自由调整选框的位置、大小，然后再次渲染，系统只会渲染选框的部分，这样就大大节省了渲染时间。

图 6-24

图 6-25

技巧 提示

这种方法只适用于换一些小对象或只有小面积的对象改动的特定情况。如果对象过大，例如，换一个大沙发，渲染的效果绝对是有问题的，换掉的模型会影响对象周围的灯光原色和反射颜色等。因此，如果要更换场景内的大对象，只能重新渲染全图。

选择的自动区域：勾选此项后，如果“要渲染的区域”设置为“区域”“裁剪”或“放大”，那么渲染的区域会自动定义为选中的对象。

尺寸类型：该下拉列表框中提供了几个标准的电影和视频分辨率以及纵横比。默认为“自定义”尺寸类型，可以通过自定义下面的参数来改变渲染尺寸。3ds Max还提供了其他的固定尺寸类型，以方便有特殊要求的用户。

宽度/高度：分别设置图像的宽度和高度，单位为像素，可以直接输入数值或调节微调器，也可以从右侧的4种固定尺寸中选择。

固定尺寸：直接定义尺寸。3ds Max提供了4个固定尺寸按钮，用户也可以重新定义，在任意按钮上右击，会弹出“配置预设”对话框，在该对话框中可以重新设置固定尺寸。

图像纵横比：设置图像长度和宽度的比例，当长宽值被指定后，图像纵横比的值也会自动计算出来。图像纵横比为“长度/宽度”。在“自定义”尺寸类型下，该参数可以调节，纵横比的改变会影响高度值；如果按下右侧的锁定按钮，则会固定图像的纵横比，这时对长度值的调节也会影响宽度值；对于已定义好的尺寸类型，图像纵横比被固定，不可调节。

像素纵横比：为其他的显示设备设置像素的形状。有时渲染后的图像在其他显示设备上可能会发生挤压变形，这时可以通过调整像素纵横比的值来修正。如果选择了已定义好的其他尺寸类型，像素纵横比将变为固定值。如果按下右侧的锁定按钮，将会固定图像的像素纵横比。

光圈宽度(毫米)：针对当前摄影机视图的摄影机设置，确定渲染输出的光圈宽度，光圈宽度的变化将改变摄影机的镜头值，同时也定义了镜头与视野参数之间的相对关系，但不会影响摄影机视图中的观看效果。如果选择了已定义的其他尺寸类型，光圈宽度将变为固定值。

大气：是否对场景中的大气效果进行渲染处理，如雾、体积光。

效果：是否对场景设置的特殊效果进行渲染，如镜头效果。

置换：是否对场景中的置换贴图进行渲染计算。

渲染为场：当为电视创建动画时，设定渲染到电视的场扫描，而不是帧。如果将来要将作品输出到电视，必须考虑是否要将此项开启，否则画面可能会出现抖动现象。

渲染隐藏几何体：勾选后，将会对场景中的所有对象进行渲染，包括被隐藏的对象。

强制双面：对对象内外表面都进行渲染，这样虽然会降低渲染速度，但能够避免法线错误造成的不正确表面渲染。如果发现有法线异常的错误（镂空面，闪烁面），最简单的解决方法就是勾选这个选项。

使用高级照明：勾选此项，3ds Max将会调用高级照明系统进行渲染。默认情况是打开的，因为高级照明系统有单独的启用开关，所以如果启用开关没有打开，即使勾选了这个选项也没有作用，不会影响正常的渲染速度。若需要暂时在渲染时关闭高级照明，只要取消勾选该选项即可，不需要关闭高级照明系统的启用开关，这样做的原因是不会改变已经调节好的高级照明参数。

需要时计算高级照明：勾选此项可以判断是否需要重复进行高级照明的光线分布计算，该选项默认是禁用的，表示不进行判断，每帧都进行高级照明的光线分布计算。这样的设置对于静帧没有影响，对于动画来说就有些浪费，因为对于没有对象和灯光的动画，不必进行逐帧的光线分布计算，这样可以节省大量的渲染时间。

保存文件：设置渲染后文件的保存方式，通过“文件”按钮设置要输出的文件名称和格式。一般包括两种文件类型，一种是静帧图像，另一种是动画文件。对于广播级录像带或电影，一般都要求逐帧地输出静态图像。选择文件格式后，输入文件名，系统会自动为其添加0001、0002等序列后缀名称。

文件：单击该按钮可以打开“渲染输出文件”面板，该面板用于指定输出文件的名称、格式与保存路径等。

设备：用于选择视频硬件的输出设置，以便进行输出操作。

渲染帧窗口：设置是否在渲染帧窗口中输出渲染结果。

跳过现有图像：如果发现存在与渲染图像名称相同的文件，该功能可以保留原来的文件而不进行覆盖。

2．“电子邮件通知”卷展栏

“电子邮件通知”功能可以在渲染结束后，通过发送电子邮件到指定邮箱来通知用户，如图6-26所示，在执行诸如动画渲染之类的大型渲染任务时非常有效。

3．“脚本”卷展栏

使用“脚本”卷展栏可以指定在渲染之前和之后要运行的脚本。每个脚本在当前场景的整个渲染作业开始或结束时执行一次；这些脚本不会逐帧运行。“脚本”卷展栏如图6-27所示。

4．“指定渲染器”卷展栏

通过“指定渲染器”卷展栏可以方便地进行渲染器的更换，如图6-28所示。在渲染器列表中选择一个渲染器，即可修改。

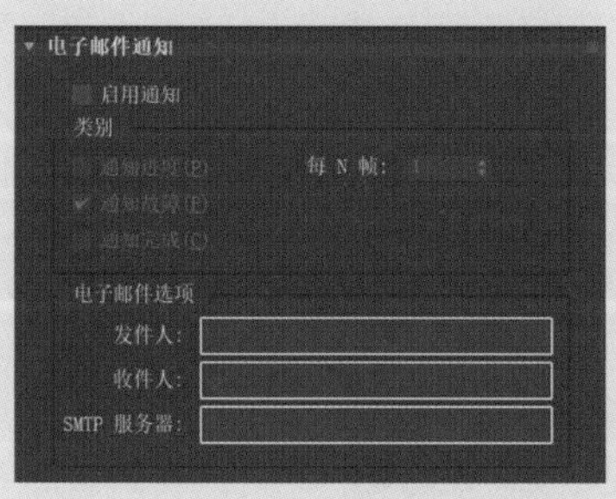

图 6-26

图 6-27

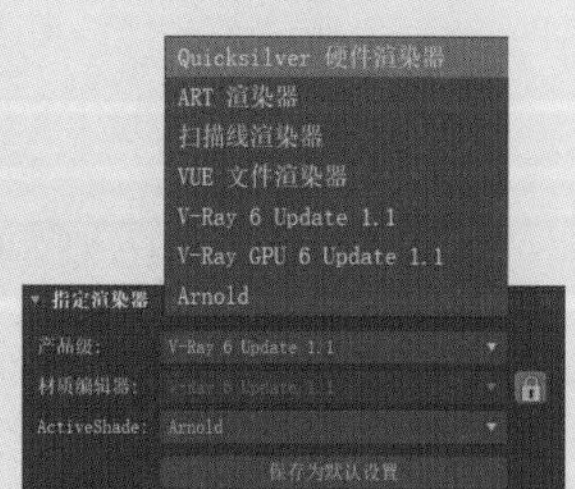

图 6-28

材质编辑器：用于渲染“材质编辑器”中样本窗口的渲染器。当右侧的按钮处于启用状态时，将锁定“材质编辑器”和“产品级”使用相同的渲染器，默认设置为启用。

ActiveShade 动态着色：设置动态着色窗口使用的渲染器。在3ds Max自带的渲染器中，只有扫描线渲染器可以用于动态着色视图渲染。

6.4.2 “V-Ray”选项卡

“V-Ray”选项卡中主要包含“帧缓存”“全局开关”“IPR选项”“图像采样器（抗锯齿）”“小块式图像采样器”“图像过滤器”“环境”“颜色映射”“摄影机”共九个卷展栏，如图6-29所示。接下来讲解几种常用的卷展栏。

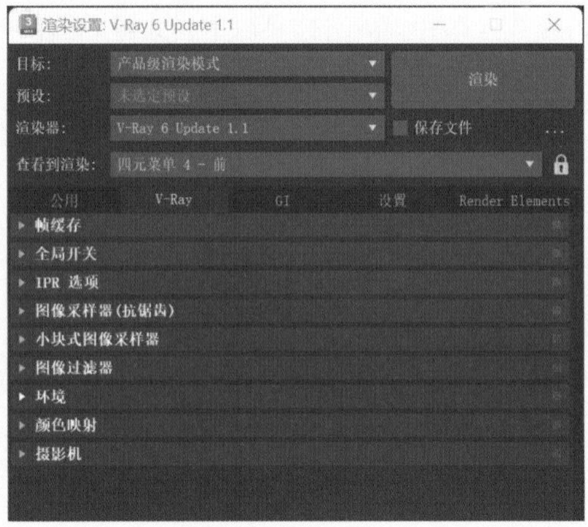

图 6-29

1. “帧缓存”卷展栏

“帧缓存”卷展栏中的参数用来设置VRay自身的图形帧渲染窗口，如设置渲染图像的大小，或者保存渲染图像等，如图6-30所示。

启用内置帧缓存：可使用VRay自身的渲染窗口。

内存帧缓存：勾选该复选框后，可将图像渲染到内存，再由帧缓冲区窗口显示出来，从而方便用户观察渲染过程。

从Max获取分辨率：勾选该复选框后，将从“渲染设置”对话框的“公用”选项卡的“输出大小”选项组中获取渲染尺寸。

图像宽高比：控制渲染图像的宽高比。

宽度/高度：设置像素的宽度及高度。

2. “全局开关”卷展栏

“全局开关”卷展栏下的参数用于对场景中灯光、材质、置换等进行全局设置，例如是否使用默认灯光，是否开启阴影等，如图6-31所示。

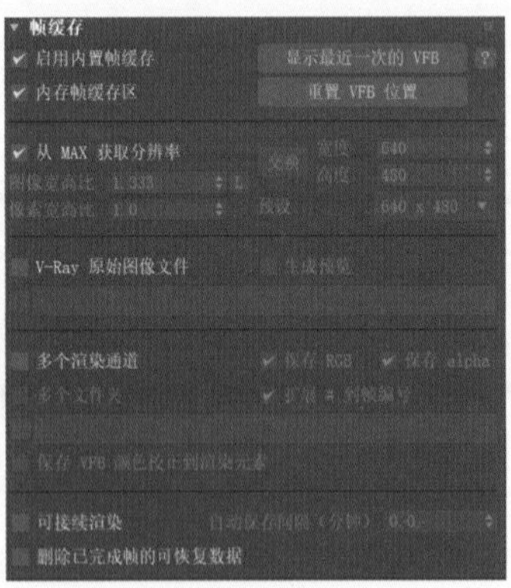

图 6-30

图 6-31

置换：控制是否开启场景中的置换效果。

灯光：控制是否开启场景中的光照效果。当禁用该选项的时候，场景中放置的灯光将不起作用。

隐藏灯光：控制是否让隐藏的灯光产生光照。这个选项方便调节场景中的光照。

默认灯光：在关闭灯光的情况下可以控制默认灯光的开关。

覆盖深度：控制整个场景中的反射、折射的最大深度，后面输入框的数值表示反射、折射的次数。

光泽效果：是否开启反射或折射模糊效果。

材质覆盖：当在后面的通道中设置了一个材质后，场景中所有的物体都将使用该材质进行渲染。

3. “图像采样器（抗锯齿）”卷展栏

抗锯齿在渲染设置中是一个必须调整的参数，其数值的大小决定了图像的渲染效果和时间，其只作用于场景物体的图像和物体的边缘精准度，参数如图6-32所示。

类型：设置图像采样器的类型，包括“渐进式”和“小块式”两种。

最小着色比率：只影响三射线，提高最小着色速率可以增加阴影、折射模糊、反射模糊的精度，推荐使用的数值范围为1～6。

4. “环境”卷展栏

“环境”卷展栏分为“GI环境”“反射/折射环境”“折射环境”和“次级遮罩环境”四个选项组，如图6-33所示。

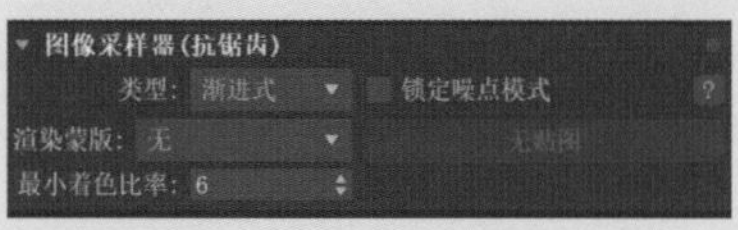

图 6-32

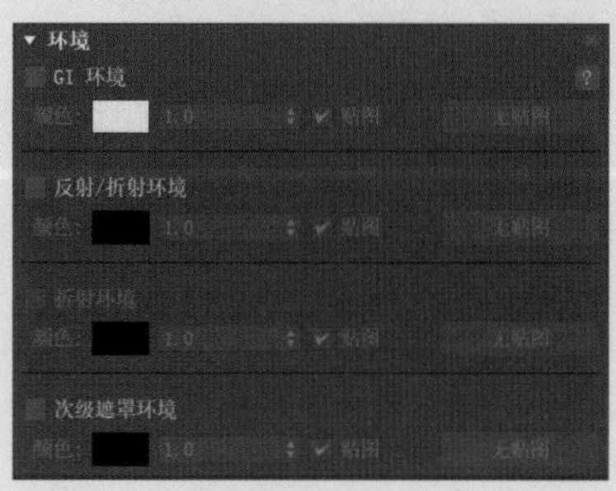

图 6-33

GI环境：开启或关闭GI环境覆盖，并设置环境颜色、颜色强度，也可以使用纹理贴图覆盖颜色。

反射/折射环境：在反射/折射计算过程中使用指定的颜色或纹理贴图。

折射环境：使用折射环境覆盖。

次级遮罩环境：将指定的颜色和纹理用于反射/折射中可见的遮罩物体。

6.4.3 “GI”选项卡

GI（全局照明）是VRay渲染器一个很重要的部分，它可以打开或关闭全局光效果。全局光照引擎也是在该选项卡中选择。不同的场景材质对应不同的运算引擎，正确设置引擎可以使全局光的计算速度更加合理，使渲染效果更加出色，如图6-34所示。

启用GI：控制全局照明的开、关和反射的引擎。“首次引擎”设置首次反射的GI引擎，包括“发光图”“光子图”“BF算法”“灯光缓存”4种。“二次引擎”设置二次反射的GI引擎，包括“无”（表示不使用引擎）、“光子图”“BF算法”“灯光缓存”4种。

技巧 提示

在真实世界中，光线具有反射效果，而且反射效果一次比一次减弱。在VRay渲染器中，全局照明有“首次引擎”和“二次引擎”两项设置，分别用来设置直接照明的反射引擎和全局照明的反射引擎，但这并不是说光线只反射两次。“首次引擎”可以理解为直接照明的反射，光线照射到A物体后反射到B物体，B物体所接收到的光就是“首次引擎”，B物体再将光线反射到C物体，C物体再将光线反射到D物体……，C物体及以后的物体所得到的光就是“二次引擎”。

焦散：该卷展栏用于控制焦散效果，在VRay渲染器中产生焦散的条件包括必须有物体被设置为产生和接收焦散，要有灯光，且物体要被指定反射或折射材质，如图6-35所示。

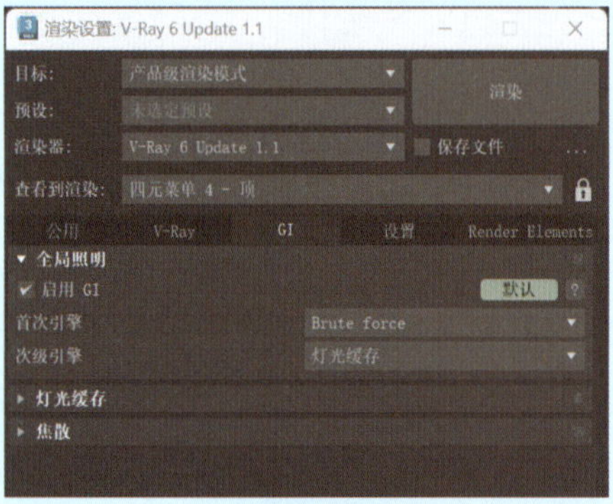

图 6-34

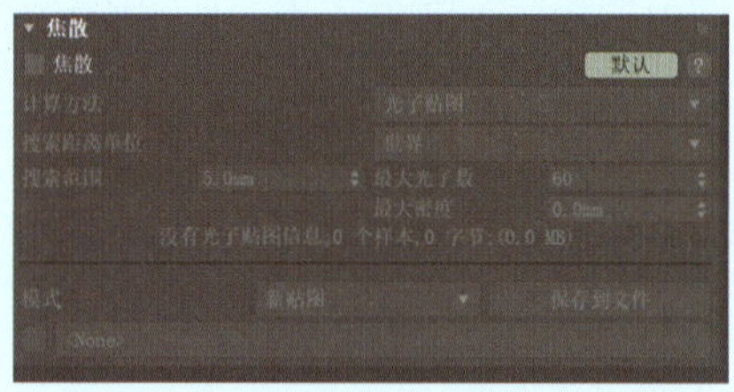

图 6-35

6.4.4 渲染技术实例运用

介绍完VRay渲染器的重要参数以后，下面以一个综合实例来详细讲解其渲染参数的设置方法。

1. 区域渲染

区域渲染是一个非常实用的渲染技巧。当某处对象渲染出错后，可以通过区域渲染只渲染修改的对象而不用渲染整张大图，然后在Photoshop中拼合即可。某些情况下，大图没有渲染完，但必须先停止渲染，然后框选出没有渲染的部分进行区域渲染，最后在Photoshop中将两次渲染的图片拼合。

01 打开本书配套资源中的“Chapter 6/场景文件/厨房空间日景效果表现.max”文件，如图6-36所示。

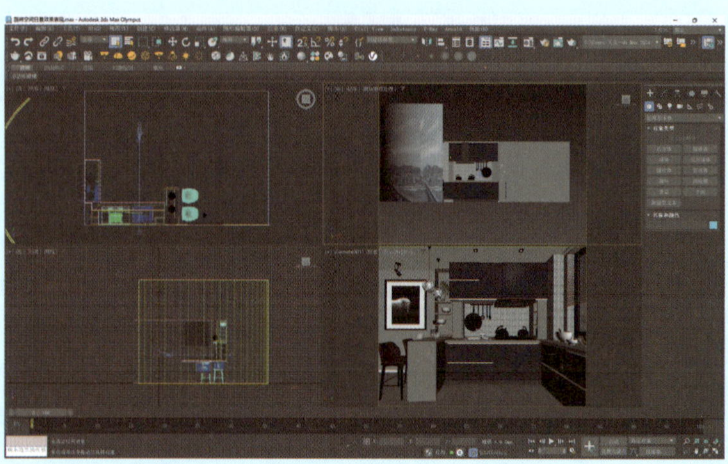

图 6-36

02 打开“渲染帧窗口”对话框，然后将“要渲染的区域”设置为“区域”，接着使用鼠标在视图中框选出需要单独渲染的部分，如图6-37和图6-38所示。

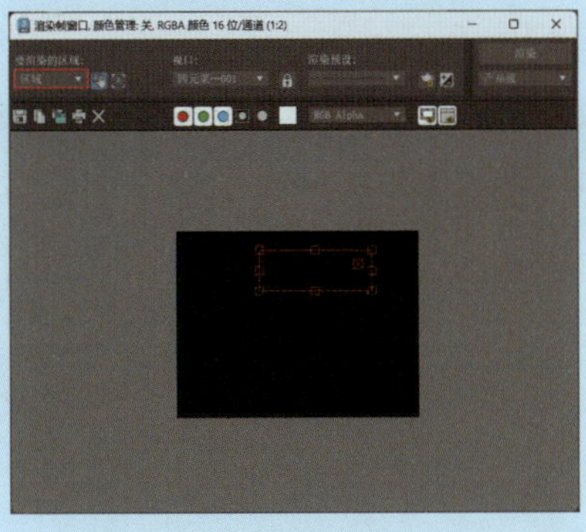

图 6-37

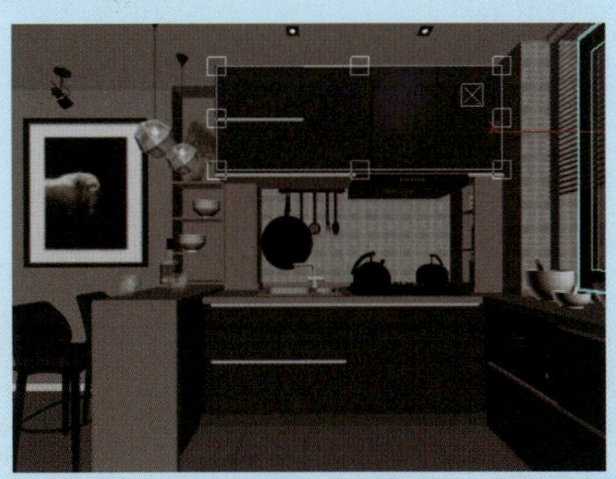

图 6-38

03 在“渲染帧窗口”中单击“渲染”按钮，系统开始渲染框选出的部分，如图6-39所示。

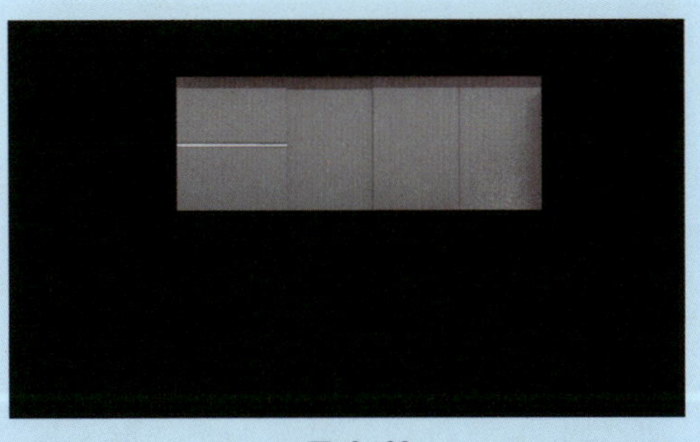

图 6-39

2.渲染AO通道

渲染AO通道是为后期在Photoshop中调整成图做准备。AO通道通过改善阴影来显示更好的画面细节，增强艺术性，尤其是在场景中物体很多、光线被阻挡导致间接照明不足的情况下，AO的作用会更明显。

01 按F10键打开“渲染设置”对话框，然后将渲染参数设置为成图的渲染参数，接着切换到“V-Ray”选项卡，展开“全局开关”卷展栏，接着勾选“材质覆盖设置”选项，如图6-40所示。

02 按M键打开“材质编辑器”对话框，然后选择一个空白材质球，接着设置材质类型为“VRayMtl”材质，再在“漫反射”通道中加载一张“VRayDirt”贴图，最后进入“VRayDirt”贴图通道，设置“半径”为800mm，如图6-41所示。

图 6-40

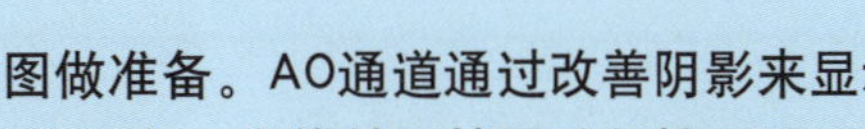

图 6-41

03 将调整好的AO材质球拖曳到“渲染设置”对话框的“覆盖材质”通道中，然后在弹出的对话框中选择“实例”，如图6-42所示。

04 进入摄影机视图，然后按F9键渲染当前场景，AO通道的最终效果如图6-43所示。

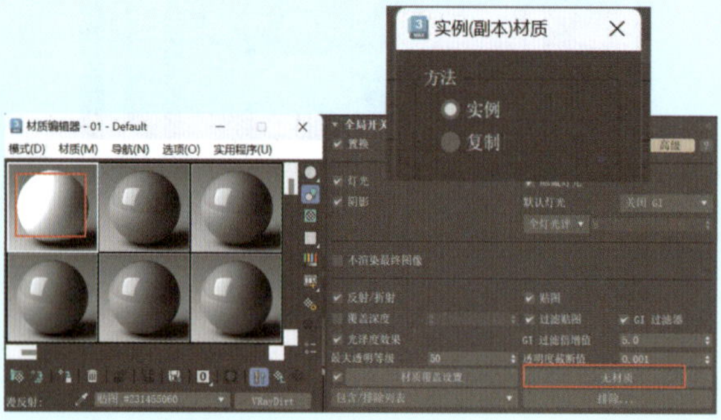

图 6-42

图 6-43

3. 渲染线框图

渲染线框图可以更好地展现模型的结构和布线，也可以用后期软件将其处理成各种效果。

01 按F10键打开“渲染设置”对话框，然后将渲染参数设置为成图的渲染参数，接着切换到“V-Ray”选项卡，展开“全局开关”卷展栏，接着勾选“材质覆盖设置”复选框，如图6-44所示。

02 按M键打开“材质编辑器”对话框，然后选择一个空白材质球，接着设置材质类型为“VRayMtl”材质，具体参数设置如图6-45所示。

（1）设置“漫反射”颜色为白色（R:240，G:240，B:240）。

（2）在“漫反射”通道中添加一张“VRayEdgesTex”贴图。

（3）进入“VRayEdgesTex”贴图通道，然后设置颜色为黑色（R:10，G:10，B:10），接着设置“像素宽度”为0.2。

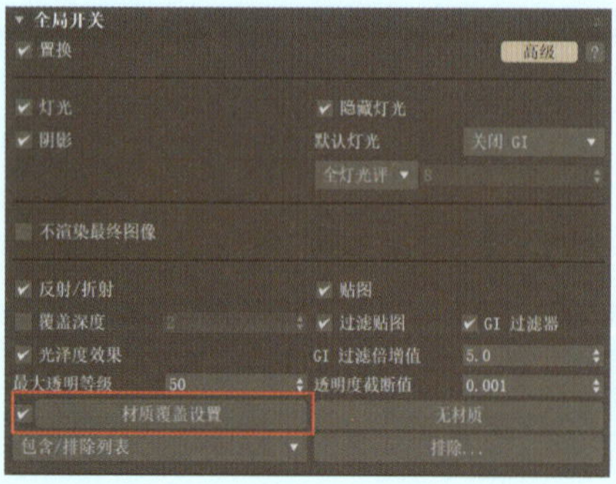

图 6-44

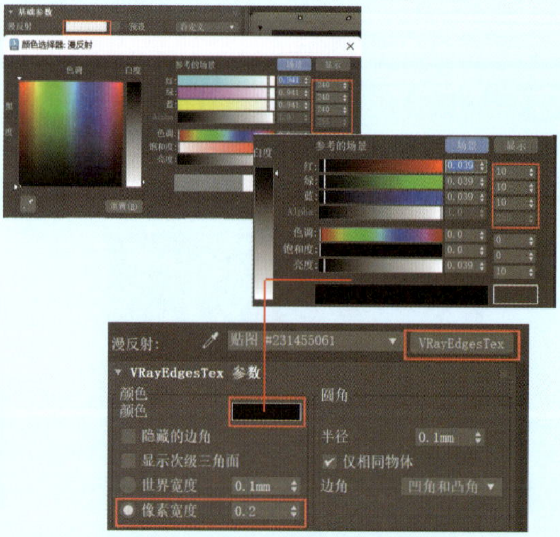

图 6-45

03 将调整好的线框材质球拖曳到“渲染设置”面板的“覆盖材质”通道中，然后在弹出的对话框中选择“实例”，如图6-46所示。

04 进入摄影机视图，然后按F9键渲染当前场景，线框效果如图6-47所示。

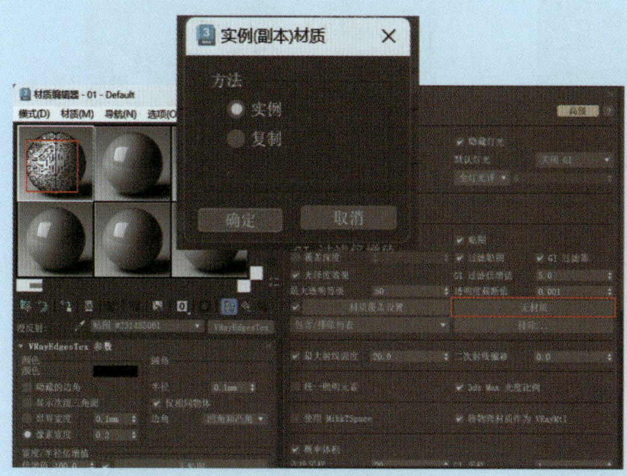

图 6-46

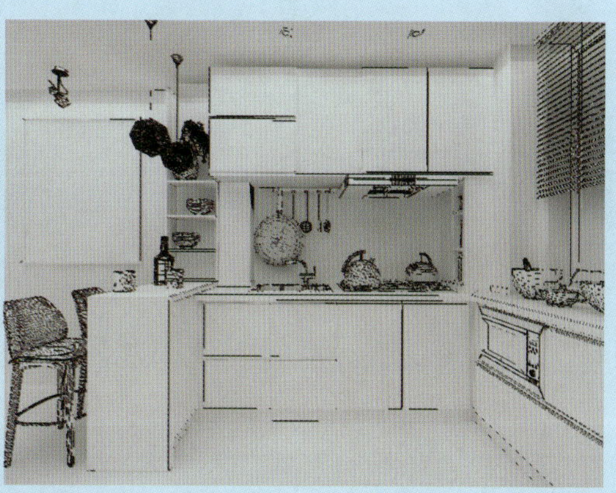

图 6-47

小实例：厨房空间日景效果渲染

01 打开本书配套资源中的“Chapter 6/场景文件/厨房空间日景效果表现.max”文件，此时场景效果如图6-48所示。

02 按F10键打开“渲染设置”对话框，在“公用”选项卡下展开“指定渲染器”卷展栏，单击产品级右侧的下拉列表，在弹出的“选择渲染器”对话框中选择“V-Ray 6 Update 1.1”，如图6-49所示。

微课：厨房空间日景效果渲染

图 6-48

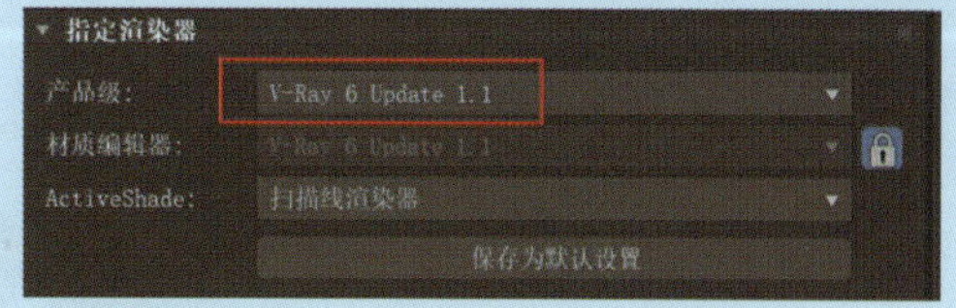

图 6-49

03 按M键打开“材质编辑器”对话框，选择第一个材质球，单击“Standard”按钮，在弹出的“材质/贴图浏览器”面板中选择“VRayMtl”，如图6-50所示。

04 将材质命名为“橱柜”，在“反射”选项组中设置“光泽度”为0.8；打开“菲涅尔IOR”并设置值为5.0，“最大深度”设置为5；在“折射”选项组中设置“最大深度”为5，具体参数如图6-51所示。

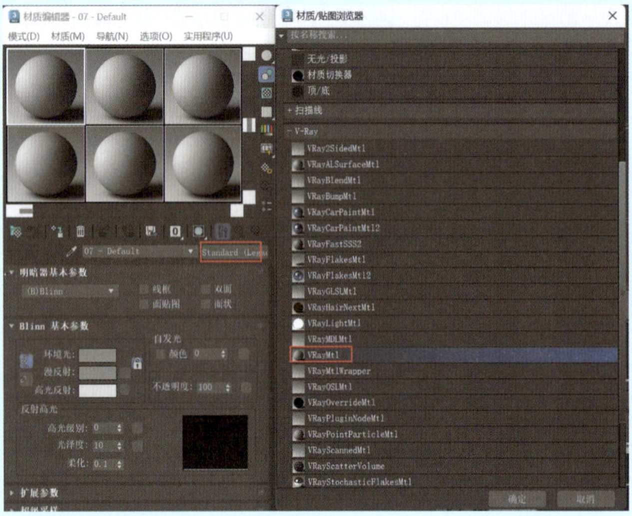

图 6-50

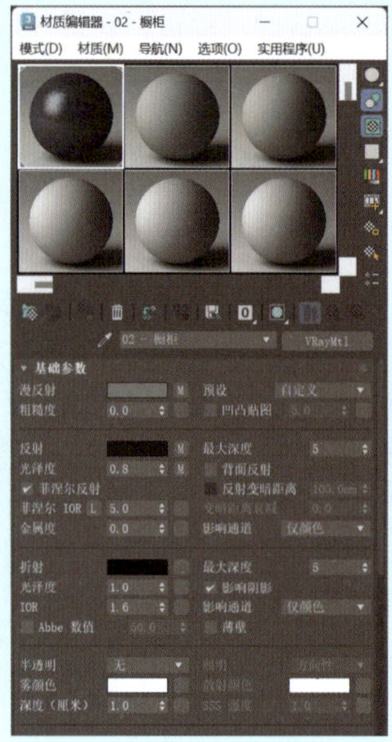

图 6-51

05 在“漫反射”后面增加“混合”通道，设置“颜色 1”的值为（R:53，G:63，B:86），设置“颜色 2”的值为（R:25，G:28，B:38），在“混合量”后面的通道上加载“橱柜贴图”，如图6-52所示。

06 分别在“反射”“反射光泽度”后面的通道上加载“橱柜贴图”，如图6-53所示。

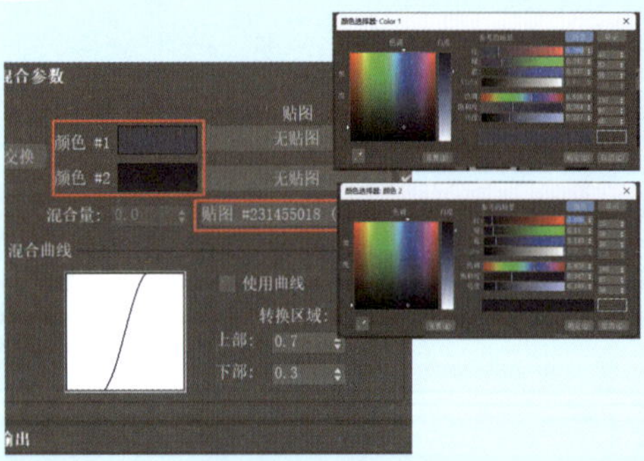

图 6-52

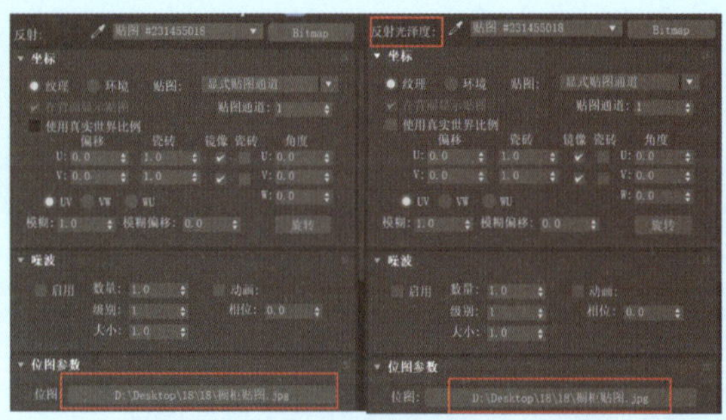

图 6-53

07 选中对象，将材质赋予模型，如图6-54所示。

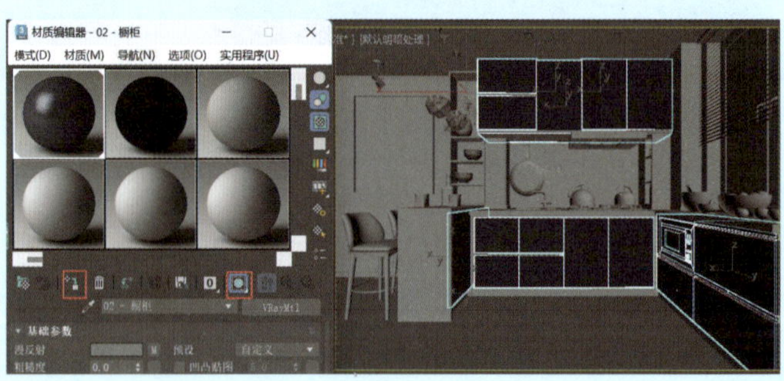

图 6-54

08 选择一个材质球，单击“Standard”按钮，在弹出的“材质/贴图浏览器”面板中选择“VRayMtl”，将其命名为“墙面”；在“漫反射”选项组的“凹凸贴图”后面加载“墙面”贴图，设置“凹凸贴图”数值为100；在“漫反射”后面加载“平铺”贴图通道，打开“高级控制”选项组，设置“平铺设置”选项组中的“纹理”颜色为（R:153，G:153，B:153），如图6-55所示。

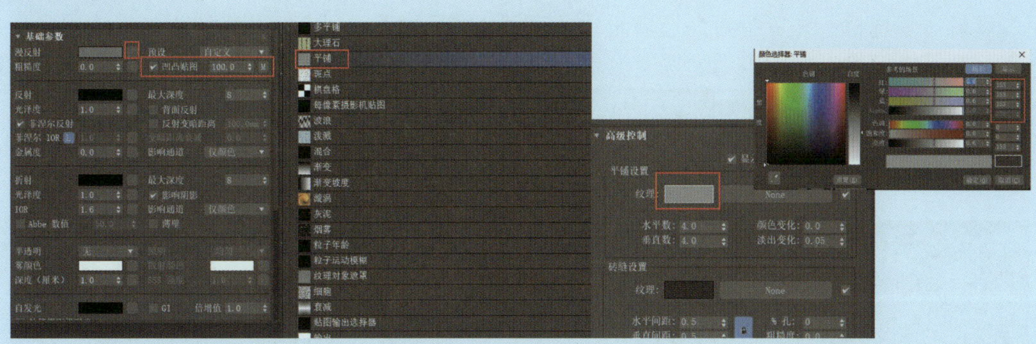

图 6-55

09 在“纹理”后面加载“混合量”通道，设置“颜色 1”为（R:69，G:69，B:69）；设置“颜色 2”为（R:97，G:97，B:97），在“混合量”通道后面加载“墙面”贴图，如图6-56所示。

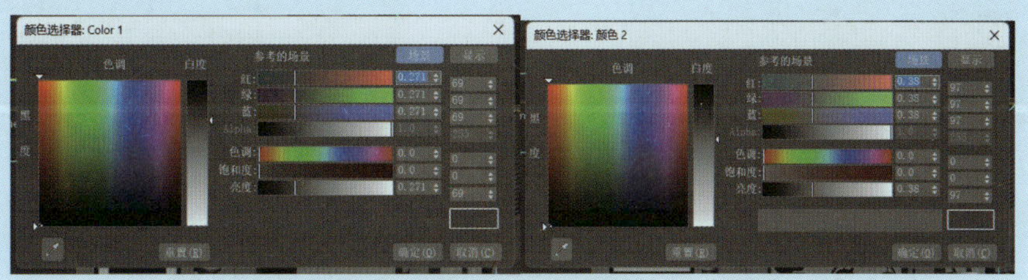

图 6-56

10 在“反射”选项组中，设置“反射”颜色为（R:62，G:62，B:62），“光泽度”为0.8；勾选“菲涅尔IOR”复选框，设置数值为4.0；在“自发光”选项组中勾选“GI”复选框，设置倍增值为1.0。如图6-57所示。

11 选中对象，将材质赋予模型，如图6-58所示。

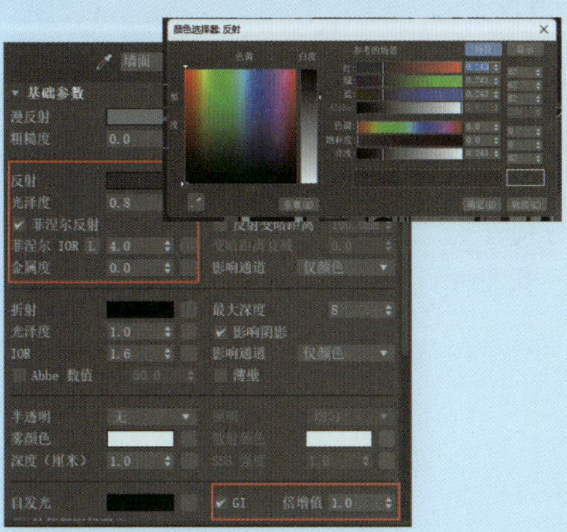

图 6-57

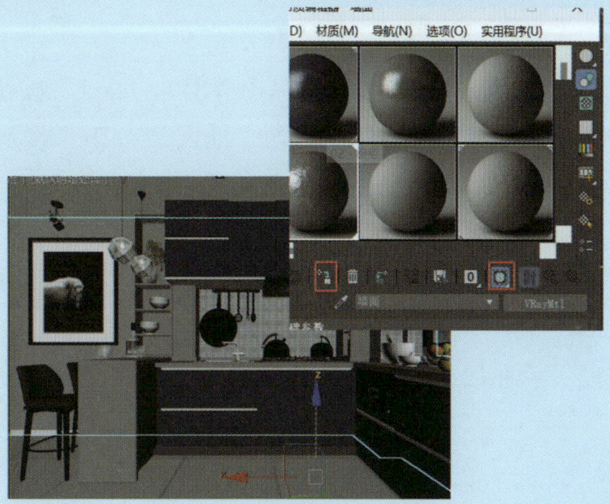

图 6-58

12 选择一个材质球，单击“Standard”按钮，在弹出的“材质/贴图浏览器”面板中选择“VRayMtlWrapper”，将其命名为“不锈钢”，在基础材质后面加载“VRayMtl”通道，在“其他表面参数”选项组中设置“接收GI”参数为0.68，如图6-59所示。

13 进入“VRayMtl”通道，设置“漫反射”颜色为黑色（R:0，G:0，B:0）；在“反射”选项组中，设置“反射”颜色为白色（R:220，G:220，B:220），“最大深度”为5，取消勾选“菲涅尔反射”复选框；在“折射”选项组中，设置“最大深度”为5，取消勾选“影响阴影”复选框；在“自发光”选项组中勾选“GI”复选框，设置“倍增值”为1.0，如图6-60所示。选中对象，将材质赋予模型，如图6-61所示。

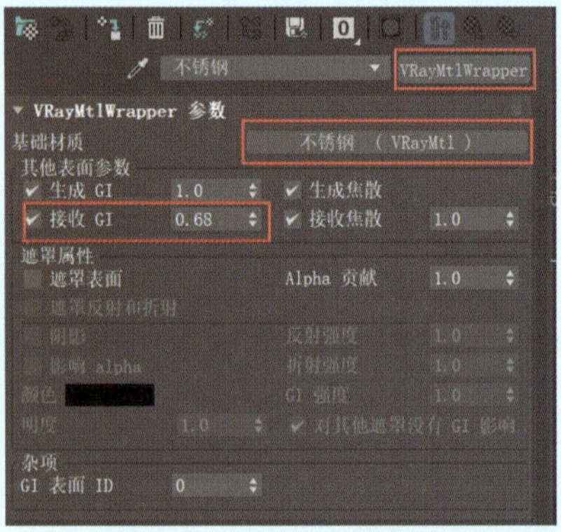

图 6-59

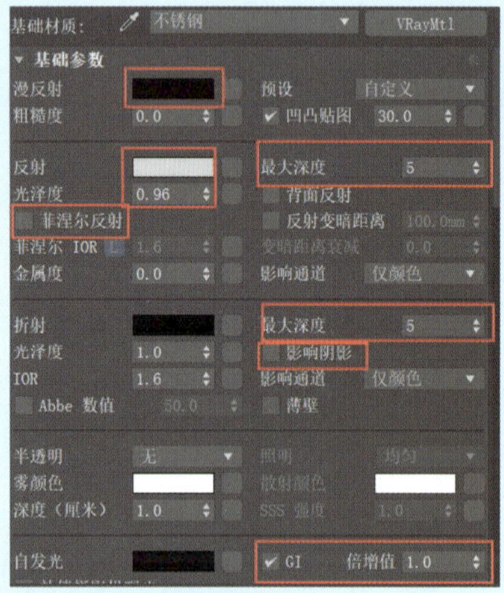

图 6-60

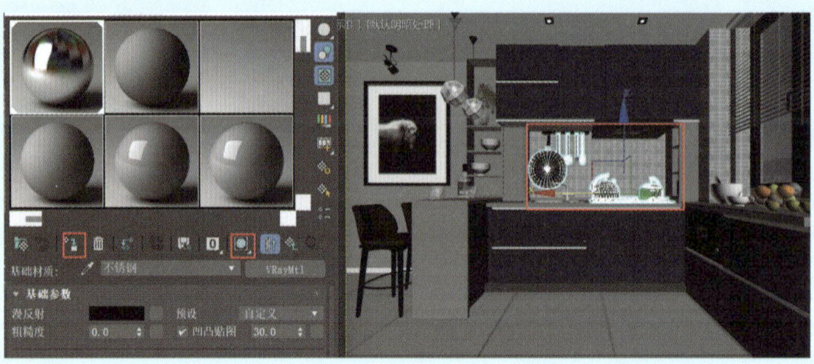

图 6-61

14 选择一个材质球，单击“Standard”按钮，在弹出的“材质/贴图浏览器”面板中选择“VRayMtl”，将其命名为“地面”；在“漫反射”后面加载“平铺”通道，在“高级控制”卷展栏中，选择“平铺设置”选项组，在“纹理”后面加载“地面”贴图通道，分别设置“水平数”“垂直数”为2；在“砖缝设置”选项组中分别设置“水平间距”“垂直间距”为0.1；在“杂项”选项组中设置“随机种子”为76，如图6-62所示。

15 将“漫反射”选项组中的“凹凸贴图”数值设置为20，后面加载“平铺”通道，在“纹理”后面加载“地面”贴图通道，参数如图6-63所示。

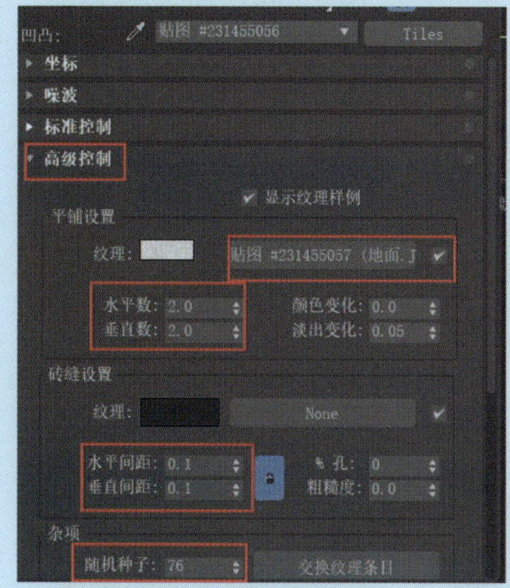

图 6-62

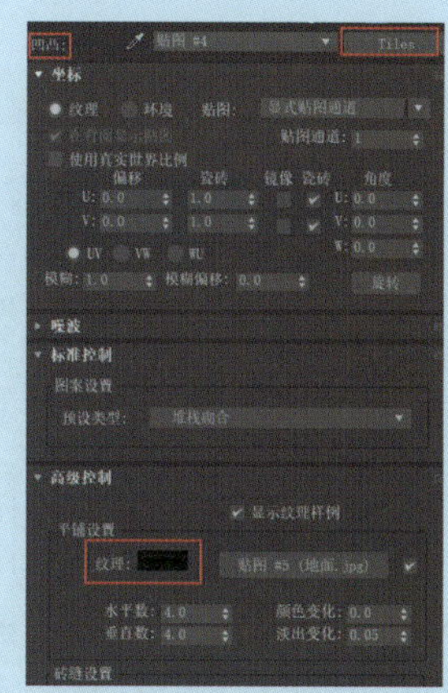

图 6-63

16 选择“反射”选项组，在“反射”后面加载“衰减”通道，设置“最大深度”为5，“光泽度”为0.9，“菲涅尔IOR”为3.0；在“折射”选项组中设置“最大深度”为5，取消勾选“影响阴影”复选框；在“自发光”选项组中，勾选“GI”复选框设置倍增值为1，如图6-64所示。

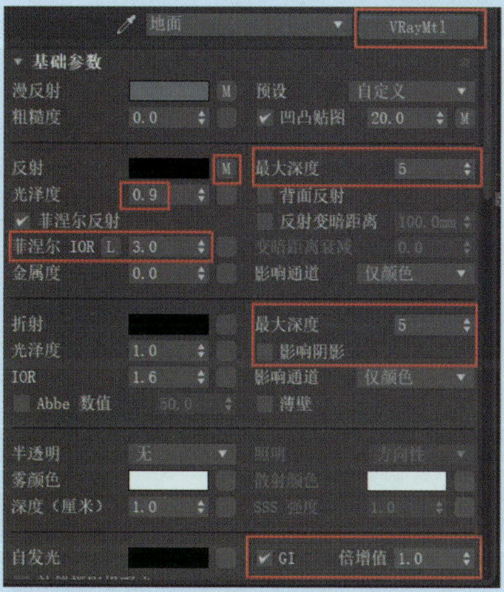

图 6-64

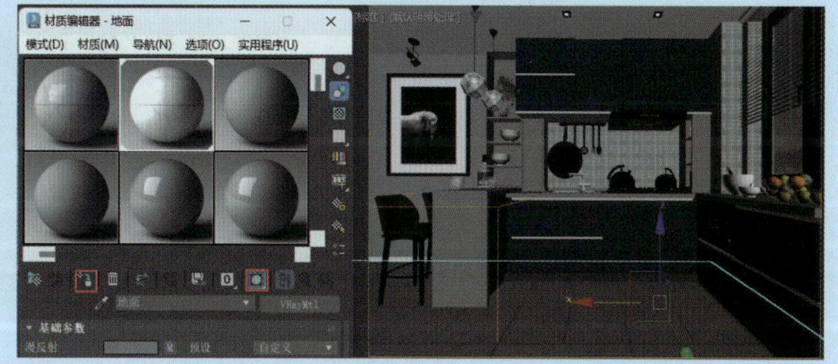

图 6-65

17 选中对象，将材质赋予模型，如图6-65所示。

18 设置摄影机。在“创建”面板下单击“摄影机”并设置摄影机类型为“标准”，然后单击“目标”按钮，在顶视图创建一台摄影机，位置如图6-66所示。

19 进入“修改”面板，设置“镜头”为18mm，“视野”为90度，如图6-67所示。

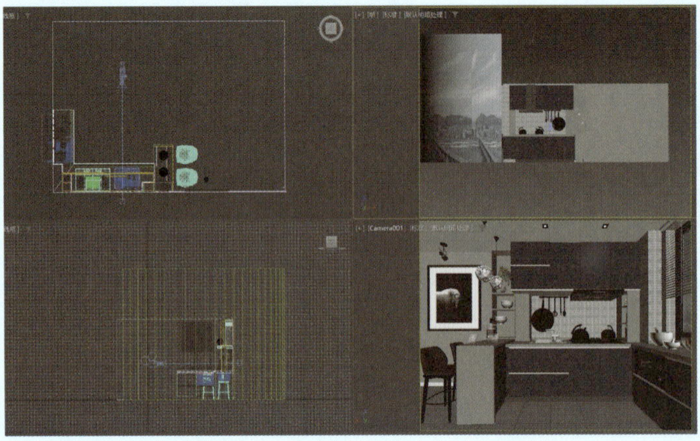

图 6-66

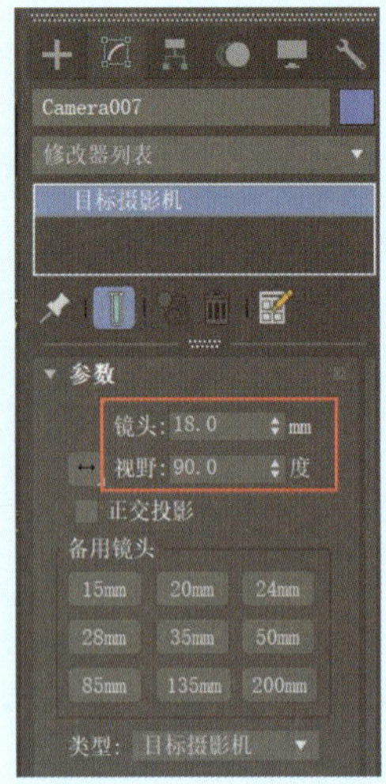

图 6-67

20 按C键转换为摄影机视角，渲染的最终结果如图6-68所示。

图 6-68

技巧 提示

在渲染完成后，用户可以使用图像编辑软件（如Photoshop）进行后期处理，通过调整色彩、对比度、曲线和添加特效等操作进一步增强图像效果。

6.5 知识与技能梳理

为了使场景更加真实，需要通过渲染来获得想要的效果。

- 重要工具：VRay渲染器。
- 核心技术：渲染参数的修改。
- 实际运用：通过尝试修改各个参数发现各自区别。

6.6 课后练习

一、选择题（共4题），请扫描二维码进入即测即评。

6.6 课后练习

1. 下列说法中，正确的是（　　）。

   A. 不管使用何种规格输出，宽度和高度的尺寸单位为像素

   B. 不管使用何种规格输出，宽度和高度的尺寸单位为毫米

   C. 尺寸越大，渲染时间越长，图像质量越低

   D. 尺寸越大，渲染时间越短，图像质量越低

2. 在渲染对话框中，如果要对模型进行静画渲染，应该选择（　　）。

   A.帧　　B.单帧　　C.活动时间段　　D.范围

3. 快速渲染的快捷键是（　　）。

   A.F10　　B.F9　　C.F8　　D.F7

4. 下列工具中，可以用于创建逼真的材质和纹理的是（　　）。

   A.材质编辑器　　B.混合材质　　C.噪声修改器　　D.UVW映射修改器

二、简答题

1. 某模型由数目不定、大小不定的球体组成，渲染顶视图时只显示为一个球，请解释为什么会出现此种情况。

2. 把球转化为NURBS，然后用Makeloft在球上生成一系列的纬线，请描述把这些线渲染出来的方法。

Chapter 7

动画基础

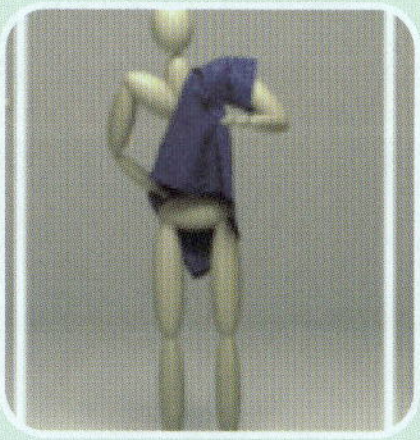

3ds Max为广大三维动画师提供了功能丰富且强大的动画工具来制作优秀的动画作品。对3ds Max的多种动画工具组合使用能够使场景变得生动，角色变得真实。其内置的动力学技术模块可以对场景中的对象进行逼真而细腻的动力学动画计算，从而为三维动画师节省大量的工作步骤及时间，并极大地提高动画的精准程度。

学习要求	知识点	学习目标			
		了解	掌握	应用	重点知识
	动画概述	🚩			
	关键帧动画	🚩			
	约束		🚩		

能力与素养目标

7.1 动画概述

动画是一门集合了漫画、电影、数字媒体等多种艺术形式的综合艺术，也是一门年轻的学科。其经过了100多年的发展，已经形成了较为完善的理论体系和多元化的产业，独特的艺术魅力深受人们的喜爱。本书中的“动画”仅狭义地理解为使用3ds Max来设置对象的形变及记录运动过程。

7.1.1 动画的原理

动画的制作基于被称为视觉暂留现象的人类视觉原理，即如果快速查看一系列相关的静态图像，人们会感觉这是一个连续的运动。将每个单独的图像称为一帧，物体的运动实际上源自观众的视觉系统在每一帧停留的一小段时间。人们日常所观看的电影，实际上就是基于以一定的速率连续不断地播放多张胶片所带来的视觉感受，如图7–1所示。

图 7–1

相似地，3ds Max也可以将动画师所设置的动画以类似的方式输出到电脑中，这些由静帧图像所构成的连续画面称为“帧”。图7–2所示就是一组动画的幅渲染序列帧。

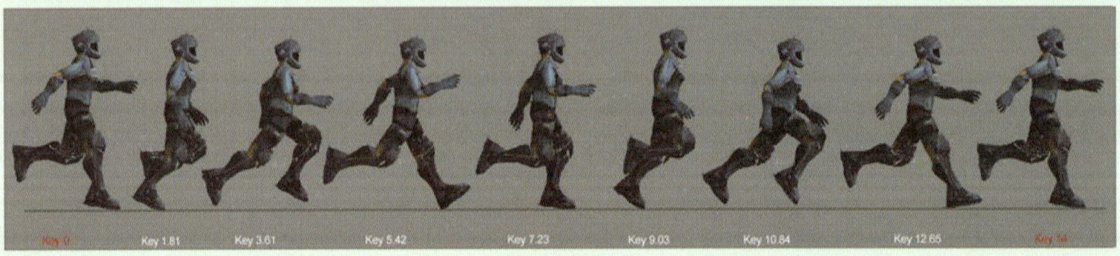

图 7–2

技巧 提示

不同的动画格式具有不同的帧速率，单位时间中的帧数越多，动画就越细腻、流畅；反之动画会出现抖动和卡顿的现象。每秒至少要播放15帧才可以形成流畅的动画效果，传统的电影通常为每秒播放24帧。

如果想要更改一个动画的帧速率，可以通过“时间配置”对话框来完成。系统默认情况下使用的是NTSC标准的帧速率，该帧速率每秒播放30帧动画。若当前动画共有100帧，那么动画的总时长为3.3秒。在动画控制区中单击“时间配置”按钮以打开“时间配置”对话框，如图7–3所示。

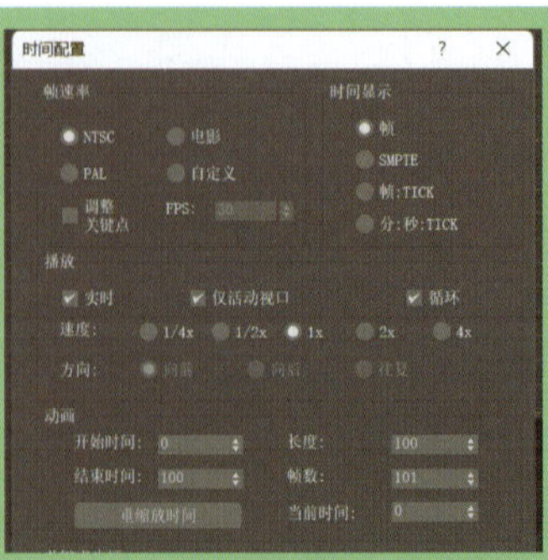

图 7–3

7.1.2 3ds Max中创建动画的类型

在3ds Max中，动画分为关键帧动画、约束动画、动力学动画、基于控制器的动画、脚本动画和角色动画这6种类型。

1. 关键帧动画

动画是物体和物体的属性随时间变化的过程。在关键帧动画中，用户通过为属性在不同的时间上设置关键帧来创建运动。关键帧是一个标记，它表明物体属性在某个特定时间上的值，如图7–4所示。

2. 约束动画

约束动画是3ds Max提供的一种动画自动生成工具，它可以利用物体与其他物体的绑定关系来控制物体的位置、旋转以及缩放等。约束动画包括附着约束、链接约束、路径约束、注视约束和方向约束，其中最常用的是路径约束，也就是路径动画。路径动画指定一条或多条曲线作为运动路径。用户可以使物体沿着一条曲线运动或以多条曲线之间的平均距离运动，如图7–5所示。

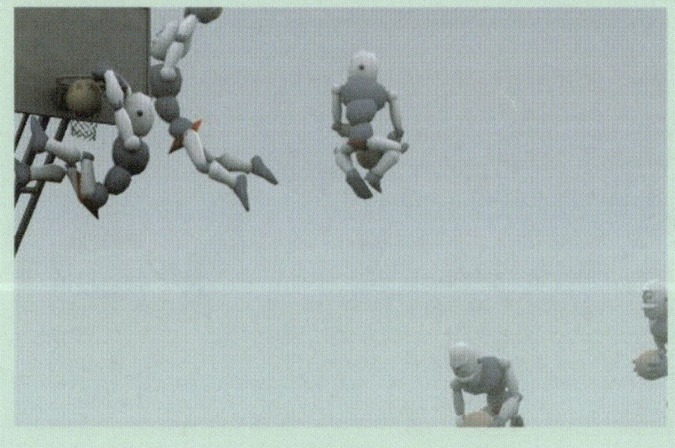

图 7–4

图 7–5

3. 动力学动画

制作动画所要面对的困难任务之一就是创建真实的碰撞效果，比如台球之间的碰撞或物体在某个平面上的弹跳效果。如果按制作关键帧动画的方法来制作，既耗时又困难，且在制作中要考虑很多与运动有关的因素，工作量大得惊人。3ds Max提供了动力学工具，使得这个问题迎刃而解，如图7–6所示。

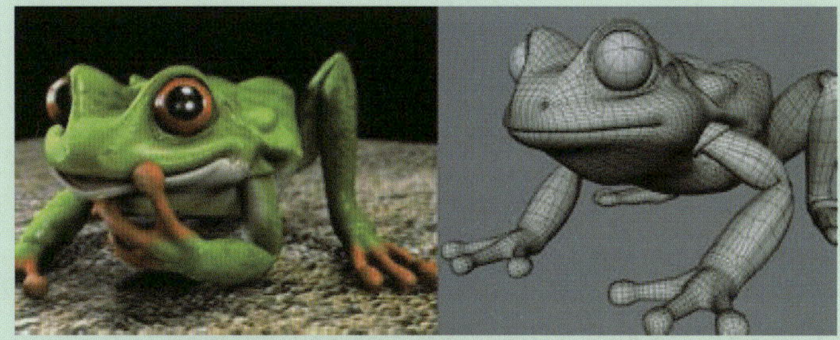

图 7–6

4. 基于控制器的动画

在3ds Max中，所有的动画数据都由控制器来处理。控制器可以处理动画值，并设置从一个值到下一个值之间的插入值。3ds Max内置了各种各样的动画控制器，掌握这些控制器的功能以及它们的区别，对于正确得到所期望的动画效果至关重要，如图7–7所示。

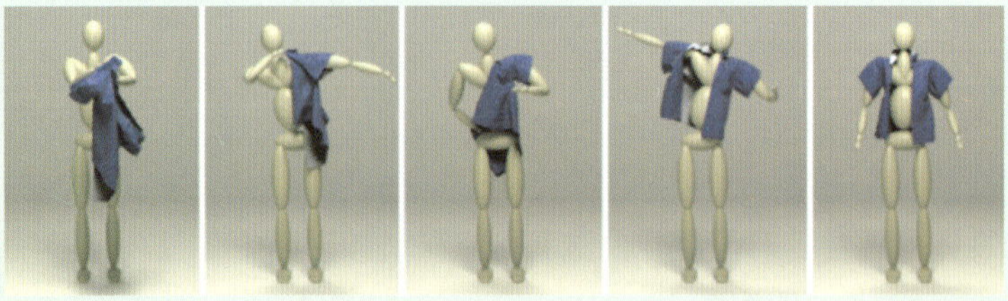

图 7–7

5. 脚本动画

3ds Max的脚本动画功能起源于DOS版3D Studio的脚本扩展外挂模板，其思想是允许用户自定义操作以使命令变得很简单，换句话说，就是编写外挂模块。建立脚本控制器之后，可以输出脚本表达式，计算机会自动根据脚本的内容进行计算，从而制作出物体运动的效果。

6. 角色动画

角色动画是最具挑战性的计算机动画形式之一。在角色动画中，三维艺术家把数字化骨髓的变化和蒙皮的形变结合在一起，实现了角色在三维空间中的移动和形态变化。当然，所设定的角色不一定是人或动物，任何物体只要试图通过它的动作向观众表达一定的故事或思想，都可以被设定为角色。也就是说，用来给人物做动画的任何技巧与方法，都可以应用在瓶子、树或者其他物体上，如图7–8所示。

图 7–8

7.2 关键帧动画

关键帧动画是3ds Max中最常用的动画技术，也是最基础的动画技术。说简单些，关键帧动画就是在物体动画的关键时间点上进行数据的设置，然后3ds Max根据这些关键点上的数据完成中间时间段内的动画计算，以制作一段流畅的三维动画。

7.2.1 设置关键帧

在3ds Max界面的右下方是一些设置动画关键帧的相关工具，如图7–9所示。动画控制工具区中的各选项功能介绍如下。

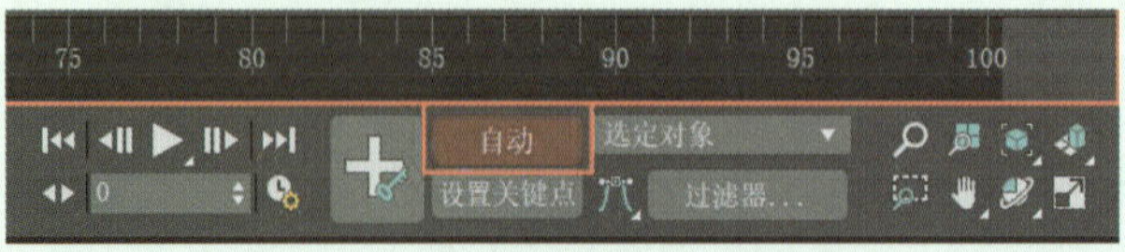

图 7–9

（设置关键点）按钮：在当前时间滑块所处的帧位置创建关键点（快捷键为K键）。

自动：自动关键点模式。单击后该按钮呈现红色，系统进入自动关键点模式，激活视图的边框也以红色显示。

设置关键点：手动关键点模式。单击后该按钮呈现红色，系统进入手动关键点模式，激活视图的边框也以红色显示。

（新建关键点的默认入/出切线）：为新的动画关键点提供快速设置默认切线类型的方法，这些新的关键点是用手动关键点模式或者自动关键点模式创建的。

关键点过滤器：用于设置关键帧的项目。

在3ds Max 2024中，设置关键帧的具体操作步骤如下。

01 运行3ds Max 2024后，在场景中创建一个长方体对象，如图7-10所示。

02 单击“自动”按钮，可以看到3ds Max 2024的透视图和界面下方时间滑块都呈红色，这说明软件的动画记录功能已启动，如图7-11所示。

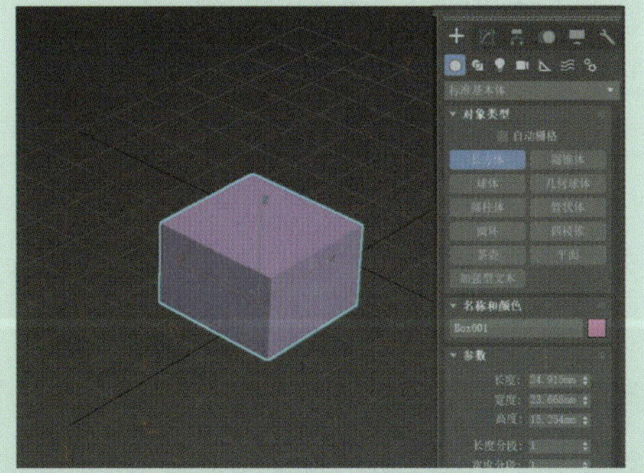

图 7-10

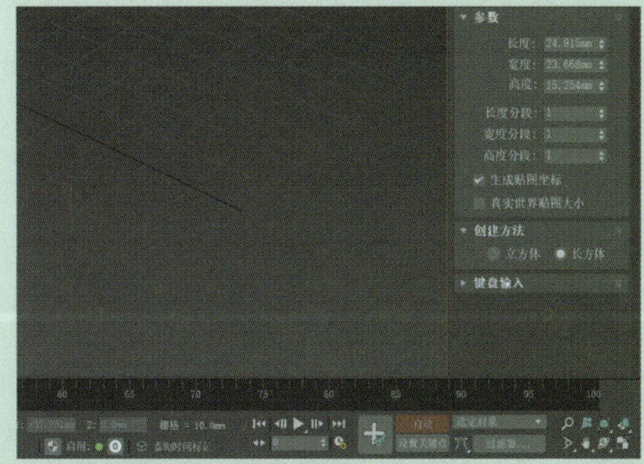

图 7-11

03 将时间滑块拖曳至第50帧，然后移动场景中的长方体至如图7-12所示的位置。同时观察场景，可以看到在时间滑块下方的区域里生成了红色的关键帧。

04 动画制作完成后，再次单击“自动”按钮，关闭软件的动画自动记录功能。拖动时间滑块，即可看到长方体的动画已经制作完成，如图7-13所示。

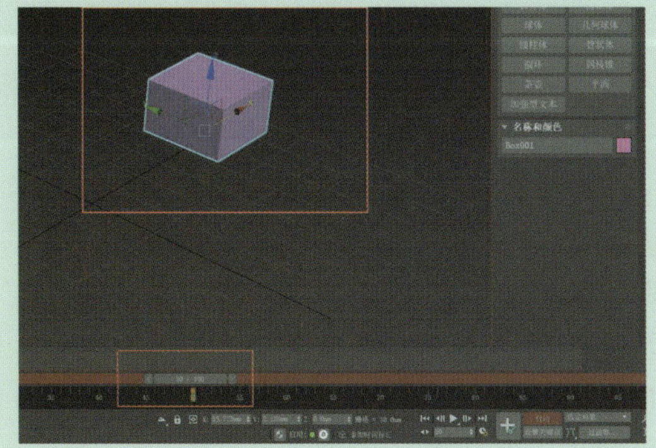

图 7-12

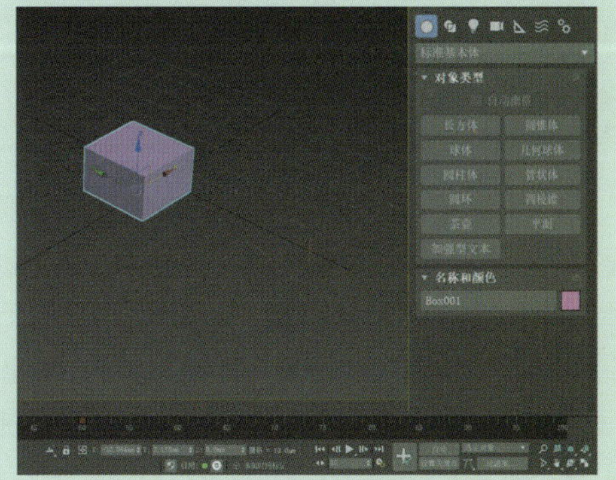

图 7-13

7.2.2 更改关键帧

物体的关键帧动画设置完成后，3ds Max允许用户随时对动画的关键帧位置进行修改，以适应项目需要，具体操作如下。

01 在场景中先选中要修改的物体对象，在时间滑块下方会自动显示出该对象的动画关键帧，如图7-14所示。

02 在时间滑块下方选择要修改的关键帧位置，如图7-15所示。

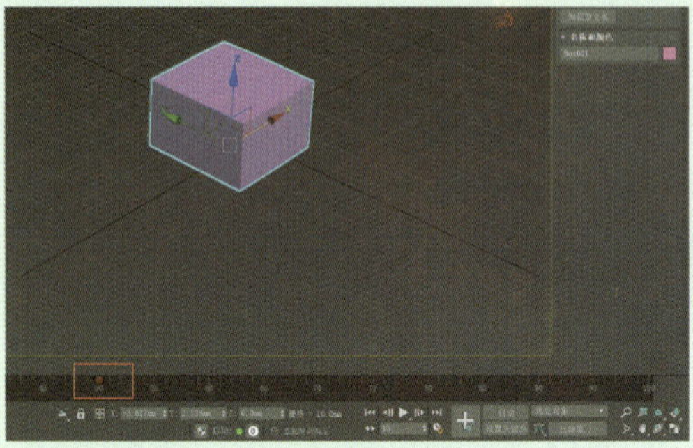

图 7-14

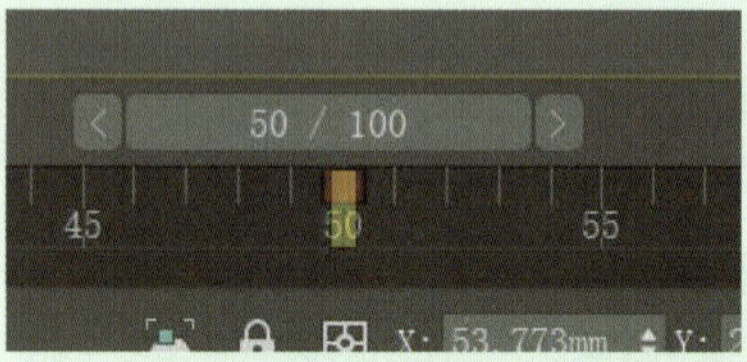

图 7-15

03 把所选择的关键帧移动至希望更改的位置，即可完成关键帧的移动操作，如图7-16所示。

04 还可以随时对关键帧进行删除操作。在选中的关键帧上右击，在弹出的快捷菜单中选择“删除选定关键点”命令即可，如图7-17所示。

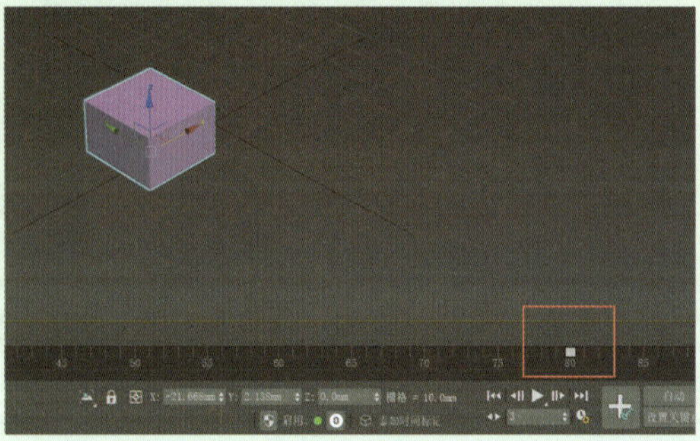

图 7-16

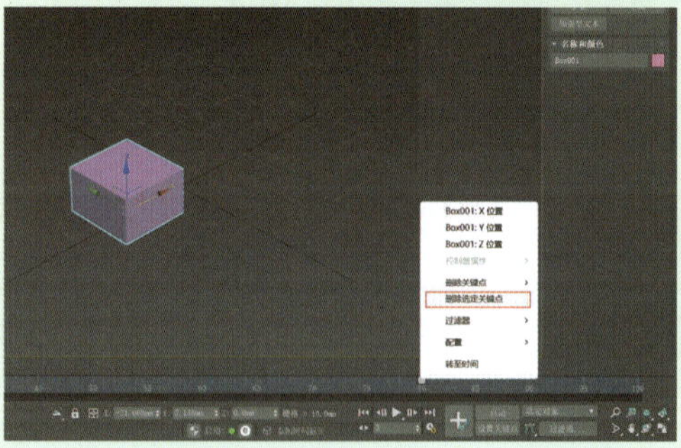

图 7-17

7.2.3 时间配置

“时间配置”对话框提供了帧速率、时间显示、播放和动画等选项组，用户可以使用此对话框来更改动画的长度或者对动画进行拉伸或重缩放，还可以设置活动时间段和动画的开始帧与结束帧。单击“时间配置”按钮，如图7-18所示，即可打开该对话框。“时间配置”对话框中的参数命令如图7-19所示。

图 7-18

1. “帧速率”选项组

NTSC/电影/PAL/自定义：3ds Max给用户提供4个不同的帧速率选项，用户可以选择其中一个作为当前场景的帧速率渲染标准。

调整关键点：勾选该复选框会将关键点缩放到全部帧，迫使其量化。

FPS：当用户选择了不同的帧速率选项后，这里可以显示当前场景文件中动画的帧速率。比如欧美国家的视频使用30帧/s的帧速率，电影使用24帧/s的帧速率，而Web和媒体动画则使用更低的帧速率。

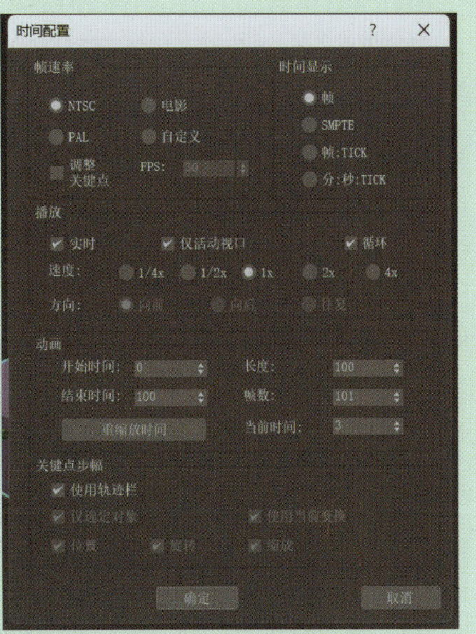

图 7-19

2."时间显示"选项组

提供了四种在时间滑块及整个3ds Max中显示时间的方法。

3."播放"选项组

实时：使动画在视图中播放时跳过帧，与当前"帧速率"设置保持一致。禁用"实时"选项后，视图播放将尽可能快地运行并且显示所有帧。

仅活动视图：可以使播放只在活动视图中进行。禁用该选项之后，所有视图都将显示动画。

循环：控制动画是只播放一次，还是反复播放。

速度：可以选择五个播放速度。1x是正常速度，1/2x是半速等。速度设置只影响动画在视图中的播放速度。默认设置为1x。

方向：将动画设置为向前播放、反转播放或往复播放（向前然后反转重复进行）。该选项只影响动画在交互式渲染器中播放的方向，不适用于渲染到任何图像输出文件的情况。

4."动画"选项组

开始时间/结束时间：设置动画在时间滑块中显示的活动时间段。

长度：显示活动时间段的帧数。如果将此选项设置为大于活动时间段总帧数的数值，则将相应增加"结束时间"的值。

帧数：需要渲染的帧数。始终是长度加一。

当前时间：指定时间滑块的当前帧。调整此选项时，将相应移动时间滑块，视图也随之更新。

重缩放时间：单击该按钮可以打开"重缩放时间"对话框。

5."关键点步幅"选项组

该选项组中的选项可用来配置启用关键点模式时所使用的方法。

使用轨迹栏：使关键点模式能够遵循轨迹栏中的所有关键点，包括除变换动画之外的任何参数动画。要使以下选项可用，应禁用"使用轨迹栏"。

仅选定对象：在使用"关键点步幅"模式时只考虑选定对象的变换。如果禁用此选项，则将考虑场景中所有（未隐藏）对象的变换。默认设置为启用。

使用当前变换：禁用"位置""旋转""缩放"，并在"关键点模式"中使用当前变换。要使以下选项可用，应禁用"使用当前变换"，并为位置、旋转、缩放指定"关键点模式"所使用的变换。

小实例：制作高尔夫击球动画

下面以一个高尔夫球场场景为例来讲解自动关键点和曲线编辑器的具体使用方法，最终的渲染效果如图7-20所示。

微课：制作高尔夫击球动画

图 7-20

01 打开本书配套资源中的“Chapter 7/场景文件/利用曲线编辑器制作高尔夫进球动画.max”文件，如图7-21所示。选择高尔夫球棒模型，然后单击“自动”按钮，拖动时间滑块到第0帧。

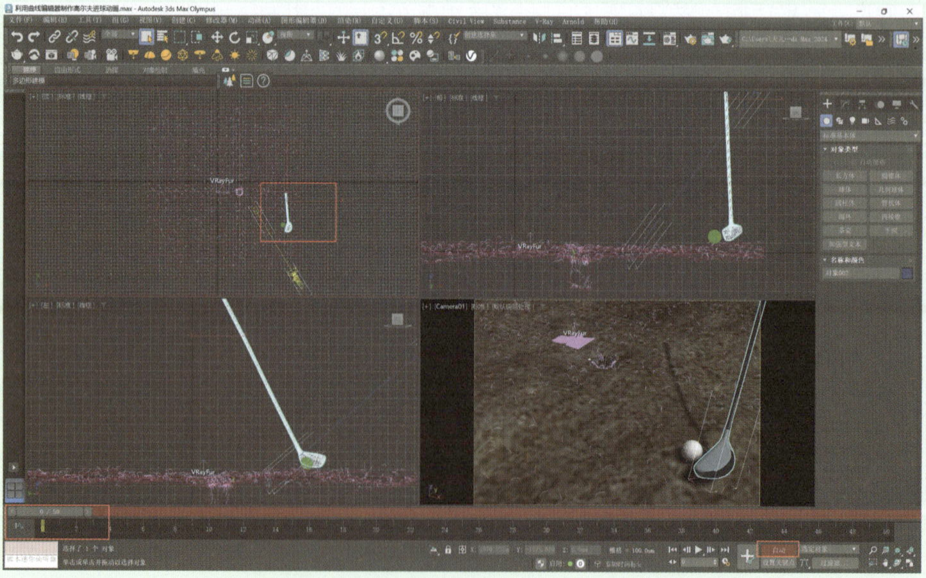

图 7-21

02 将时间滑块拖动到第30帧，然后单击“选择并旋转”工具，选择需要移动的模型到如图7-22所示的位置。

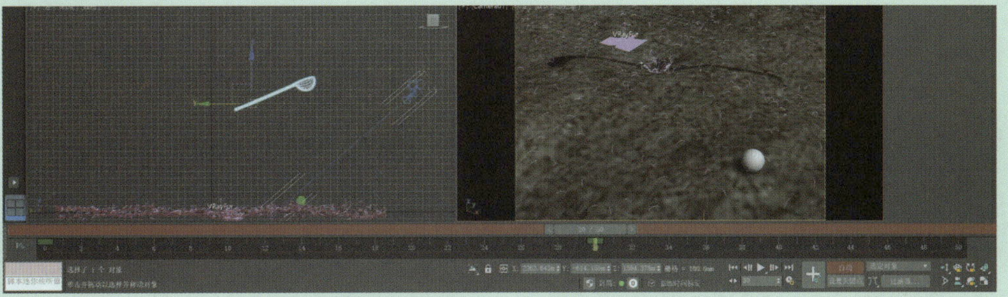

图 7-22

03 选择高尔夫球模型，然后单击“自动”按钮，此时拖动时间滑块到第3帧，然后将高尔夫球模型移动到如图7-23所示的位置。

04 继续保持选择高尔夫球的状态，并拖动时间滑块到第15帧，然后将高尔夫球模型移动到如图7-24所示的位置。

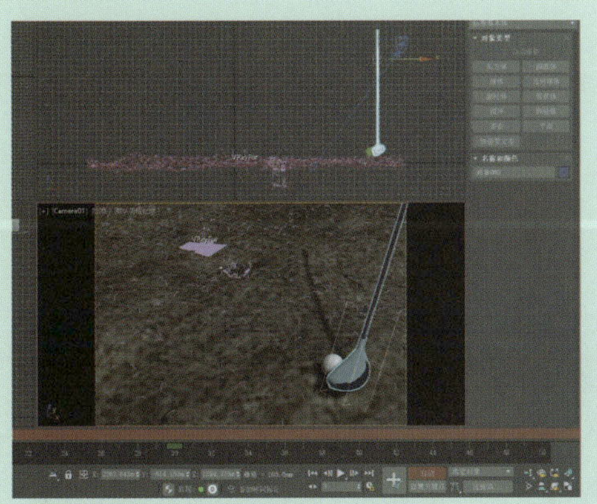

图 7-23

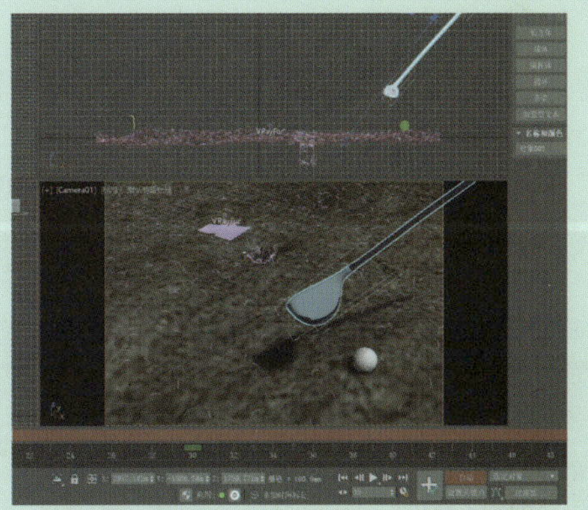

图 7-24

05 继续保持选择高尔夫球的状态，并拖动时间滑块到第20帧，然后将高尔夫球模型移动到如图7-25所示的位置。

06 继续保持选择高尔夫球的状态，并拖动时间滑块到第25帧，然后将高尔夫球模型移动到如图7-26所示的位置。

图 7-25

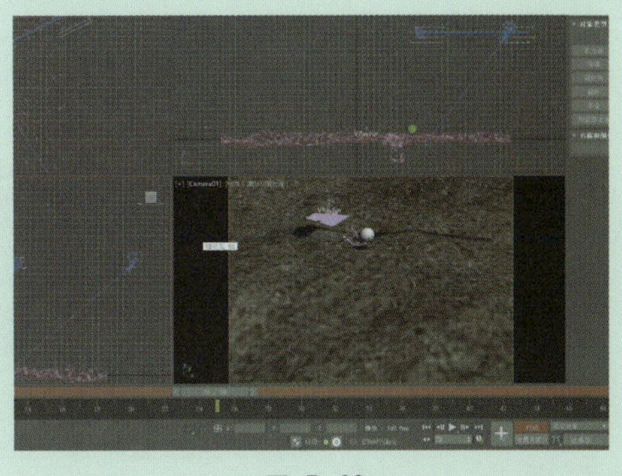

图 7-26

07 继续保持选择高尔夫球的状态，并拖动时间滑块到第30帧，然后将高尔夫球模型移动到如图 7-27所示的位置。

08 继续保持选择高尔夫球的状态，并拖动时间滑块到第33帧，然后将高尔夫球模型移动到如图7-28所示的位置。

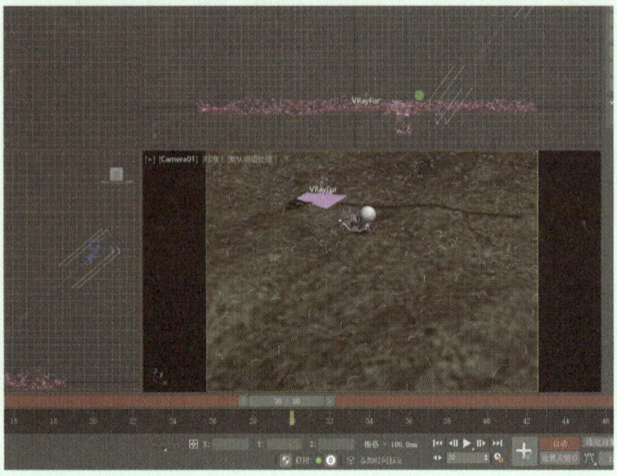

图 7-27

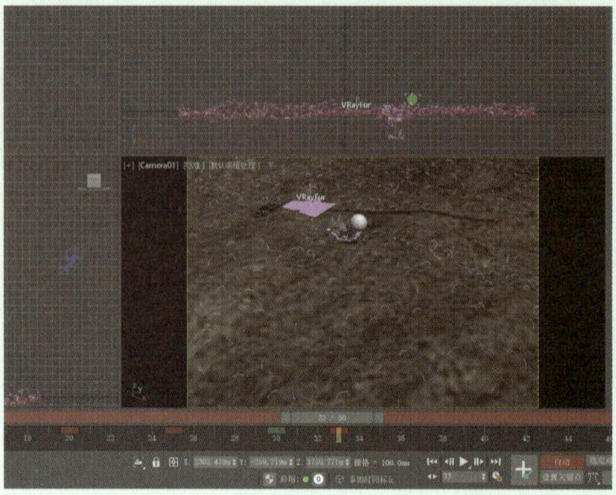

图 7-28

09 继续保持选择高尔夫球的状态，并拖动时间滑块到第40帧，然后将高尔夫球模型移动到如图7-29所示的位置。

10 为了使动画更加真实，需要通过“曲线编辑器”进行调整。单击“图形编辑器”→“曲线编辑器”按钮，弹出“曲线编辑器”界面，如图7-30所示。

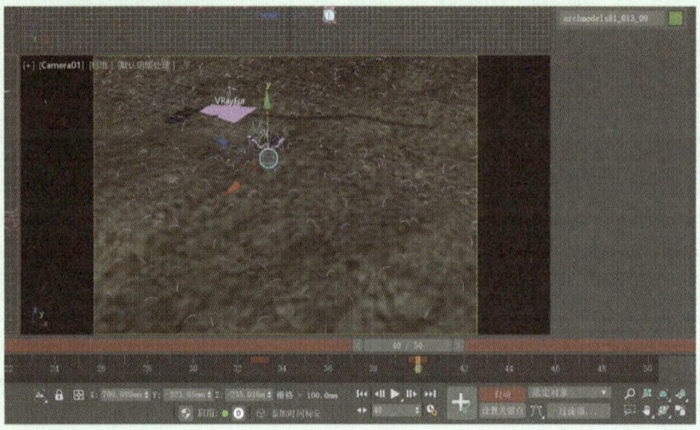

图 7-29

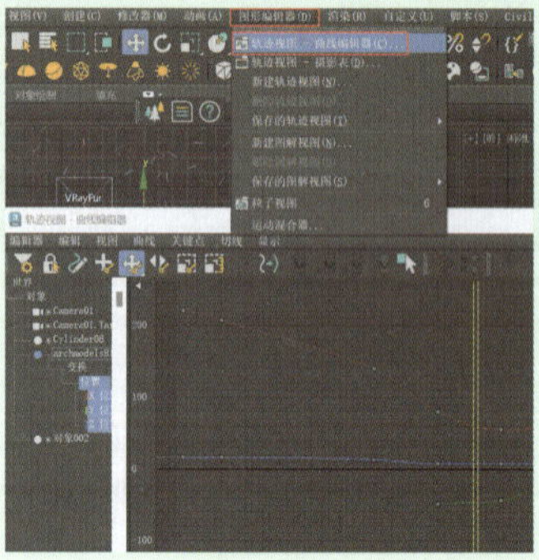

图 7-30

11 此时单击界面左侧的“Y位置”，可以看到Y轴位置上的动画曲线在第10～20帧之间的过渡非常生硬，证明该部分的动画过渡不合适，如图7-31所示。

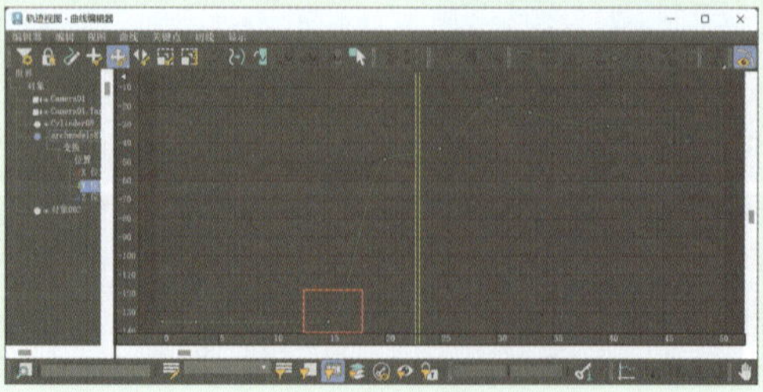

图 7-31

12 对曲线进行编辑。单击界面左侧的“Y位置”。调节曲线的形状使其过渡更加缓和，如图7-32所示。

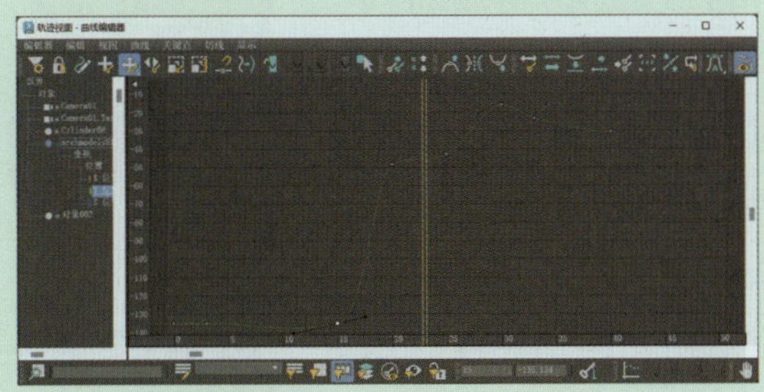

图 7-32

13 使用“曲线编辑器”调整曲线形状后，再次单击“自动”按钮，然后拖动时间滑块查看动画，效果如图7-33所示。

图 7-33

14 按F10键打开“渲染设置”面板，在“公用”选项卡下打开“公用参数”卷展栏，设置“时间输出”为“活动时间段”，如图7-34所示。在“渲染输出”选项组下单击“文件”按钮，设置保存类型为“AVI文件”，如图7-35所示。

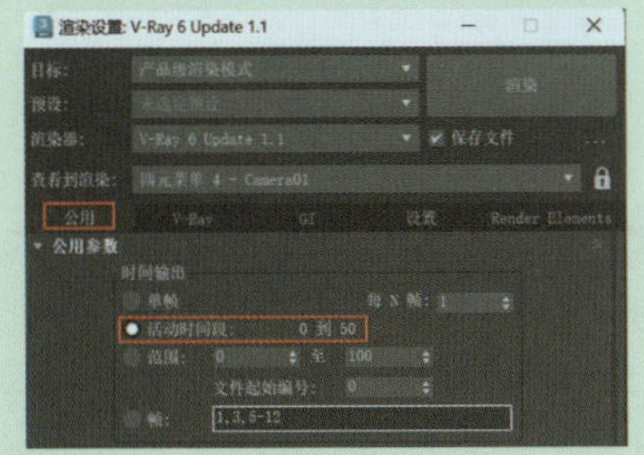

图 7-34

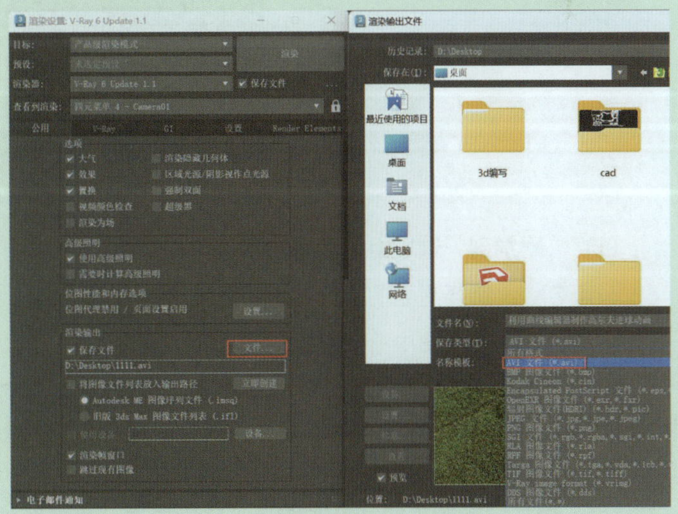

图 7-35

15 最后选择摄影机视图，单击“渲染”按钮进行动画渲染，其最终效果如图7-20所示。

7.3 约束

动画约束是帮助用户自动化生成动画的特殊控制器。通过与另一个对象的绑定关系，用户可以控制对象的移动、旋转或缩放。为对象设置约束可以将多个物体的变换约束到一个物体上，从而极大地减少动画师的工作量，也便于项目后期动画的修改。选择“动画”菜单→“约束”命令，即可看到3ds Max为用户提供的所有约束命令，如图7-36所示。

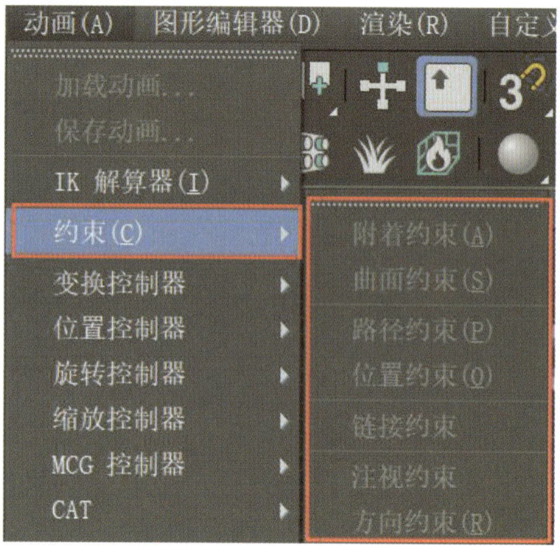

图 7-36

7.3.1 附着约束

“附着约束”是一种位置约束，它可以将一个对象的位置附着到另一个对象的表面上（目标对象不必是网格，但必须能够转换为网格），通常用来制作一些小饰品粘贴到人物的皮肤或衣服上的动画，如图7-37所示。其参数如图7-38所示。

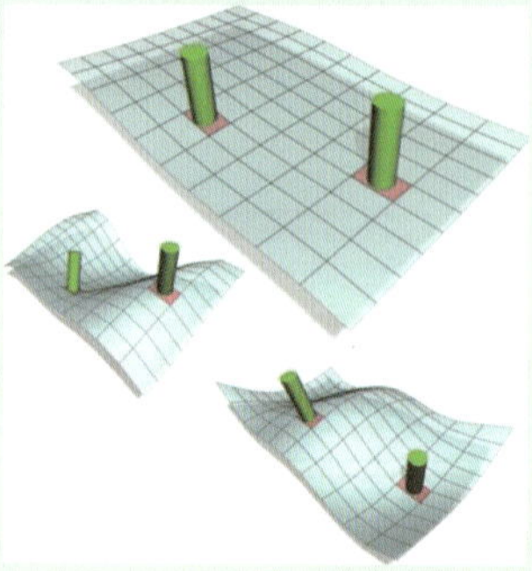

图 7-37

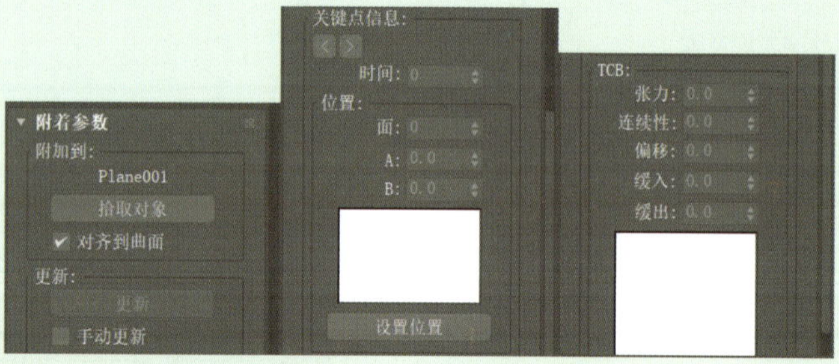

图 7-38

（1）“附加到”选项组主要包含以下3个选项。

对象名称：所要附着的目标对象。

拾取对象：在视图中拾取目标对象。

对齐到曲面：勾选该复选框后，可以将附着对象的方向固定在其所指定的表面上；取消选中该选项后，附着对象的方向将不受目标对象上面的方向的影响。

（2）“更新”选项组主要包含“更新”和“手动更新”两个选项。“更新”表示更新显示附着效果；勾选“手动更新”复选框后，可以单击“更新”按钮。

（3）“关键点信息”选项组主要包含“当前关键点”和“时间”两个选项。“当前关键点”用于显示当前关键点编号，可以移动到其他关键点。“时间”用于显示当前帧，并可以将当前关键点移动到不同的帧中。

（4）“位置”选项组用于在目标对象上调整源对象的位置。主要包含“面”“A/B”、显示窗口、“设置位置”4个部分。

（5）“TCB”选项组主要用于设置TCB控制器的张力、连续性、偏移量、缓入位置和缓出位置。

7.3.2 曲面约束

使用“曲面约束”可以将对象限制在另一对象的表面上，其参数如图7–39所示。

（1）“当前曲面对象”选项组

对象名称：选定对象的名称。

拾取曲面：选择需要用作曲面的对象。

（2）“曲面选项”选项组

U向位置：调整控制对象在曲面对象U坐标轴上的位置。

V向位置：调整控制对象在曲面对象V坐标轴上的位置。

不对齐：启用该选项后，不管控制对象在曲面对象上的什么位置，它都不会重定向。

对齐到U：将控制对象的局部Z轴对齐到曲面对象的曲面法线，同时将X轴对齐到曲面对象的U轴。

对齐到V：将控制对象的局部Z轴对齐到曲面对象的曲面法线，同时将X轴对齐到曲面对象的V轴。

翻转：翻转控制对象局部Z轴的对齐方式。

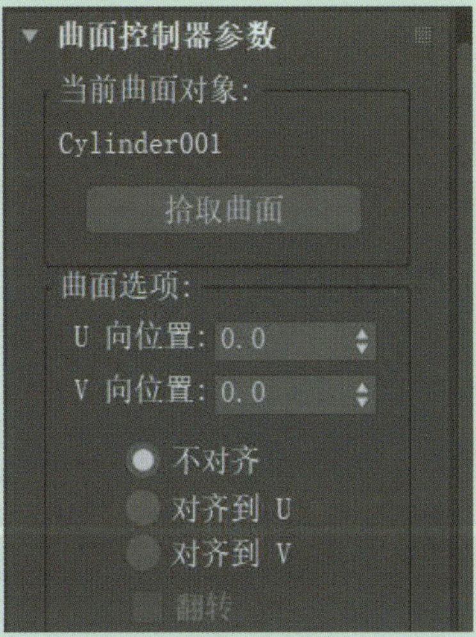

图 7–39

7.3.3 路径约束

“路径约束”控制器是一个用途非常广泛的动画控制器，它可以使物体沿一条样条曲线或多条样条曲线之间的平均距离运动，其参数如图7–40所示。

添加路径：添加一个新的样条线路径使之对约束对象产生影响。

删除路径：从目标列表中移除一个路径。

目标/权重：该列表用于显示样条线路径及其权重值。

权重：为每个样条线指定权重以设置动画。

“路径选项”选项组主要包含以下几个选项。

%沿路径：设置对象沿路径运动的位置的百分比。

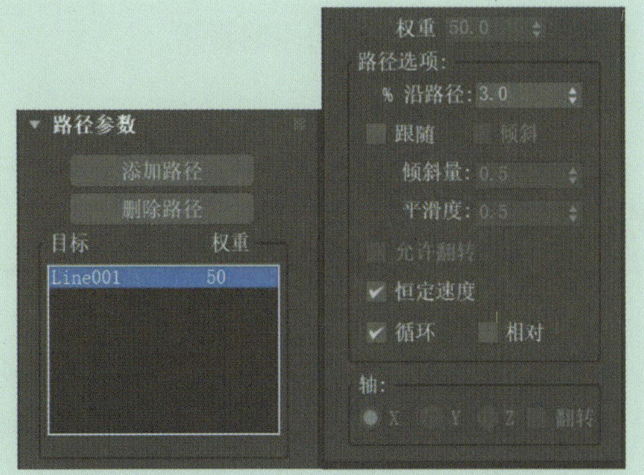

图 7–40

技巧 提示

“%沿路径”的值基于样条线路径的U值。一个NURBS曲线可能没有均匀的空间U值，因此如果“%沿路径”的值为50，可能不会直观地转换NURBS曲线长度的50%。

跟随：在对象跟随轮廓运动时将对象指定给轨迹。

倾斜：当对象通过样条线的曲线部分时允许对象倾斜（滚动）。

倾斜量：调整该值使倾斜从某一边开始。

平滑度：控制对象转弯时改变翻转角度的速度。

允许翻转：启用该选项后，可以避免对象沿着垂直方向的路径行进时发生翻转。

恒定速度：启用该选项后，可以使对象的运动保持一个恒定的速度。

循环：在默认情况下，约束对象到达路径末端时不会越过末端点；该选项会改变这一行为，约束对象到达路径末端时会循环回起始点。

相对：启用该选项后，可以保留约束对象的原始位置。

“轴”选项组用于将对象的轴与路径轨迹对齐。

7.3.4 位置约束

使用“位置约束”可以使对象跟随一个对象的位置或者几个对象的权重平均位置，其参数如图7-41所示。

添加位置目标：添加影响受约束对象位置的新目标对象。

删除位置目标：移除位置目标对象。一旦将目标对象移除，它将不再影响受约束的对象。

目标/权重：该列表用于显示目标对象及其权重值。

权重：为每个目标对象指定权重以设置动画。

保持初始偏移：启用该选项后，可以保存受约束对象与目标对象的原始距离。

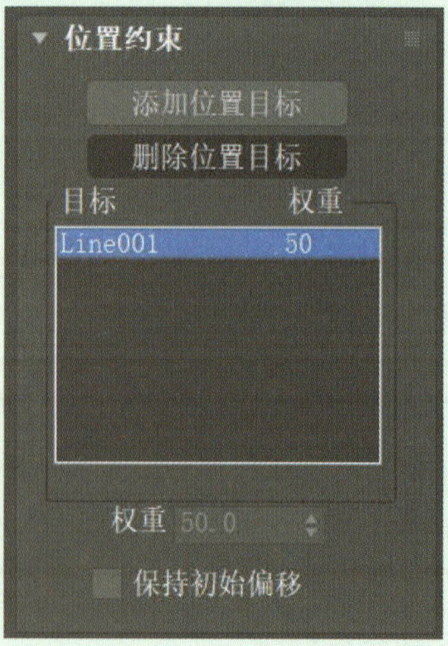

图 7-41

7.3.5 链接约束

如果使用“选择并链接”工具将两个物体进行父子链接，那么子对象只能继承父对象的运动，但如果使用“链接约束”控制器，则可使对象在不同的时间继承不同的父对象的运动，其参数如图7-42所示。

添加链接： 添加一个新的链接目标。

链接到世界： 将对象链接到世界（整个场景）。

删除链接： 删除高亮显示的链接目标。一旦链接目标被移除将不再对约束对象产生影响。

目标列表： 显示链接目标对象。

开始时间： 指定或编辑目标的帧值。高亮显示列表中的目标条目时，开始时间便显示为对象成为父对象时所在的帧。要在链接变换开始时更改，请调整该值。

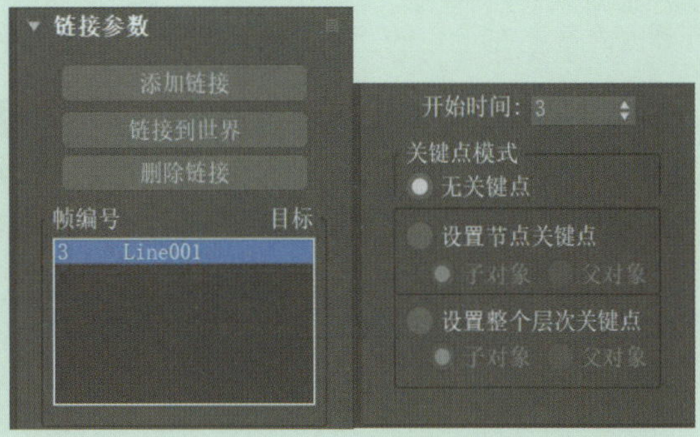

图 7-42

无关键点： 启用该选项后，不会在约束对象或目标对象中写入关键点。

设置节点关键点： 启用选项后，可以将关键帧写入指定的选项，包含“子对象”和“父对象”两种选择。

小实例：制作足球滚动动画

在本例中将使用路径约束来制作足球滚动的动画效果，如图7-43所示为本例的最终效果。

图 7-43

01 打开本书配套资源中的“Chapter 7/场景文件/足球滚动动画.max”文件，如图7-44所示。在右侧的命令面板的工具栏中选择“图形”选项，选择“线”工具，如图7-45所示。

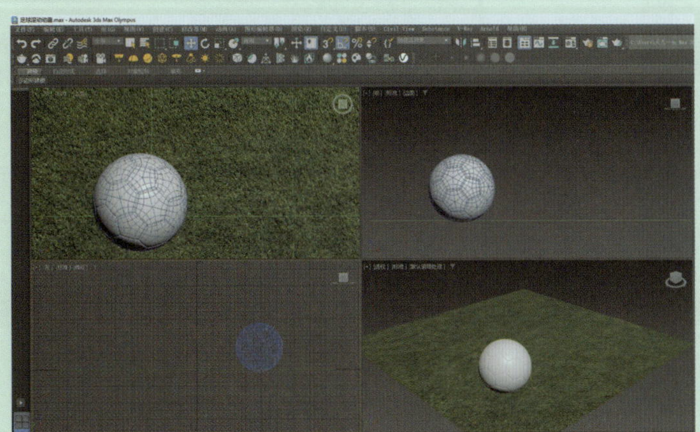
图 7-44

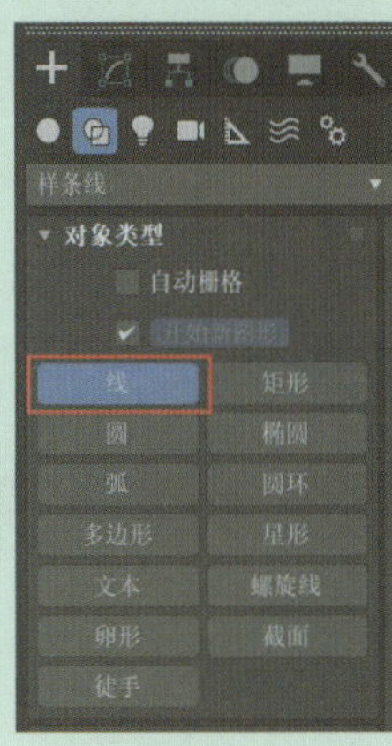

图 7-45

微课：制作足球滚动动画

02 然后在顶视图里绘制一条曲线，如图7-46所示。

03 选择足球，在命令面板中选择“运动”，在“指定控制器”卷展栏选择“位置”选项，然后单击卷展栏左上角的“指定控制器”按钮，如图7-47所示。

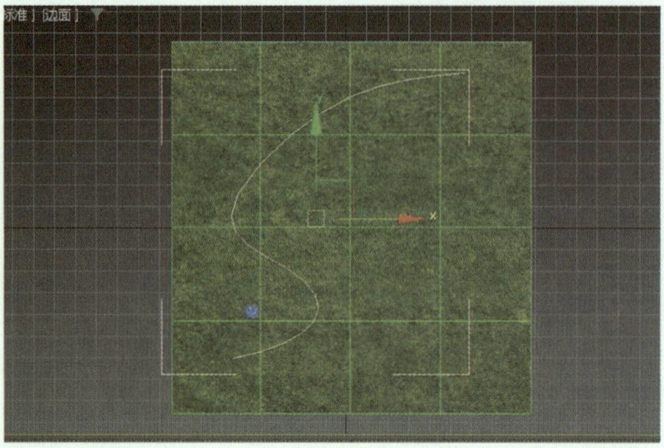

图 7-46

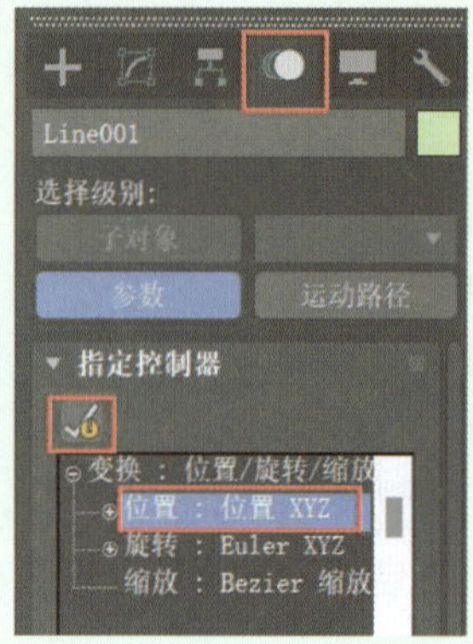

图 7-47

04 弹出“指定位置控制器”对话框，在该对话框中找到“路径约束”选项，如图7-48所示，点击“确定”按钮。

05 在“路径参数”卷展栏里单击“添加路径”按钮，如图7-49所示。

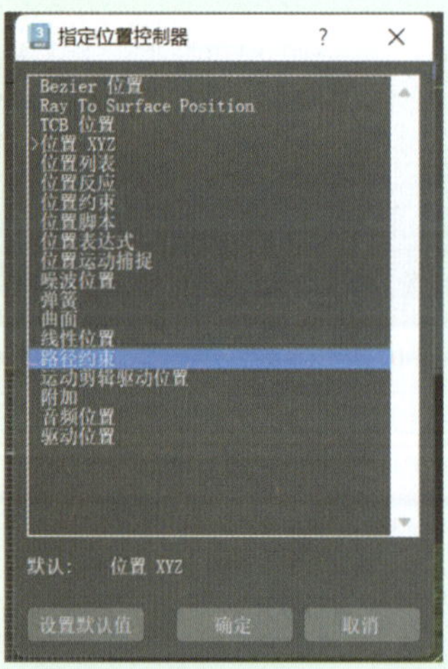

图 7-48

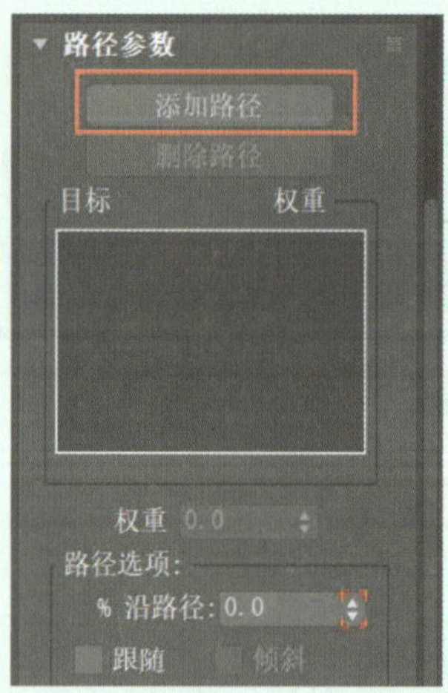

图 7-49

06 使用选择工具在视图里选择曲线，在时间轴上可以看到第一帧和最后一帧都变成了关键帧，如图7-50所示。

图 7-50

07 单击右下角播放控制器的“播放”按钮，可以看到球体沿着曲线做运动，如图7-51和图7-52所示为截取的其中两帧。

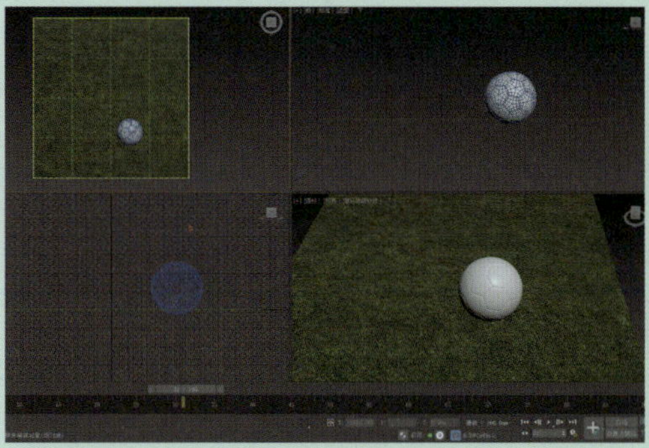

图 7-51

图 7-52

7.4 知识与技能梳理

本章主要讲解动画的分类以及3ds Max基本动画的创建方法，本章的内容是制作精美动画的基础。

重要工具：关键帧设置、时间配置、约束。

核心技术：通过简单的绘图命令，配合关键帧设置、时间配置、约束等操作制作简单的动画。

实际运用：制作高尔夫击球动画、制作足球滚动动画。

7.5 课后练习

一、选择题（共3题），请扫描二维码进入即测即评。

7.5 课后练习

1．在3ds Max中，动画时间的最小计量单位是（　　）。

A．帧　　B．秒　　C．分　　D．Ticks

2．摄影机校正修改器使用的透视方式是(　　)。

A．一点透视　　B．两点透视　　C．三点透视　　D．无透视

3．在3ds Max中渲染输出场景时，不能将输出文件保存为（　　)格式。

A．AVI　　B．TGA　　C．TIF　　D．PSD

二、简答题

1．动画渲染后所有的贴图都不见了，但是在创建预览的时候是可见的，为什么？

2．在两个网格物体之间进行外形上的变形动画时，需要哪些参数完全相同？

三维场景建模与摄影机动画

Chapter 8

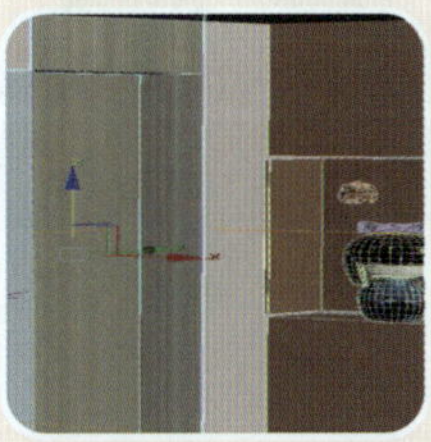    

室内设计效果图制作是3ds Max最常见的应用领域，3ds Max提供了强大的造型建模技术及更好的材质渲染功能，能够很好地表现作品的设计风格、色彩搭配、软装搭配等。本章为本书的综合实战演练章节，从场景模型的创建到效果图的输出都做了详细的介绍。通过本章，读者能够进一步了解效果图的制作过程、场景灯光的创建方法、各种常用材质的参数设置方法以及渲染参数的设置方法。

	知识点	学习目标			
		了解	掌握	应用	重点知识
学习要求	三维场景建模			🚩	
	三维场景材质	🚩			
	灯光与摄影机的创建		🚩		
	制作摄影机动画			🚩	
	渲染输出		🚩		

能力与素养目标

8.1 三维场景建模

在生活中，三维模型随处可见，墙体、桌椅、沙发、吊顶无不体现三维建模的过程。随着技术的不断发展，各个领域对于三维场景建模人才的需求与日俱增。本章节旨在以客厅为例介绍建模过程与技巧，以及后期渲染及制作摄影机动画的过程。

微课：三维场景建模

8.1.1 建模前准备阶段

简洁现代风格是室内装修比较常见的一种装修风格，现代风主要通过家具和装修材料来体现。现代风整体风格的色调偏灰，颜色偏浅色，家具形状非常方正，选材通常是实木，室内格局同样也比较方正。本例介绍室内设计的常用模型、材质、灯光及渲染过程，操作步骤如下。

01 打开3ds Max，单击“自定义”菜单中的“单位设置”命令。进入“单位设置”对话框，由于CAD建筑图纸中都以毫米作为单位，所以将“显示单位比例”更改为“毫米”，如图8-1所示。

02 单击“系统单位设置”按钮，将“英寸”更改为“毫米”，如图8-2所示。

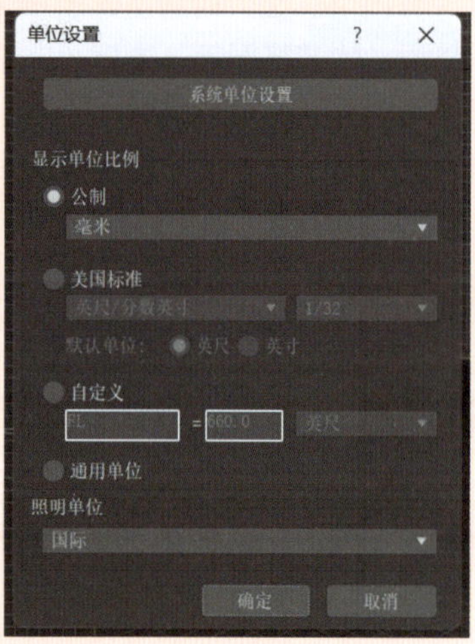

图 8-1

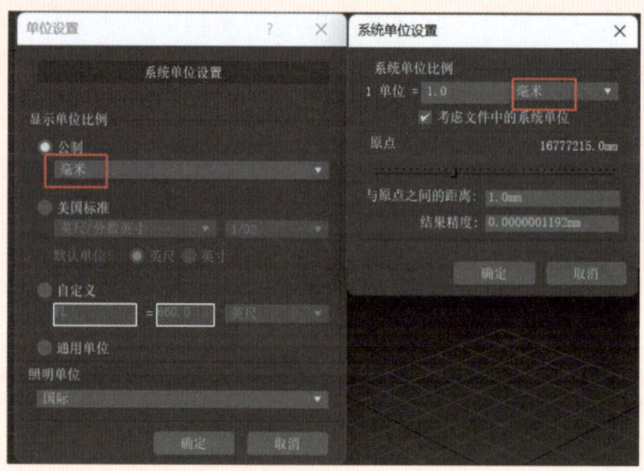

图 8-2

03 单位设置完毕后，将CAD平面户型图导入3ds Max之中。单击“文件”菜单中的“导入”命令，将导入的文件类型更改为“AutoCAD图形”，选择本书配套资源中的“Chapter 8/场景文件/3d房型图.dwg”文件，如图8-3所示。

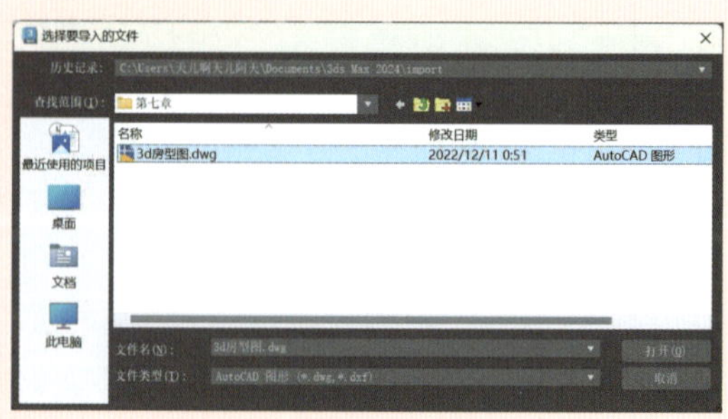

图 8-3

04 单击“打开”按钮，在弹出的“AutoCAD DWG/DXF导入选项”对话框中无须进行任何设置，直接单击“确定”按钮导入文件，如图8-4和图8-5所示。

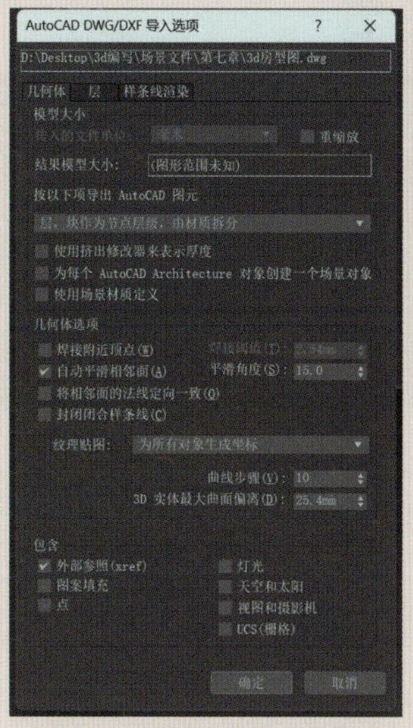

图 8-4

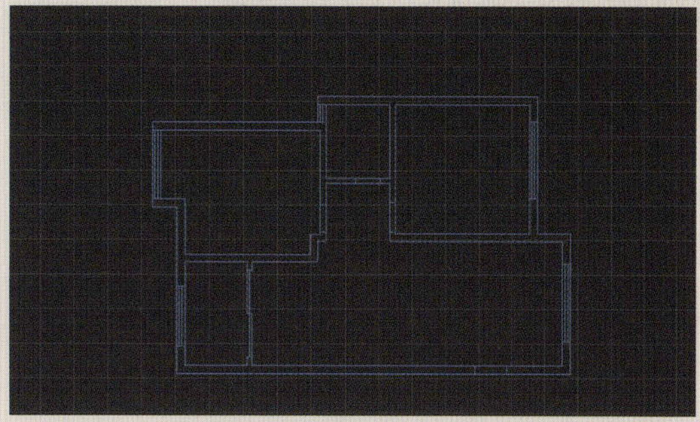

图 8-5

05 按Ctrl+A组合键全选平面图成组，在工具栏中右击移动工具，在弹出的“移动变换输入”对话框中把绝对坐标都修改成0，让平面图形回归原点，如图8-6所示。

06 按住工具栏中的“捕捉开关”按钮，在弹出的下拉列表框中选择“2.5维捕捉”。右击“捕捉开关”按钮，打开“栅格和捕捉设置”面板，勾选“顶点”复选框，如图8-7所示。

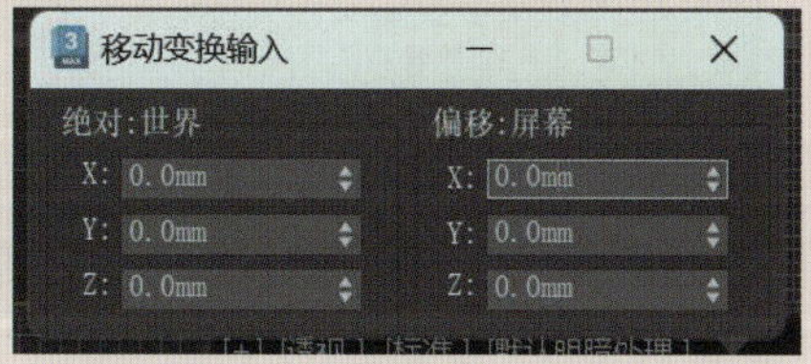

图 8-6

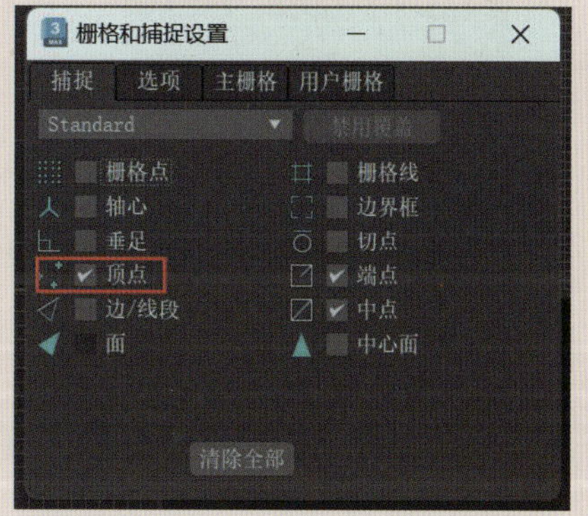

图 8-7

8.1.2 制作室内框架模型

导入DWG文件后就可以开始建模了，建立框架模型的方法很多，下面介绍一种非常快捷、方便的建模方法。

01 在命令面板中单击“创建”中的“图形”按钮，再单击“线”按钮和“2.5维捕捉”按钮，利用端点捕捉功能在顶视图中顺墙体内墙线捕捉，起始点到终点要闭合，注意在捕捉内墙洞时，需要停顿一下再继续进行捕捉，以方便后期制作门窗口，如图8-8所示。

02 在命令面板的“修改器列表”中选择“挤出”修改器，并设置挤出数量为商品房标准层高为2800 mm，如图8-9所示，挤出效果如图8-10所示。

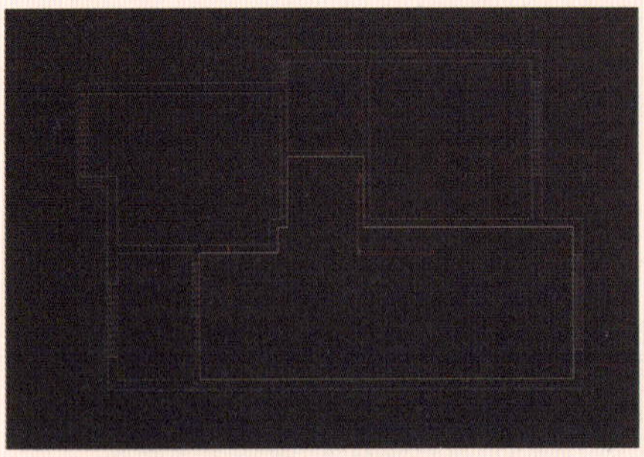

图 8-8

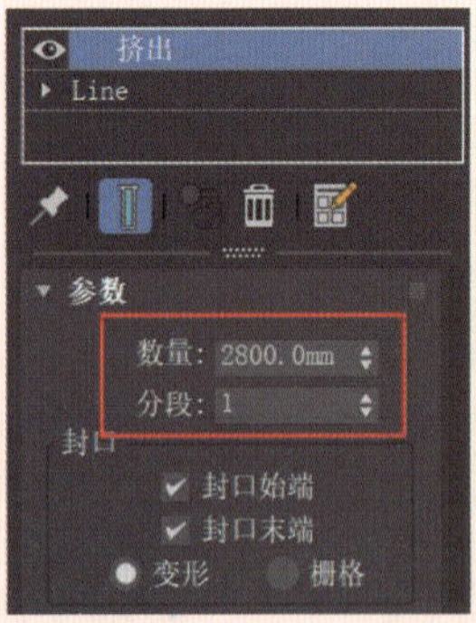

图 8-9

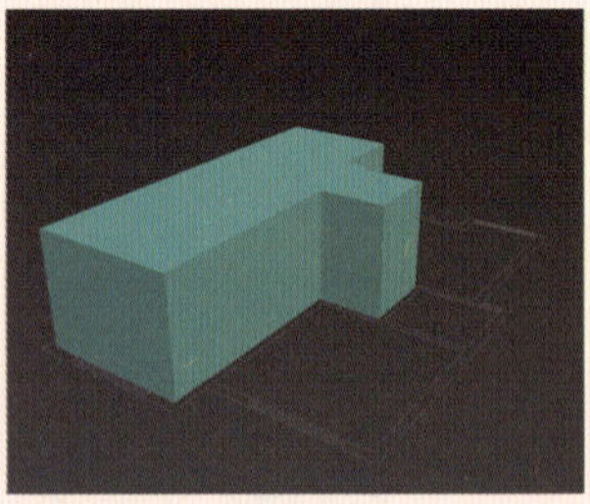

图 8-10

03 右击挤出后的模型，选择“转化为”→“转换为可编辑多边形”命令，在“修改”面板的“可编辑多边形”下拉列表中选择“元素”（快捷键“5”），在“编辑元素”卷展栏下单击“翻转”按钮，如图8-11所示。

04 右击模型执行“对象属性”命令，弹出“对象属性”对话框，在“显示属性”选项组下勾选“背面消隐”复选框（通过远离视图方向的法线来切换面的显示方式。启用该选项后，可以透过线框看到背面），如图8-12所示。

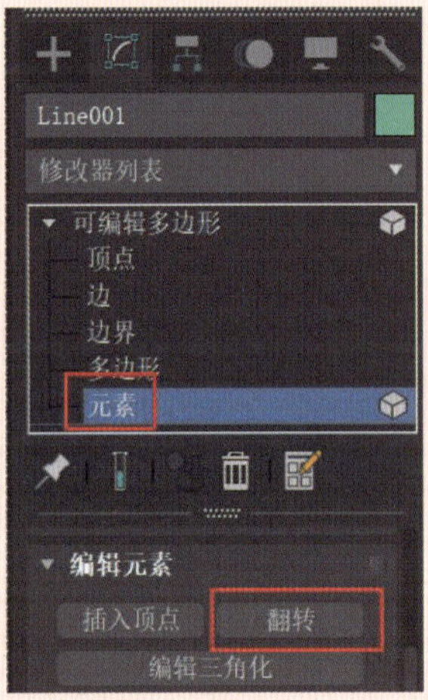

图 8-11

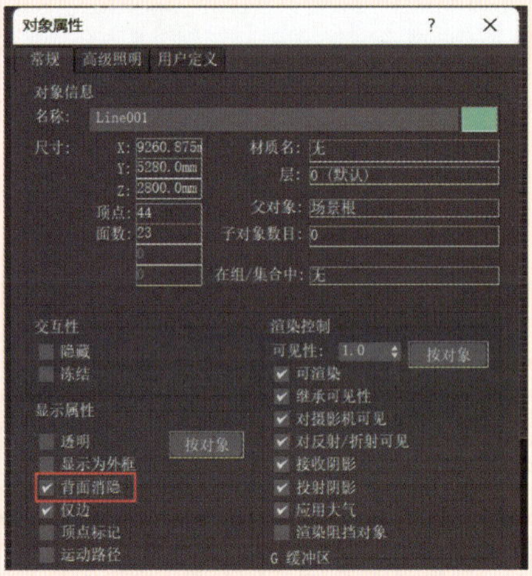

图 8-12

05 接下来需要在墙体门窗的位置上开洞。首先单击“边”（快捷键“2”），使用快捷键F4显示墙体的分段数，这样更方便制作窗，如图8-13所示。

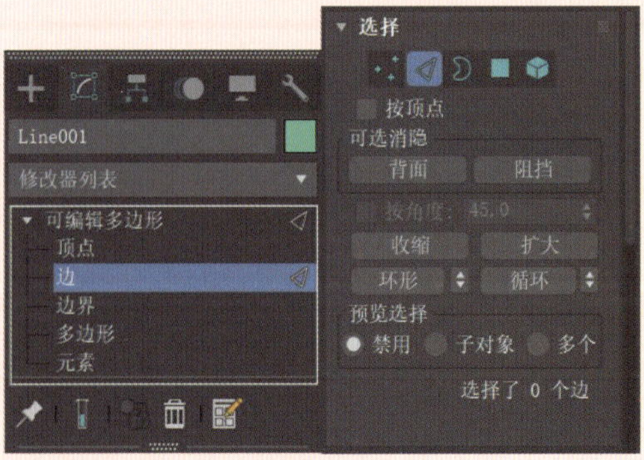

图 8-13

06 选择其中一条边，按Ctrl键加选另一条，单击“编辑边”卷展栏下的“连接”按钮，连接两条边。再确定窗户的高度，在“偏移模式变换输入”的Z轴中分别输入2400.0mm和200.0mm，如图8-14所示。

07 在“修改”面板下“可编辑多边形”下拉列表中选择“多边形”，在“编辑几何体”选项组中单击“分离”按钮，设置分离名称为“窗户”，单击“确定”按钮，选中分离出来的窗户，按Delete键删除，如图8-15所示。

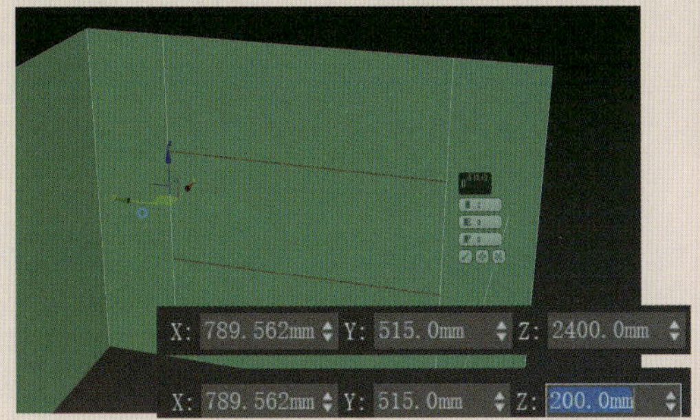

图 8-14

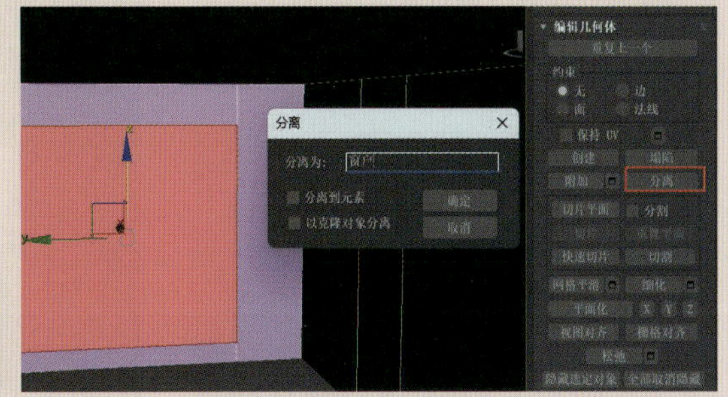

图 8-15

08 窗户删除后效果如图8-16所示。进入边层级，按Ctrl键选择门洞的两条边，单击“连接”按钮，连接一条新的边，在“偏移模式变换输入”的Z轴中输入2300.0mm，如图8-17所示。

图 8-16

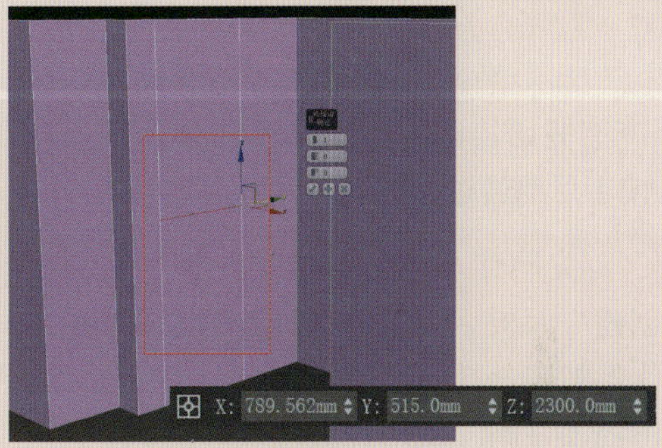

图 8-17

09 进入多边形层级，选中门，单击“挤出”按钮旁的“设置”按钮，在对话框中设置挤出数值为-240mm，如图8-18所示。

10 在多边形层级中，选择如图8-19所示的多边形，单击“分离”按钮，在弹出的“分离”对话框中，设置分离名称为“门套”，如图8-19所示。

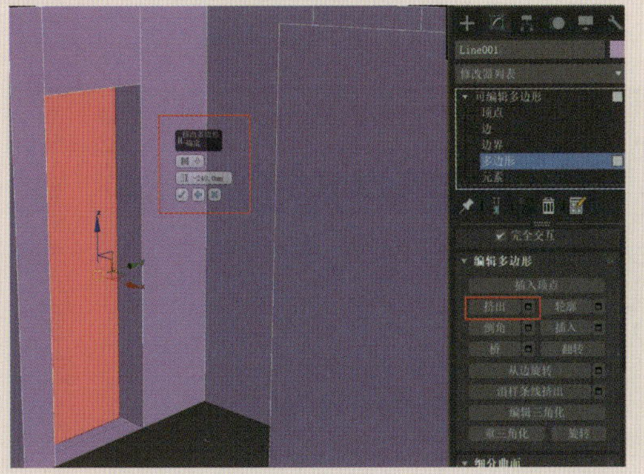

图 8-18

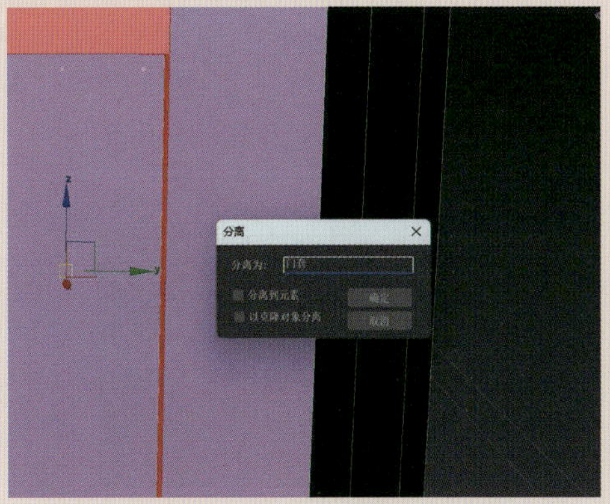

图 8-19

11 在多边形层级中，选择如图8-20所示的多边形，单击“分离”按钮，在弹出的“分离”对话框中，设置分离名称为“门板”，如图8-20所示。

12 重复上述步骤，将剩余的门创建完毕。目前，客厅的部分墙体已经创建完成，选择透视图，按Ctrl+Alt+Z组合键可以看到整个建立的墙体，如图8-21所示。

图 8-20

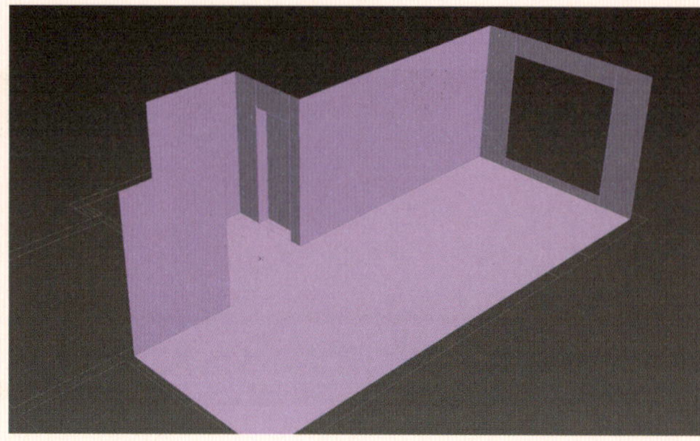

图 8-21

8.1.3 绘制吊顶

下面开始绘制客厅的吊顶部分。吊顶和背景墙部分的制作没有室内家具模型制作那么复杂，读者后期通过多加练习即可掌握。

01 首先制作吊顶。打开顶视图，进入“创建”面板后，单击“图形”选项中的“线”按钮，打开“捕捉开关”，在顶视图沿内墙绘制一圈，右击，在弹出的“样条线”对话框中单击“是”按钮，如图8-22所示。

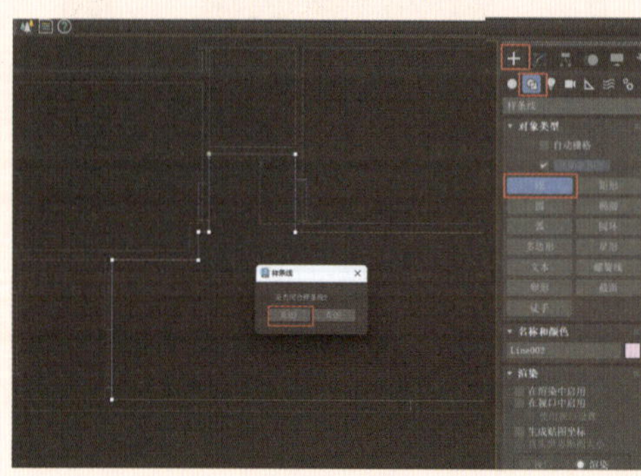

图 8-22

02 单击选中前面绘制的样条线，右击“转化为”→“转化为可编辑样条线”，如图8-23所示。选中该样条线，打开“修改”面板，单击“可编辑样条线”下拉列表框，进入“样条线”层级，设置“轮廓”的数值为-200，如图8-24所示。

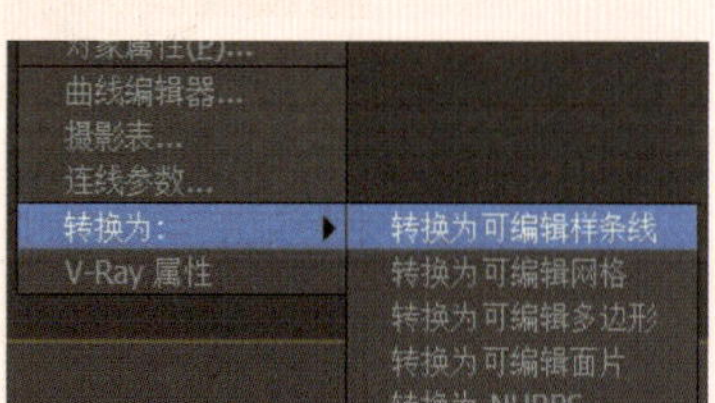

图 8-23

图 8-24

03 选中该样条线，打开“修改”面板，进入“顶点”层级，将上方轮廓的两个顶点移动到如图8-25所示位置。

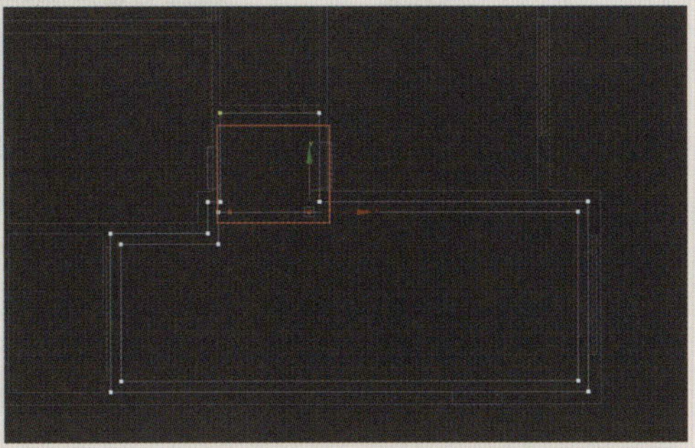

图 8-25

04 选中该样条线，打开“修改”面板，在“修改器列表”加载“挤出”修改器，在“参数”选项卡中，设置挤出数量为200mm，如图8-26所示。

05 在“偏移模式变换输入”中设置Z轴数值为2600mm，吊顶效果如图8-27所示。

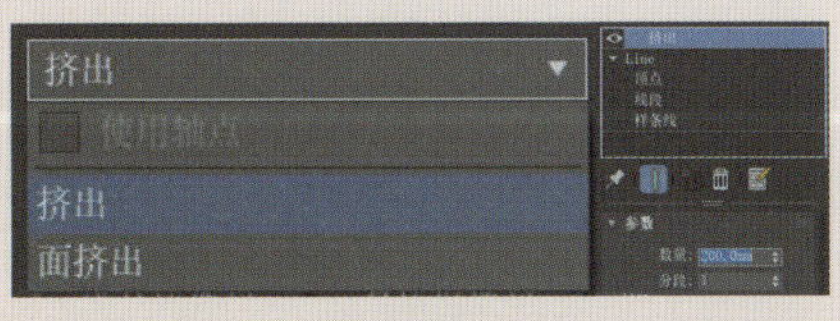

图 8-26

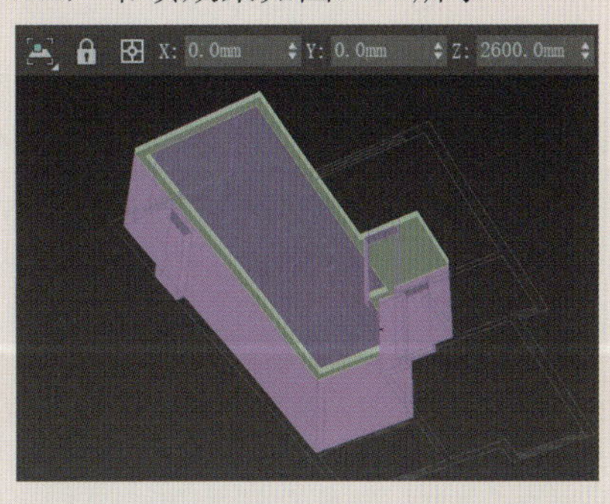

图 8-27

8.1.4 导入客厅配饰模型

01 本例中室内空间的所有模型都是从外部导入当前场景中的。网络上有许多免费的模型可以下载，为制作效果图提供了很大便捷。可执行“文件”菜单→“导入”→“合并”命令，导入外部场景文件“Chapter 8/场景文件/客厅配饰.max”，如图8-28所示。

02 将沙发、茶几、地毯等模型导入场景中，注意在导入模型时需要取消勾选灯光、摄影机、渲染设置的复选框，如图8-29所示。

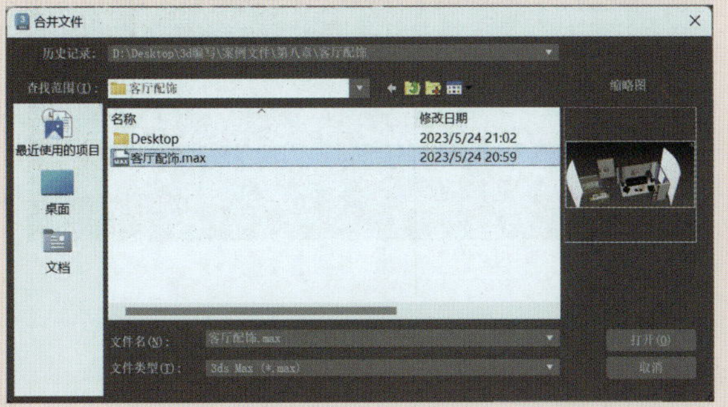

图 8-28

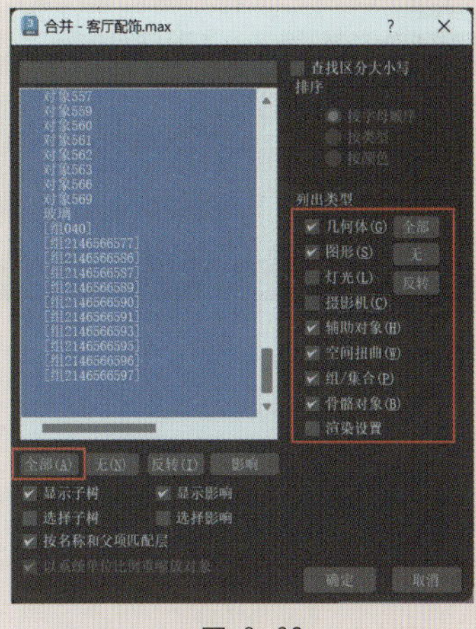

图 8-29

03 将模型调整为适当大小，将沙发模型的位置与电视墙的位置相对应，如图8-30所示。

图 8-30

8.2 主要三维场景材质

场景中物体材质的制作要根据材质在自然界的基本属性和特征进行。需要根据不同材质的表现形式，选择合适的材质属性。下面主要针对一些重要的材质进行参数调整，以标准材质和VRay材质为案例进行实践。

微课：三维场景材质

8.2.1 乳胶漆材质的制作

01 单击“材质编辑器”按钮（快捷键为M），选择一个空白材质球，将材质转换为VRayMtl材质，并将其更名为“白乳胶”，如图8-31所示。将漫反射的颜色调整为如图8-31所示的数值。

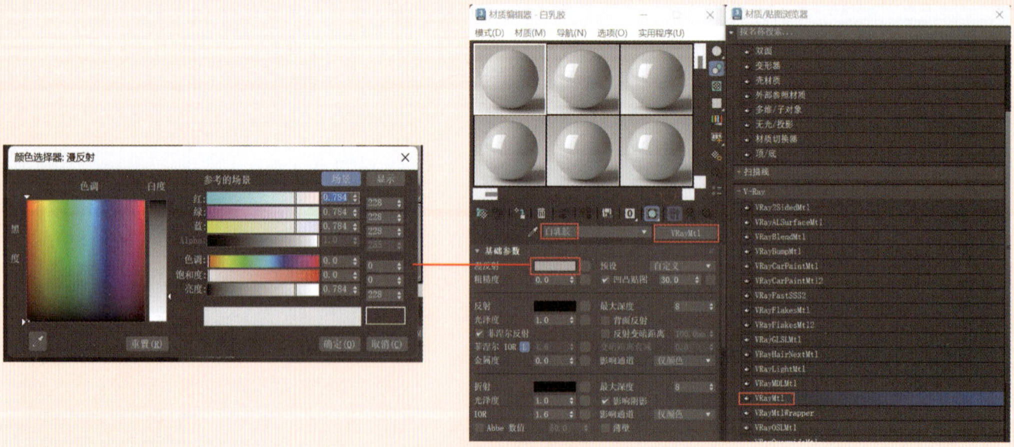

图 8-31

02 设置乳胶漆的反射颜色为（R:59，G:59，B:59），光泽度为 0.25，如图8-32所示。

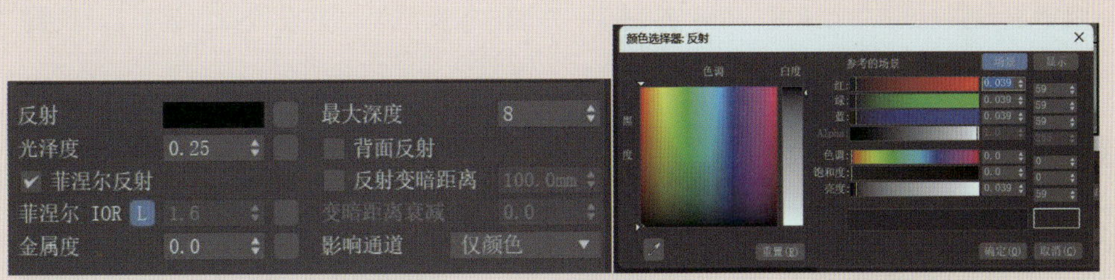

图 8-32

03 选择“可编辑多边形”下拉列表，进入多边形层级，选择顶面多边形，在“编辑几何体”卷展栏单击“分离”按钮，设置“分离为”为“顶面”，如图8-33所示。

04 将上述步骤中制作好的“白乳胶”材质球赋予顶面与吊顶，如图8-34所示。

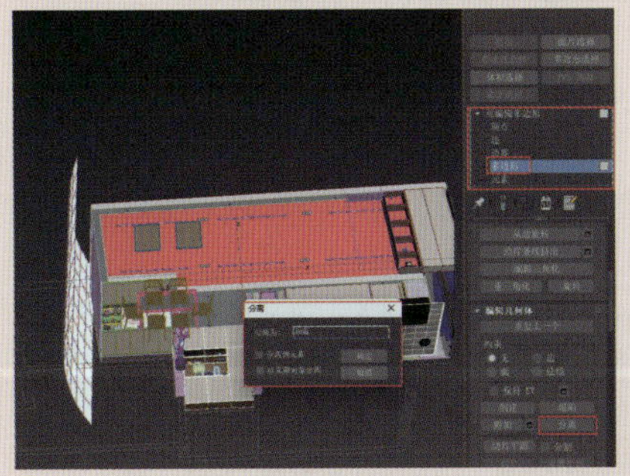

图 8-33

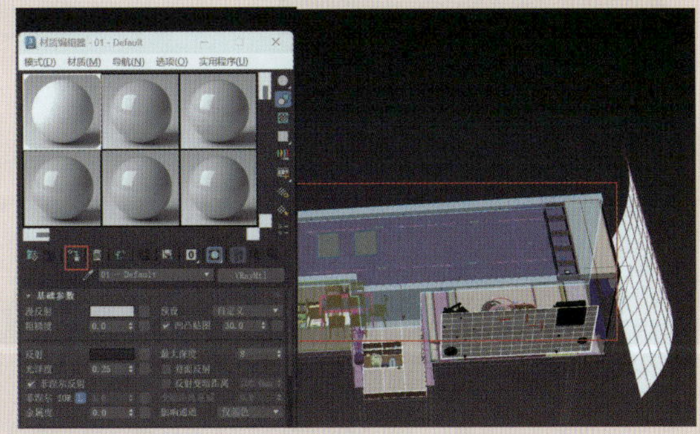

图 8-34

05 场景中所需要的是两种颜色的乳胶漆，墙面为米色乳胶漆材质。选择一个空白材质球，将材质转换为VRayMtl材质，并将其更名为“米色乳胶漆”，在“漫反射”后面加载“RGB倍增”通道，如图8-35所示。设置“颜色 #2”颜色为（R:220，G:210，B:198），如图8-36所示。

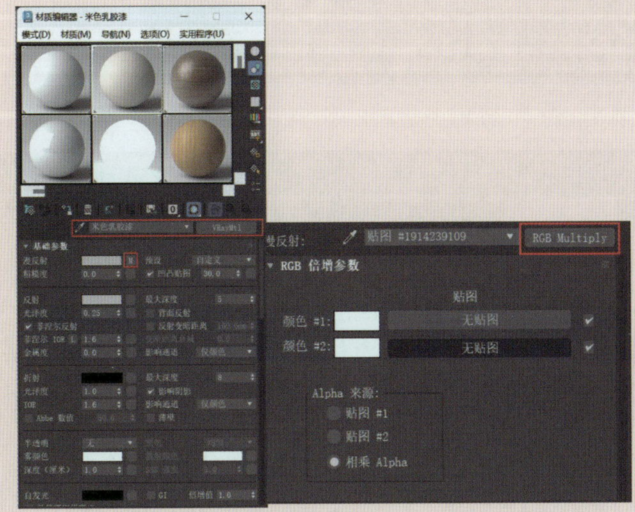

图 8-35

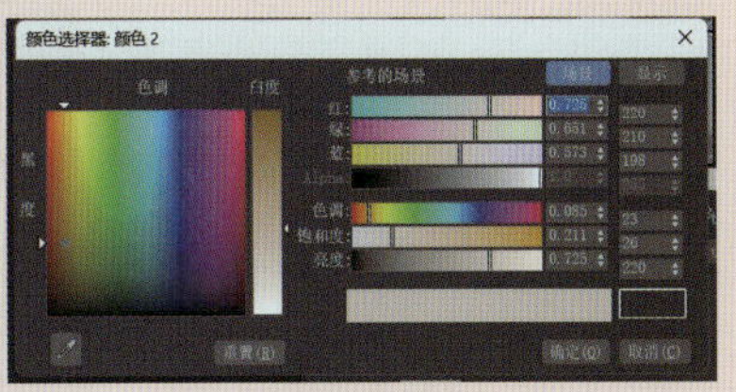

图 8-36

06 返回上一层级，设置“漫反射”颜色为（R:197，G:197，B:197），如图8-37所示。在“反射”选项组中，设置反射“光泽度”为0.7，打开“菲涅尔反射”，并设置数值为1.7，设置“最大深度”为5，设置反射颜色为（R:202，G:202，B:202），如图8-38所示。

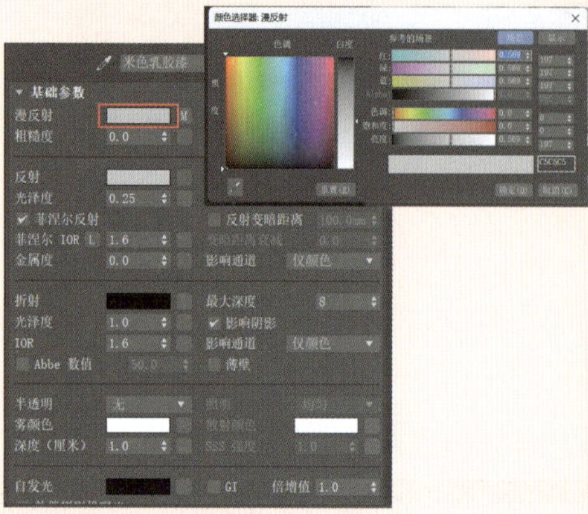

图 8-37

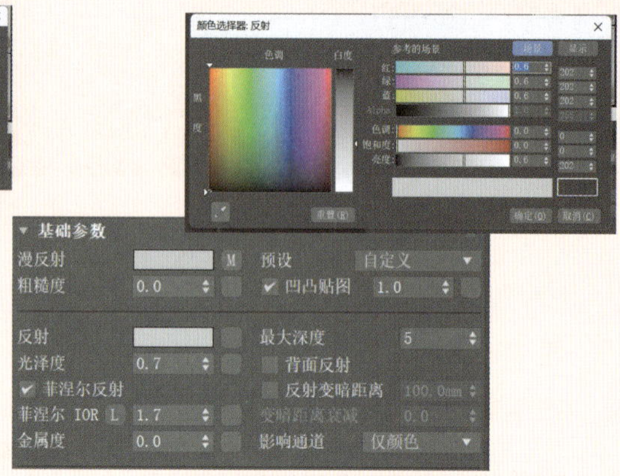

图 8-38

07 进入多边形层级，选择地面多边形，进入“修改”面板，在“编辑几何体”卷展栏中单击“分离”按钮，在弹出的“分离”对话框中设置“分离为”为“地面”，单击“确定”按钮，如图8-39所示。

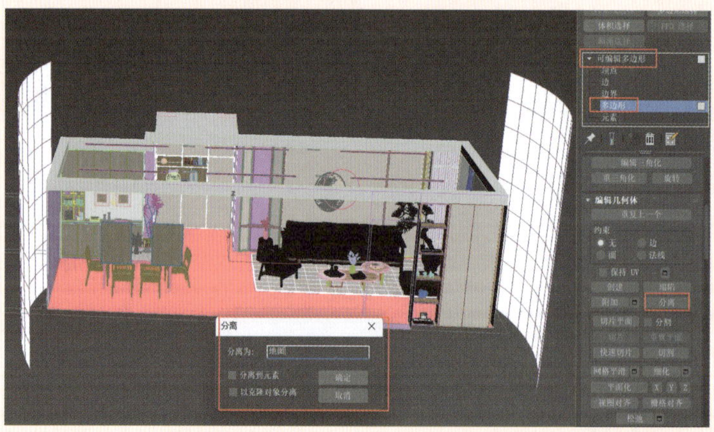

图 8-39

08 重复上述步骤，将制作好的“米色乳胶漆”材质球赋予墙面，最终效果如图8-40所示。

图 8-40

8.2.2 地板材质的制作

01 制作地板材质同样要将其转换为VRayMtl材质，将其更名为“地板”，单击“漫反射”后面的通道，为其添加本书配套资源中的“Chapter 8/场景文件/地板.jpg”材质贴图，如图8-41所示。

02 在“反射”选项组中，在反射通道中加载“衰减”通道，如图8-42所示。

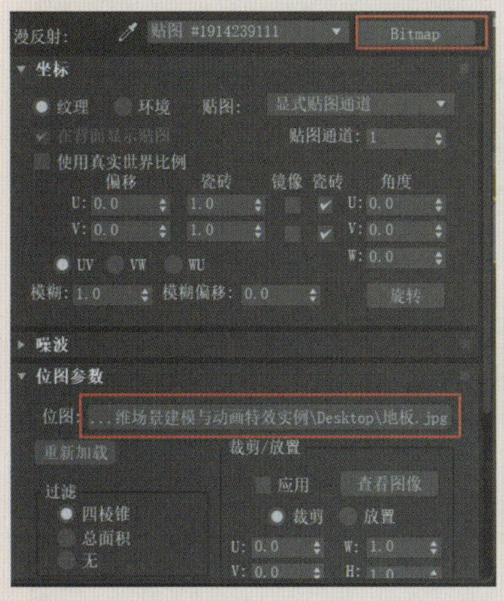

图 8-41

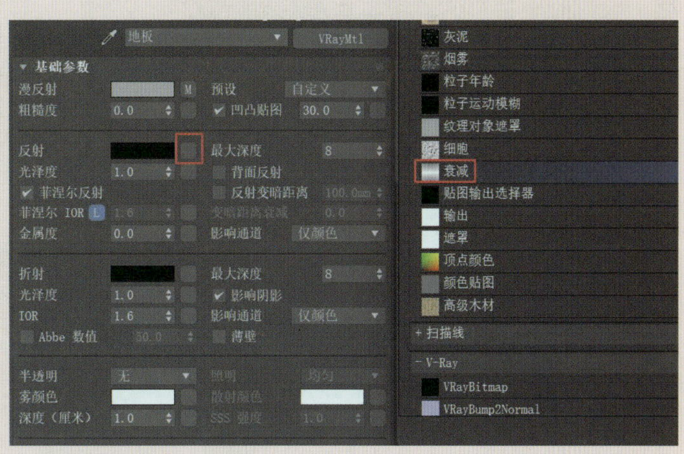

图 8-42

03 衰减通道中，设置“颜色1”的RGB值均为59，“颜色2”的RGB值均为174，如图8-43所示。

04 在“反射”选项组中，设置“光泽度”为0.6，取消勾选“菲涅尔反射”复选框，将“最大深度”设置为5，如图8-44所示。

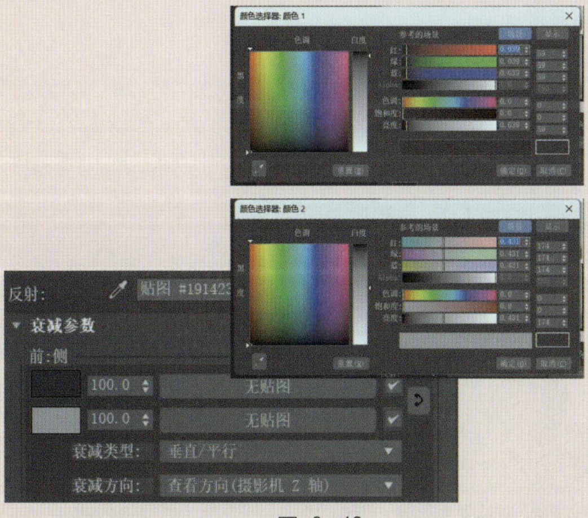

图 8-43

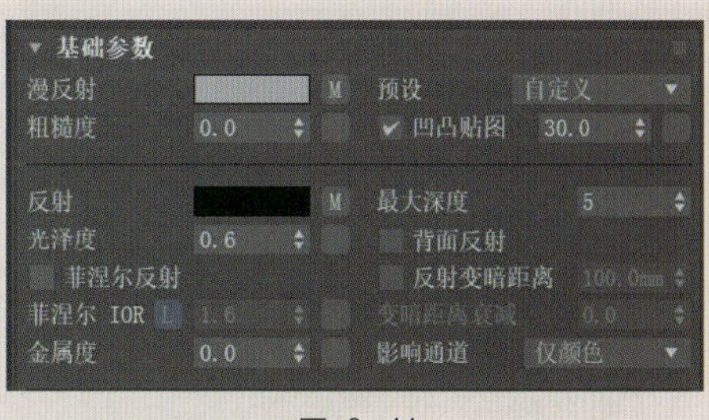

图 8-44

05 进入多边形层级，选中地面，将制作好的“地板”材质球赋予地面，效果如图8-45所示。选中地面，打开“修改”面板，在“修改器列表”中加载“UVW贴图”修改器，在“参数”卷展栏中勾选“平面”选项，如图8-46所示。

图 8-45

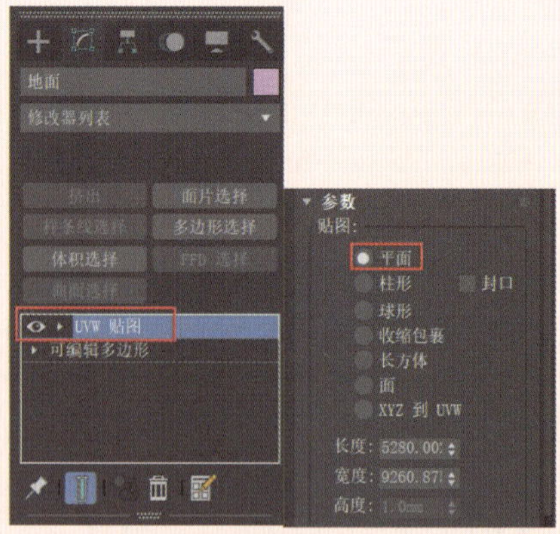

图 8-46

06 地面最终效果如图8-47所示。

图 8-47

8.2.3 金属材质的制作

01 选择一个空白材质球，将其材质转换为VRayMtl材质，并将其更名为“金属”，设置“漫反射”颜色为（R:228，G:228，B:228），如图8-48所示。

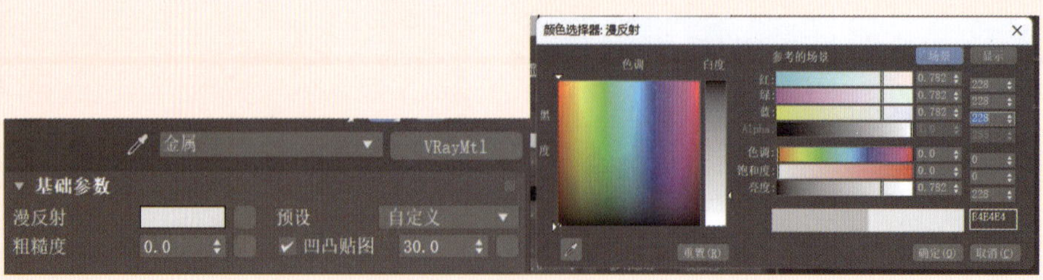

图 8-48

02 在“反射”选项组中，设置“光泽度”为0.85，勾选“菲涅尔反射”复选框并设置数值为2，设置“最大深度”为5，如图8-49所示。设置“反射”颜色为（R:247，G:247，B:247），如图8-50所示。

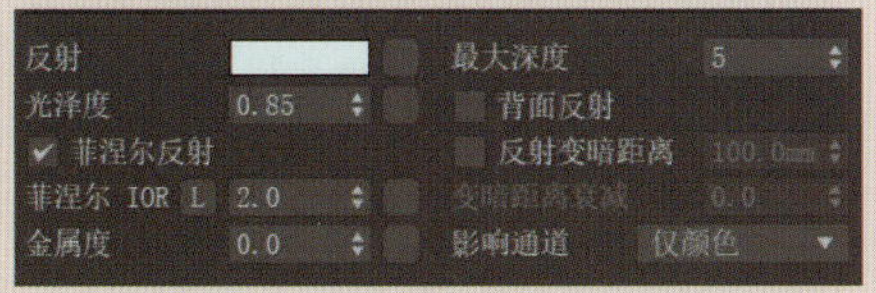

图 8-49

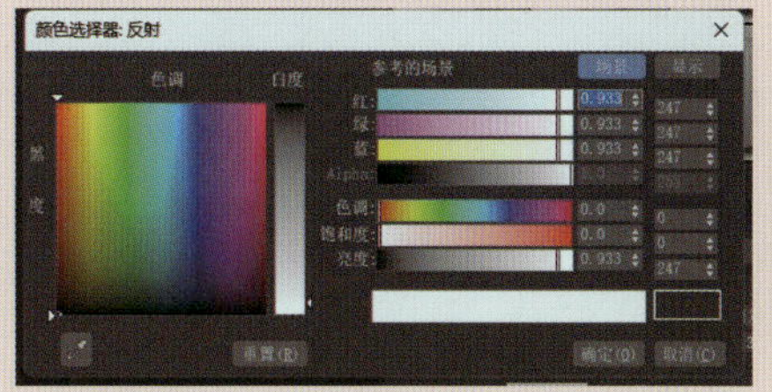

图 8-50

03 金属材质参数设置完毕，按住Ctrl键并选中地灯、筒灯罩等金属材质物品，打开材质编辑器将材质赋给选中物体，如图8-51所示。

图 8-51

8.2.4 自发光材质的制作

01 选择一个空白材质球，将其材质转换为VRayLightMtl材质，并将其更名为“自发光”，如图8-52所示。

02 在“灯光倍增值参数”卷展栏中，设置“颜色”的倍增值为3.5，如图8-53所示。

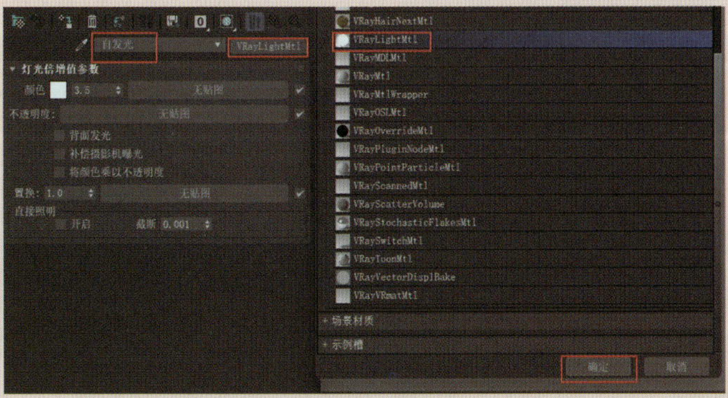

图 8-52

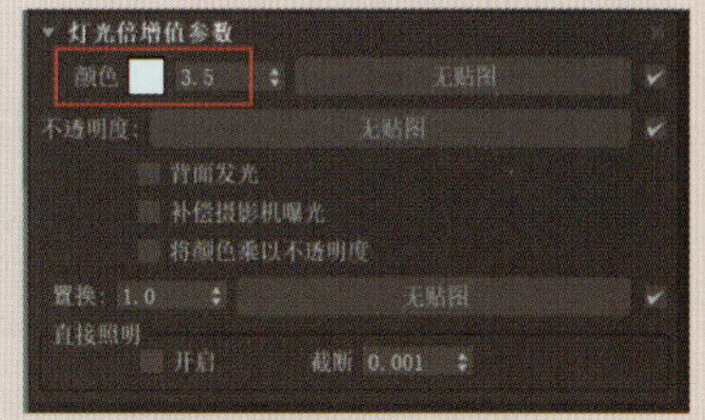

图 8-53

03 完成自发光材质的制作，将其赋予筒灯，效果如图8-54所示。

04 选择一个空白材质球，将其材质转换为VRayLightMtl材质，并将其命名为“窗外”，在“灯光倍增值参数”卷展栏中，在“颜色”后面增加“Chapter 8/场景文件/窗外.jpg”素材贴图，如图8-55所示。

1
2
3
4
5
6
7
8
9

图 8-54

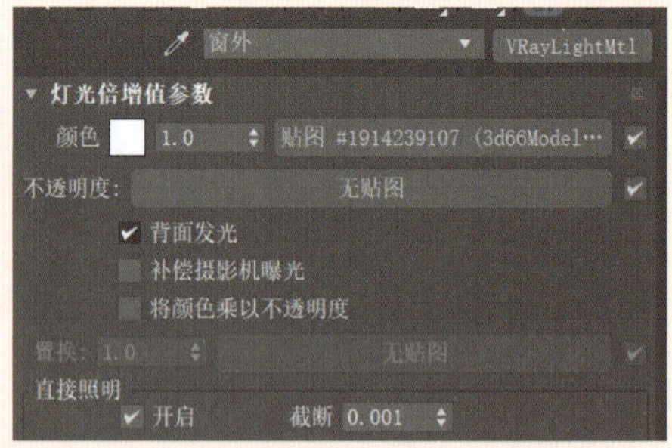

图 8-55

05 完成窗外场景自发光材质的制作，将其赋予给平面，并在“修改器列表”中加载“UVW贴图”修改器，在“参数”卷展栏中勾选“平面”复选框，效果如图8-56所示。

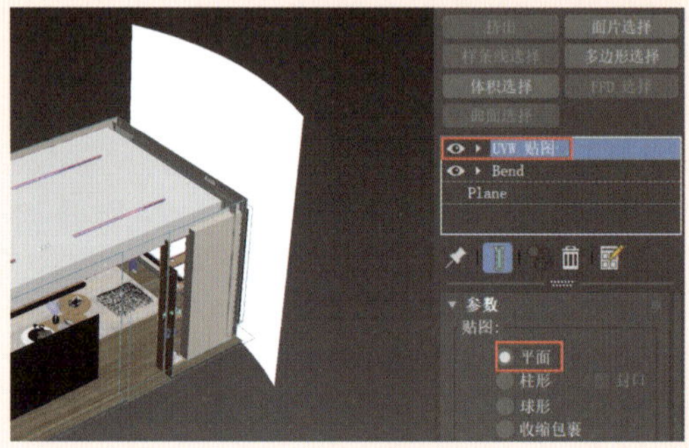

图 8-56

8.3 灯光与摄影机的创建

由于选择了无主灯设计，因此本例主要讲述了在场景中如何表现室外阳光以及筒灯的灯光。

微课：灯光与摄影机创建

8.3.1 灯光的创建

01 单击“创建”面板，选择“灯光”面板中的“VRay”选项，在“对象类型”卷展栏中选择“VRayLight”灯光，如图8-57所示，在右视图中创建VRayLight灯光，调整位置如图8-58所示。

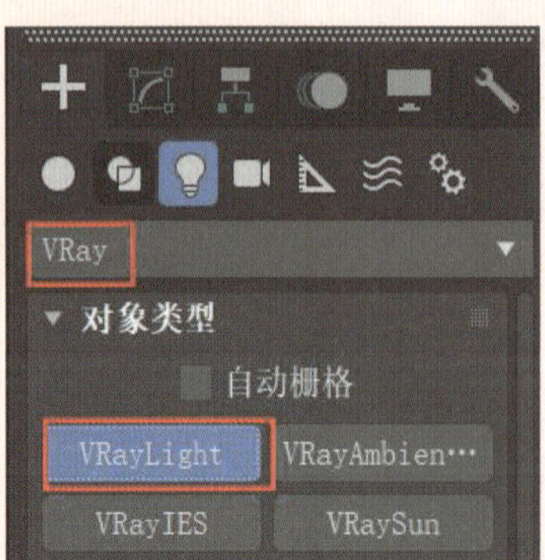

图 8-57

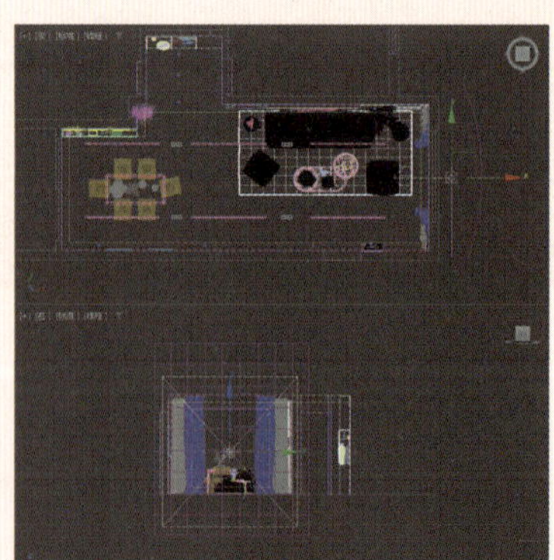

图 8-58

02 选择VRayLight灯光，进入修改器面板，在“常规”卷展栏中设置“倍增值”为11，调整“颜色”为（R:255，G:255，B:237），在“选项”卷展栏下勾选“不可见”复选框，如图8-59所示。

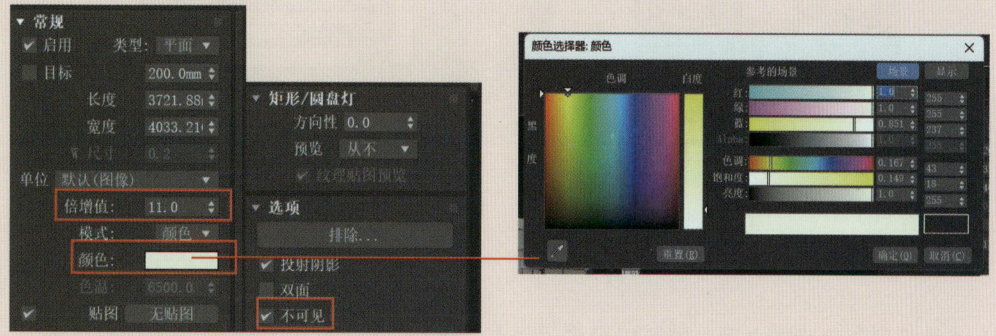

图 8-59

03 接下来制作射灯效果。在前视图中创建一盏自由灯光，位置如图8-60所示。用实例复制的方式在每个筒灯下都复制一盏自由灯光，如图8-61所示。

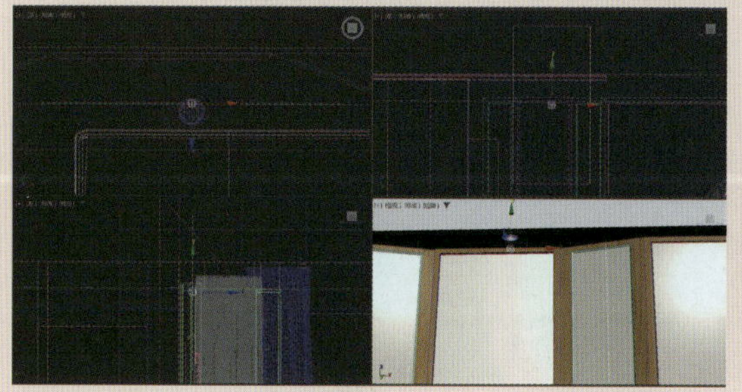

图 8-60

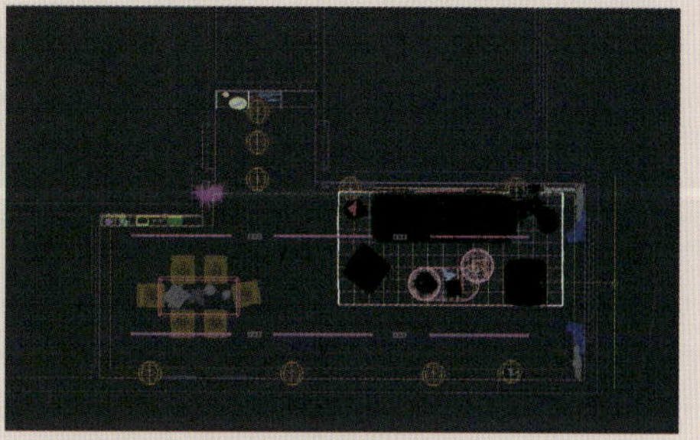

图 8-61

04 选择灯光，进入“修改”面板，在“常规参数”卷展栏中选择“灯光分布（类型）”为“光度学Web”，如图8-62所示。

05 在“分布（光度学Web）”卷展栏中，单击“<选择光度学文件>”按钮，添加光域Web文件“Chapter 8/场景文件/提取.ies”，如图8-63所示。

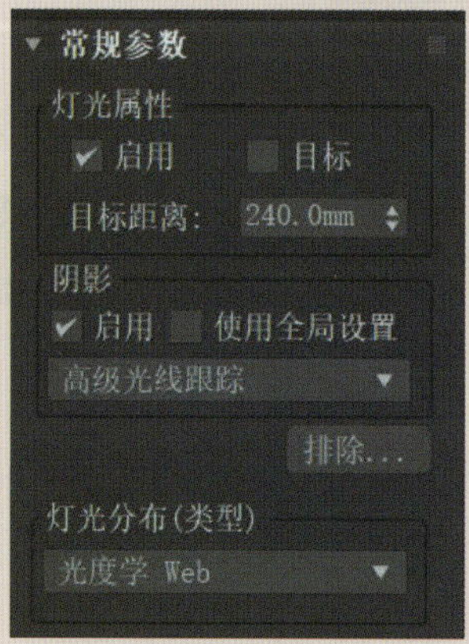

图 8-62

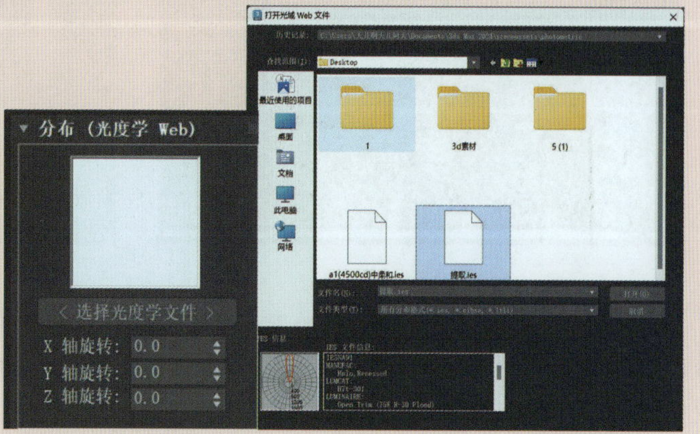

图 8-63

06 在“强度/颜色/衰减”卷展栏中，设置过滤颜色为（R:255，G:255，B:223），如图8-64所示。

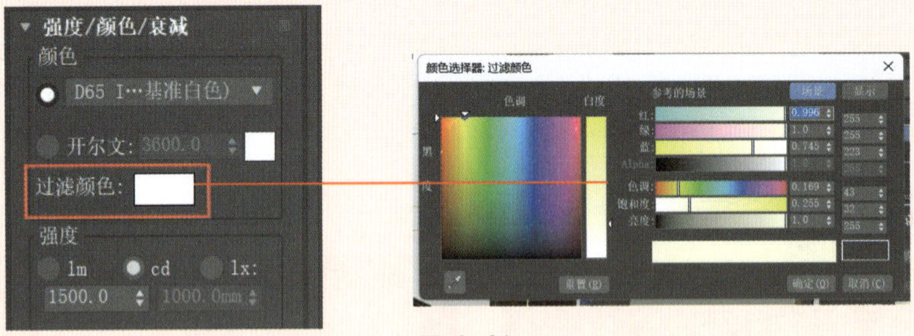

图 8-64

8.3.2 创建摄像机

墙体模型创建完成之后，就可以预先设置“摄影机”选项，以便于直观地观察视图。

01 在“创建”面板中单击“摄影机”图标，在“对象类型”卷展栏中选择“目标”按钮，在顶视图的客厅位置创建一架目标摄影机，如图8-65所示。

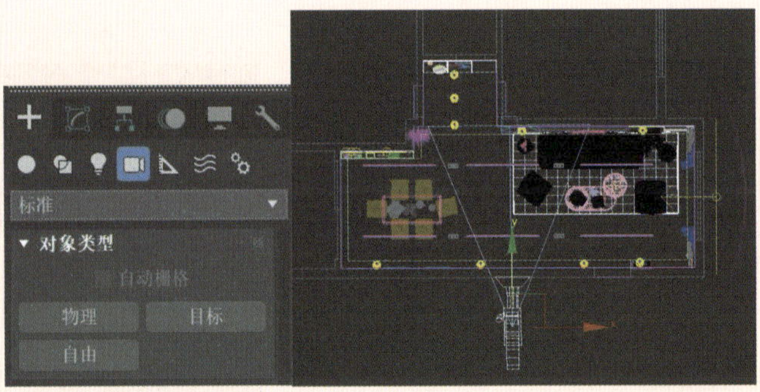

图 8-65

02 在透视图中按C键，将视图转换成摄影机视图，如图8-66所示。

03 默认摄影机是紧贴地面的，因此需要在前视图中将摄影机调整得高一些，并在顶视图中将摄影机往后移，如图8-67所示。

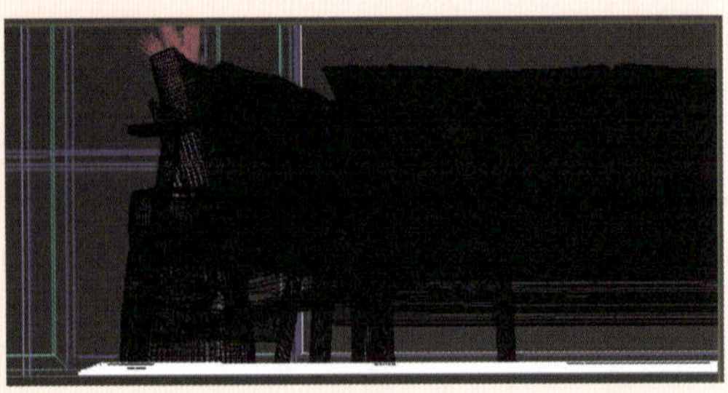

图 8-66

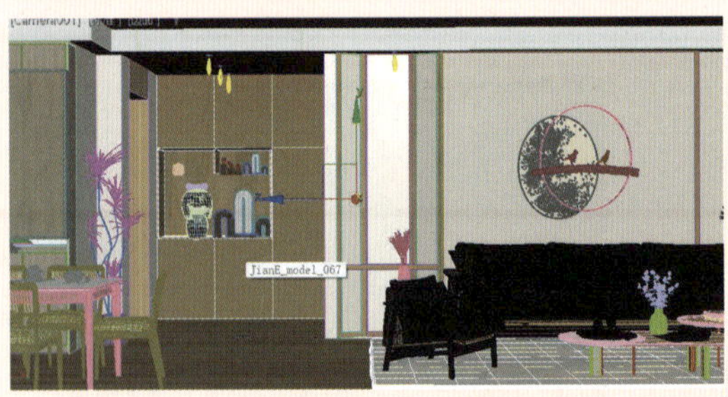

图 8-67

04 此时观察摄影机视图的显示效果，可以发现，由于景深不够，显得客厅比较小。选中摄影机，打开“修改”面板中对相关参数进行修改。将“镜头”设置为7.568mm；“视野”设置为115度；在“剪切平面”选项组中勾选“手动剪切”复选框，设置“近距剪切”为4.54mm，设置“远距剪切”为8000mm，如图8-68所示。

05 再次观察一下摄影机视图，基本上达到了要求，完成后的效果如图8-69所示。

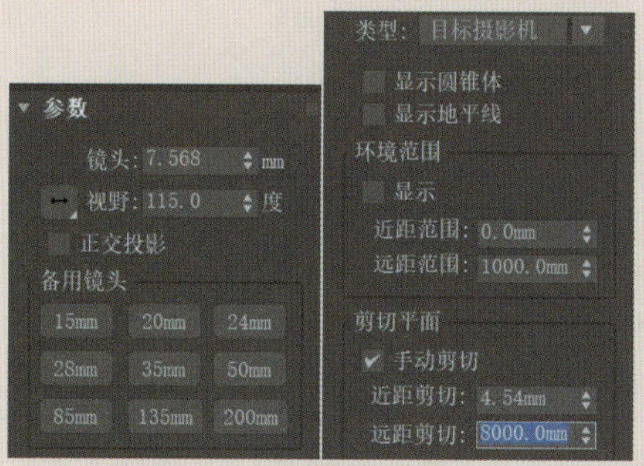

图 8-68

图 8-69

8.4 制作摄影机动画

场景部分以及基本布置的工作完毕，接下来讲解一种利用路径约束制作摄影机动画的方法，使最终效果更具吸引力。利用路径约束制作摄影机动画的方法是，将摄影机绑定到预先设置的轨迹上，通过路径限制摄影机运动的轨迹。该方法具有很强的灵活性和艺术表现力。

微课：制作摄影机动画

01 在动画控制区右击，弹出“时间配置”对话框，将动画总长度设置为1000帧，如图8-70所示，使用“线”工具在顶视图中绘制一条如图8-71所示的样条线。

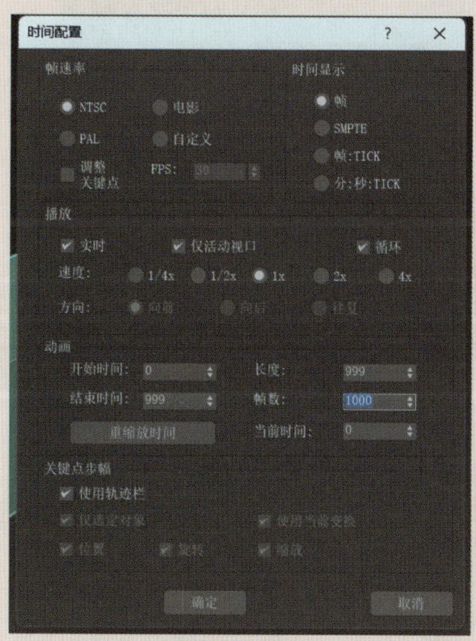

图 8-70

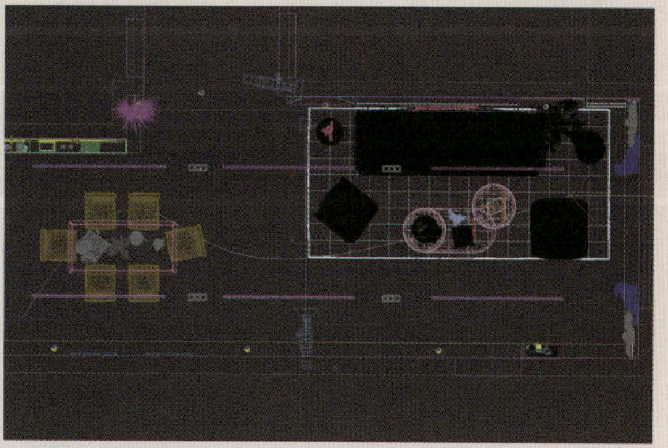

图 8-71

02 选择摄影机，在前视图中创建一个自由摄影机，然后执行“动画”→“约束”→“路径约束”命令，此时鼠标指针上面出现一条虚线，在顶视图中单击曲线，摄影机自动移到曲线上。接着在“路径参数”卷展栏下勾选“跟随”复选框，调整摄影机的方向与曲线的方向一致，最后设置“轴”为X轴，如图8-72所示。

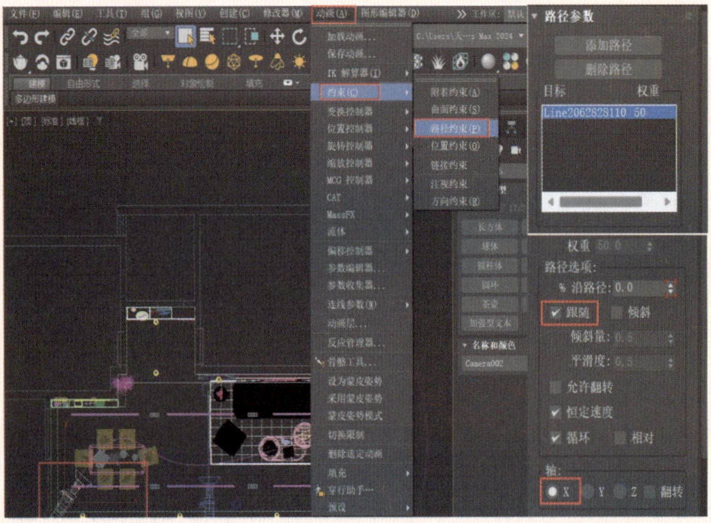

图 8-72

03 激活透视图，然后按C键切换成摄影机视图，修改“镜头”参数为24mm，这样视野就比较宽阔了。单击“播放动画”按钮观看动画，如图8-73所示。

图 8-73

04 选择动画效果最明显的一些帧，打开“渲染设置”面板，在“公用”选项卡中，单击“文件”按钮，在弹出的“渲染输出文件”对话框中，把文件名改为“客厅动画”并选择文件保存类型为AVI格式。单击“保存”按钮。渲染输出过程如图8-74所示。

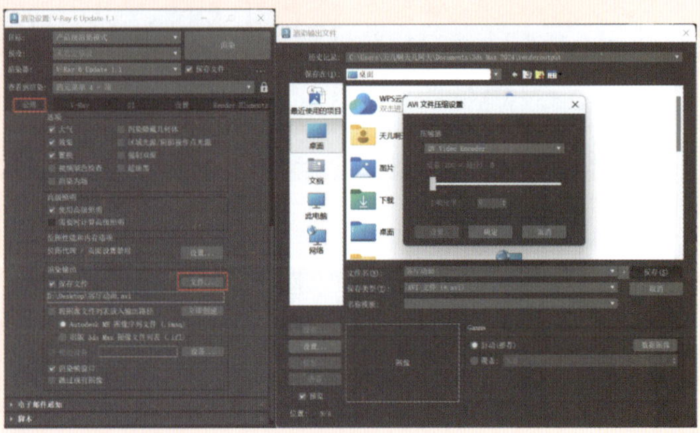

图 8-74

8.5 渲染输出

本节主要介绍对前面制作的效果进行测试和最终渲染出图的过程。渲染输出主要包括渲染测试和最终输出两个环节，通过低分辨率和参数较低的设置调整渲染的整体效果，通过高分辨率和参数较高的设置渲染最终的效果图。

微课：渲染输出

01 在渲染测试阶段，按F10键进入“渲染设置”面板，调节渲染图片的大小，如图8-75所示。

图 8-75

02 切换到“渲染设置”面板的“GI”选项卡，在“全局照明”卷展栏中，勾选“启用GI”复选框，如图8-76所示。设置“灯光缓存”卷展栏的参数，如图8-77所示。

图 8-76

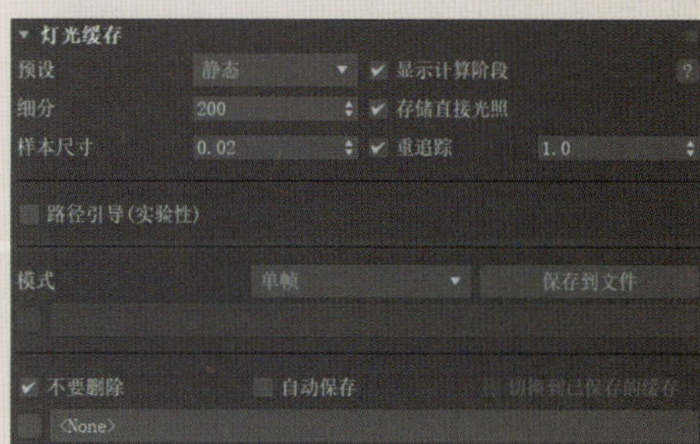

图 8-77

03 切换到“V-Ray”选项卡，设置“全局开关”卷展栏中的参数，在“默认灯光”选项中选择“关闭GI”，如图8-78所示。

04 打开“图像采样器（抗锯齿）”卷展栏，设置“类型”为“小块式”；打开“图像过滤器”卷展栏，勾选“图像过滤器”复选框，选择“过滤器类型”为“区域”，“尺寸”为1.5，如图8-79所示。

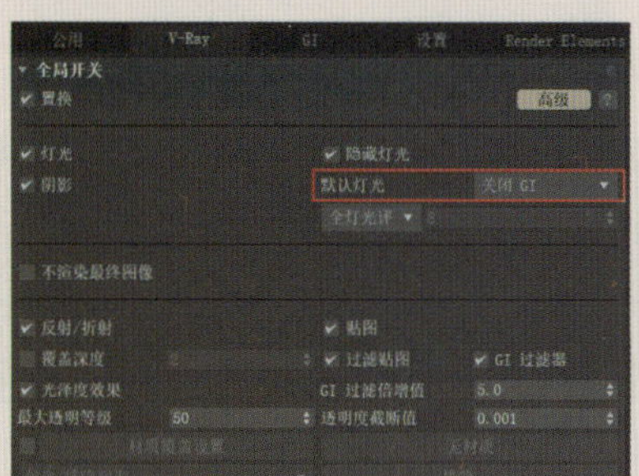

图 8-78

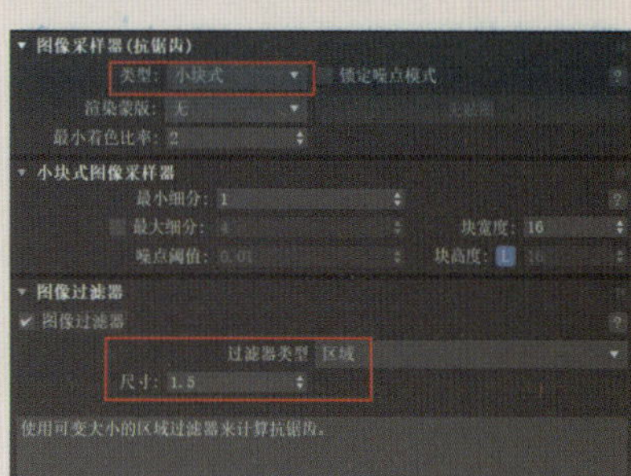

图 8-79

05 设置“GI环境”卷展栏中的参数，如图8-80所示。

06 设置“颜色映射”卷展栏中的参数，如图8-81所示。

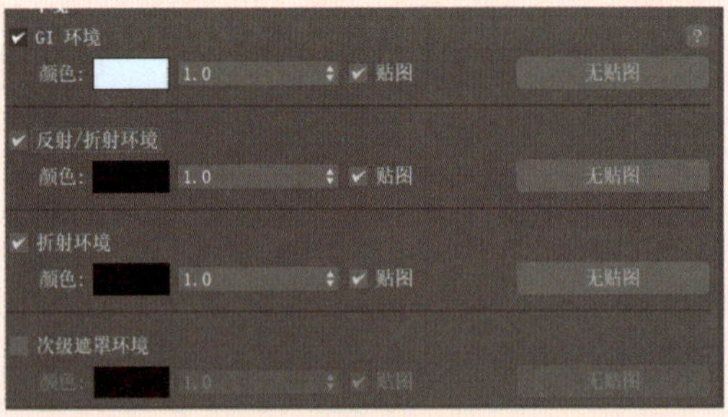

图 8-80

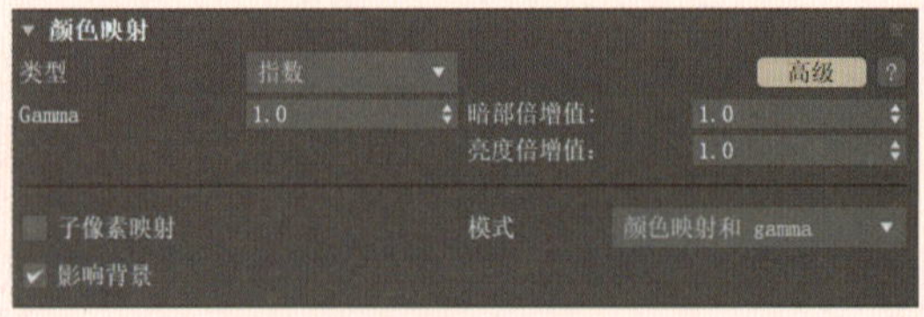

图 8-81

07 最后测试渲染效果，如图8-82所示。

08 测试阶段如果没有问题，就可以渲染最终效果。按F10键进入“渲染设置”面板，调节渲染图片的尺寸，如图8-83所示。

图 8-82

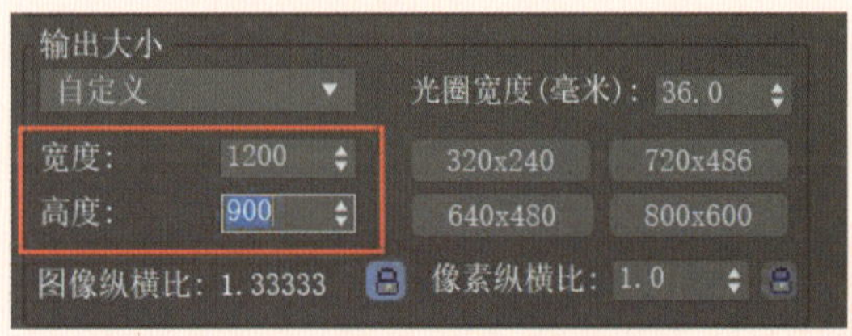

图 8-83

09 切换到“GI”选项卡，打开“灯光缓存”卷展栏，设置“细分”（用于提升渲染真实度，使渲染效果更好）参数为1200，如图8-84所示。

10 切换到“V-Ray”选项卡，在“图像过滤器”卷展栏勾选“图像过滤器”复选框，选择过滤器类型为“Catmull-Rom”，如图8-85所示。

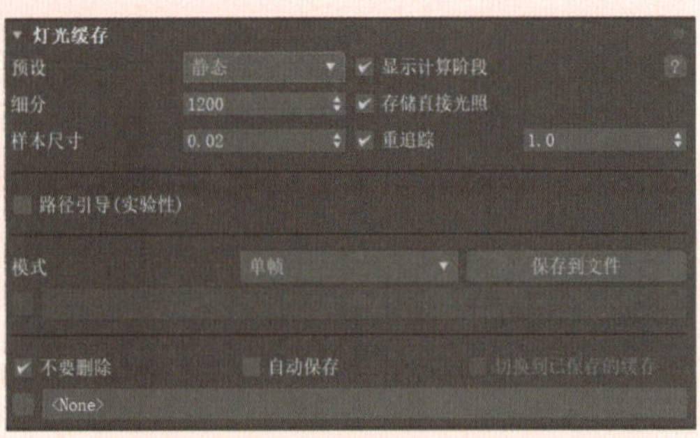

图 8-84

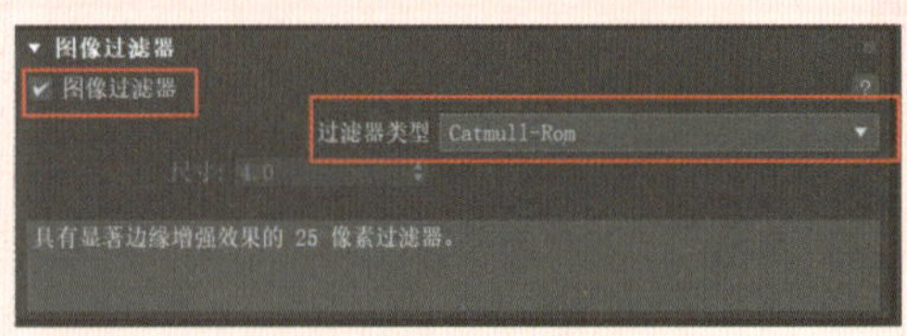

图 8-85

11 渲染出图阶段的参数已经设置完毕，有些参数与测试阶段的渲染参数是相同的，可以参考前面的步骤。下面对场景进行最终渲染，效果如图8-86所示。

图 8-86

8.6 知识与技能梳理

本章主要讲解了客厅效果图的实际制作流程，包括室内墙体、吊顶、门窗等硬装部分的实际建模方法，以及摄影机动画的制作和渲染输出。通过本章的学习，读者能够掌握3ds Max制作效果图的基本方法，为后续设计打下基础。

8.7 课后练习

通过本章案例的示范，请制作如图8-87所示的室内效果图。

图 8-87

Chapter 9

工业产品设计

随着科技的不断进步，越来越多的工业产品出现在人们的视野中。早期的产品设计仅仅停留在原始的图纸上，随着软件的快速发展，人们逐渐不满足于这种表现设计方案的方式。利用三维软件设计产品，可以直接表现工业产品的造型、结构、组装及机构的运动仿真效果，更加直观。

学习要求	知识点	学习目标			
		了解	掌握	应用	重点知识
	模型的制作		🚩		
	合并模型文件		🚩		
	设置VRay材质			🚩	
	创建灯光及摄影机			🚩	

能力与素养目标

9.1 制作组合器械

本例介绍组合器械的制作，通过“几何体”“长方体”和“矩形”工具来制作组合器械的模型，然后通过创建其他对象细节，使模型呈现逼真的效果。

9.1.1 制作组合器械

下面介绍哑铃模型的制作，效果如图9-1所示。具体操作步骤如下。

01 新建一个场景文件，选择“创建”→“几何体”→“圆柱体”工具，在左视图中绘制一个圆柱体；绘制完成后，将“半径”设置为15mm，“高度”设置为120mm，“高度分段”设置为20，将其命名为“中心轴”，如图9-2和图9-3所示。

微课：哑铃模型的制作

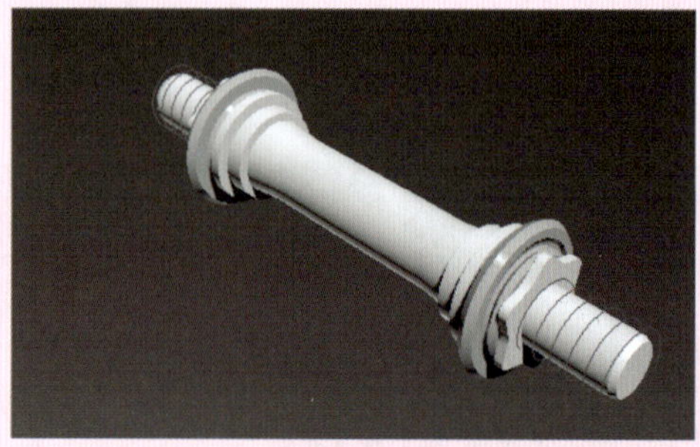

图 9-1

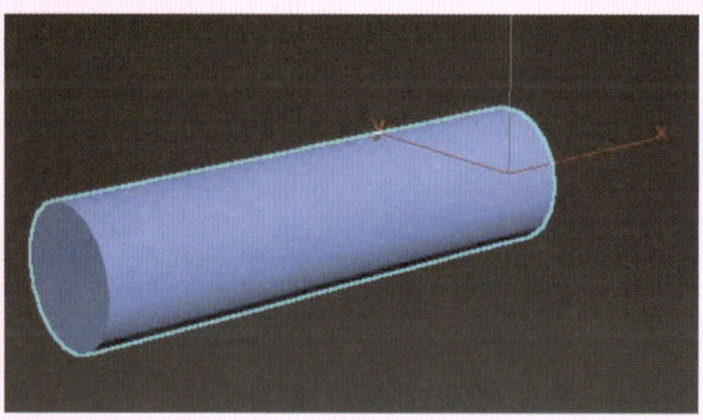

图 9-2

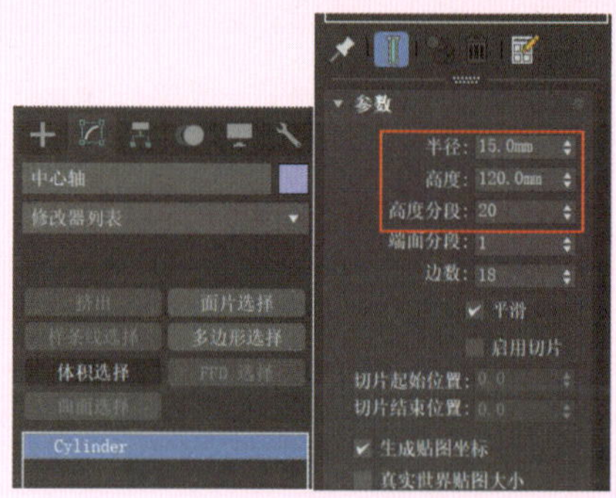

图 9-3

02 切换至“修改”面板，为其添加“编辑网格”修改器，在“选择”卷展栏下选择“顶点”层级，然后单击“选择并缩放”按钮，在前视图中，选中图形两侧最外侧往内第二排的顶点，沿X轴调整顶点，如图9-4所示。

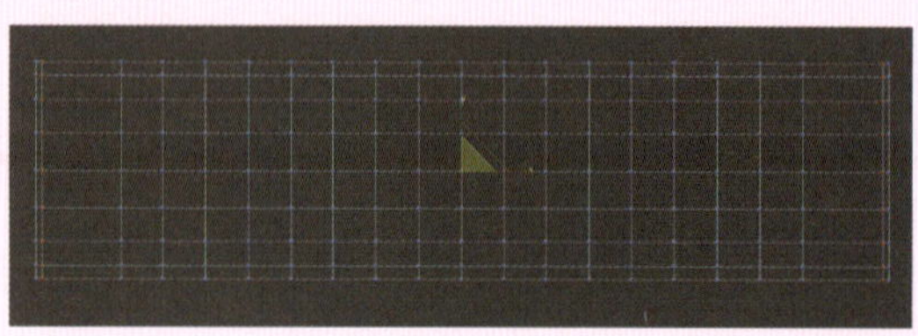

图 9-4

03 选择图形两侧最外侧第一排的顶点，沿Y轴缩放顶点，效果如图9-5所示。

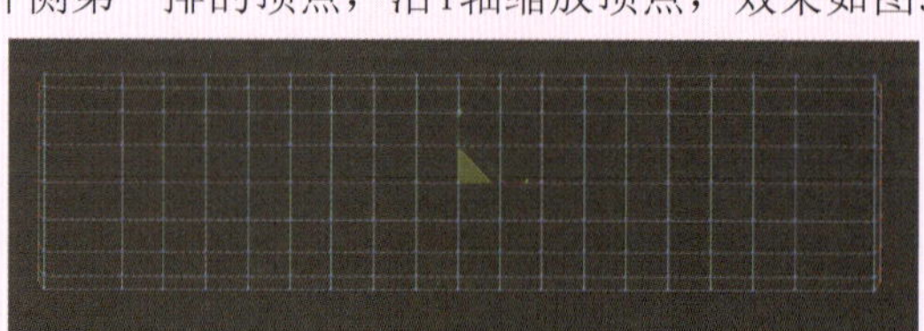

图 9-5

04 继续使用“选择并缩放”工具，选择图形两侧最外侧第一、二和三排的顶点，沿Y轴调整顶点，效果如图9-6所示。

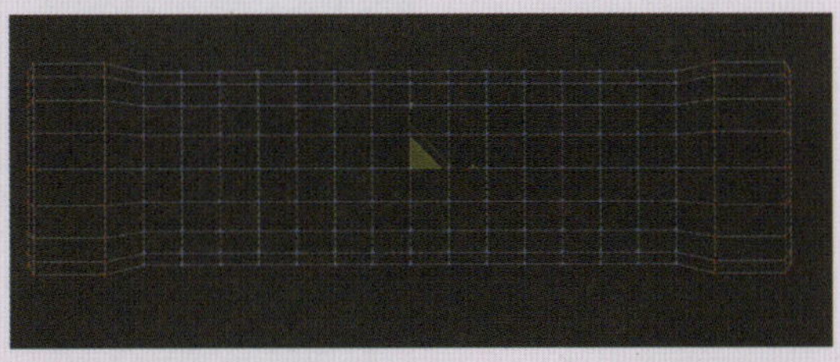

图 9-6

05 退出顶点层级，按M键打开“材质编辑器”，选择一个标准材质球，将其命名为“中心轴”，将“明暗器基本参数”设置为金属；在“金属基本参数”卷展栏中，取消“环境光”和“漫反射”的锁定，将“环境光”设置为黑色，将“漫反射”设置为白色。在“反射高光”选项组中，将“高光级别”设置为100，“光泽度”设置为80，如图9-7所示。

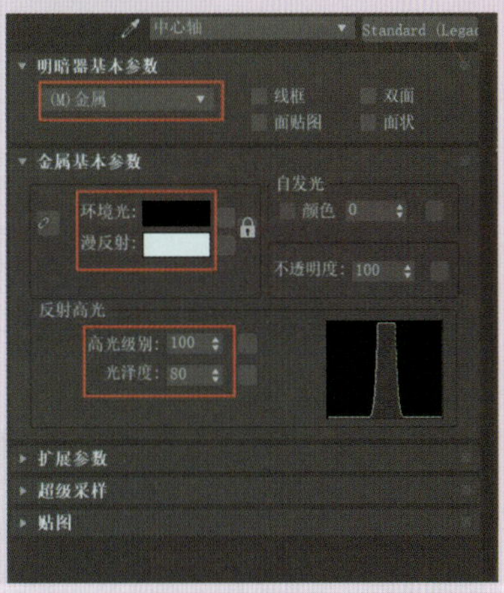

图 9-7

06 在“贴图”卷展栏中，单击“反射”右侧的“无贴图”按钮，在弹出的“材质/贴图浏览器”面板中，选择“通用”下拉列表下的“位图”选项，如图9-8所示。

07 打开本书配套资源中的“Chapter9/场景文件/中心轴.jpg”素材贴图，在“坐标”卷展栏中将“模糊偏移”设置为0.086，如图9-9所示。

08 返回父级对象，单击“将材质指定给选定对象”按钮，将此材质应用给“中心轴”，如图9-10所示。

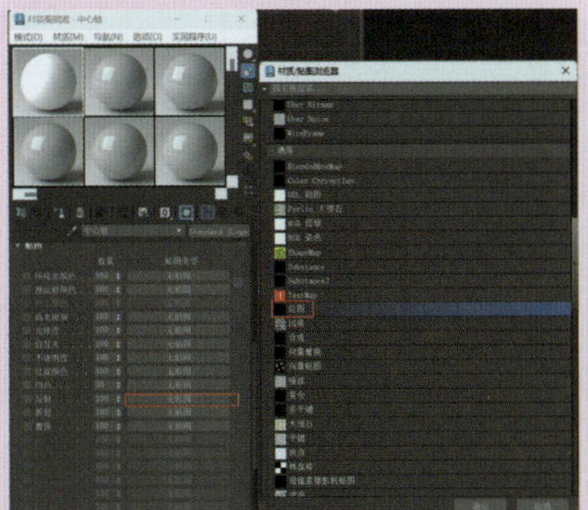

图 9-8

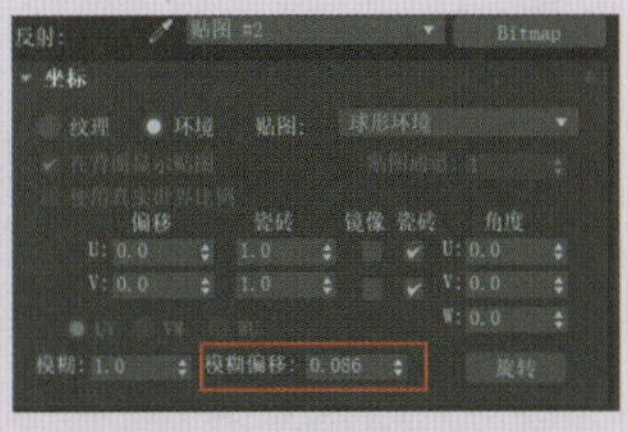

图 9-9

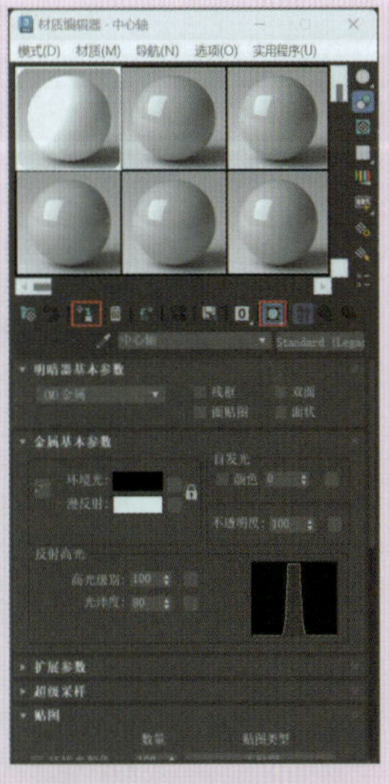

图 9-10

1
2
3
4
5
6
7
8
9

09 关闭“材质编辑器”，选择“创建”→“几何体”→“管状体”工具，在左视图中绘制一个管状体，绘制完成后，切换至“修改”面板，将“半径1”设置为20mm，“半径2”设置为15mm，“高度”设置为8.0mm，“边数”设置为45，将其命名为“轴外皮”，然后调整其位置，如图9-11所示。

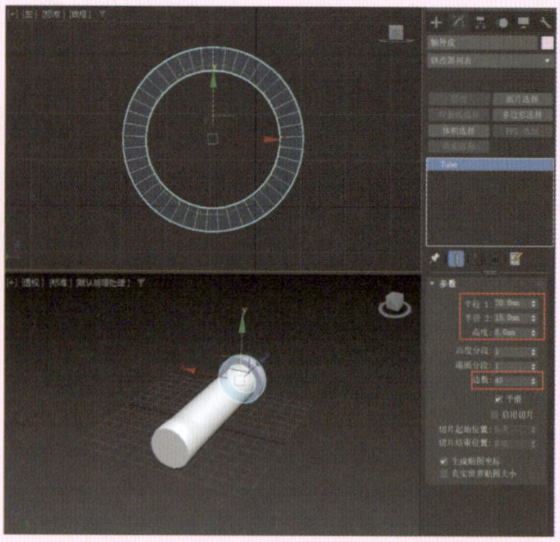

图 9-11

10 选择“创建”→“图形”→“线”工具，在前视图中绘制如图9-12所示的样条线，然后将其命名为“哑铃握杆001”，如图9-13所示。

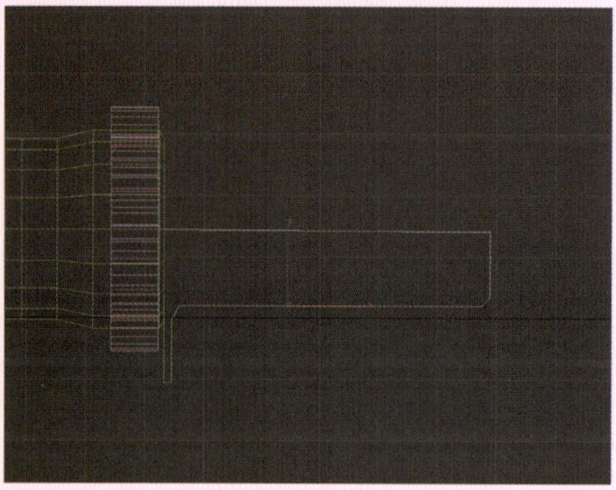

图 9-12

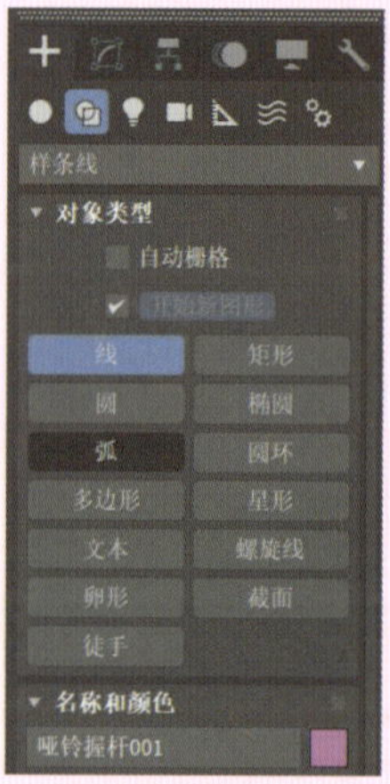

图 9-13

11 为其添加“车削”修改器，将“分段”设置为45，“方向”设置为X。选择“车削”下拉列表下的“轴”，单击“选择并移动”按钮，调整轴的位置，如图9-14所示。

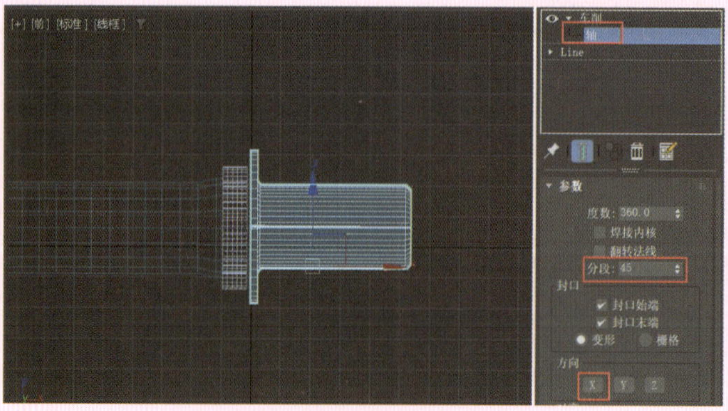

图 9-14

12 退出“轴”层级，切换至左视图，调整“哑铃握杆001”到适当位置。然后选择“创建”→“图形”→“螺旋线”工具，创建螺旋线，将“半径1”和“半径2”都设置为14.8mm，“高度”设置为123mm，“圈数”设置为17，如图9-15和图9-16所示。

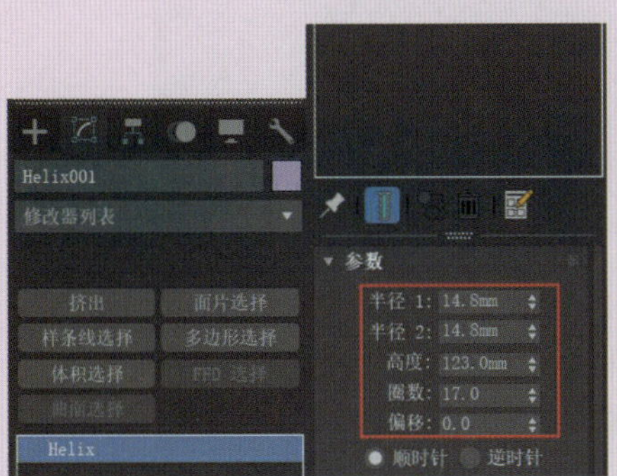

图 9-15

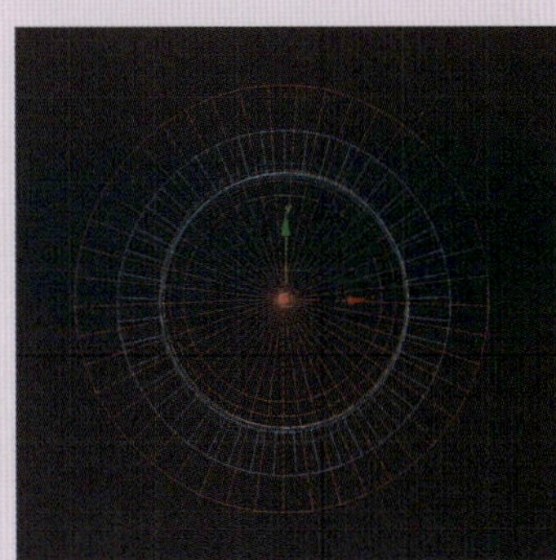

图 9-16

13 切换至“修改”面板，并将螺旋线命名为“条纹001”，在“渲染”卷展栏中，勾选“在渲染中启用”和“在视口中启用”复选框，将“厚度”设置为2mm，然后调整螺旋线到适当位置，如图9-17所示。

14 选择“创建”→“图形”→“星形”工具，并在左视图中绘制星形，然后将其命名为“装饰环001”，并在“渲染”卷展栏中勾选“在渲染中启用”和“视口中启用”复选框，在“参数”卷展栏中，将“半径1”设置为34mm，“半径2”设置为25mm，“圆角半径1”设置为6mm，“圆角半径2”设置为3mm，如图9-18所示。

15 选择“创建”→“图形”→“圆”工具，在左视图中绘制圆形，然后将其命名为“装饰环001”，在“参数”卷展栏中，将“半径”设置为14.5mm，如图9-19所示。

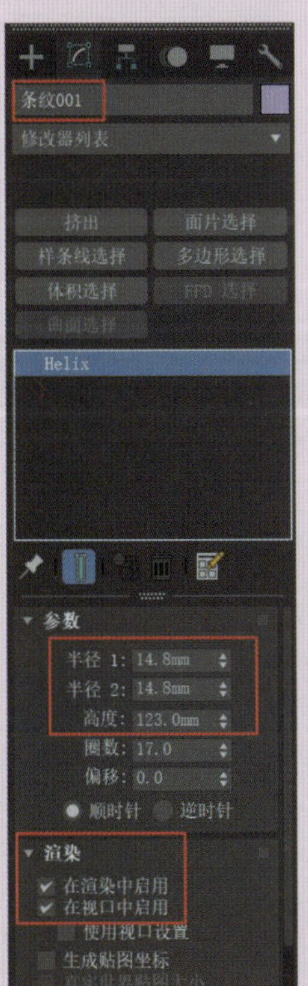

图 9-17

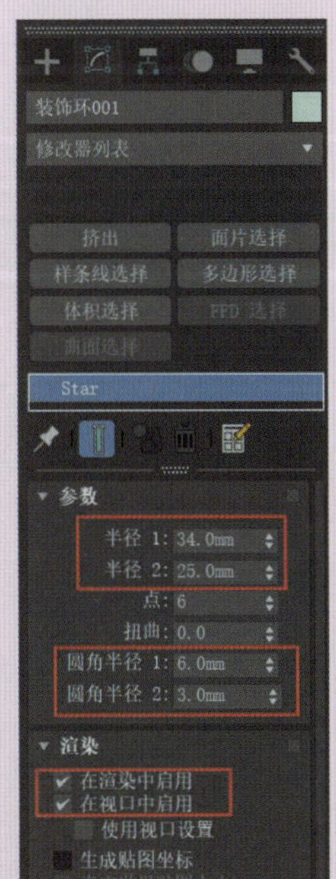

图 9-18

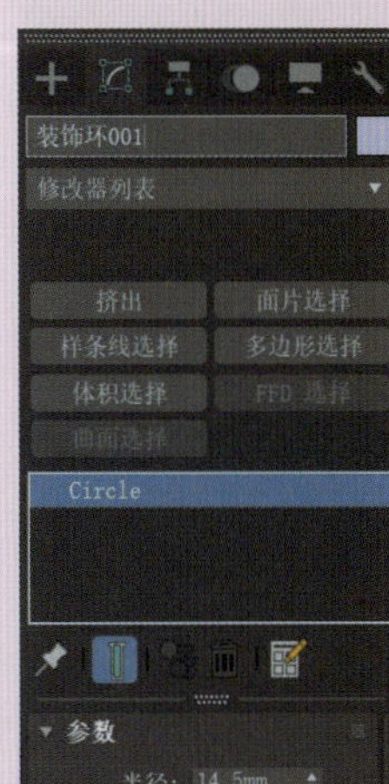

图 9-19

16 切换至“修改”面板，为“装饰环001”添加“编辑样条线”修改器，然后单击“几何体”卷展栏下的“附加”按钮，附加创建的星形，如图9-20所示。

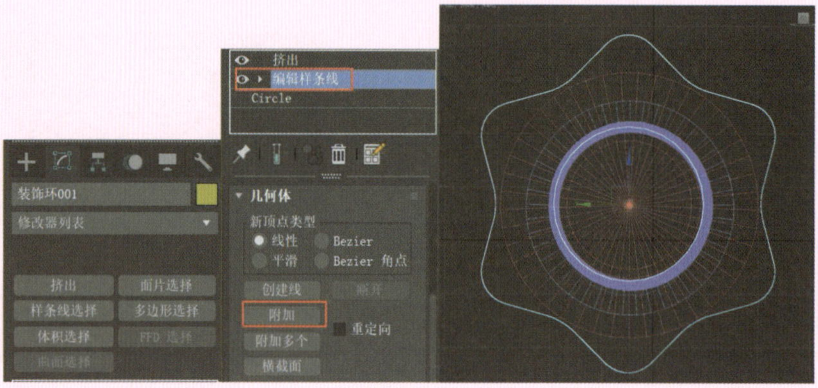

图 9-20

17 单击“修改编辑器”按钮，继续添加“挤出”修改器，将“参数”卷展栏中的“数量”设置为5mm，如图9-21所示。

18 选择创建的对象，按M键打开“材质编辑器”面板，单击“将材质赋予选定对象”按钮，将此材质应用给所选的对象，如图9-22所示。

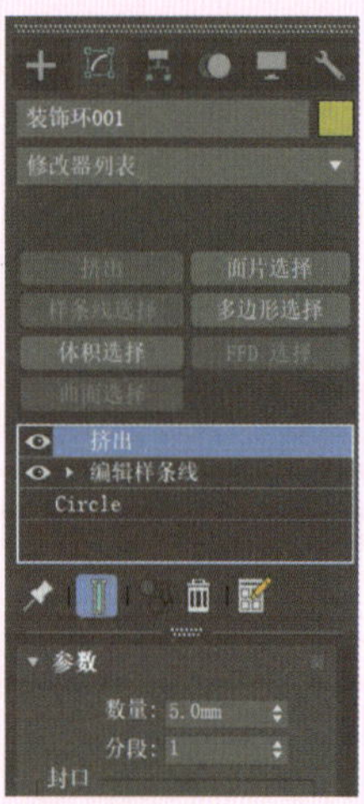

图 9-21

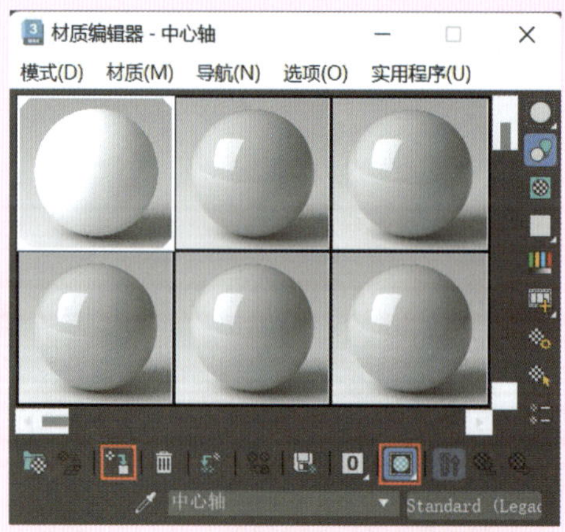

图 9-22

19 使用“选择并移动”工具，选中并调整“装饰环001”的位置，并用“选择并缩放”工具对其进行适当缩放，如图9-23所示。

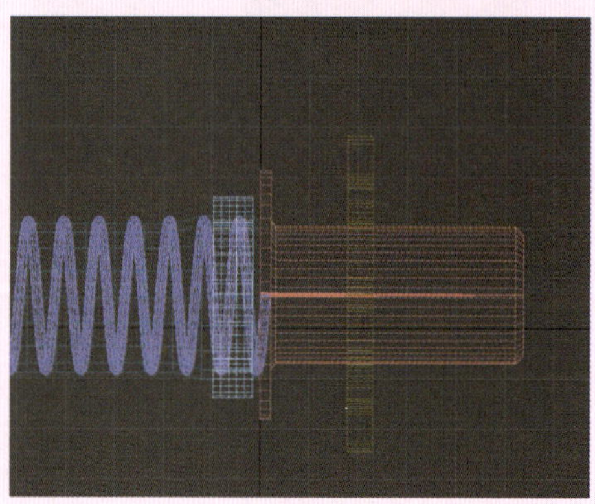

图 9-23

20 选择“创建”→“图形”→“线”工具，并在前视图中的哑铃握杆上绘制如图9-24所示的图形。

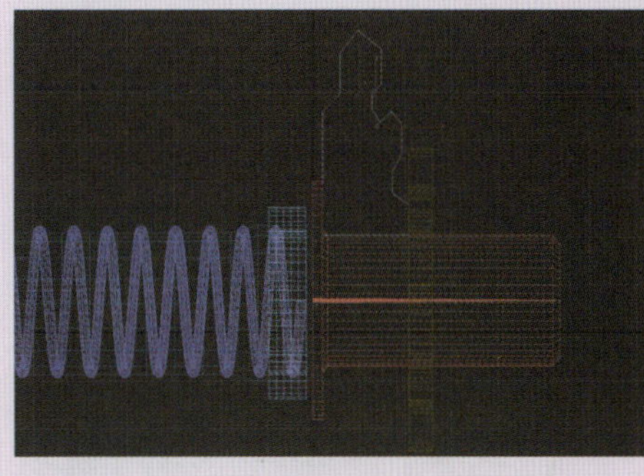

图 9-24

21 切换至“修改”面板，将其命名为“哑铃片001”，然后为其添加“车削”修改器，将“分段”设置为45，“方向”设置为X；在“车削”下拉列表中选择“轴”，调整轴的位置，如图9-25所示。

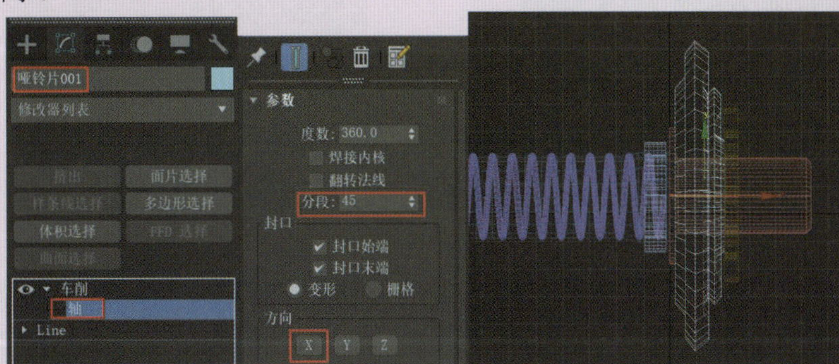

图 9-25

22 按M键打开“材质编辑器”面板，选择一个标准材质球，将其命名为“哑铃片”。将“明暗器基本参数”设置为“金属”，在“金属基本参数”卷展栏中，取消“环境光”和“漫反射”的锁定，将“环境光”设置为黑色。在“反射高光”选项组中，将“高光级别”设置为100，“光泽度”设置为80，如图9-26所示。

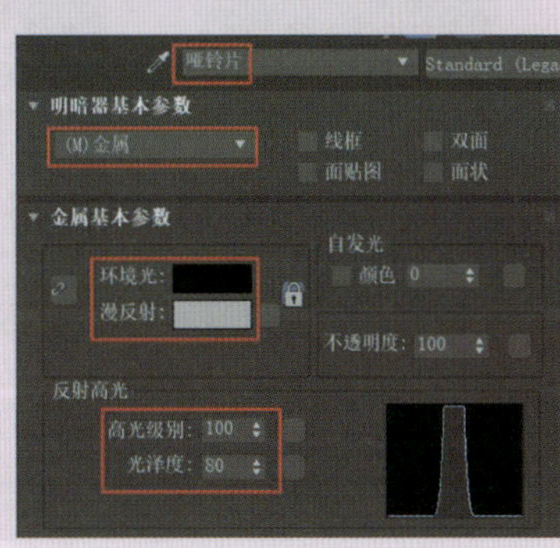

图 9-26

23 在“贴图”卷展栏中，单击“反射”右侧的“无贴图”按钮，在弹出的“材质/贴图浏览器”面板中，选择“通用”下拉列表下的“位图”选项，选择“哑铃片.ipg”贴图，在“坐标”卷展栏中，将“模糊偏移”设置为0.086，如图9-27所示。

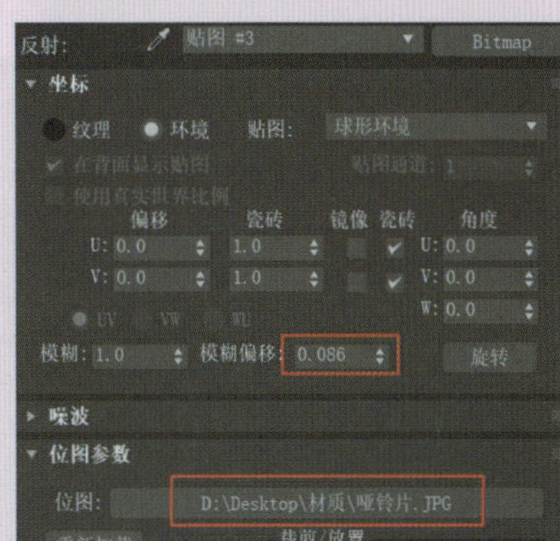

图 9-27

24 返回父级对象，单击“将材质指定给选定对象”按钮，将此材质应用给“哑铃片001”，如图9-28所示。

25 关闭“材质编辑器”面板，选择除“中心轴”以外的其他对象，执行“组”菜单→“组”命令，在弹出的“组”对话框中将其命名为“右侧部件”，单击“确定”按钮，如图9-29所示。

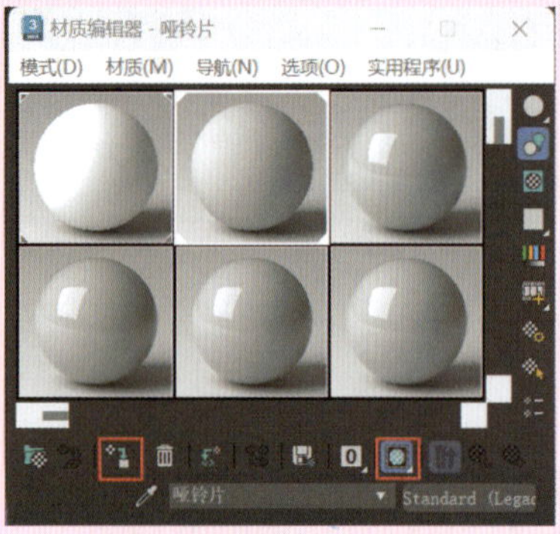

图 9-28

图 9-29

26 单击主工具栏中的“镜像”按钮，在弹出的对话框中将“镜像轴”选择为X，并选中“复制”单选按钮，然后单击“确定”按钮，如图9-30所示。

27 使用“选择并移动”工具，将哑铃移动到适当位置，移动过程中要注意对称性，最终效果如图9-31所示。

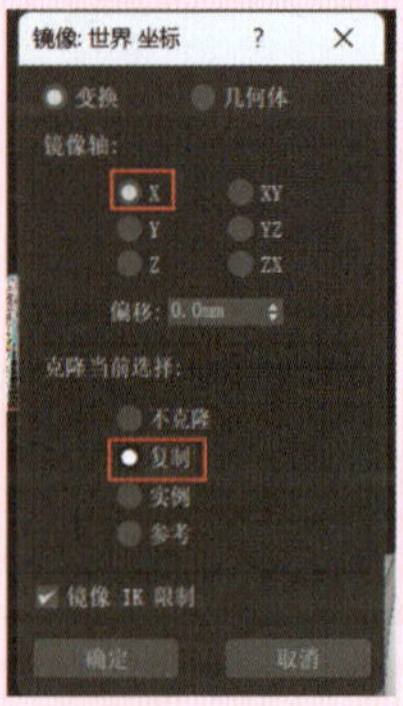

图 9-30

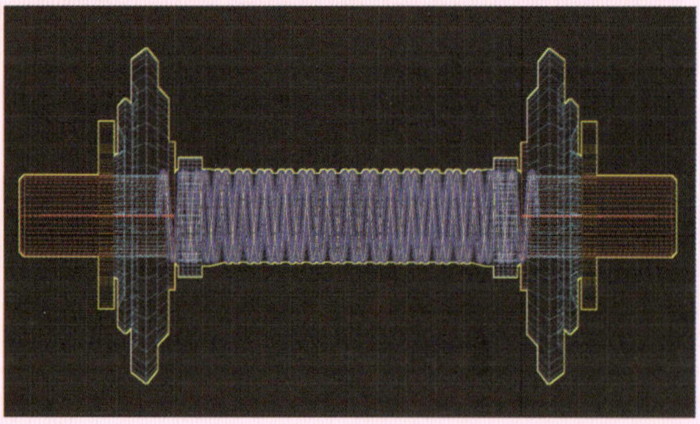

图 9-31

28 按Ctrl+A组合键选中所有对象，执行“组”菜单→“组”命令，在弹出的对话框中将其命名为“哑铃”，单击“确定”按钮，如图9-32所示。

29 将场景保存为“哑铃”，哑铃的场景文件如图9-33所示。

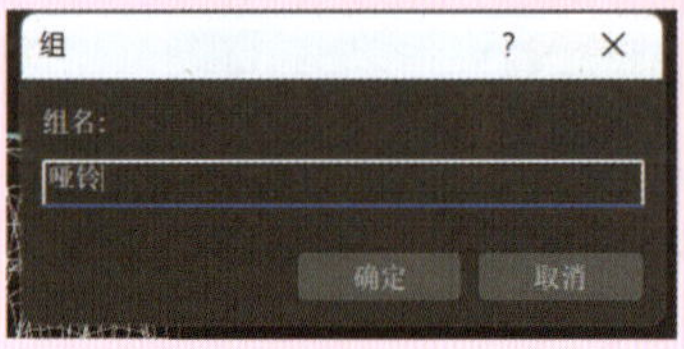

图 9-32

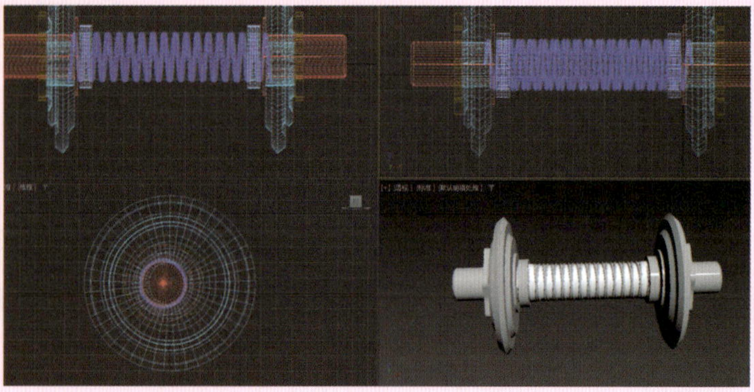

图 9-33

9.1.2 器材支架模型的制作

下面介绍器材支架模型的制作方法，具体操作步骤如下。

微课：支架模型的制作

01 新建一个场景文件，选择“创建”→“图”→“矩形”工具，在左视图中绘制一个矩形，绘制完成后，将“长度”设置为23mm，“宽度”设置为22mm，“角半径”设置为2mm，将其命名为“横撑001”，如图9-34所示。

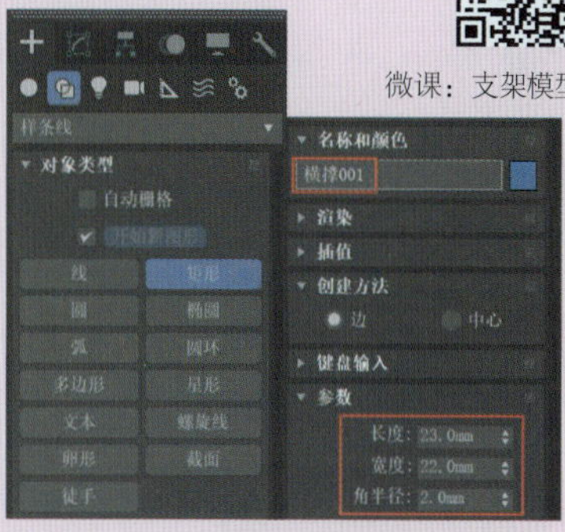

图 9-34

02 切换至“修改”面板，为矩形添加一个“挤出”修改器，将参数“数量”设置为250mm，如图9-35所示。

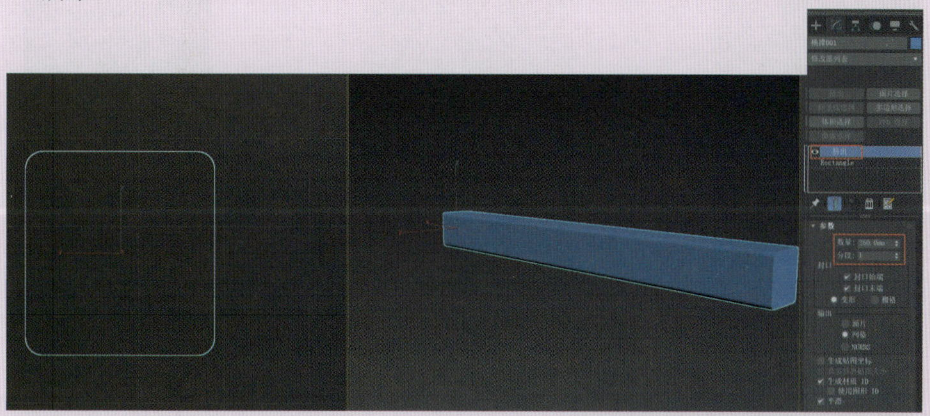

图 9-35

03 选择“创建”→“几何体”→“长方体”工具，在顶视图中绘制一个长方体，绘制完成后，将“长度”设置为20mm，“宽度”设置为20mm，“高度”设置为430mm，将其命名为“竖撑001”，并调整其位置，如图9-36所示。

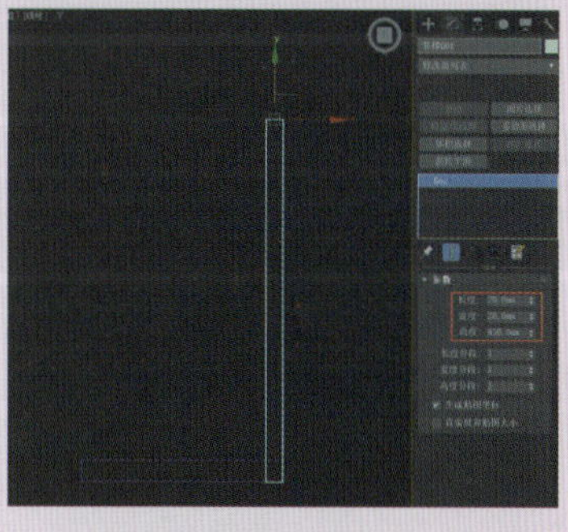

图 9-36

04 在前视图中，调整“竖撑001”对象的位置，然后按Shift键移动“竖撑001”对象，在弹出的“克隆选项”对话框中，设置对象为“复制”，名称为“竖撑002”，然后单击“确定”按钮，如图9-37所示。

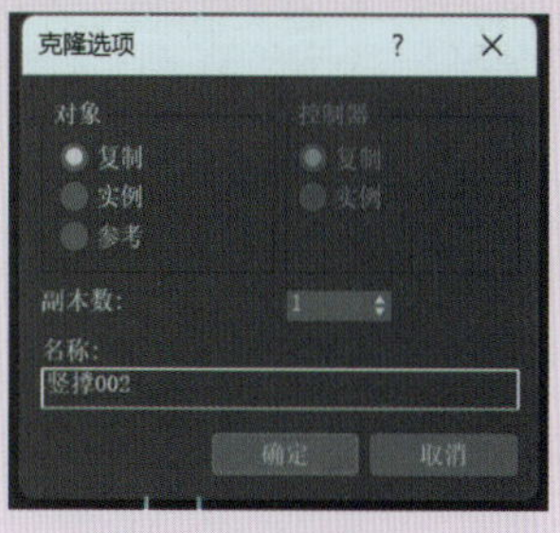

图 9-37

05 切换至“修改”面板，设置已复制对象的参数。把“高度”设置为270mm，如图9-38所示。

06 按照相同的方法，按Shift键移动对象，并继续复制对象，并将复制得到的对象“高度”设置为150mm，如图9-39所示。

07 选择“创建”→“图形”→“矩形”工具，在左视图中绘制一个矩形，绘制完成后，将“长度”设置为21mm，“宽度”设置为19mm，“角半径”设置为1.5mm，将其命名为“横撑002”，如图9-40所示。

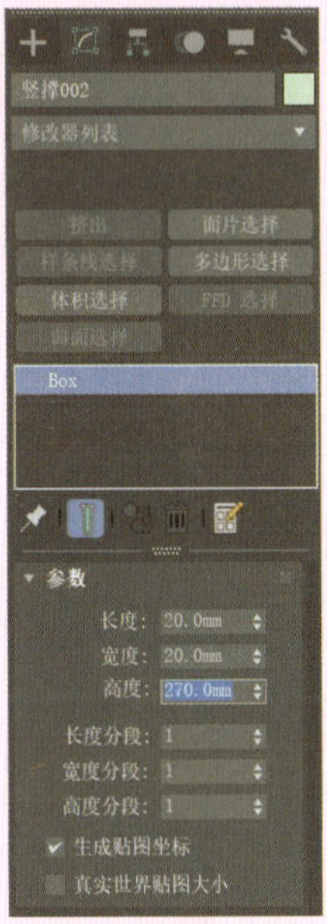

图 9-38

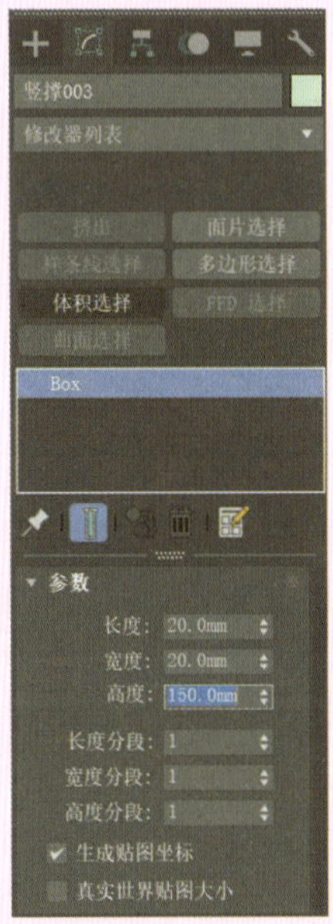

图 9-39

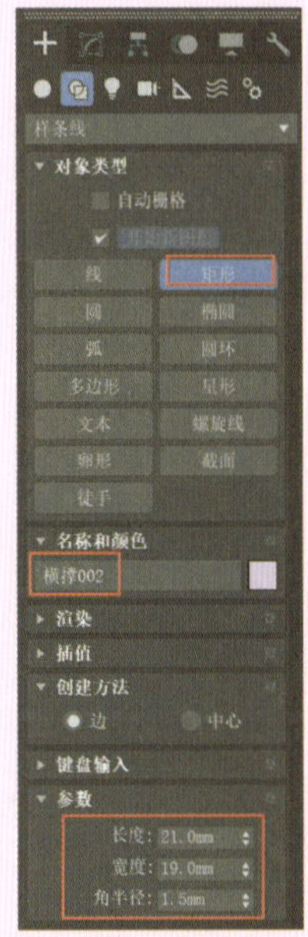

图 9-40

08 切换至“修改”面板，为“横撑002”添加“挤出”修改器，并将“数量”设置为122mm，如图9-41所示。

09 在其他视图中调整对象的位置，如图9-42所示。

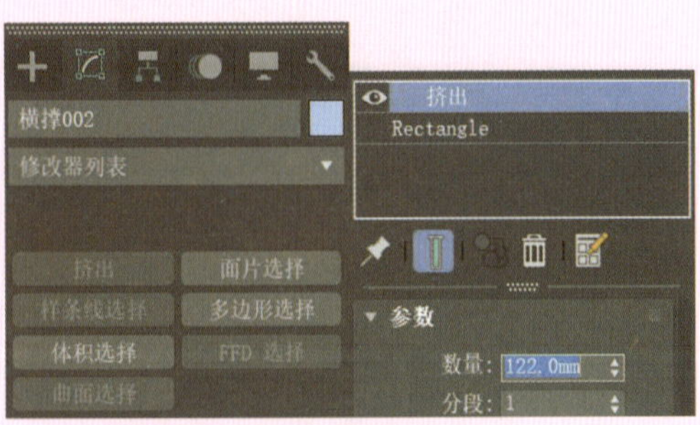

图 9-41

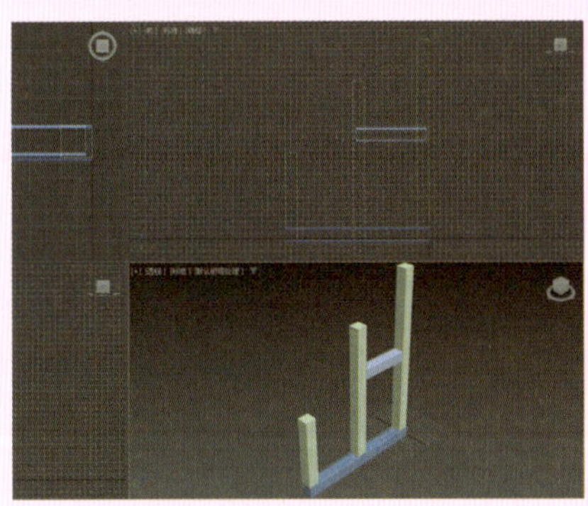

图 9-42

10 按Ctrl+A组合键选中所有对象，执行“组”菜单→“组”命令，在弹出的“组”对话框中将其命名为“支架001”，单击“确定”按钮，如图9-43所示。

11 按M键打开“材质编辑器”面板，选择一个标准材质球，将其命名为“支架”，取消“环境光”和“漫反射”的锁定，将“环境光”的RGB值设置为(R:41,G:52,B:83)，将“漫反射”的RGB值设置为(R:250，G:246，B:255)，“自发光”的颜色设置为50，将“反射高光”选项组中的“高光级别”设置为5，“光泽度”设置为25，然后将材质应用给“支架001”对象，如图9-44所示。

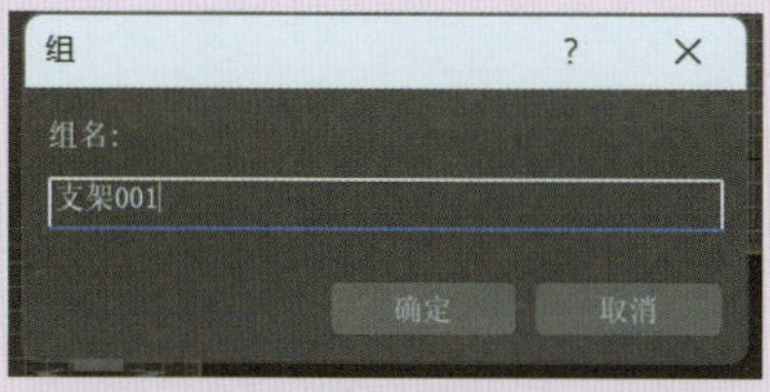

图 9-43

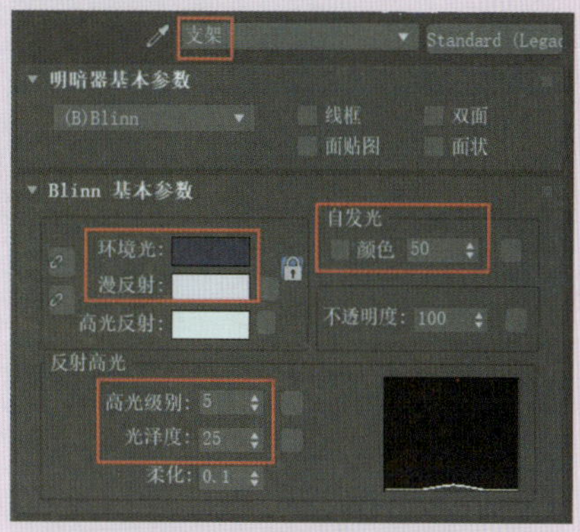

图 9-44

12 关闭“材质编辑器”面板，在顶视图中，按Shift键移动“支架001”对象，在弹出的“克隆选项”对话框中，不改动默认参数，然后单击“确定”按钮，如图9-45所示。

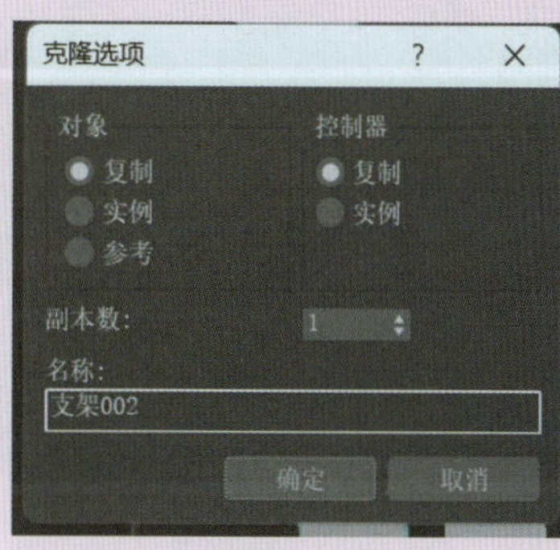

图 9-45

13 选择“创建”→“几何体”→“扩展基本体”→“切角长方体”工具，在顶视图中绘制一个切角长方体，绘制完成后，将“长度”设置为28mm，“宽度”设置为90mm，“高度”设置为3mm，“圆角”设置为3mm，将其命名为“垫板001”，如图9-46所示。

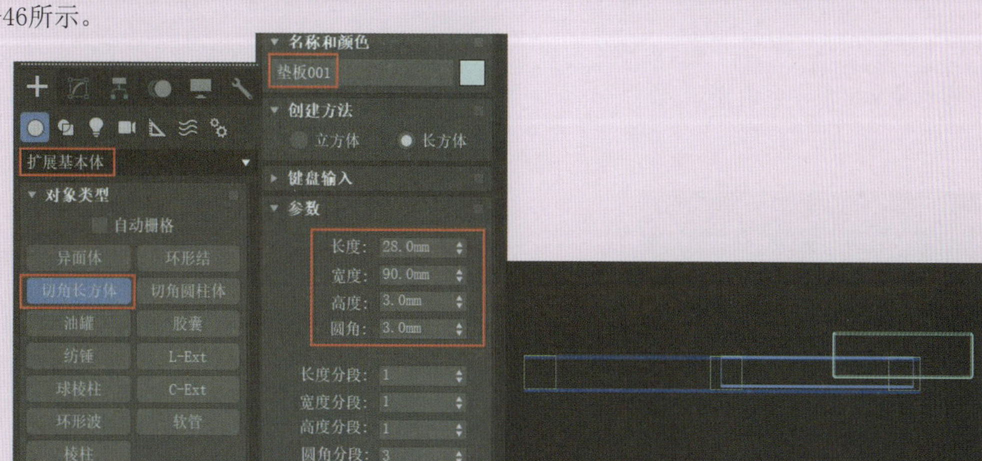

图 9-46

14 调整“垫板001”对象的位置，将其放置在竖撑上，并对其进行复制，并调整位置，如图9-47所示。

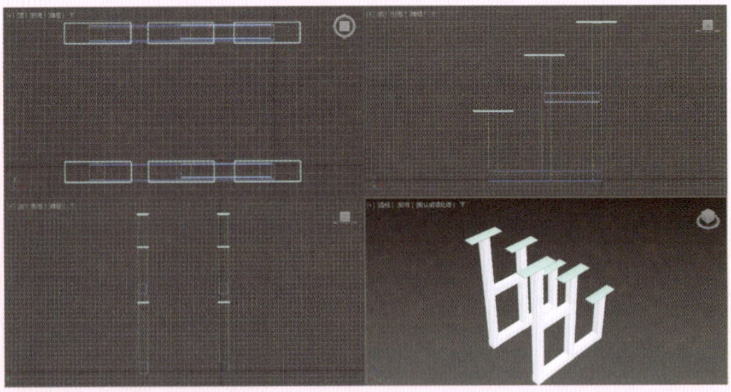

图 9-47

15 选择所有垫板对象，按M键打开“材质编辑器”面板，单击“将材质赋予选定对象”按钮，将“支架”材质指定给所有垫板对象，如图9-48所示。

16 关闭“材质编辑器”面板，选择“创建”→“图形”→“线”工具，在前视图中的垫板处绘制如图9-49所示的线。

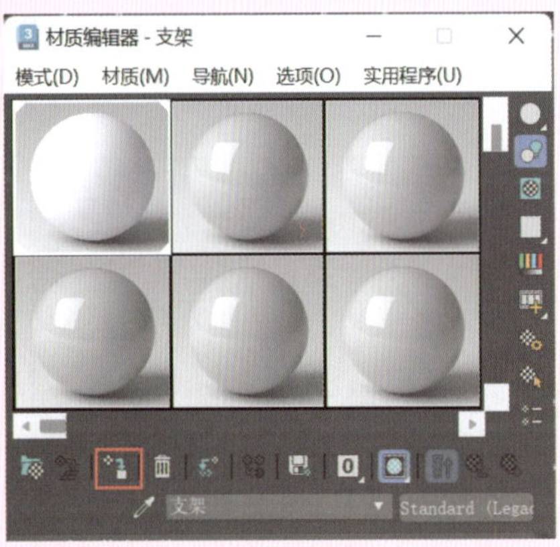

图 9-48

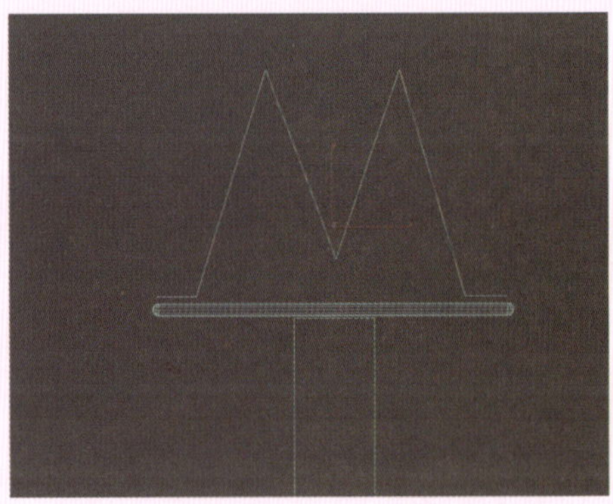

图 9-49

17 切换至“修改”面板，将其命名为“木板001”，并进入“顶点”层级，选择所有顶点后右击并在弹出的快捷菜单中选择“Beier角点”，然后调整顶点的位置，如图9-50所示。

18 在“修改器列表”下的“Line”卷展栏中选择“样条线”，单击“轮廓”按钮，为“木板001”设置轮廓，如图9-51所示。

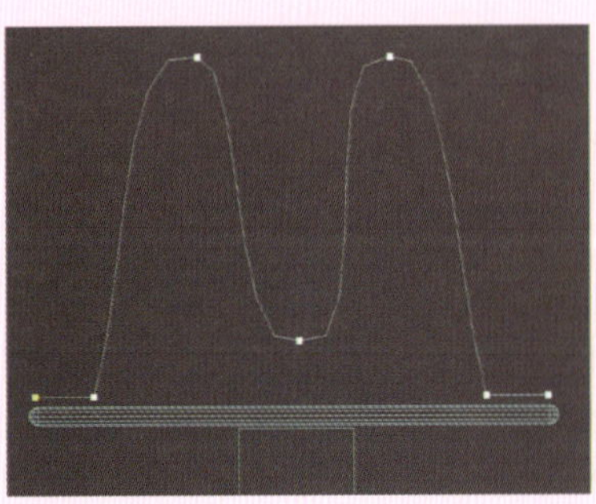

图 9-50

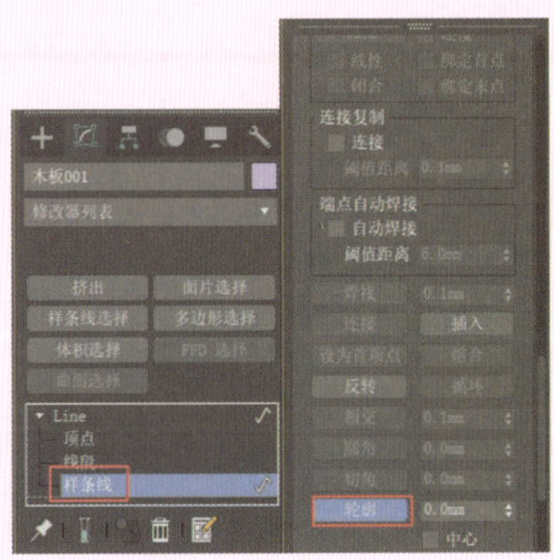

图 9-51

19 退出“样条线”层级，在“修改器列表”中为其添加“挤出”修改器，将“数量”设置为479mm，如图9-52所示。

20 设置“木板001”的参数后，在其他视图中调整其位置，使其能够放置在垫板上，如图9-53所示。

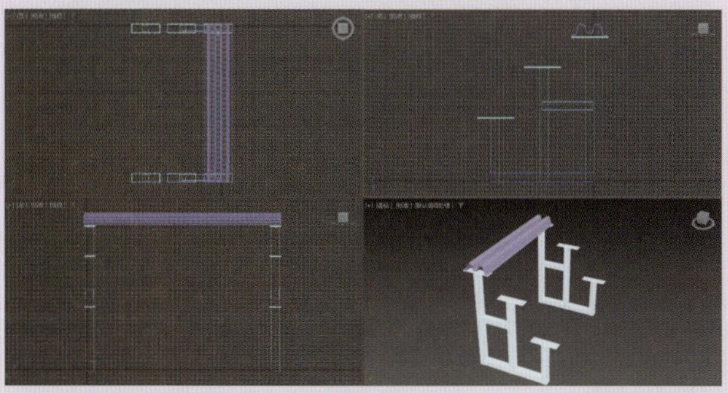

图 9-53

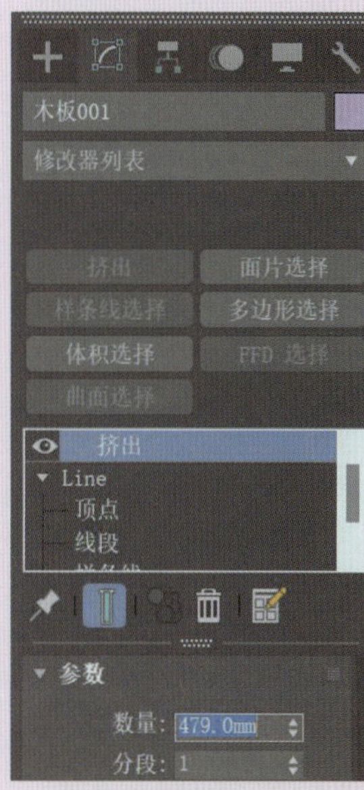

图 9-52

21 选择“木板001”对象，按M键打开“材质编辑器”面板，选择一个标准材质球，将其命名为“木板”，将“明暗器基本参数”设置为“Phong”，将“环境光”和“漫反射”的“亮度”设置为66，将“高光反射”设置为白色，将“自发光”的“颜色”设置为30；在“反射高光”选项组中，将“高光级别”设置为84，“光泽度”设置为14，然后将其材质指定给“木板001”对象，如图9-54所示。

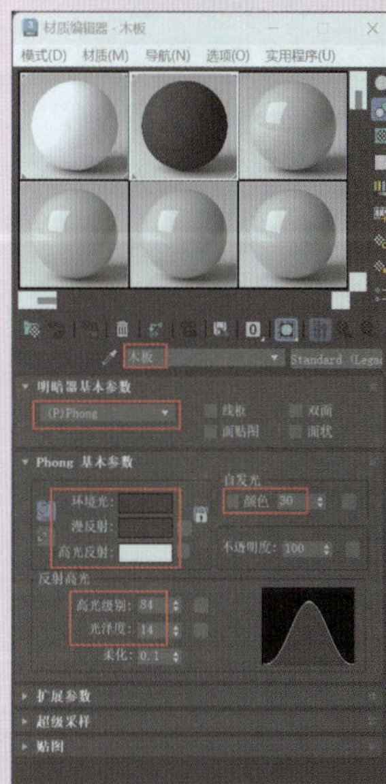

图 9-54

22 关闭“材质编辑器”面板，选择“创建”→“图形”→“多边形”工具，在顶视图中的垫板处绘制一个多边形，将其命名为“装饰钉001”，将“半径”设置为3.7mm，如图9-55和图9-56所示。

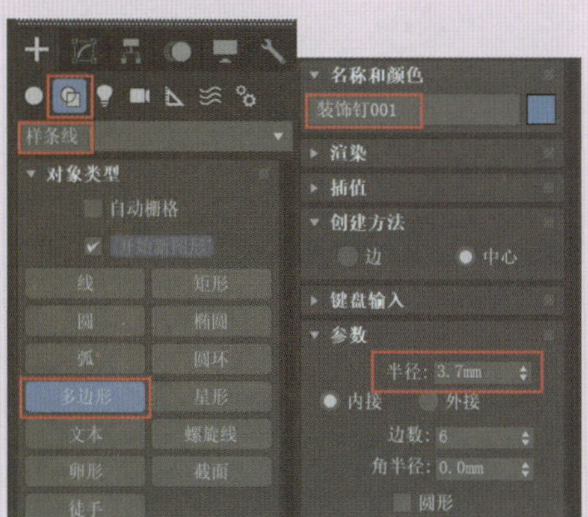

图 9-55

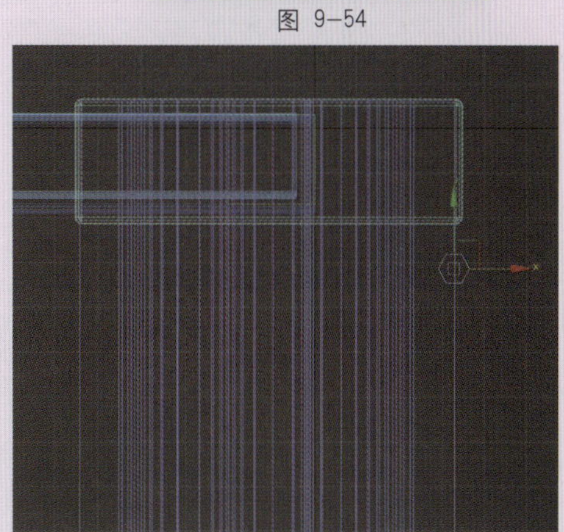

图 9-56

23 按Shift键对“装饰钉001”使用“选择并缩放”工具，将其复制，命名为“装饰钉002”，在弹出的“克隆选项”对话框中，保持默认选项，单击“确定”按钮，如图9-57所示。

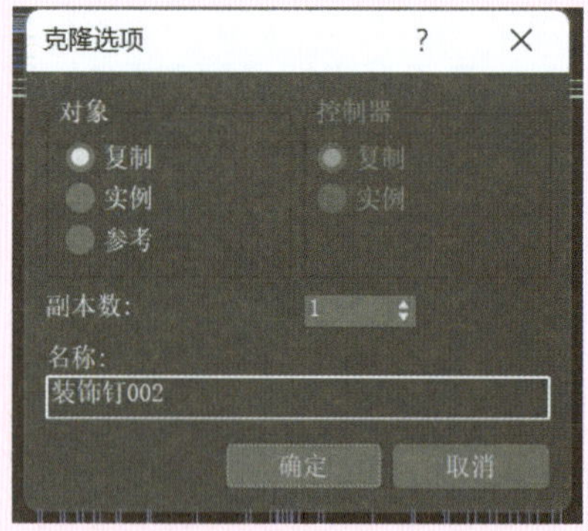

图 9-57

24 切换至“修改”面板，将复制对象“装饰钉002”的参数“半径”设置为1.65mm，如图9-58所示。

25 选择“装饰钉001”对象，为其添加“编辑样条线”修改器，单击“附加”按钮，附加“装饰钉002”对象，如图9-59所示。

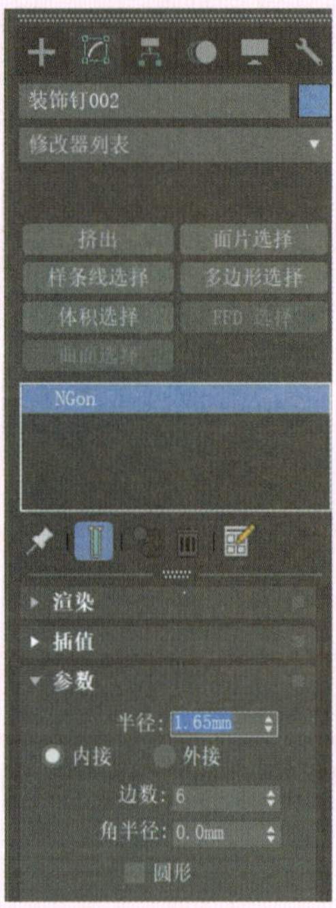

图 9-58

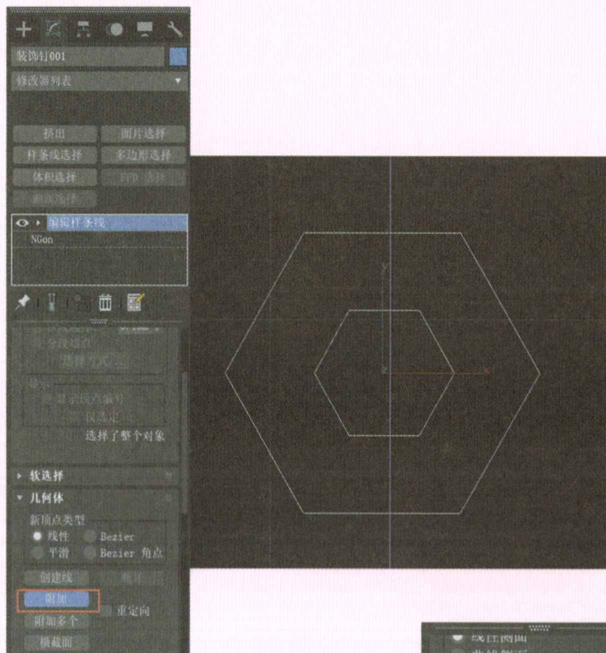

图 9-59

26 继续添加“倒角”修改器，将“级别1”的“高度”设置为1.45mm，“轮廓”设置为0.01mm，勾选“级别2”复选框，将其“高度”设置为0.1mm，“轮廓”设置为-0.2mm，如图9-60所示。

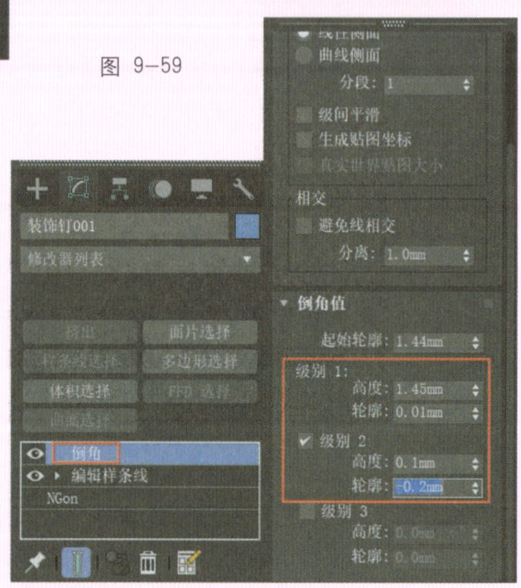

图9-60

27 在其他视图中调整装饰钉的位置，然后按M键打开“材质编辑器”面板，选择一个标准材质球，将其命名为“装饰钉”，取消“环境光”和“漫反射”的锁定，将“环境光”的RGB设置为(R:43,G:53，B:84)，将“漫反射”的RGB设置为(R:241,G:245,B:255)，“自发光”的颜色设置为5，将“反射高光”选项组中的“高光级别”设置为5，“光泽度”设置为25，然后将材质应用给“装饰钉001”对象，如图9-61所示。

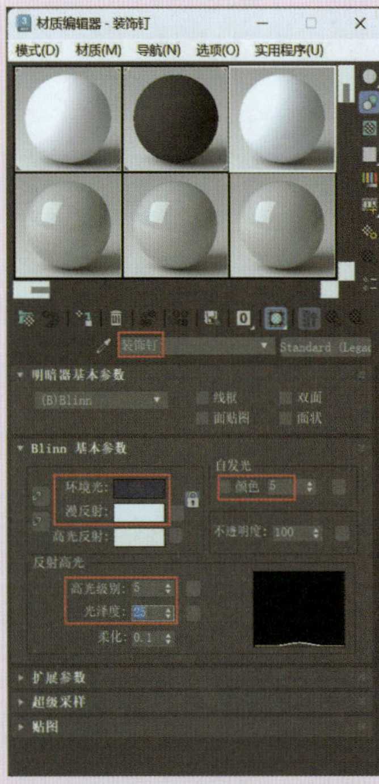

图 9-61

28 在顶视图中按Shift键并使用“移动并选择”工具移动装饰钉，复制装饰钉，在弹出的“克隆选项”对话框中保留默认设置，并命名为“木板004”，单击“确定”按钮，并调整装饰钉的位置，效果如图9-62所示。

29 选择装饰钉和木板，在顶视图中按Shift键移动其位置，并将其复制，然后调整模型到适当的位置，如图9-63所示。

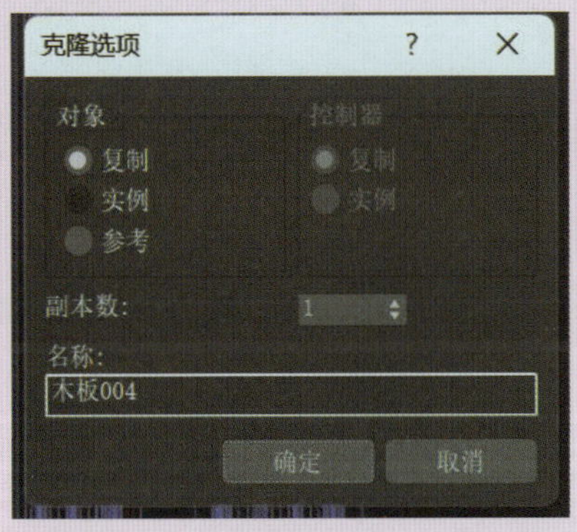

图 9-62

图 9-63

30 在其他视图中，调整装饰钉和木板的位置，最后的场景效果如图9-64所示。

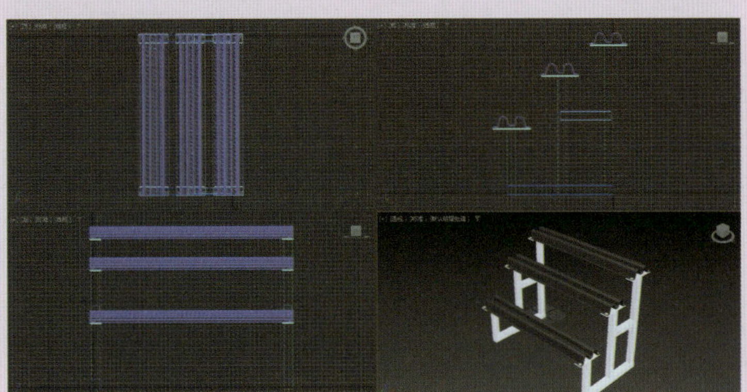

图 9-64

1
2
3
4
5
6
7
8
9

9.1.3 合并模型文件

01 在“文件”菜单中选择“导入”→“合并”命令，在弹出的“合并文件”对话框中，选择“哑铃”文件，单击“确定”按钮，在弹出的“合并”对话框中，单击“全部”按钮，然后单击“确定”按钮，如图9-65所示。

微课：合并模型文件

02 使用“选择并移动”工具和“选择并缩放”工具，调整哑铃的位置，并适当缩放哑铃，如图9-66所示。

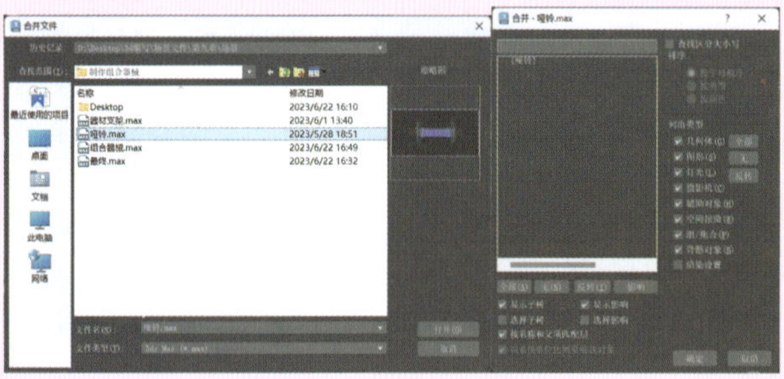

图 9-65

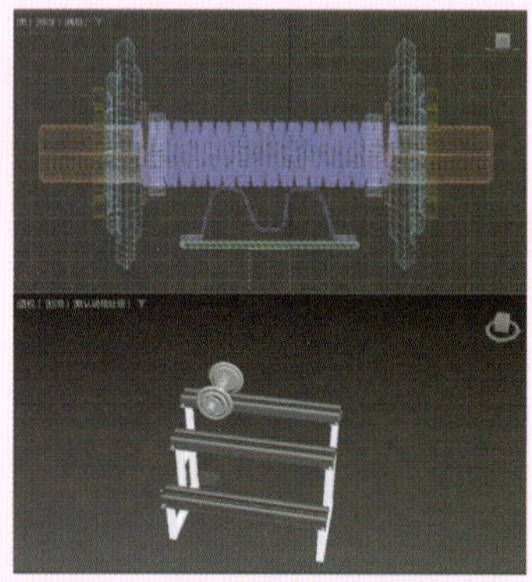

图 9-66

03 按Shift键并使用“选择并移动”工具复制对象，将哑铃对象移动到适当的位置，效果如图9-67所示。

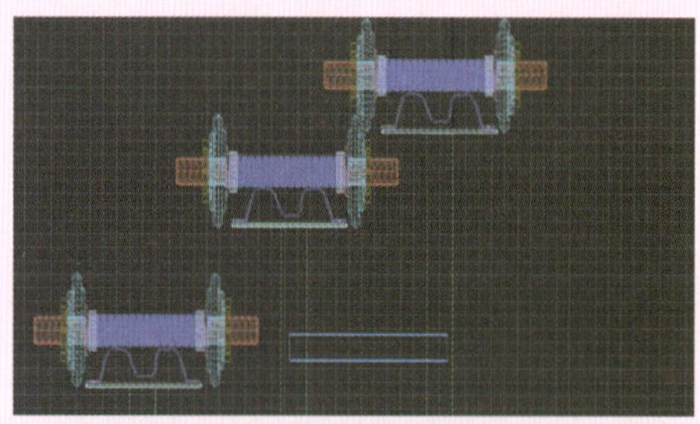

图 9-67

04 按照相同的方法，按Shift键并使用“选择并移动”工具复制并调整其他哑铃，效果如图9-68所示。

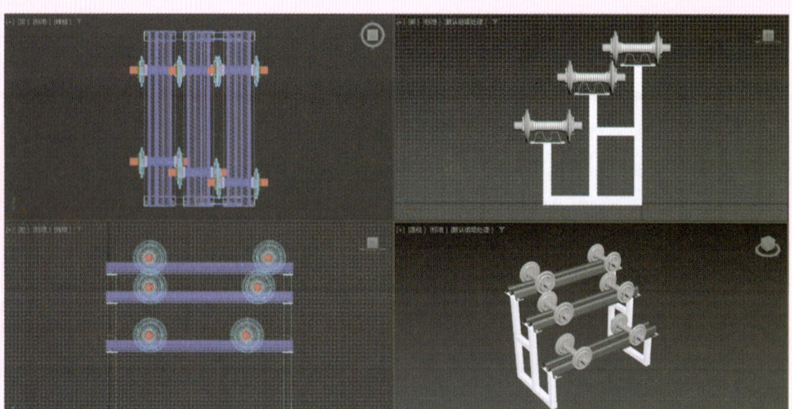

图 9-68

05 在菜单栏中单击“文件”菜单→“另存为”命令，将文件另存为“组合器材”，如图9-69所示。

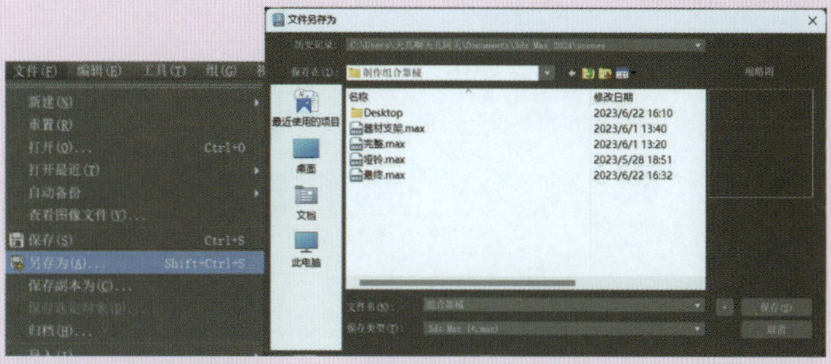

图 9-69

9.1.4 设置VRay材质并导入场景

基本建模工作已经完成，可以看到模型的金属质感并不强烈，接下来通过给组合器械设置一个合适的VRay材质，并导入一个合适的场景，使模型效果变得更加丰富。

01 打开本书配套资源中的“Chapter 9/场景文件/组合器械.max”文件，单击“材质编辑器”按钮（快捷键M），选择一个空白材质球，将材质转换为VRayMtl材质，并将其更名为“哑铃片”，将“漫反射”颜色设置为（R:80，G:80，B:80），如图9-70所示。

微课：设置VRay材质

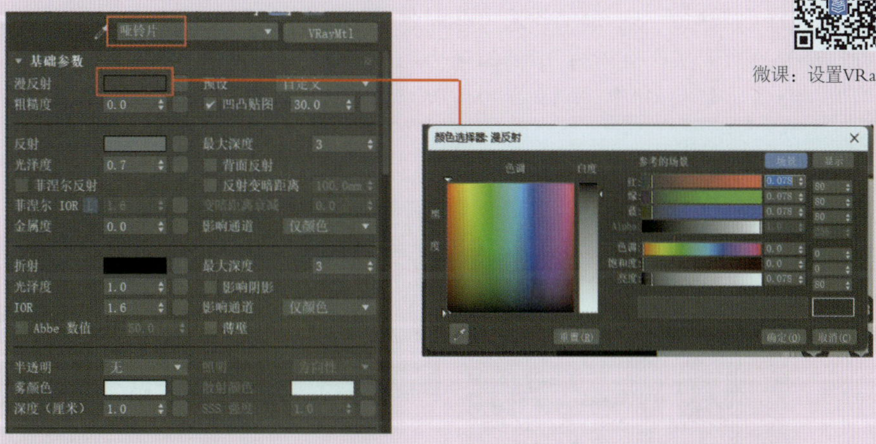

图 9-70

02 在“反射”选项组中，设置反射颜色为（R:128，G:128，B:128），设置“最大深度”为3，设置“光泽度”为0.7，取消勾选“菲涅尔反射”复选框，如图9-71所示。在“折射”选项组中，设置“最大深度”为3，取消勾选“影响阴影”复选框，如图9-72所示。

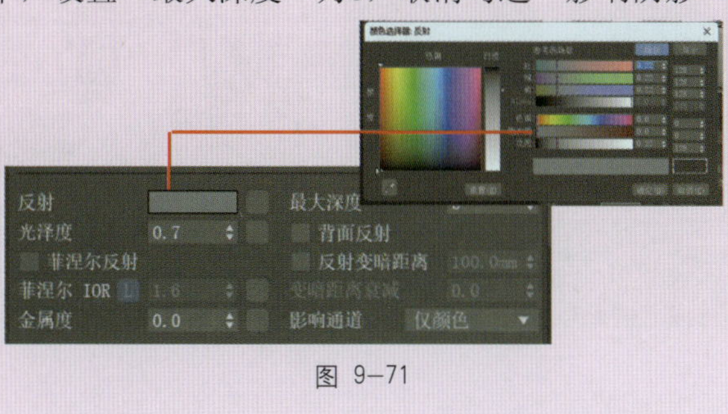

图 9-71

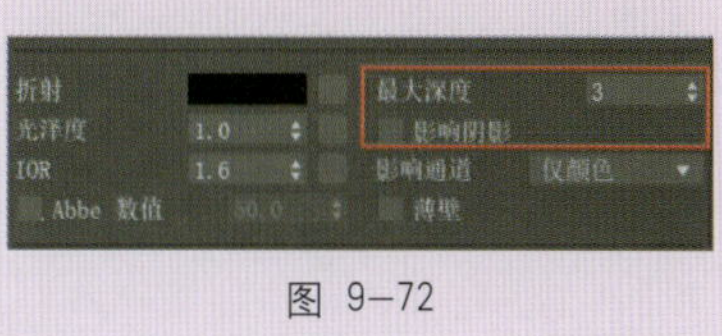

图 9-72

03 选中哑铃片，将制作好的材质赋予哑铃片，如图9-73所示。

04 单击“材质编辑器”按钮（快捷键M），选择一个空白材质球，将材质转换为VRayMtl材质，并将其更名为“中间金属”，将“漫反射”颜色设置为（R:233，G:233，B:233），如图9-74所示。

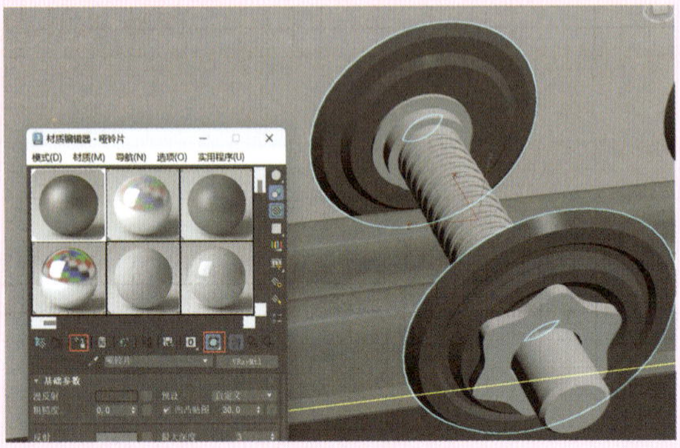

图 9-73

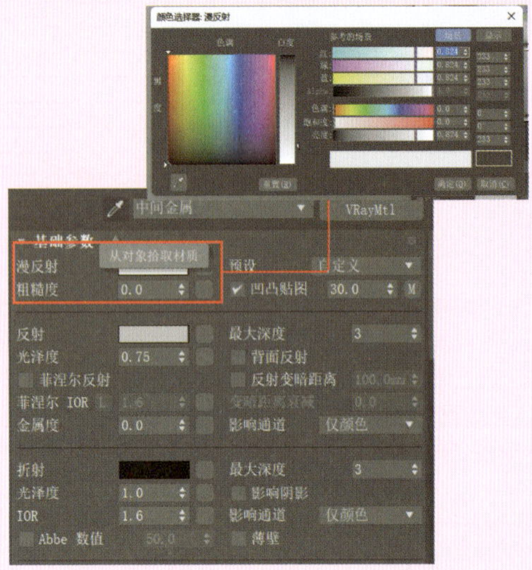

图 9-74

05 在“反射”选项组中，设置反射颜色为（R:194，G:194，B:194），设置“最大深度”为3，设置“光泽度”为0.75，取消勾选“菲涅尔反射”复选框，如图9-75所示。在“折射”选项组中，设置“最大深度”为3，取消勾选“影响阴影”；在“半透明”选项组中，设置“雾颜色”为（R:213，G:212，B:209），设置“深度”为10；在“自发光”选项组中勾选“GI”复选框，如图9-76所示。

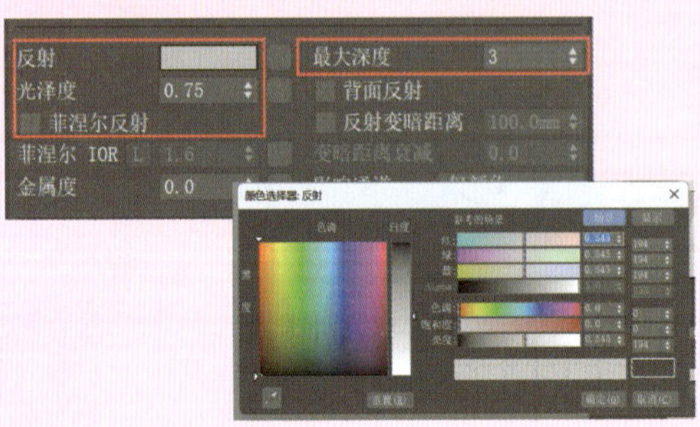

图 9-75

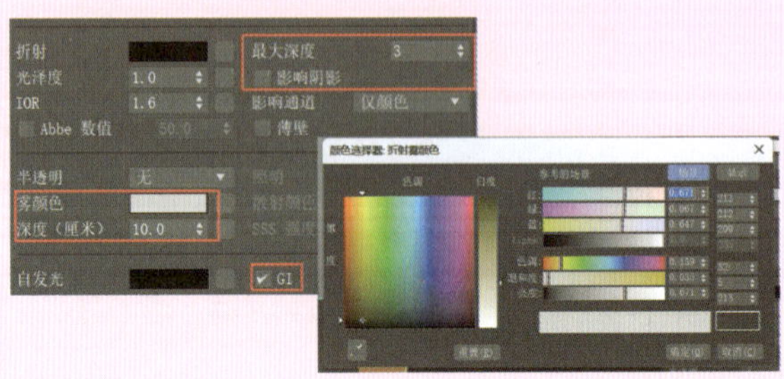

图 9-76

06 将制作好的材质赋予中间金属部分，如图9-77所示。

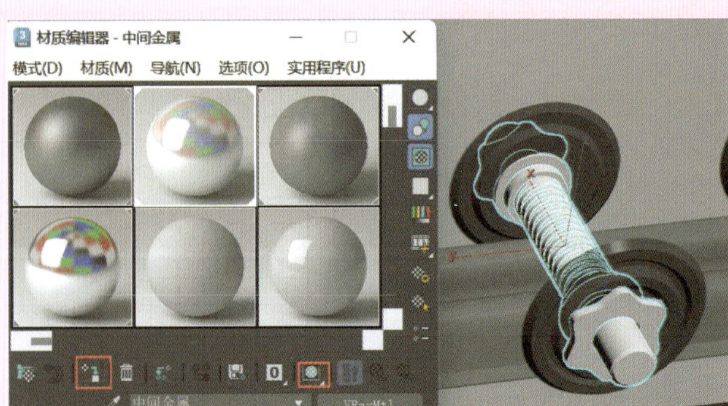

图 9-77

07 单击“材质编辑器”按钮（快捷键M），选择一个空白材质球，将材质转换为VRayMtl材质，并将其更名为“垫片”，将“漫反射”颜色设置为（R:118，G:118，B:118），如图9-78所示。

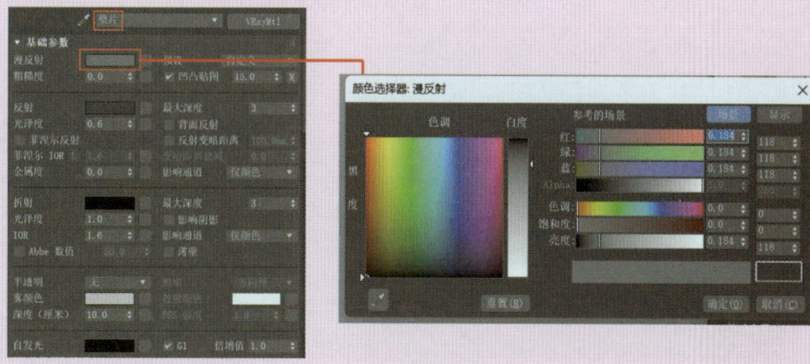

图 9-78

08 在“反射”选项组中，设置反射颜色为（R:70，G:70，B:70），设置“最大深度”为3，设置“光泽度”为0.6，取消勾选“菲涅尔反射”，如图9-79所示。在“折射”选项组中，设置“最大深度”为3，取消勾选“影响阴影”；在“半透明”选项组中，设置“雾颜色”为（R:213，G:212，B:209），设置“深度”为10；在“自发光”选项组中勾选“GI”复选框，如图9-80所示。

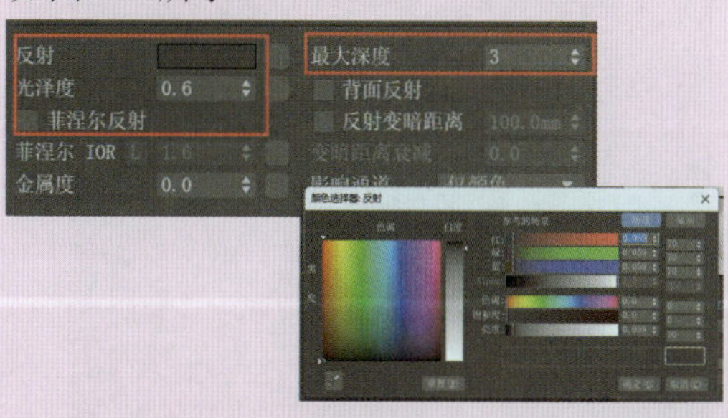

图 9-79

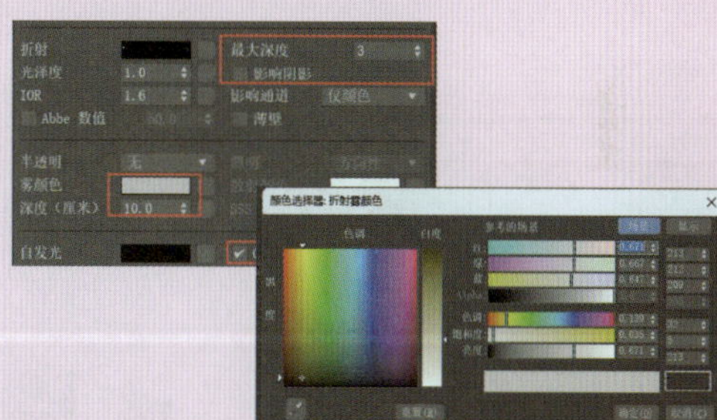

图 9-80

09 将制作好的材质赋予垫片部分，如图9-81所示。

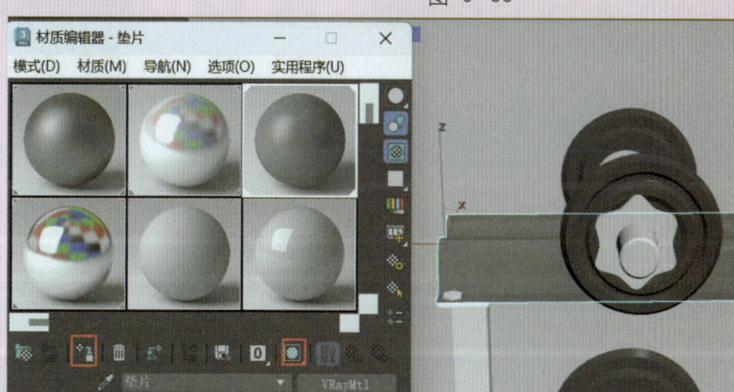

图 9-81

10 单击“材质编辑器”按钮（快捷键M），选择一个空白材质球，将材质转换为VRayMtl材质，并将其更名为“支架”，将“漫反射”颜色设置为（R:253，G:253，B:253），如图9-82所示。

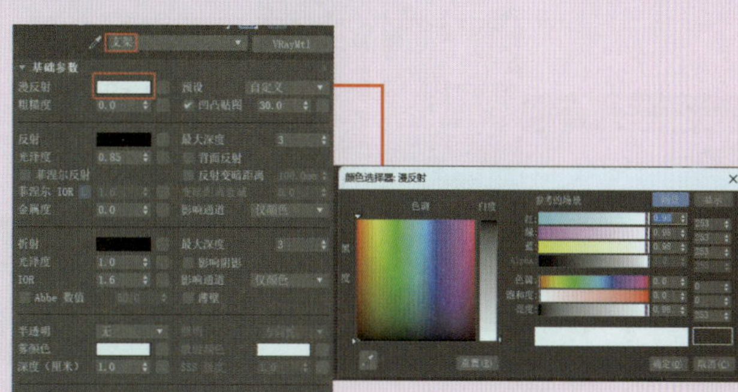

图 9-82

11 在“反射”选项组中，设置“最大深度”为3，设置“光泽度”为0.85，取消勾选“菲涅尔反射”复选框，如图9-83所示。在“折射”选项组中，设置“最大深度”为3，取消勾选“影响阴影”复选框；在“自发光”选项组中勾选“GI”复选框，如图9-84所示。

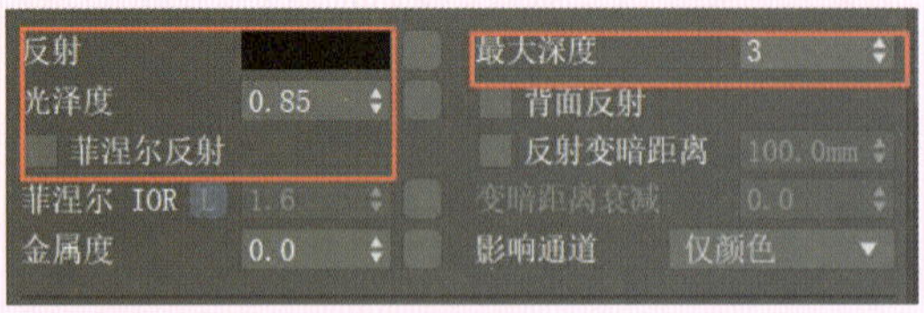

图 9-83

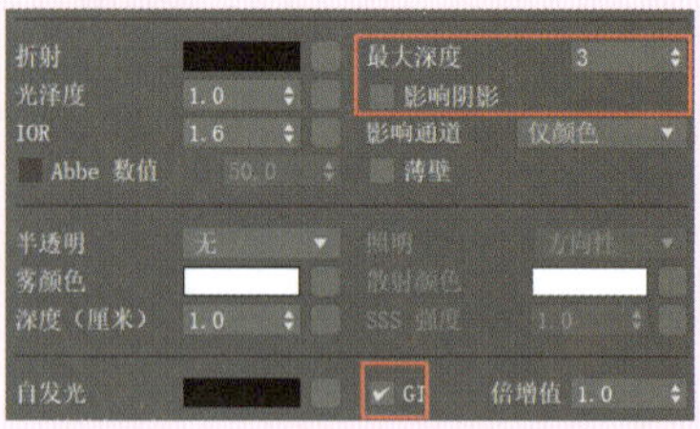

图 9-84

12 将制作好的材质赋予支架部分，如图9-85所示。

13 设置完VRay材质后，效果如图9-86所示。

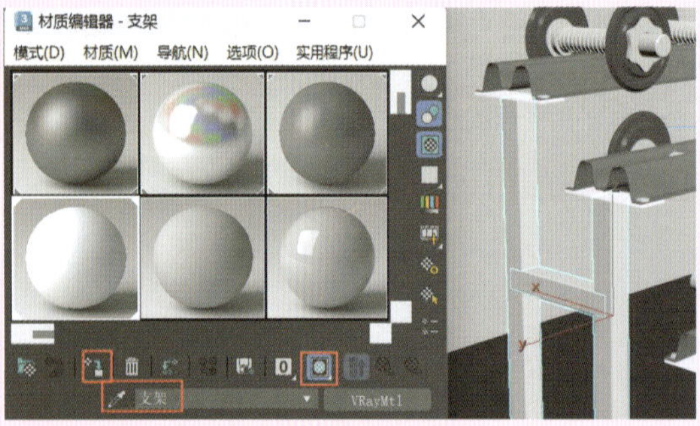

图 9-85

图 9-86

14 在“文件”菜单中选择“导入”→“合并”命令，在“合并文件”对话框中选择“场景”文件，单击“打开”按钮，在弹出的“合并”对话框中，单击“全部”按钮，然后单击“确定”按钮，如图9-87所示。

15 按R键将组合器械缩放到合适大小，并移动到合适位置，如图9-88所示。

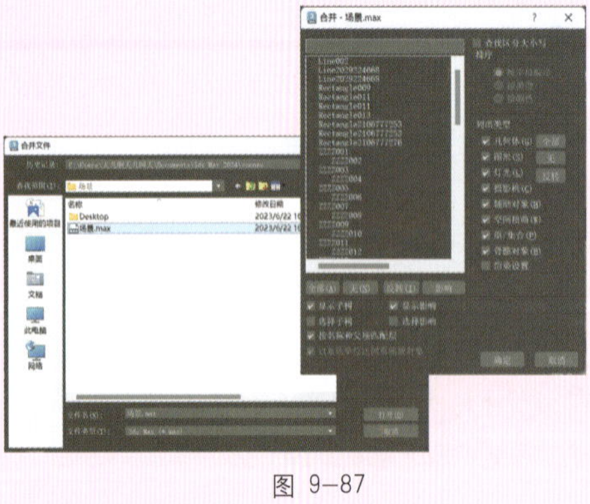

图 9-87

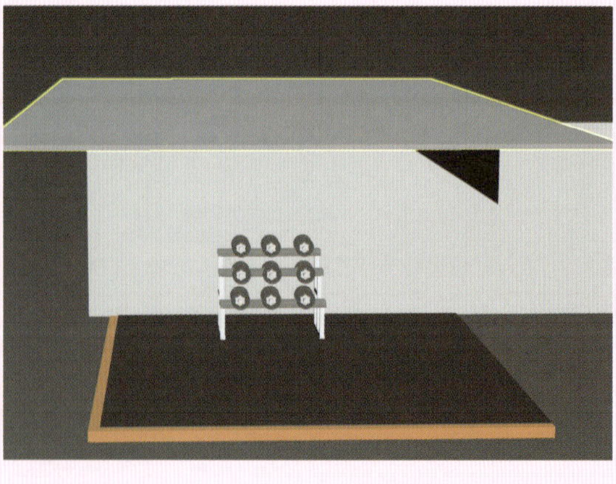

图 9-88

9.1.5 创建灯光和摄影机

01 在“创建”面板中单击“灯光”→“VRay”→“VRayLight”，在顶视图中创建如图9-89所示的VRayLight灯光。

微课：创建灯光和摄影机

图 9-89

02 选中灯光，在“修改”面板中的“常规”卷展栏下设置“倍增值”为15，设置颜色为（R：255，G：220，B：183），如图9-90所示。

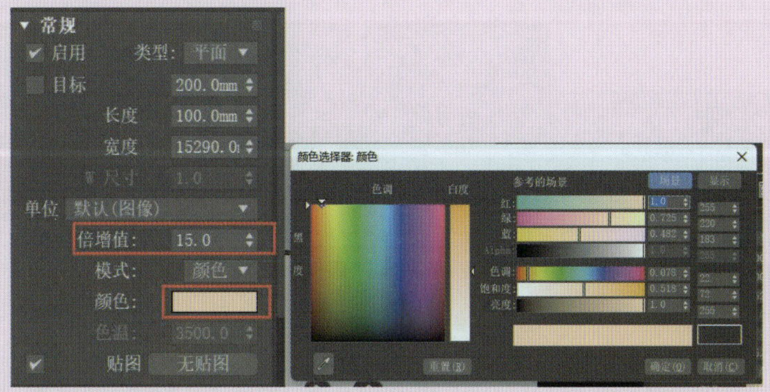

图 9-90

03 选中灯光，按住Shift键复制一个名称为“VR2”的灯光，放在如图9-91所示的位置。

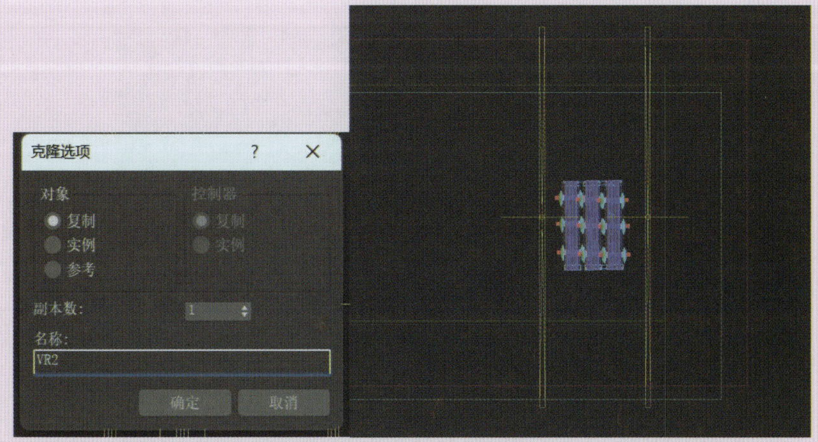

图 9-91

1
2
3
4
5
6
7
8
9

04 在顶视图中创建一个“VRayLight”灯光，调整位置如图9-92所示。打开“修改”面板，在“常规”卷展栏中勾选“目标”复选框，并设置值为3000mm，设置“倍增值”为70；在“矩形/圆盘灯”卷展栏中设置“方向性”为0.3，如图9-93所示。

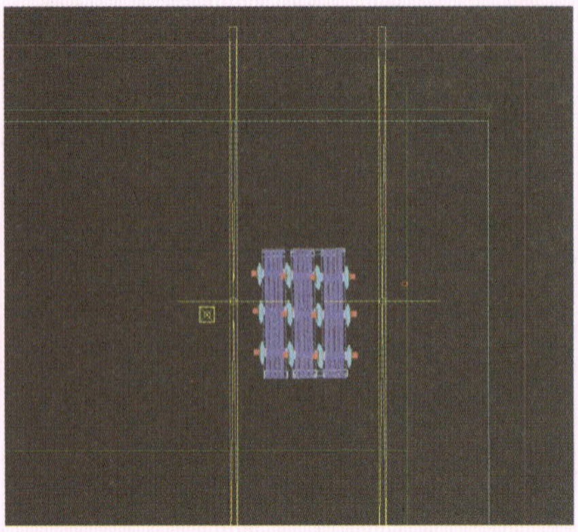

图 9-92

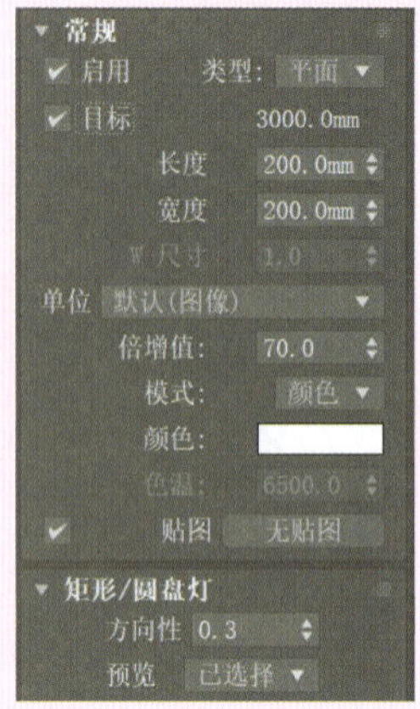

图 9-93

05 在“创建”面板，单击“摄影机”→“标准”→“目标”，创建一个目标摄影机，位置如图9-94所示。

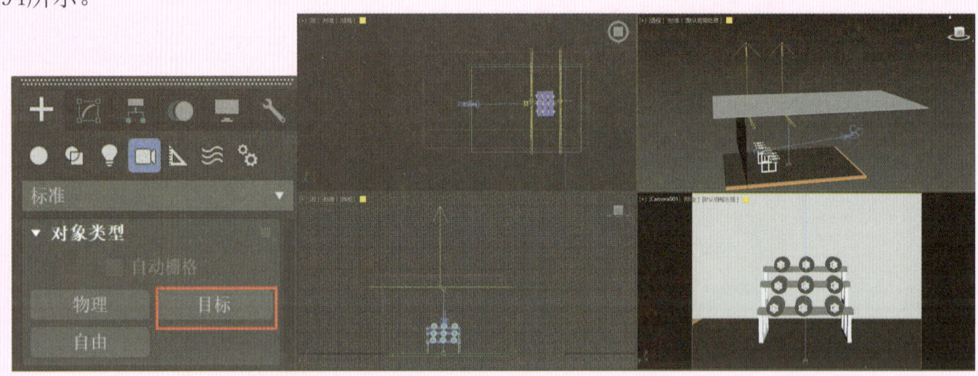

图 9-94

06 激活摄影机视图，并按F9键进行渲染，最终效果如图9-95所示。

图 9-95

9.2 制作电吹风

本例介绍电吹风的制作方法，通过使用可编辑多边形以及各种修改器来制作电吹风的模型，然后通过创建其他对象细节，使模型呈现逼真的效果。

9.2.1 电吹风模型制作

01 新建一个场景文件，选择“创建”→“图形”→“多边形”工具，在顶视图中绘制一个多边形，绘制完成后，将“半径”设置为40mm，“边数”设置为18，如图9-96所示。

02 打开“修改”面板，为多边形加载一个“挤出”修改器，设置挤出“数量”为120mm，如图9-97所示。

微课：电吹风模型制作

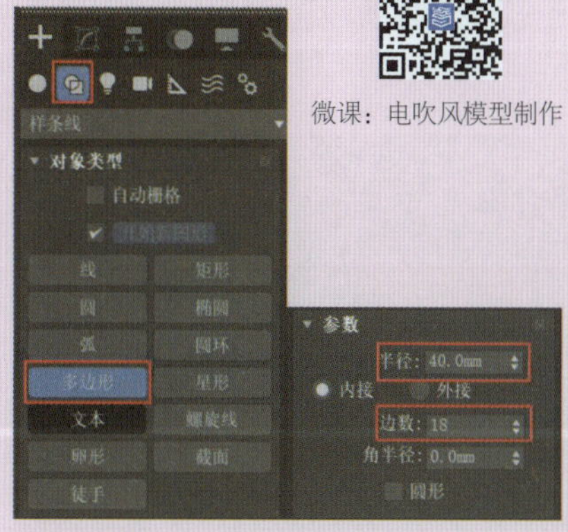

图 9-96

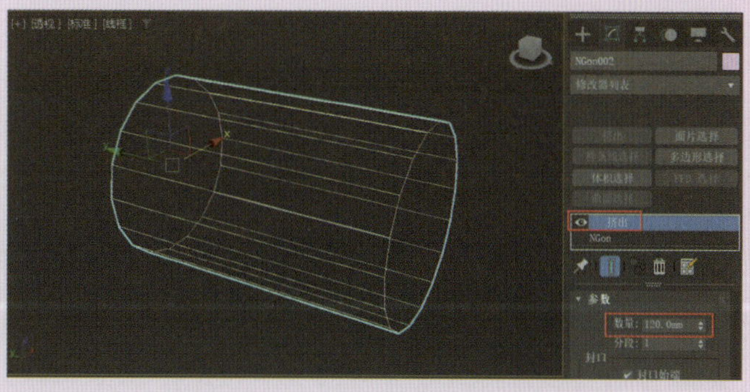

图 9-97

03 右击模型，选择“转换为”→“转换为可编辑多边形”命令，在“可编辑多边形”下拉列表下进入顶点层级，在左视图中使用“选择并均匀缩放”工具选择左侧一排顶点将其向内侧缩放，如图9-98所示。

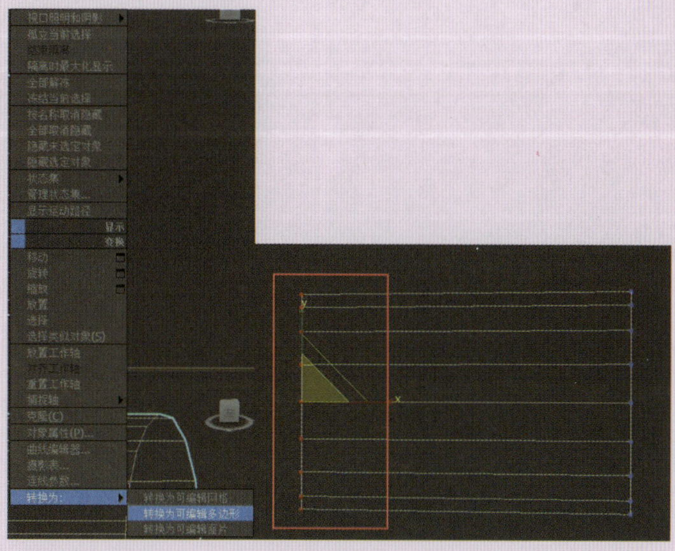

图 9-98

1 2 3 4 5 6 7 8 9

04 单击选中模型并进入边层级，选中中间边，在“修改”面板中“编辑边”卷展栏下单击“连接”按钮；选中连接的边，单击“切角”按钮，设置“切角量”为28mm，如图9-99所示。

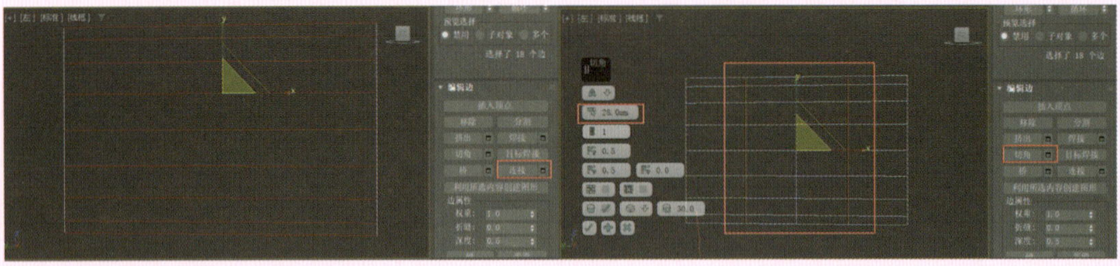

图 9-99

05 单击选中模型，进入多边形层级，选中中间八个小长方形，在“编辑多边形”卷展栏下单击“插入”按钮并设置“插入量”为2.5mm；选中中间八个小长方形再次设置插入量为2.5mm，如图9-100所示。

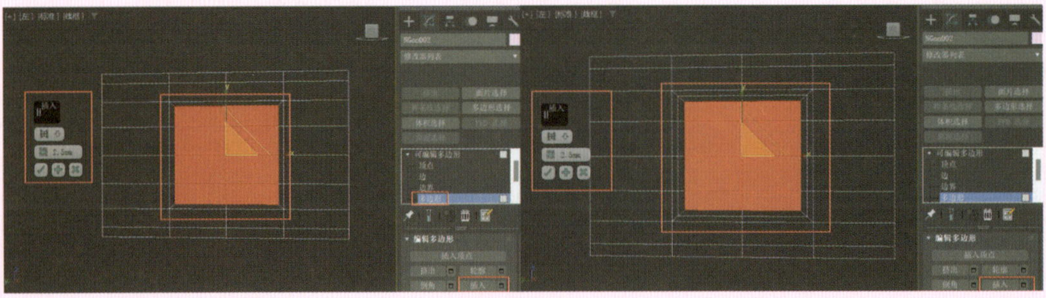

图 9-100

06 单击选中模型，进入边层级，选中如图9-101所示的边，按Delete键删除边；选中最内圈的正方形，在视图中右击，在弹出的菜单中选择“封口”命令，如图9-101所示。

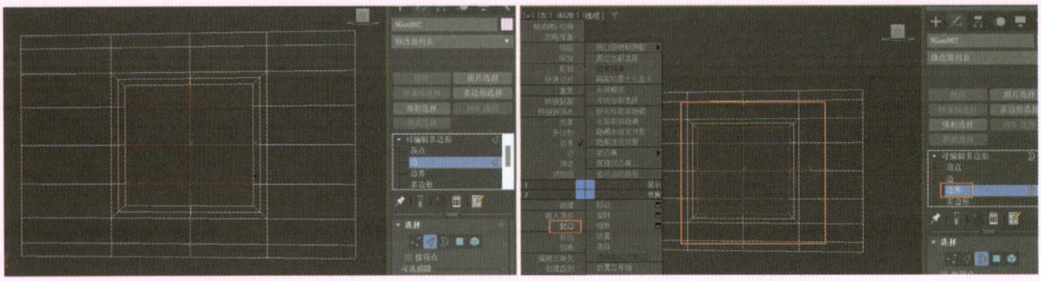

图 9-101

07 进入多边形层级，选中最内侧的多边形，在工具栏下单击“多边形”按钮→“几何多边形”，如图9-102所示。

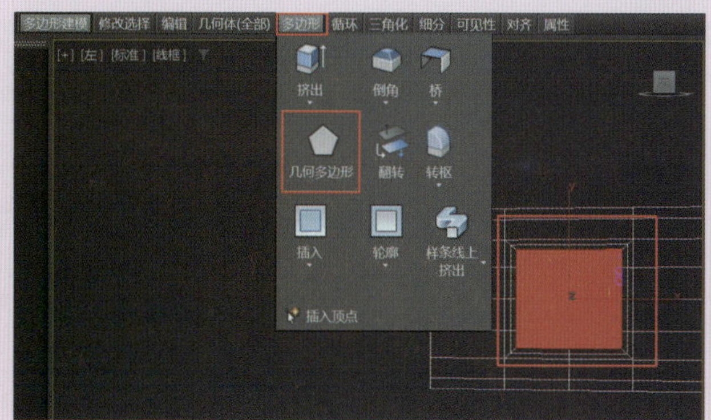

图9-102

08 在前视图中，右击“选择并旋转”工具，在弹出的“旋转变换输入”对话框的“绝对：世界”选项组下设置“X”值为-180，“Y”值为-90；进入多边形层级，在“编辑多边形”选项组下单击“挤出”按钮，设置“挤出量”为160mm，如图9-103所示。

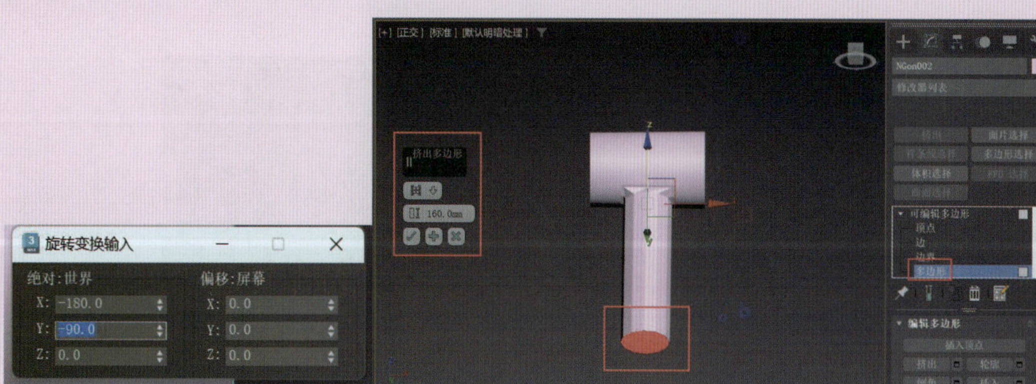

图 9-103

09 进入边层级，单击“选择并移动”工具，将边移动到如图9-104所示位置；进入顶点层级，选择如图9-104所示顶点，单击“选择并均匀缩放”工具，将顶点向内均匀缩放，如图9-104所示。

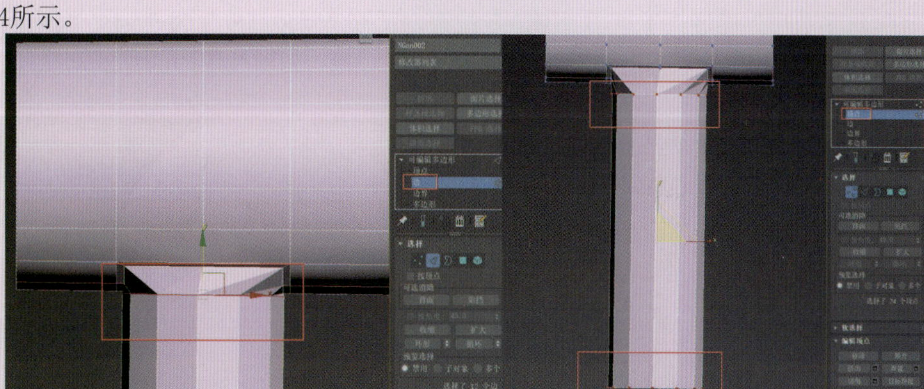

图 9-104

10 进入多边形层级，选中底部圆形，按住Delete键删除底部圆形；选中模型进入“修改”面板为模型添加“涡轮平滑”修改器，如图9-105所示。

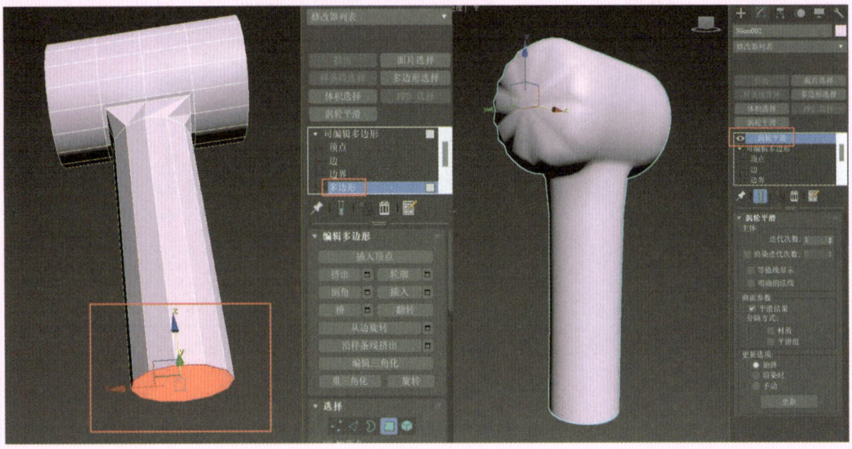

图 9-105

11 进入“修改”面板，单击“涡轮平滑”修改器左侧小眼睛，隐藏涡轮平滑修改器。进入多边形层级，在“编辑多边形”卷展栏下单击“插入”按钮设置“插入量”为2.5mm，如图9-106所示。

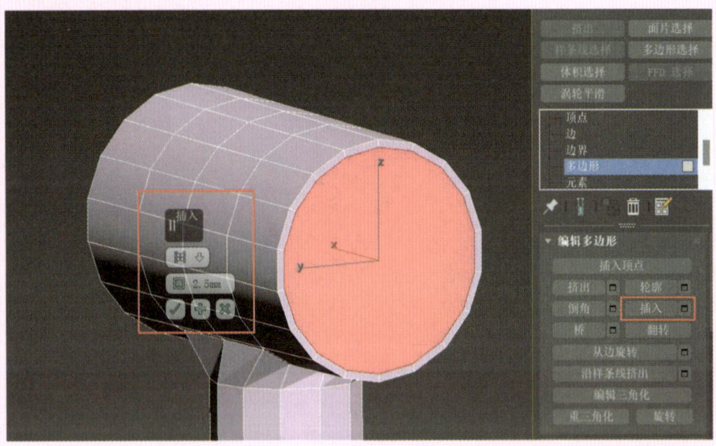

图9-106

12 在“编辑多边形”卷展栏下单击“倒角”按钮，设置“倒角高度”为-8mm，“倒角轮廓”为-18mm；继续单击“插入”按钮，设置“插入量”为1.5mm，如图9-107所示。

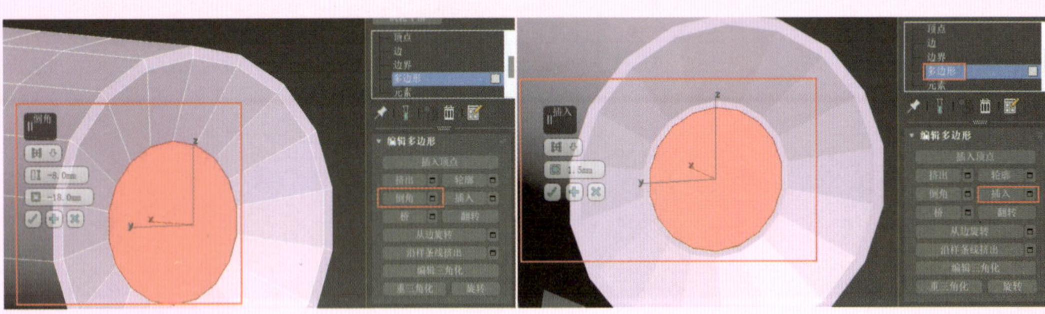

图 9-107

13 单击选中模型，进入边层级，选中图9-108所示的边，在“编辑边”卷展栏下单击“切角”按钮，设置“切角量”为0.1mm；重复这一步骤，选中如图9-108所示边，设置“切角量”为0.1mm，如图9-108所示。

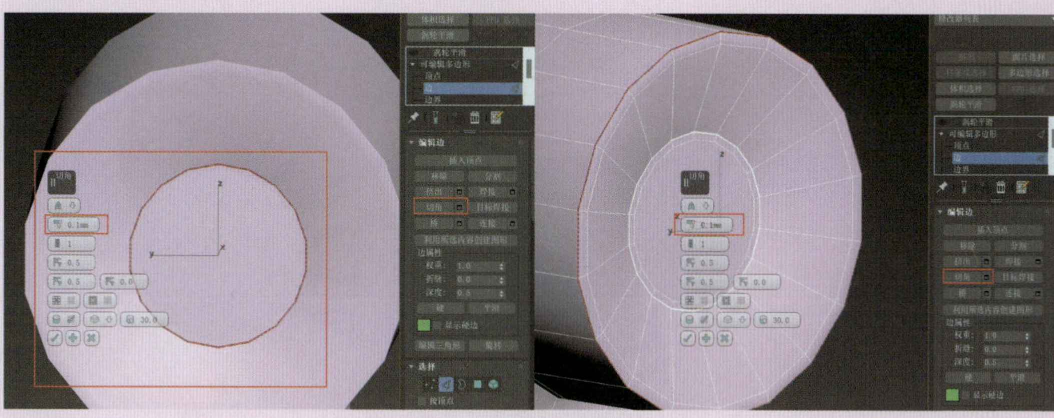

图 9-108

14 切换到前视图，进入“修改”面板，进入边层级，选中最右侧一圈线，单击“连接”按钮；进入顶点层级，选中最外圈顶点，单击“选择并均匀缩放”工具，将顶点缩放到适当大小，如图9-109所示。

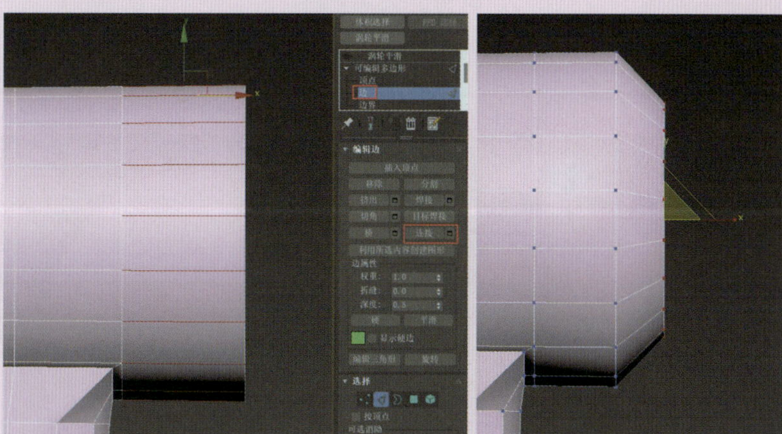

图 9-109

15 进入边层级，选中右边第二条边线，在“编辑边”卷展栏下单击“切角”按钮，设置“切角量”为0.4mm；“切角分段”为2，如图9-110所示。

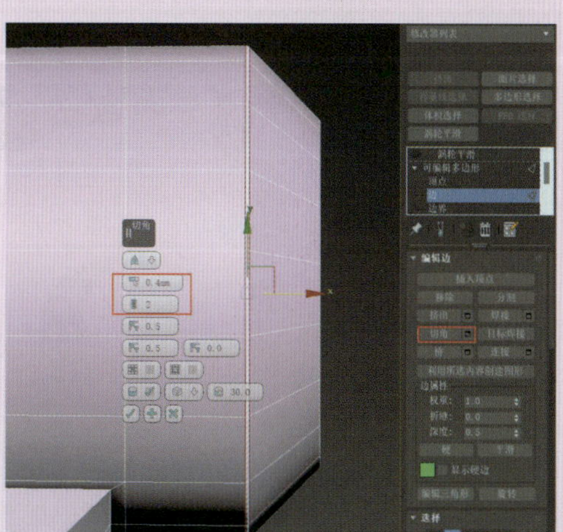

图 9-110

16 进入多边形层级，选中中间圆形，在“编辑多边形”卷展栏下单击“插入”按钮，设置“插入量”为1mm，重复四次该步骤，分别设置插入量为0.3mm、0.5mm、1.5mm、0.3mm，如图9-111所示。

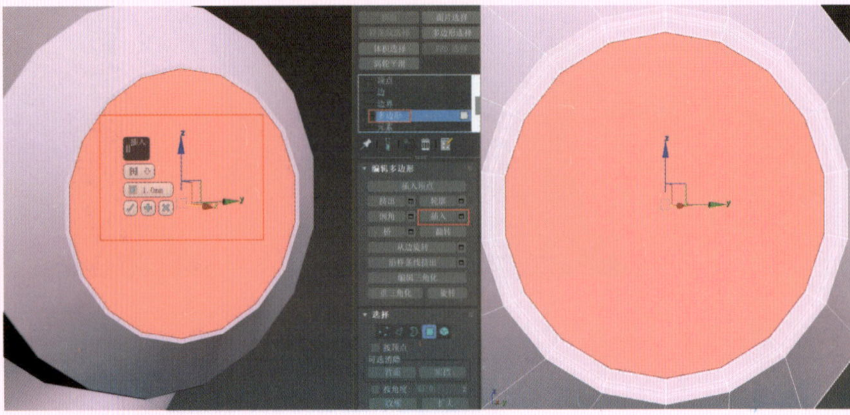

图 9-111

17 进入多边形层级，选中中间圆形，在“编辑多边形”卷展栏下单击“挤出”按钮，设置“挤出量”为-8mm，使用“选择并均匀缩放”工具将圆缩放到适当大小，如图9-112所示。

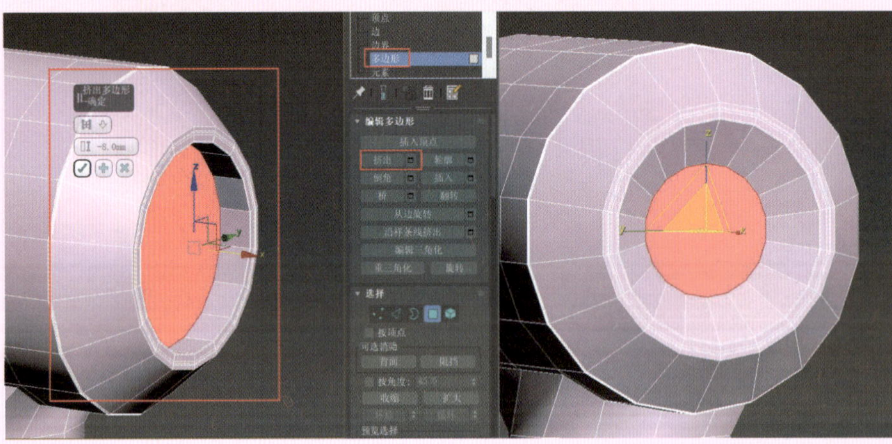

图 9-112

18 进入多边形层级，选中中间圆形，在“编辑多边形”卷展栏下单击“挤出”按钮，设置挤出量为-35mm，如图9-113所示。

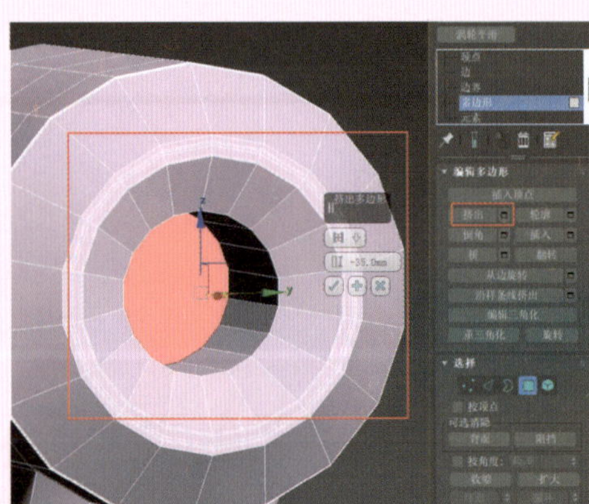

图9-113

19 按Delete键将挤出的圆形删除，进入边层级，选中最内侧一圈边线，在“编辑边”卷展栏下单击“切角”按钮，设置“切角量”为0.2mm；进入多边形层级，选中第二圈多边形，在“编辑多边形”卷展栏下单击“倒角”按钮，设置“倒角高度”为-0.03mm，“倒角轮廓”为-0.06mm，如图9-114所示。

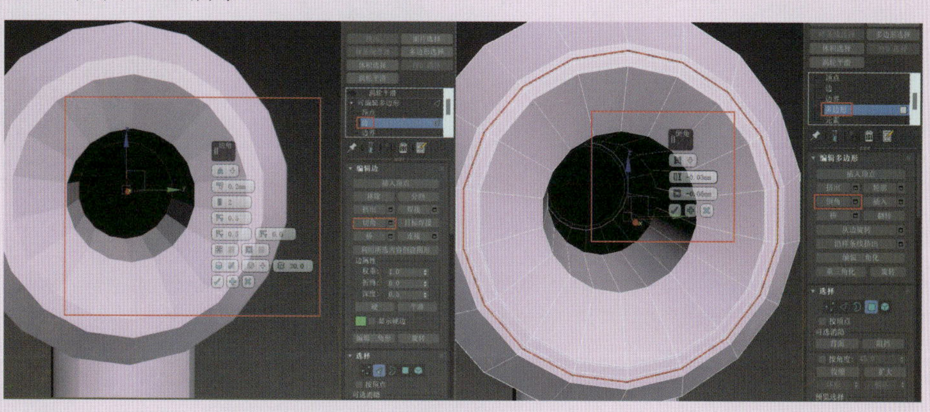

图 9-114

20 进入边层级，选中电吹风把手位置的竖线，在“编辑边”卷展栏下单击“连接”按钮，设置连接边的“分段”为3，将3条边的位置调整到如图9-115所示的位置。

21 进入边层级，选中上一步骤连接的三条边，单击“切角”按钮，设置边“切角量”为10mm，如图9-116所示。

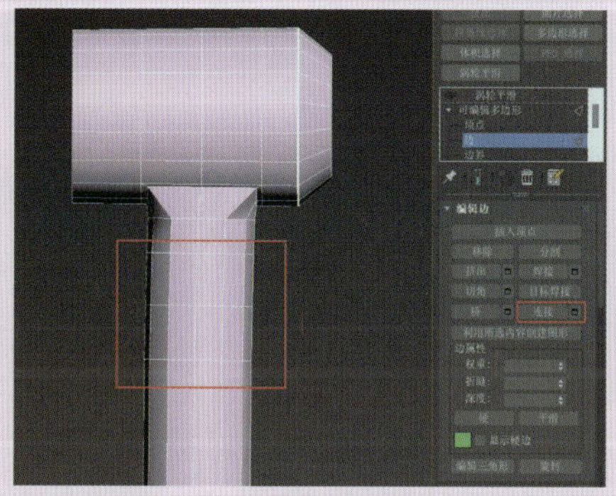

图 9-115

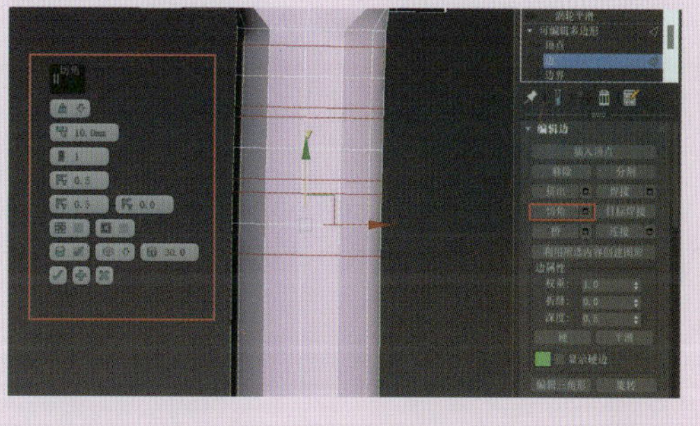

图 9-116

22 进入多边形层级，按住Ctrl键并选中正下方四个多边形，在“编辑多边形”卷展栏中单击“插入”按钮，设置“插入量”为2mm；进入边层级，在“编辑几何体”卷展栏下单击“创建”按钮，创建如图9-117所示四条边。

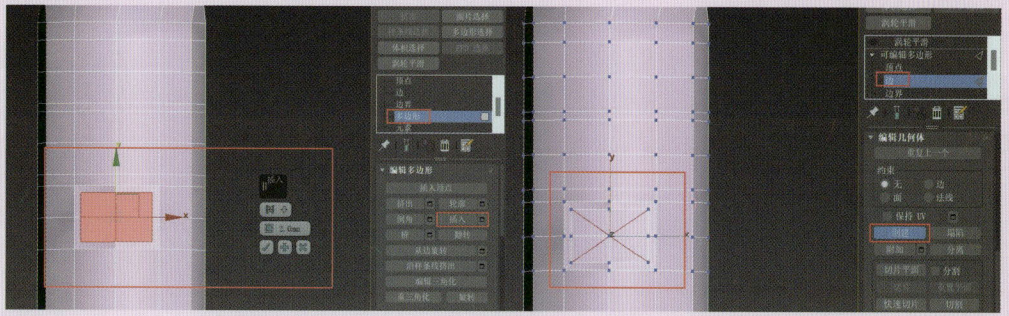

图9-117

23 重复上述步骤。进入多边形层级，选中上方10个多边形，单击“插入”按钮，设置“插入量”为2mm；切换到边层级，单击“创建”按钮，创建如图9-118所示四条边。

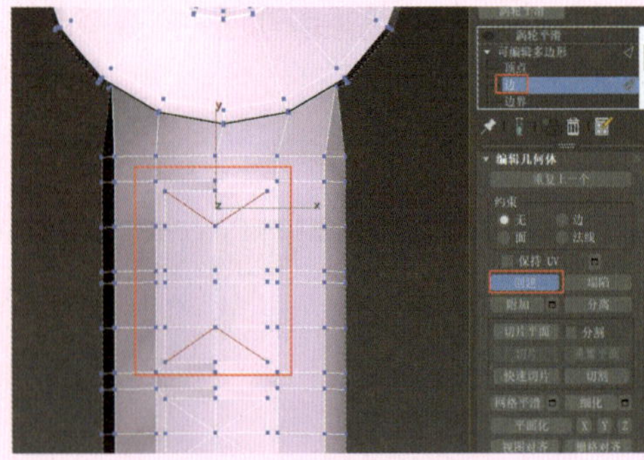

图 9-118

24 进入顶点层级，使用“选择并均匀缩放”工具将长方形缩放变形成八边形；进入多边形层级，选中八边形，在“编辑多边形”卷展栏下单击“插入”按钮，设置“插入量”为0.5mm，单击“挤出”按钮，设置“挤出量”为-3.5mm，如图9-119所示。

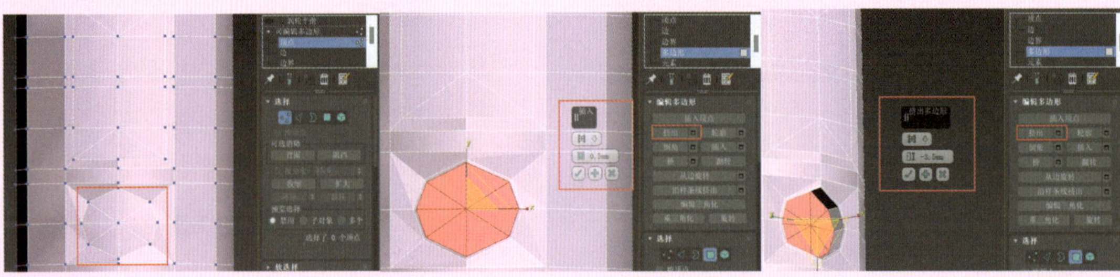

图 9-119

25 重复上一步骤。进入顶点层级，使用“选择并均匀缩放”工具将长方形变成椭圆形，先后进行插入和挤出操作，如图9-120所示。

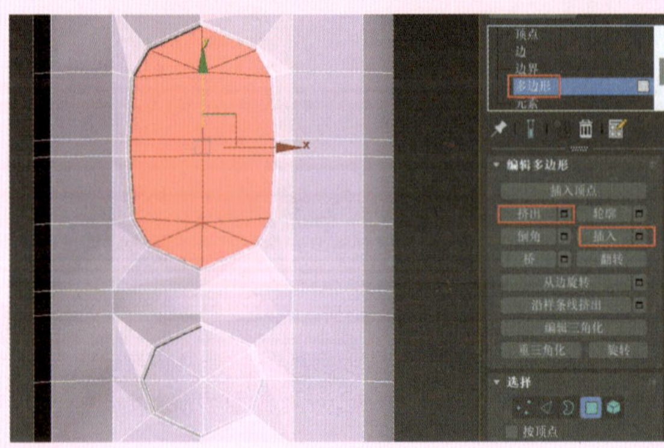

图 9-120

26 进入多边形层级，在“编辑多边形”卷展栏中单击“插入”按钮，设置“插入量”为0.3mm；进入边层级，在“编辑几何体”卷展栏中单击“创建”按钮创建两条边线，如图9-121所示。

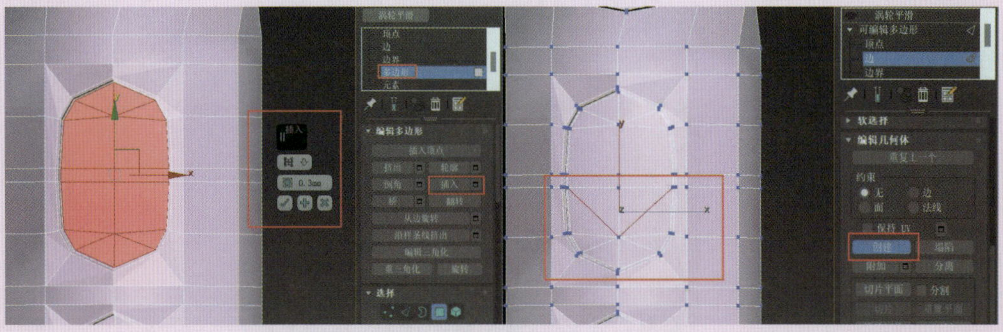

图 9-121

27 进入多边形层级，选中如图9-122所示的多边形，在“编辑多边形”卷展栏单击“插入”按钮，设置“插入量”为0.3mm，使用“选择并均匀缩放”工具调整多边形形状，如图9-122所示。

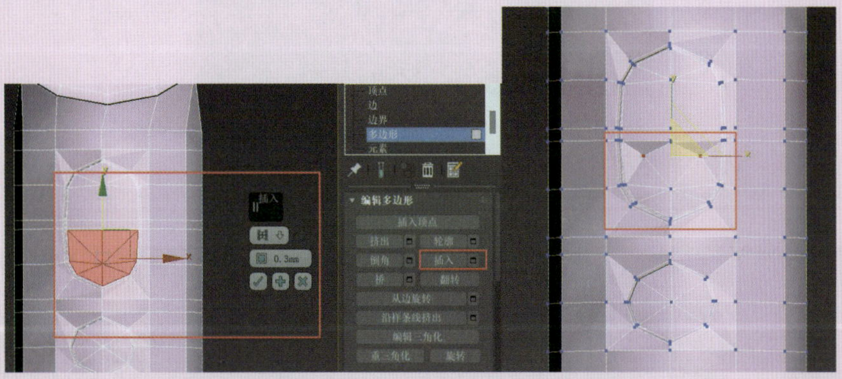

图 9-122

28 进入多边形层级，分别选中如图9-123所示的两个多边形，在“编辑多边形”卷展栏单击“挤出”按钮，设置“挤出量”为5mm，如图9-123所示。

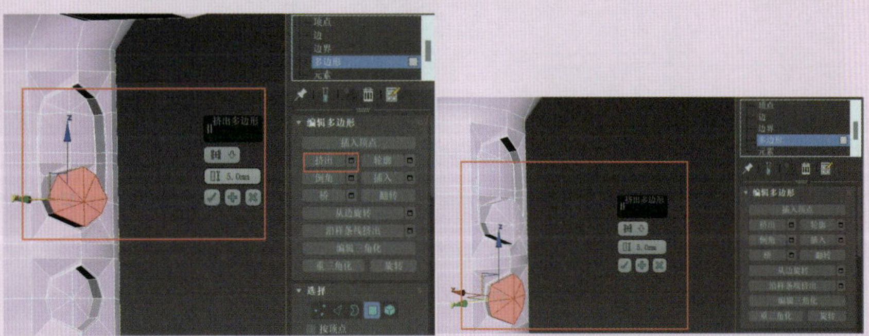

图 9-123

29 进入多边形层级，选中如图9-124所示的边，在“编辑边”卷展栏下单击“切角”按钮，设置“切角量”为0.5mm，如图9-124所示。

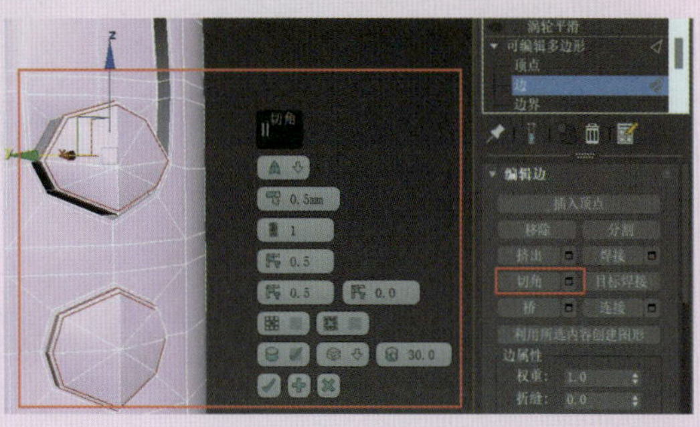

图 9-124

30 进入边层级，选中最下方一圈边线，右击选择“创建图形”，选中新创建的图形进入“实用程序”面板，在“实用程序”卷展栏下单击“测量”按钮，得到图形的长度为156.173mm，如图9-125所示。

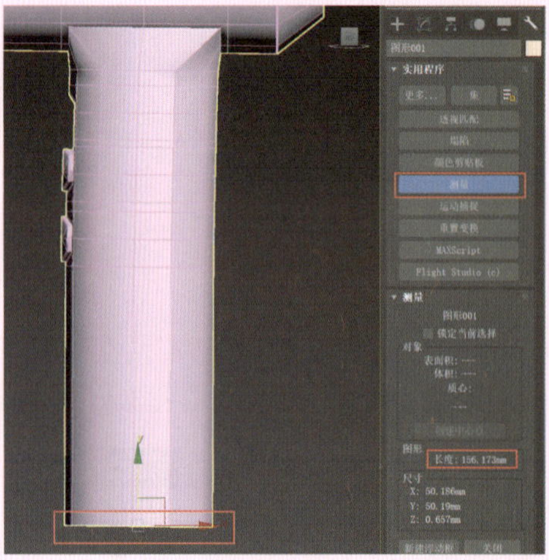

图 9-125

31 进入顶点层级，选中最下方顶点，使用“选中并移动”工具将电吹风把手调整到适合的长度，使用“创建”面板创建一个“长度”为50mm，“宽度”为156.173mm的平面，如图9-126所示。

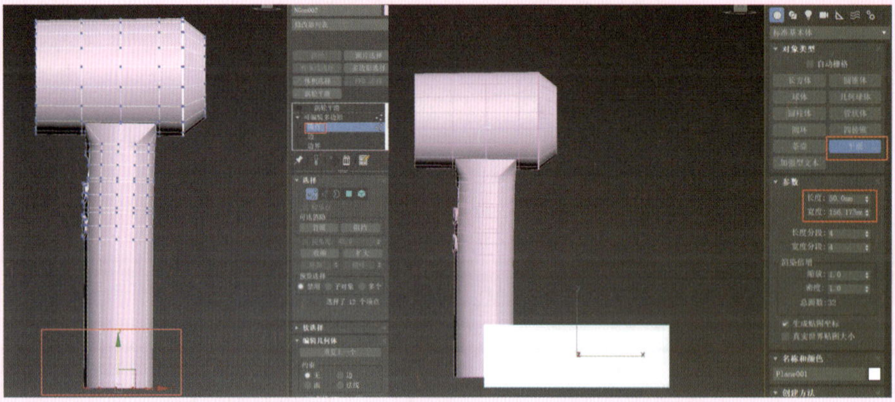

图 9-126

32 选中平面，进入“修改”面板，设置“长度分段”为40，“宽度分段”为4，右击视图区域，在弹出的菜单中选择“转换为”→“转换为可编辑多边形”命令；进入多边形层级，选中右边三个区域多边形，按Delete键删除，如图9-127所示。

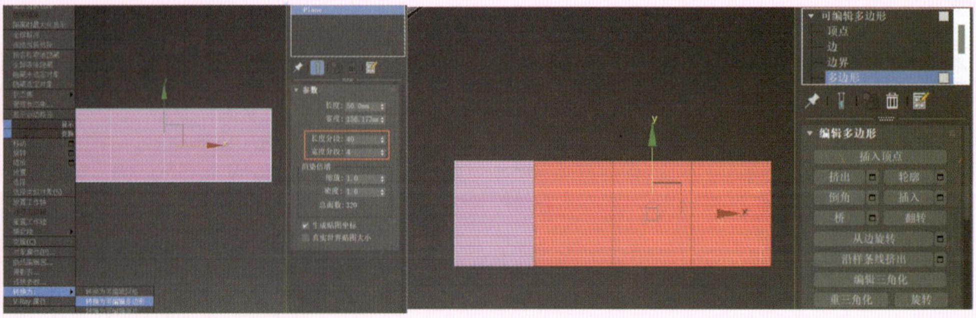

图 9-127

33 进入边层级，选中所有横线，在“编辑边”卷展栏下单击“连接”按钮，设置“连接边-分段”为2，“连接边-收缩”为92；选中刚刚连接两条边的所有横线，单击“连接”按钮，设置“连接边-分段”为16；切换到正交视图，选中可编辑多边形，按住Shift键沿Y轴复制一个可编辑多边形，选中复制的可编辑多边形，右击冻结当前选择，如图9-128所示。

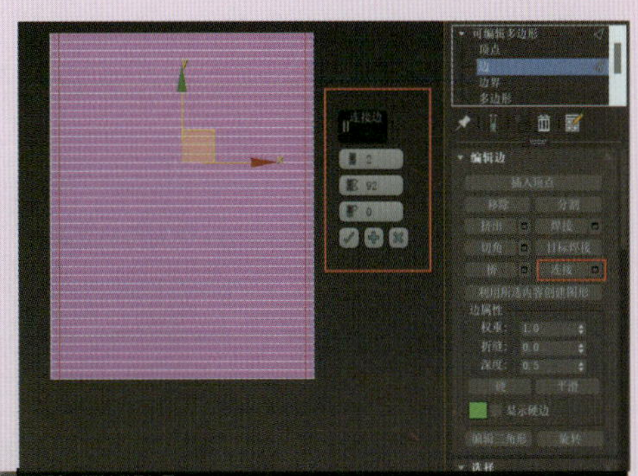
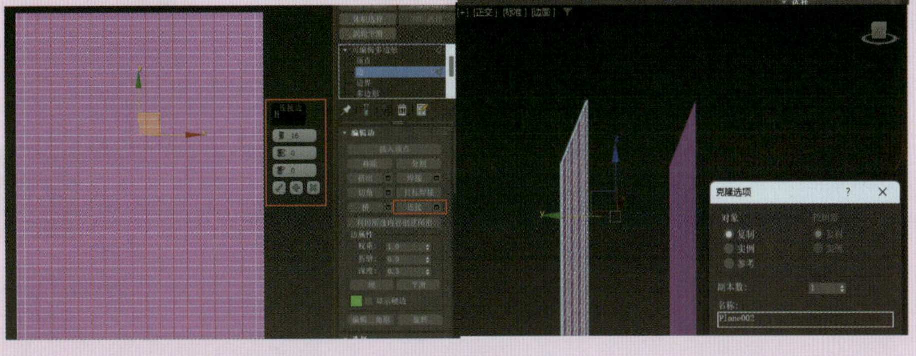

图 9-128

34 进入顶点层级，选择两侧顶点，按住Delete键删除两侧顶点；在“建模”→“多边形建模”工具下单击“生成拓扑”命令，弹出“拓扑”面板，进入边层级，任意选中一条边，在“拓扑”面板中“程序”卷展栏下选择墙示例框，如图9-129所示。

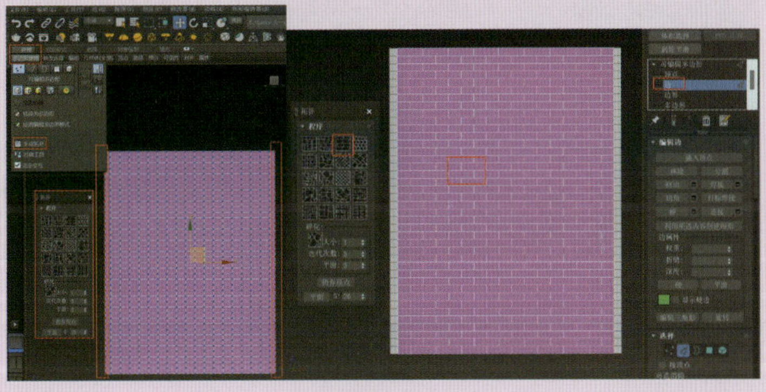

图 9-129

35 进入多边形层级，选中所有多边形，在“编辑多边形”卷展栏下单击“插入”按钮，设置“插入量”为0.3mm；进入顶点层级，分别选中两侧顶点，打开“捕捉开关”，使用“选择并移动”工具使两侧顶点与冻结对象对齐，如图9-130所示。

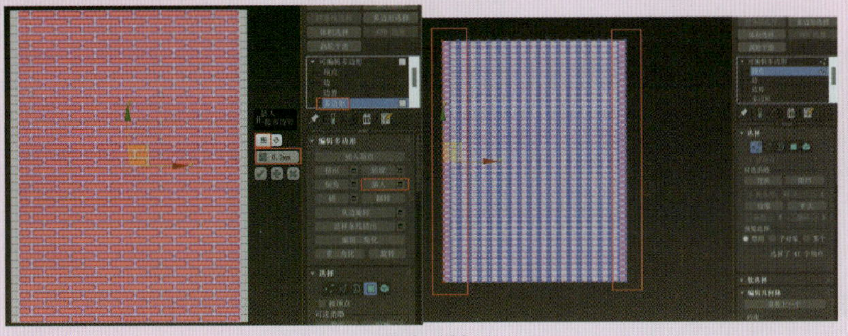

图 9-130

36 进入边层级，分别选中上下两端边线，按住Shift键，使用“选择并移动”工具将边线向两端延长适当距离；进入“层次”面板，在“调整轴”卷展栏中单击“仅影响轴”按钮，打开“捕捉工具”将轴与左下角对齐，如图9-131所示。

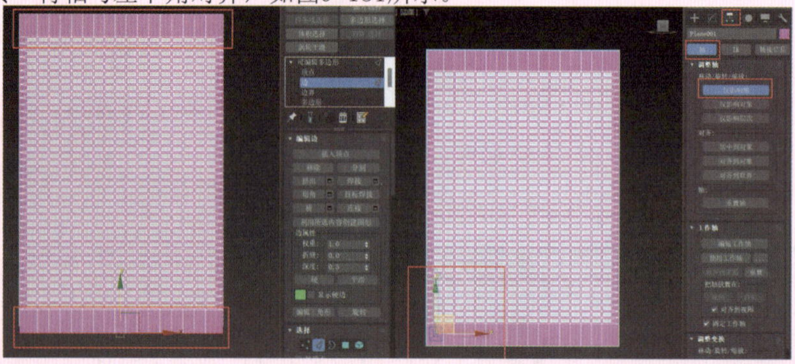

图 9-131

37 打开“捕捉工具”按住Shift键复制3个平面，选中上一步制作的可编辑多边形，在“编辑几何体”卷展栏下单击“附加”按钮，附加刚复制出来的三个平面；进入顶点层级，在“编辑顶点”卷展栏中单击“焊接”按钮，设置“焊接阈值”为0.1mm，如图9-132所示。

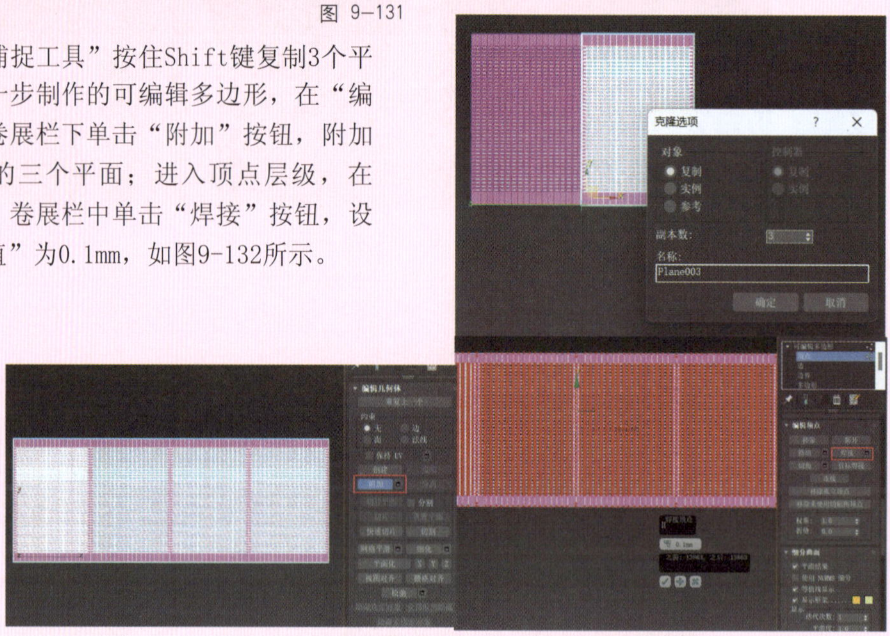

图 9-132

38 进入“层次”面板，在“调整轴”卷展栏中单击“仅影响轴”按钮，在“对齐”选项组中单击“居中到对象”按钮，进入“修改”面板，为可编辑多边形加载一个“弯曲”修改器，设置弯曲“角度”为360°，“弯曲轴”为X轴，如图9-133所示。

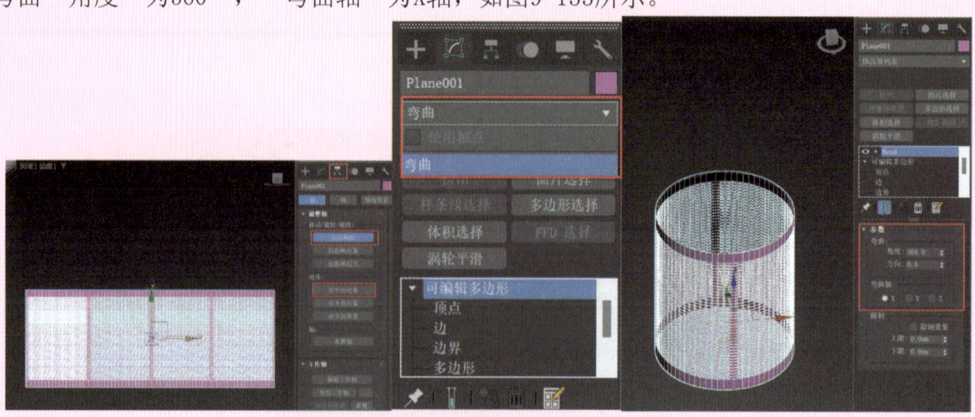

图 9-133

39 在视图窗右击在弹出的菜单中单击“全部解冻”命令，选中刚刚解冻的平面，按Delete键删除。选中上一步制作的模型，给其加载“编辑多边形”修改器；进入边层级，选中底部一圈边线，使用“选择并均匀缩放”工具沿Y轴向内缩放；再进入顶点层级，使用“选择并移动”工具沿Z轴向下移动；进入边层级，按住Shift键，使用“选择并均匀缩放”工具沿Y轴向内缩放；再进入顶点层级，重复上述步骤。最终效果如图9-134所示。

40 进入“修改”面板，为模型加载“壳”修改器，在“参数”卷展栏下设置“内部量”为0.2mm，效果如图9-135所示。

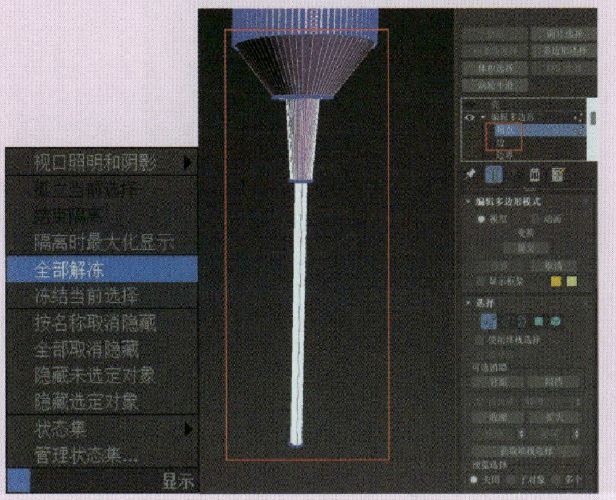

图 9-134

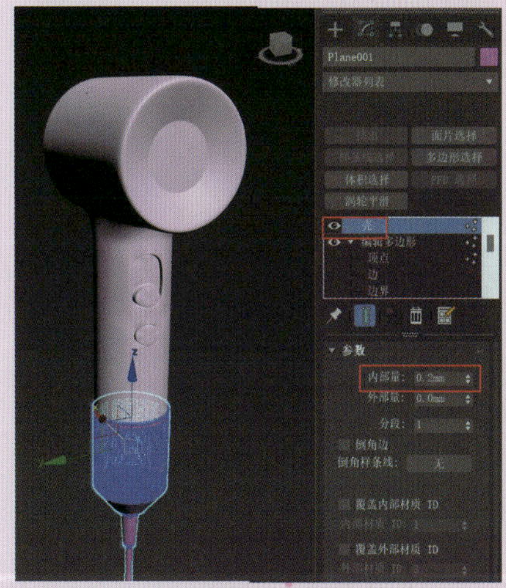

图 9-135

9.2.2 设置VRay材质并导入场景

基本建模工作已经完成，可以看到模型的质感并不强烈，接下来通过给电吹风设置一个合适的VRay材质，并导入一个合适的场景使模型效果变得更加丰富。

01 单击“材质编辑器”按钮（快捷键为M），选择一个空白材质球，将材质转换为“多维/子对象”材质，并将其更名为“电吹风主体”，单击“设置数量”按钮设置材质数量为2，将两个子材质设为VRayMtl材质，如图9-136所示。

微课：设置VRay材质并导入场景

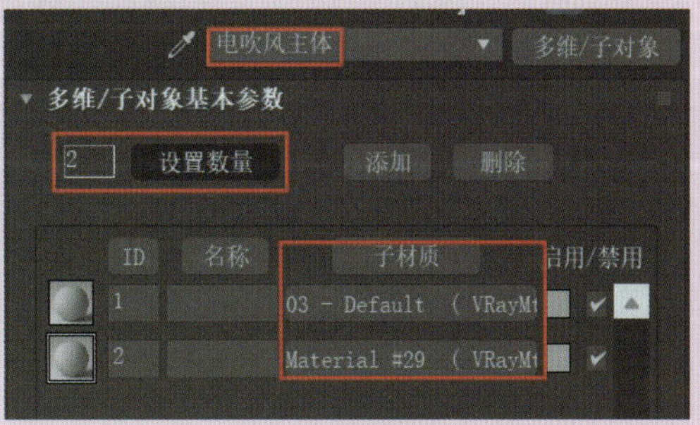

图 9-136

02 单击进入ID号为1的子材质，设置“漫反射”颜色为（R:85，G:85，B:85），在“反射”选项组中设置“光泽度”为0.35，“金属度”为0.5，如图9-137所示。

03 单击进入ID号为2的子材质，设置“漫反射”颜色为（R:89，G:89，B:89），在“反射”选项组中设置“光泽度”为0.5，“金属度”为1.0，如图9-138所示。

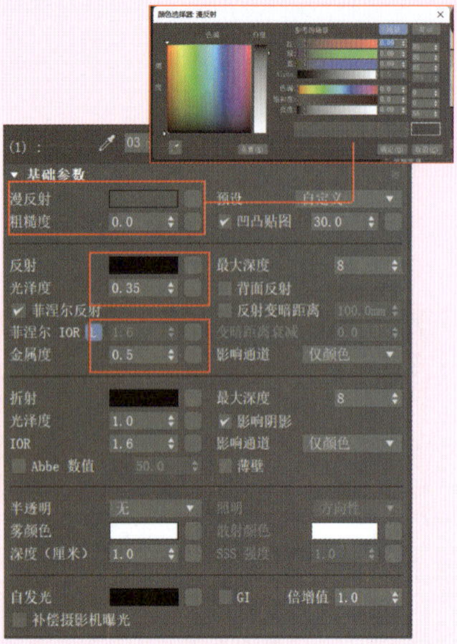

图 9-137

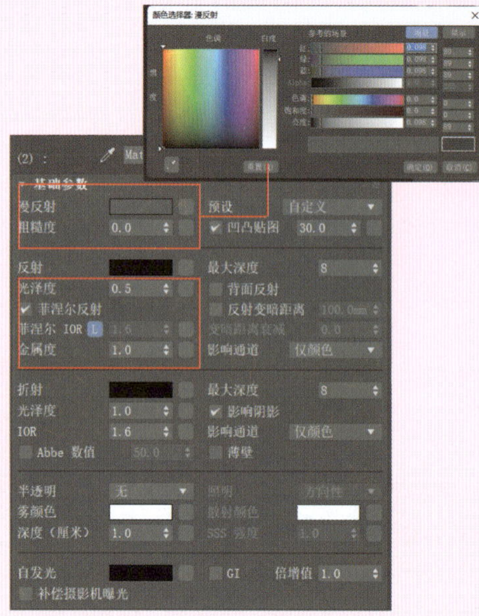

图 9-138

04 电吹风主体部分的材质已经制作完毕，将材质赋予电吹风主体部分，如图9-139所示。

05 接下来制作电吹风下半部分的材质。单击“材质编辑器”按钮（快捷键M），选择一个空白材质球，将其转换为VRayMtl材质，并将其命名为“电吹风下半部分”，如图9-140所示。

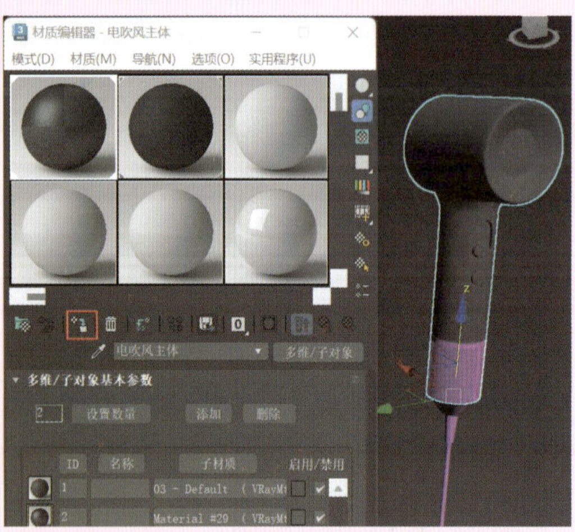

图 9-139

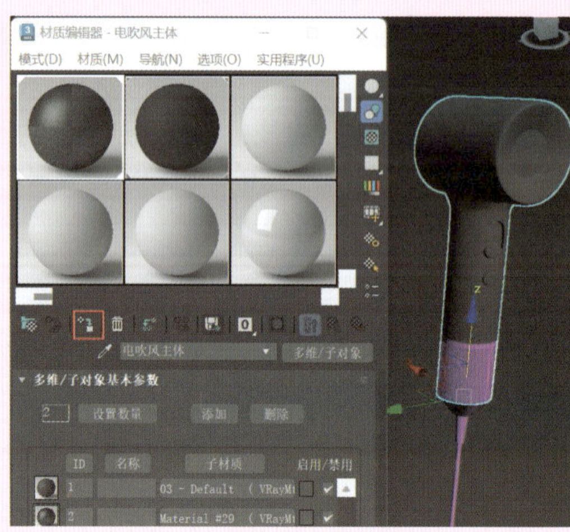

图 9-140

06 在“漫反射”选项组下设置漫反射颜色为（R:255，G:255，B:255），在“漫反射”后面加载“Chapter9/场景文件/电吹风下半部分贴图.jpg”位图通道，在“反射”选项组下设置“光泽度”为0.3，“金属度”为0.5，如图9-141所示。

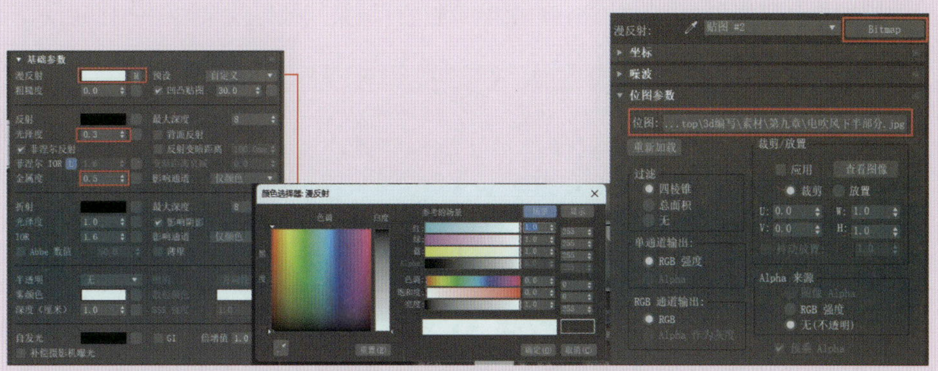

图 9-141

07 电吹风下半部分的材质已经制作完毕，将材质赋予电吹风下半部分，如图9-142所示。

08 电吹风材质部分已经全部制作完成，接下来我们导入一个合适的场景，将模型与场景融合到一起。单击“文件”菜单，在弹出的下拉列表中选择“导入”→“合并”命令，在弹出的“合并文件”对话框中，选择“Chapter9/场景文件/制作电吹风场景.max”文件，单击“打开”按钮，在弹出的“合并”对话框中，单击“全部”按钮，然后单击“确定”按钮，如图9-143所示。

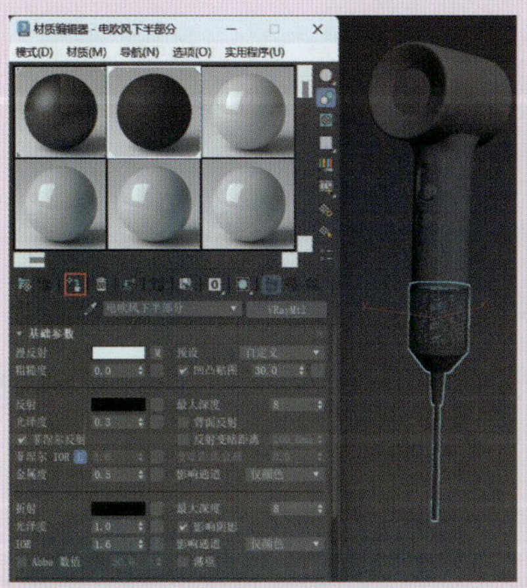

图 9-142

图 9-143

09 选中电吹风，使用“选择并均匀缩放”工具将电吹风调整到合适的大小，再使用“选择并移动”工具将电吹风移动到合适的位置，最后使用“选择并旋转”工具使其旋转到合适的角度并放在桌面上，效果如图9-144所示。

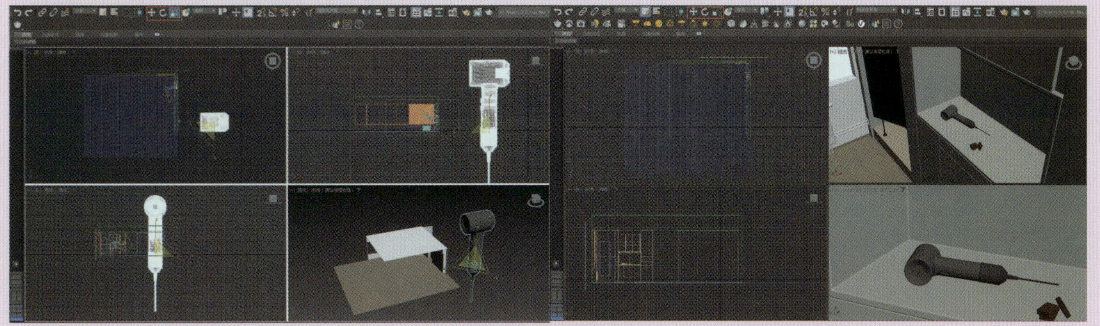

图 9-144

10 按C键切换到摄影机视图，按Shift+Q组合键进行渲染，最终效果如图9-145所示。

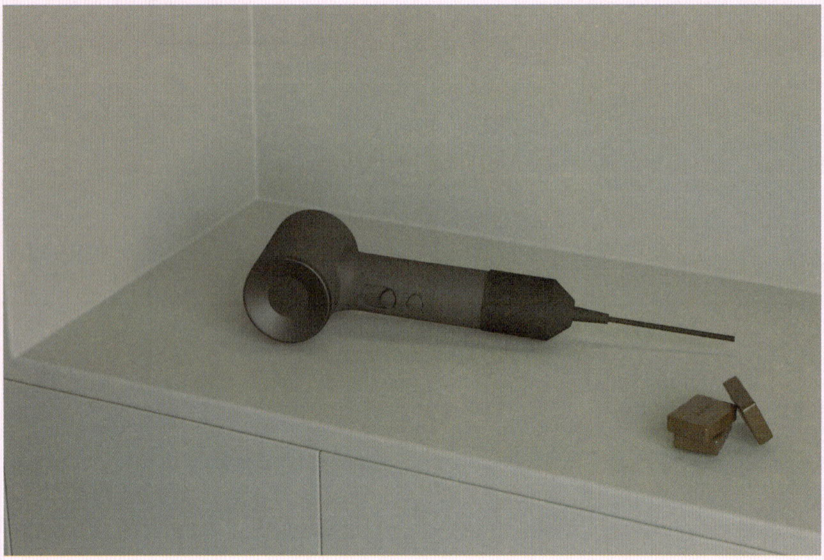

图 9—145

9.3 知识与技能梳理

本章主要讲解了工业产品制作，通过讲述组合器械、电吹风模型的实际建模方法，介绍了各种模型的创建方式以及各种修改器的实际运用方法，为后续设计打下基础。

- 重要工具：标准基本体、可编辑多边形以及各种修改器。
- 核心技术：通过几何体创建基础模型，使用可编辑多边形以及各种修改器对模型进行更深层次的修改利用。
- 实际运用：制作组合器械模型以及电吹风模型。

9.4 课后练习

经过上述两个案例的示范，已经学习了工业模型制作的方法和技巧。请使用所学知识制作如图9–146所示的模型效果图。

图9—146

数字影像处理职业技能等级标准

数字影像处理职业技能等级分为初级、中级、高级，3个级别依次递进，高级别涵盖低级别职业技能要求。

数字影像处理（初级）：能够采集来自不同介质的数字影像，可对数字影像进行管理、备份和安全存储。能对数字影像进行初步校正和修饰，能分离和重组影像内容元素，能增强图像视觉效果，能输出符合不同介质规范要求的图像文档。可面向电商展示、网络媒体、企业宣传、影视动漫、平面设计、界面设计、游戏美术等图像处理领域。

数字影像处理（中级）：能够熟练掌握影像处理的技术要领，清晰识别不同商业应用领域的标准要求，熟练应用美学及处理规范，精确把握对象形态，深度处理图像的光感、质感和色感，有效营造图像的影调风格，大幅提升图像的整体观感。可面向广告宣传、时尚媒介、人物写真、电商展示、网络媒体、企业宣传、影视动漫、平面设计、界面设计、游戏美术等图像处理领域。

数字影像处理（高级）：能够清晰突出主体调性，精准合成虚拟场景，有效组织创作要素，熟练控制创作过程，全面提升画面的表现力和精致度，并具备处理大型商业项目的综合能力。可面向品牌宣传、数字合成、艺术创作、VR、广告宣传、时尚媒介、人物写真、电商展示、网络媒体、企业宣传、影视动漫、平面设计、界面设计、游戏美术等图像处理领域。

本标准主要面向数字艺术设计行业、摄影及平面设计领域的数字影像处理职业岗位，主要完成各类媒体图像处理、企业宣传图像处理、电商宣传图像处理、平面设计图像处理、广告产品图像处理、各类商业人像图像处理、广告合成、游戏场景合成、3D贴图制作、商业图库修图、数字图像修复等工作。

参加数字影像处理职业技能等级水平考核，成绩合格，可核发数字影像处理职业技能等级证书。

登录“良知塾”官网，了解1+X数字影像处理相关课程。

良知塾1+X职业技能课程介绍

读者意见反馈

为收集对教材的意见建议，进一步完善教材编写并做好服务工作，读者可将对本教材的意见建议通过如下渠道反馈至我社。

咨询电话　400-810-0598

反馈邮箱　gjdzfwb@pub.hep.cn

通信地址　北京市朝阳区惠新东街4号富盛大厦1座

　　　　　高等教育出版社总编辑办公室

邮政编码　100029

资源服务提示

授课教师如需获得本书配套的PPT课件、案例素材、习题答案等教学资源，请登录“高等教育出版社产品信息检索系统”（xuanshu.hep.com.cn）搜索下载，首次使用本系统的用户，请先进行注册并完成教师资格认证。